“十二五”职业教育国家规划教材修订版

高等职业教育新形态一体化教材

有机化学

（第六版）

高等职业教育化学教材编写组　编

500

400

300

200

100

YOUJI HUAXUE

高等教育出版社·北京

内容提要

本书是“十二五”职业教育国家规划教材修订版。

本书按官能团将各类化合物有机地组织在一起，主要内容包括：绪论、烷烃、烯烃、炔烃、二烯烃、脂环烃、芳香烃、对映异构、卤代烃、醇、酚、醚、醛、酮、羧酸及其衍生物、含氮化合物、杂环化合物、糖类、氨基酸和蛋白质等。在教材各章首有导学用的学习目标、知识导图，各章末有总结性的学习指导，更加方便学生的自主学习及复习。

本书配套建设有授课用演示文稿、练一练及习题解答、教学动画、视频、微课等数字化教学资源。书中教学动画、视频、微课、练一练及习题解答可通过移动终端扫描二维码学习使用。教师可以发送邮件至编辑邮箱gaojiaoshegaozhi@163.com 索取教学课件。

本书适用于应用性、技能型人才的培养目标，可供高等职业教育院校化工、轻纺、材料、环境、制药、冶金等专业使用。

图书在版编目（CIP）数据

有机化学 / 高等职业教育化学教材编写组编. --6版. --北京：高等教育出版社，2022. 1

ISBN 978-7-04-057430-2

Ⅰ. ①有… Ⅱ. ①高… Ⅲ. ①有机化学-高等职业教育-教材 Ⅳ. ①O62

中国版本图书馆 CIP 数据核字（2021）第 249494 号

YOUJI HUAXUE

有机化学

策划编辑 陈鹏凯　责任编辑 陈鹏凯　封面设计 王 洋　版式设计 童 丹
责任校对 张 薇　责任印制 刘思涵

出版发行 高等教育出版社
社　　址 北京市西城区德外大街 4 号
邮政编码 100120
印　　刷 佳兴达印刷（天津）有限公司
开　　本 787mm×1092mm　1/16
印　　张 21. 75
字　　数 500 千字
购书热线 010-58581118
咨询电话 400-810-0598
网　　址 http://www.hep.edu.cn
　　　　 http://www.hep.com.cn
网上订购 http://www.hepmall.com.cn
　　　　 http://www.hepmall.com
　　　　 http://www.hepmall.cn
版　　次 1993 年 8 月第 1 版
　　　　 2022 年 1 月第 6 版
印　　次 2022 年 1 月第 1 次印刷
定　　价 59. 00 元

本书如有缺页、倒页、脱页等质量问题，请到所购图书销售部门联系调换
版权所有　侵权必究
物 料 号　57430-00

数字化资源总览
digital resources

微课

微视频

动画

教学课件

练一练与习题参考答案

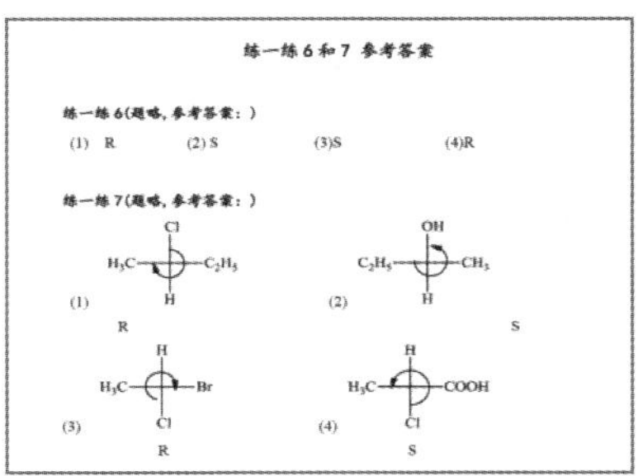
练一练 6 和 7 参考答案

练一练 6(题略，参考答案：)

(1) R　(2) S　(3)S　(4)R

练一练 7(题略，参考答案：)

(1) R　(2) S

(3) R　(4) S

第六版前言

preface

本书自1993年第一版出版以来，经1999年、2008年、2013年和2018年多次修订，深受高等职业教育院校相关专业师生的认可，在有机化学课程教学中发挥了重要的作用。为了满足当前高等职业教育有机化学教学改革的需求，也为了满足信息化技术与有机化学教学的深度融合，本编写组经过充分调研，广泛征求教学一线优秀教师的意见与建议，对本教材进行了再次修订。本版教材具有以下几个特点。

1. 满足高职本科、专科不同层次有机化学的教学需求。突出应用，理论深度、宽度、难度适宜，知识体系结构完整。把适于本科层次的反应机理、规律解释等加“*”标记为选学内容，把杂环化合物、糖类、氨基酸和蛋白质、对映异构等作为选学章节，供不同专业、不同层次有机化学教学选择使用。另外，化合物的制备所应用到的性质在各章均有体现，各类化合物的来源与制备也标记为选学的内容。设有“应用示例”栏目，突出知识的应用。

2. 配套丰富的教学资源。教材中有近200个二维码，可以关联微课、视频、虚拟动画等数字化教学资源，能有效地化解课程教学的痛点，如内容抽象、难懂的结构知识及反应机理等。

3. 教学辅助功能强。每章内容前有导学用的学习目标、思维导图，每章末有重点知识回顾及难点知识温习的学习指导。教材中所有的习题均配有详细的参考答案，供读者测试学习效果。

4. 教材内容力争科学性与先进性。教材内容呈现经典知识的同时，也增加了相关研究的新成果。设有“知识拓展”与“阅读材料”栏目，丰富和延伸了有机化学知识在新材料、新领域中的应用。

本书由高琳（河南工程学院）担任主编统稿。孟祥福（河北石油职业技术大学）、张军科（陕西国防工业职业技术学院）编写第三、四、五、六、七章，汤长青（济源职业技术学院）、徐晶（东北石油大学秦皇岛分校）、谢小雪（皖北卫生职业学院）编写第十四、十五、十六章，陈媛（湖南石油化工职业技术学院）、雷天乾（博凯药业有限公司）、许桂芬（莆田学院）编写第一、二、八、九、十章，高琳、毛文岭（河南安必诺检测技术有限公司）编写第十一、十二、十三章。本书承蒙河北石油职业技术大学曹克广教授审阅，曹教授对本书的修订提出了许多宝贵的意见和建议，在此谨表示衷心的感谢！同时，高等教育出版社陈鹏凯对教材修订方案的制定，董淑静在微课、微视频等资源的建设方面都给予了既专业又敬业的无私帮助与指导，在此深表谢意！兄弟院校的同仁、相关企业的专家也给予了通力协助与指导，在此亦表示衷心感谢！

限于编者的水平，书中难免有错误和不妥之处，敬请读者批评指正！

编　者

2021年3月7日

第一版前言

preface

本书是根据国家教委审定的高等学校工程专科有机化学教学基本要求编写的。在编写中,我们注意运用辩证唯物主义与历史唯物主义的观点去分析问题和解决问题;从培养技术应用型人才的目的出发,力求做到以“必需”和“够用”为度,理论适中,加强应用;并适当反映本门学科的新成就和我国化学家对有机化学发展所做出的贡献,力图把本书编写成为一本有专科特色的教材。如果本书能起到抛砖引玉和促进我国专科有机化学教材建设的作用,我们也就感到满意了。

为了节省篇幅,本书按照官能团体系分类,将脂肪族和芳香族化合物混合编排。鉴于大部分学校都有专门的仪器分析课程,本书不再编入红外、紫外、质谱、色谱和核磁共振谱的有关内容。书中第十七、十八两章不属于基本要求的范围,是为某些专业的需要而编写的。有些章节中的某些内容,也不属于基本要求的范围,不同专业可酌情取舍。

本书由北京石油化工专科学校尹玉英副教授任主编,并编写了第一至五章和十三、十五、十六章。上海石油化工专科学校方富禄副教授编写第六、八、九和十一章。上海化工专科学校周荣才副校长编写第七和十四章。上海纺织专科学校周允明副教授编写第十、十二、十七、十八章。

1991 年 11 月在上海召开了本书的审稿会,主审是华东化工学院梁世懿教授,参加审稿的有戴家宁(上海化工专科学校)、徐杏英(湖南轻工业专科学校)、金关宝(上海轻工业专科学校)等。书稿经审阅修改后梁世懿教授又作了复审。

编者在此谨向梁世懿教授和参加审稿会议的其他所有同志表示衷心的感谢。

由于本书是第一本供高等学校工程专科使用的有机化学教材,编写中没有借鉴蓝本,难度较大,在内容选择、结构安排上可能会有不足之处,恳切希望使用本书的各校教师和读者,在教学和学习过程中,发现有不妥和错误之处,向编者提出批评和指正。我们也在此向关心这本教材的同志们预先致以诚挚的谢意。

编　者

1992 年 8 月 2 日　于北京

目　录

contents

第一章　绪论

学习目标

1. 了解学习有机化学的基本方法；
2. 了解有机化合物的分类；
3. 理解有机化合物结构及性质的特点；
4. 掌握有机化合物的表示方法；
5. 掌握共价键的属性及断裂方式。

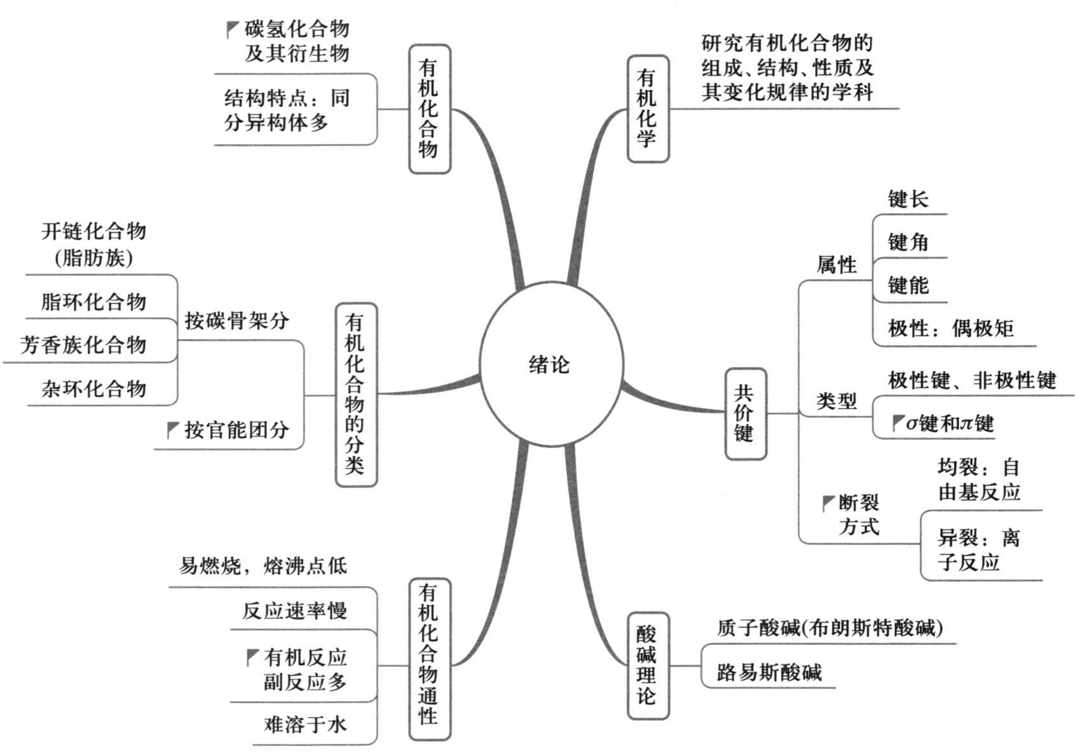

绪论
有机化合物
碳氢化合物及其衍生物
结构特点：同分异构体多
有机化学
研究有机化合物的组成、结构、性质及其变化规律的学科
有机化合物的分类
按碳骨架分
开链化合物(脂肪族)
脂环化合物
芳香族化合物
杂环化合物
按官能团分
共价键
属性
键长
键角
键能
极性：偶极矩
类型
极性键、非极性键
σ键和π键
断裂方式
均裂：自由基反应
异裂：离子反应
有机化合物通性
易燃烧，熔沸点低
反应速率慢
有机反应副反应多
难溶于水
酸碱理论
质子酸碱(布朗斯特酸碱)
路易斯酸碱

第一节　有机化学和有机化合物

一、有机化合物

有机化学是化学学科的一个重要分支，它是与人类生活密切相关的一门学科。有机化学的研究对象是有机化合物。有机化合物大量存在于自然界，如粮、油、糖、蛋白质、棉、麻、毛、丝、木材、农药、塑料、橡胶、染料、香料、医药、石油、天然气等物质，其成分大多数都是有机化合物。

早期化学家将所有物质按其来源分为两类：有机化合物和无机物。从生物体（植物或动物）中获得的物质定义为有机化合物，无机物则被认为是从非生物或矿物中得到的化合物；并认为只有依靠“生命力”在生物体内才能制得有机化合物，生命力论赋予了有机化合物一种神秘的色彩，把有机化合物的人工合成看作是一个禁区。直到 1828 年，德国化学家维勒（F. Wöhler）在加热氰酸铵水溶液时，意外地得到了当时公认的有机化合物——尿素。

$$NH_4OCN \xrightarrow{\triangle} H_2N-\overset{\overset{\displaystyle O}{\|}}{C}-NH_2$$

此后，越来越多的有机化合物不断地在实验室中被合成出来。“生命力”学说被抛弃，但“有机化合物”这一名词却沿用至今。

人工合成有机化合物的发展，使人们清楚地认识到，在有机化合物与无机化合物之间并没有一个明确的界限，但在它们的组成和性质方面确实存在着某些不同之处。从组成上来讲，所有的有机化合物中都含有碳元素，所以，有机化合物也被称为含碳化合物；有机化合物多数含氢元素，其次还含有氧、氮、卤素、硫、磷等元素，因此，化学家将有机化合物定义为碳氢化合物及其衍生物，但一些简单的含碳化合物，如一氧化碳、二氧化碳、碳酸盐、碳酸等除外。

二、有机化学和有机化学工业

有机化学是研究有机化合物的组成、结构、性质及其变化规律的一门学科，是一门以实验为基础、理论与实验并重的学科，是有机化学工业的基础。

20 世纪以来，以煤焦油和石油为主要原料的有机化学工业获得快速发展，生产合成了许多染料、药物、橡胶、树脂等有机化合物。一些前沿科学和生命科学的发展离不开有机化学；经济建设和国防建设离不开有机化学工业。以有机化学为基础的石油、化工、医药、涂料、合成材料已成为我国国民经济的支柱产业；生物化工、功能材料等也将成为我国重点发展的工业。

随着有机化学与各学科（如物理学、数学、生物学等）的相互渗透与交叉逐步形成一些新的学科，如金属有机化学、数学化学、生物有机化学、超分子化学[①]等。这些新学科、新支柱产业将更好地推动有机化学工业的发展，更好地解决人们在能源、医学、材料、环境保护等方面所遇到的新问题。

综上所述，有机化学作为一门基础课程是许多有关学科的理论或技术基础。通过有机化学课程的学习，能比较系统和全面地了解有机化学的内容，认识有机化合物的结构与性质之间的关系，掌握有机化合物的基本知识和基础理论，为今后学习有关专业知识，进一步掌握新的科学技术打下必需的基础。

第二节　有机化合物的性质特点

有机化合物是含碳的化合物，有其独特的结构特征和性质，有机化合物的性质特点如下。

一、容易燃烧

大多数有机化合物容易燃烧，同时放出大量热。无机物不易燃烧，即使燃烧也不能燃尽。通常用能否燃烧、是否烧尽来初步区别有机化合物和无机物。

二、熔点、沸点低

在室温下，有机化合物通常为气体、液体或低熔点的固体；而绝大多数无机物都是高熔点的固体。例如，氯化钠和丙酮的相对分子质量相当，但二者的熔点、沸点相差很大：氯化钠的熔点为 800 ℃，丙酮的熔点为 −95.2 ℃。大多数有机化合物的熔点一般在 400 ℃以下。纯净的有机化合物都有固定的熔点和沸点，利用熔点和沸点的测定可以鉴定有机化合物。

三、难溶于水，易溶于有机溶剂

化合物的溶解性通常遵循“相似相溶”规律。有机化合物一般都是共价键化合物，极性很小或无极性，难溶或不溶于水；易溶于极性小或非极性的有机溶剂，如酒精、乙醚、丙酮、汽油、苯等。水是一种极性比较强的物质，以离子键结合的无机化合物大多易溶于水，不易溶于有机溶剂。因此，多数的有机反应常在有机溶剂中进行。

四、反应速率慢、副反应多

有机化合物之间的反应要经历旧共价键断裂与新共价键形成的过程，共价键的断裂不像离子键那样容易解离，有机化合物之间的反应一般情况下速率比较慢。因此，通常采用加热、加催化剂或光照等手段，以加速反应的进行。在有机反应进行时，有机化合物分子的各个部位均会受到影响，反应发生不是局限在某一特定的部位，因此，有机反应常

① 超分子化学是研究多个分子间作用力（如静电引力、氢键、范德华力和疏水作用力等）结合而成的超分子整体的结构与功能的学科。它是一门化学、物理学、生物学的交叉科学。超分子是比分子更高一个层次的物种，它是通过分子间的相互作用而形成的分子聚集体。

伴随有副反应的发生。随着化学家对反应过程的深入了解，一些产物专一、反应产率可达95%以上的有机反应将不断增多。

练一练 1

简述书写有机化学反应方程式时应注意哪几点。

第三节　有机化合物的结构特点与表示方法

一、结构特点

有机化合物是含碳化合物，碳元素位于元素周期表第二周期第四主族，碳原子最外层有4个电子，正好处于金属元素与非金属元素之间，碳元素在周期表中的特殊位置决定了它既不容易得到电子也不容易失去电子，而是通过共用电子对与其他元素的原子或自身碳原子形成共价化合物。碳原子是四价的，它可以与其他元素的原子或其他碳原子形成单键，也可以形成双键或三键；它可以形成链状化合物，也可以形成环状化合物。

有机化合物中分子组成相同而结构相异的互称同分异构体。如乙醇和甲醚结构、性质不同的两种化合物的分子式均为C_2H_6O。有机化合物含碳原子数和原子种类越多，它的同分异构体也就越多。例如分子式为C_9H_{20}的同分异构体可达35种，分子式为$C_{10}H_{22}$的同分异构体数目有75种，分子式为$C_{20}H_{42}$的同分异构体有366 319种。同分异构现象的普遍存在使有机化合物的数目极为庞大。

尽管组成有机化合物的元素种类不多，但有机化合物的结构复杂。海葵毒素（palytoxin）是从海洋生物中提取出来的一种天然剧毒物质。1989年美国Harvard大学Kishi教授等完成了海葵毒素的全合成，海葵毒素分子式为$C_{129}H_{221}O_{53}N_3$，结构简式如图1－1所示。在确定组成为$C_{129}H_{221}O_{53}N_3$的分子内原子之间连接的次序及结合的方式之后，仅仅由于原子或基团在三维空间的取向的不同就可能形成2×10^{21}种立体异构体，而其中一种才是海葵毒素。

二、表示方法

由于有机化合物同分异构现象普遍存在，因而不能仅用分子式表示有机化合物。分子的构造反映分子中原子间的连接顺序和连接方式，表示分子构造的式子叫作构造式。

知识拓展

分子结构

分子构造不同于分子结构。分子结构是指分子中原子间的排列次序，原子相互间的立体位置、化学键的结合状态，以及分子中电子的分布状况等各项内容的总和。

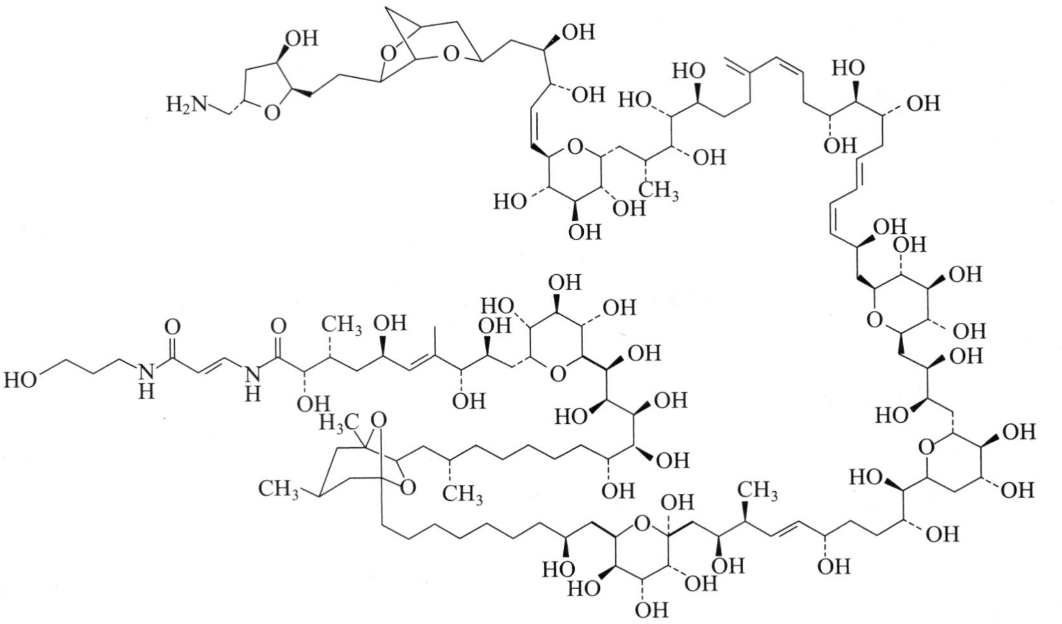

海葵毒素

图 1-1　海葵毒素的结构简式

构造式表示方法常用短线式、缩简式、键线式：

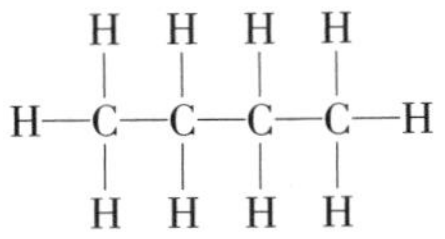

短线式

$CH_3CH_2CH_2CH_3$ 或 $CH_3(CH_2)_2CH_3$

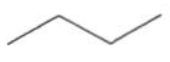

缩简式

键线式

比较常用的为缩简式和键线式。例如：

$(CH_3)_3CCH(CH_3)(CH_2)_2CH(CH_3)_2$ 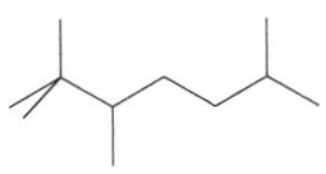 ；

CH_3CCH_3（中间碳原子上连有 =O）

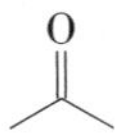

第四节　有机化合物的共价键

一、共价键的属性

1. 键长

由共价键连接起来的两个原子的核间距离，叫作该共价键的键长。例如，实验测得氢分子中的两个氢原子的核间距离是 0.074 nm，H—H 键的键长就是 0.074 nm。X 射线衍射法、电子衍射法、光谱法等物理方法，能够相当精确地测定共价键的键长。表 1-1 给出一些共价键的键长。

表 1−1 一些共价键的键长

键的种类	键长/nm	键的种类	键长/nm
C—C	0.154	C—N	0.147
C═C	0.134	C—F	0.141
C≡C	0.120	C—Cl	0.177
C—H	0.109	C—Br	0.191
C—O	0.143	C—I	0.212

从表 1−1 中可以看出，C═C 双键的键长比 C—C 单键的短，C≡C 三键的键长比 C═C双键的短。这是因为 C—C 单键只是一个共价键（σ 键），而 C═C 双键则是两个共价键（1 个 σ 键和 1 个 π 键），与 C—C 单键相比，由 C═C 双键连接起来的两个 C 原子之间成键电子云密度大，对两个原子核吸引力大，所以距离较近，键长较短；C≡C 三键（1 个 σ 键、2 个 π 键）的键长比 C═C 双键的短，其原因是相同的。

2. 键角

由于共价键有方向性，所以出现了键角。现以水分子为例说明键角的含义。H_2O 分子有两个 O—H 键，这两个 O—H 键键轴之间的夹角叫作 H_2O 分子的键角，或 H_2O 分子中两个 O—H 键的键角。实验测得，H_2O 分子的键角是 104.5°（图 1−2）。显然，双原子分子没有键角。在三个原子以上的多原子分子中就有键角存在。

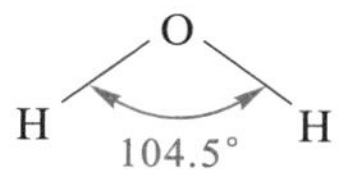

图 1−2 水分子的键角

在有机化合物分子中，碳原子与其他原子所形成的键角大致有以下几种情况：C 原子以四个单键分别与四个原子相连接时，键角接近 109.5°；C 原子以一个双键和两个单键分别与三个原子相连接时，键角接近 120°；C 原子以一个三键和一个单键或两个双键分别与两个原子相连接时，键角是 180°。这些在后续的章节中以烷烃、烯烃、炔烃的结构为例详细描述。

3. 键能（平均键能）

原子结合成为分子时，共价键的形成有能量放出；反之，共价键断裂时必须要吸收能量。双原子分子共价键的形成所放出的能量与其共价键的断裂所需吸收的能量相等，称共价键的解离能，又称键能。对于多原子分子而言，分子内包含多个共价键，每个共价键的断裂所需要吸收的能量是不同的，因而键能不等于键的解离能。多原子分子中共价键的键能是指分子中几个同类型键的解离能的平均值。如 CH_4 中 C—H 键的键能（平均键能）为 414.2 $kJ\cdot mol^{-1}$。

$$CH_4(g) \longrightarrow C(g)+4H(g) \quad \Delta H=1\,656.8\ kJ\cdot mol^{-1}$$

常见共价键的键能见表 1−2。

表 1-2　常见共价键的键能

键型	键能/($kJ\cdot mol^{-1}$)	键型	键能/($kJ\cdot mol^{-1}$)	键型	键能/($kJ\cdot mol^{-1}$)
C—C	347	C—N	305	O—H	464
C═C	611	C—F	485	N—H	389
C≡C	837	C—Cl	339	H—H	436
C—H	414	C—Br	285	S—H	347
C—O	360	C—I	218	C—S	272

4. 键的极性

分子中以共价键相连接的原子吸引电子的能力是不同的,有的大些,有的小些。元素的电负性表示分子中原子吸引电子能力的大小。电负性大的吸引电子的能力大;电负性小的吸引电子的能力小。在氯化氢(H—Cl)分子中,Cl 原子的电负性比 H 原子的大,Cl 原子吸引 Cl 原子和 H 原子之间的共用电子对的能力比 H 原子的大,从而使 Cl 原子上带有部分负电荷(以 $\delta-$表示),H 原子上带有部分正电荷(以 $\delta+$表示),可表示为$\overset{\delta+}{H}—\overset{\delta-}{Cl}$。同理,在甲醇($H_3C—OH$)分子中,O 原子上带有部分负电荷,C 原子上带有部分正电荷,即 $H_3\overset{\delta+}{C}—\overset{\delta-}{O}H$。这样的共价键($\overset{\delta+}{H}—\overset{\delta-}{Cl}$键、$\overset{\delta+}{C}—\overset{\delta-}{O}$键)具有极性,叫作极性共价键。显然,H—O键、H—N 键、C ═O 键、C—N 键、C—Cl 键等都是极性共价键。

共价键极性的大小是用键的偶极矩来量度的。键的极性大,偶极矩大;极性小,偶极矩小。偶极矩(μ)等于电荷(q)与正、负电荷中心之间的距离(d)的乘积,$\mu=q\cdot d$,单位是 C·m(库[仑]·米)。偶极矩是矢量,是有方向性的,一般是用箭头指向共价键中电负性较大的原子一端。例如:

$$\underset{\longmapsto}{H—Cl}\qquad \mu=3.44\times10^{-30}\ C\cdot m$$

对于卤化氢这些双原子分子,分子的偶极矩就是键的偶极矩。对于多于两个原子的分子,分子的偶极矩与键的偶极矩不同,分子的偶极矩是键的偶极矩的矢量和。例如,C—Cl 键的偶极矩是 4.90×10^{-30} C·m,而 CCl_4 分子的偶极矩是零。这是因为 CCl_4 分子是正四面体结构,四个C—Cl键的矢量和恰好是零。也就是,C—Cl 键是极性键,而 CCl_4 是非极性分子。

$$\underset{\longmapsto}{C—Cl}\qquad \mu=4.90\times10^{-30}\ C\cdot m$$

Cl
Cl　　Cl
Cl
$\mu=0$

H_2 分子的 H—H 键、Cl_2 分子的 Cl—Cl 键及 $H_3C—CH_3$ 分子中的 C—C 键,显然都没有极性,都是非极性键。

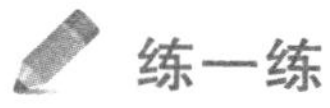
练一练 2

判断分子的极性：NH_3、HBr、CH_4、Br_2、CH_3Cl。

二、共价键的断裂方式和反应类型

有机化学反应是旧键的断裂和新键的形成过程，有机化合物为共价化合物，共价键的断裂有**均裂**和**异裂**两种形式。

在有机化合物中，连接两个原子或基团（例如 X 和 Y）之间的共价键断裂时，一种是共价键断裂的结果使 X 和 Y 之间的共用电子对中的一个电子属于了 X，另一个电子属于了 Y。

$$X \vdots Y \longrightarrow X\cdot + \cdot Y$$

X 和 Y 各带有一个未配对电子，是自由基。也就是，共价键断裂的结果生成了两个自由基——X·和·Y。共价键的这种断裂方式叫作均裂。反应中有均裂发生的，叫作**均裂反应**。均裂反应也叫作**自由基反应**。

另一种是共价键断裂的结果使 X 和 Y 之间的共用电子对属于了 X，或者属于了 Y，生成正离子、负离子或者分子。

$$X{:}\mid Y \longrightarrow X{:}^- + Y^+$$

$$X \mid {:}Y \longrightarrow X^+ + {:}Y^-$$

共价键的这种断裂方式叫作异裂。反应中有异裂发生的，叫作**异裂反应**。异裂反应也叫作**离子反应**。

对应于自由基反应和离子反应，试剂分为**自由基试剂**和**离子试剂**。

烷烃在光照或加热的条件下与卤素的取代反应是自由基反应。反应时，进攻烷烃的是 Cl·原子，即氯自由基。在这个反应中，产生 Cl·原子的氯（Cl_2）是自由基试剂。

在离子反应中，根据试剂本身是亲核的还是亲电的，离子试剂分为亲核试剂和亲电试剂两类。**亲核试剂**是反应时把它的孤对电子作用于有机化合物分子中与它发生反应的那个原子，而与之共有。例如，$:OH^-$、$:NH_2^-$、$:CN^-$、$:Cl^-$、$H_2O:$、$:NH_3$等都是亲核试剂。有机化合物被亲核试剂进攻而引起的反应叫作**亲核反应**，例如，1－溴丁烷的碱性水解。

$$H\bar{O}{:} + CH_3CH_2CH_2CH_2 \mid Br \longrightarrow CH_3CH_2CH_2CH_2—OH + {:}Br^-$$

亲电试剂是反应时试剂从有机化合物分子中与它发生反应的那个原子接受电子对，而与之共用。例如，H^+、Cl^+（反应时瞬时产生的）、BF_3 等都是亲电试剂。有机化合物被亲电试剂进攻而引起的反应叫作**亲电反应**，例如，乙醚与三氟化硼生成乙醚－三氟化硼络合物的反应。

$$CH_3CH_2—\ddot{\underset{..}{O}}—CH_2CH_3 + BF_3 \longrightarrow CH_3CH_2—\overset{+}{\underset{\underset{\bar{BF_3}}{:}}{O}}—CH_2CH_3$$

第五节　有机酸碱概念

一、质子酸碱

1923 年，布朗斯特（Brφnsted J N）提出了酸碱的质子理论。质子理论认为：凡是能给出质子（H^+）的分子或离子都是酸；凡是能与质子结合的分子或离子都是碱。HCl、HSO_4^-、NH_4^+ 等都能给出质子，它们都是酸；Cl^-、SO_4^{2-}、NH_3 等都能与质子结合，它们都是碱。

酸给出质子后剩下的物种叫作这个酸的**共轭碱**，例如，HSO_4^- 的共轭碱是 SO_4^{2-}，NH_4^+ 的共轭碱是 NH_3。碱与质子结合后生成的物种叫作这个碱的**共轭酸**，例如，SO_4^{2-} 的共轭酸是 HSO_4^-，NH_3 的共轭酸是 NH_4^+。HSO_4^- 和 SO_4^{2-}、NH_4^+ 和 NH_3 是**共轭酸碱**，它们之间的这种关系叫作共轭关系。

酸要给出质子，就要有碱来接受质子。例如，酸在水溶液中解离时，接受质子的碱就是水。

$$\underset{\text{共轭酸(1)}}{HCl} + \underset{\text{共轭碱(2)}}{H_2O} \longrightarrow \underset{\text{共轭酸(2)}}{H_3O^+} + \underset{\text{共轭碱(1)}}{Cl^-}$$

这里，HCl 和 Cl^- 是一对共轭酸碱；H_3O^+ 和 H_2O 是另一对共轭酸碱。反应的实质是 H_2O（碱 2）和 Cl^-（碱 1）争夺质子。反应实际上是 100%地向右进行，这是因为 H_2O 夺取质子的能力比 Cl^- 大得多，也就是 H_2O 的碱性比 Cl^- 强得多。共轭酸碱的强弱关系如下：

（1）给出质子能力强的酸是强酸，强酸的共轭碱是弱碱。例如，HCl 是强酸，它的共轭碱 Cl^- 是弱碱；反之，弱酸的共轭碱是强碱，例如，CH_3COOH 是弱酸，它的共轭碱 CH_3COO^- 是强碱。酸的酸性越强，它的共轭碱的碱性就越弱。

（2）与质子结合能力强的碱是强碱，强碱的共轭酸是弱酸。例如，HO^- 是强碱，它的共轭酸 H_2O 是弱酸；反之，弱碱的共轭酸是强酸，例如，HSO_4^- 是弱碱，它的共轭酸 H_2SO_4 是强酸。碱的碱性越强，它的共轭酸的酸性就越弱。

从质子理论来看，酸碱反应或酸碱中和反应的结果是生成另一种酸和另一种碱。

二、路易斯酸碱

1923 年，路易斯（Lewis G N）提出了酸碱的电子理论。根据分子或离子的电子结构，路易斯把酸碱定义为：凡是能够接受孤对电子形成共价键的任何分子或离子都是酸；凡是能够提供孤对电子形成共价键的任何分子或离子都是碱。例如，BF_3 和 H^+ 都能够接受孤对电子形成共价键，它们是酸；$:NH_3$ 和 $HO:^-$ 能够提供孤对电子形成共价键，它们是碱。路易斯酸和碱结合生成的产物叫作**酸碱络合物**。例如：

路易斯酸　路易斯碱　酸碱络合物

$$F_3B + :NH_3 \longrightarrow F_3B^- — \overset{+}{N}H_3 \quad (\text{或 } F_3B \leftarrow NH_3)$$

$$H^+ + :NH_3 \longrightarrow NH_4^+$$

$$BF_3 + :F^- \longrightarrow BF_4^-$$

路易斯的酸碱定义是归之于一种分子或离子的电子结构，这个定义极大地扩大了酸碱范围。但是，路易斯酸的酸性强度随着用作比较标准的碱的不同而不同。路易斯碱的碱性强度也是这样，随着用作比较标准的酸的不同而不同。因此，与质子酸碱不同，路易斯酸碱没有一个统一的酸碱强度比较，也就是说，不能统一地表示出它们的酸碱强度。

质子酸碱和路易斯酸碱在有机化学中得到了广泛的应用。比较两种酸碱理论可知，质子酸碱中的碱与路易斯碱是一致的。例如，$:NH_3$、$C_2H_5O:^-$、$(C_2H_5)_2O:$等是质子碱，也是路易斯碱。但是，质子酸碱中的酸（例如 HCl、CH_3COOH 等）并不是路易斯酸，而是路易斯酸碱络合物。这是因为 H^+ 是路易斯酸，Cl^-、CH_3COO^- 等是路易斯碱，所以 HCl、CH_3COOH 等就成为路易斯酸碱络合物了。

在有机化学中，常用的路易斯酸有 H^+、BF_3、$AlCl_3$、$ZnCl_2$、$FeCl_3$、$SnCl_4$ 等；常用的路易斯碱有 HO^-、RO^-、NH_3、NH_2^- 等。

显然，路易斯酸是亲电试剂，路易斯碱是亲核试剂。有机反应中判断有机化学反应的类型取决于最先与碳原子形成共价键的试剂是亲电的，则为亲电反应；是亲核的，则为亲核反应；是自由基的，则为自由基反应。

第六节　有机化合物的分类

分子中原子间互相连接的顺序和方式叫作分子构造。分子构造表示分子中哪个原子和哪个原子相连接，以及是怎样连接的。有机化合物常按照它们的分子构造进行分类。分类时既要考虑到碳骨架，又要考虑到官能团。

一、按碳骨架分类

按照碳骨架，通常把有机化合物分为四大类。

1. 开链化合物（脂肪族化合物）

开链化合物的共同特点是，它们的分子的链都是张开的。开链化合物最初是从动植物油脂中获得的，所以也叫作脂肪族化合物。乙烷、乙烯、乙醇等是脂肪族化合物。

$CH_3—CH_3$　　　　$CH_2═CH_2$　　　　$CH_3—CH_2—OH$

乙烷　　　　乙烯　　　　乙醇

2. 脂环化合物

脂环化合物的共同特点是，在它们的分子中都具有由碳原子连接而成的环状构造（苯环结构除外）。这类环状化合物的性质与脂肪族化合物相似，所以叫作脂环化合物。环己烷、环己烯、环己醇等是脂环化合物。

环己烷　　　　环己烯　　　　环己醇

3. 芳香族化合物

芳香族化合物的共同特点是，在它们的分子中一般具有苯环结构。苯、甲苯、苯酚等是芳香族化合物。

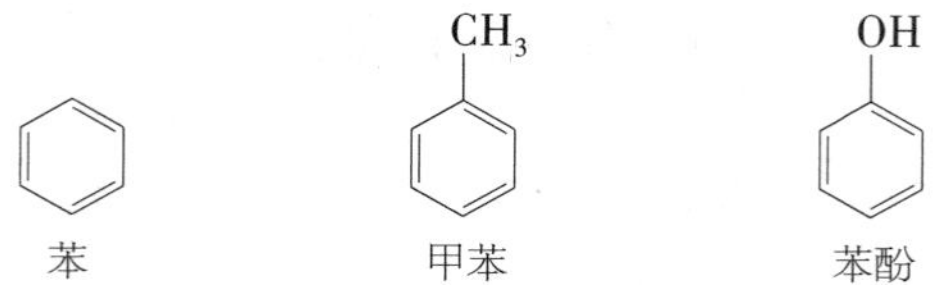

4. 杂环化合物

杂环化合物的共同特点是，在它们的分子中也具有环状构造，但是，在环中除碳原子外，还有其他原子（例如氧、硫、氮等）存在。糠醛、噻吩、吡啶等是杂环化合物。

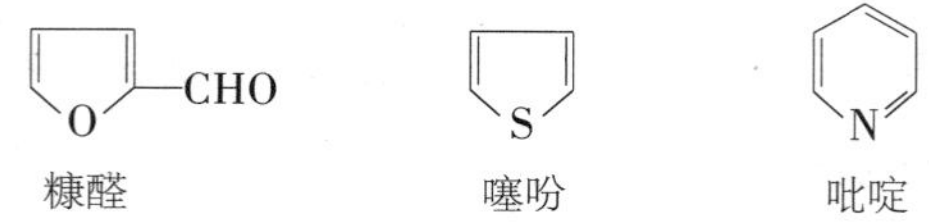

二、按官能团分类

官能团指的是有机化合物分子中那些特别容易发生反应的原子或基团，这些原子或基团决定这类有机化合物的主要性质。例如，烯烃中的 $C=C$ 双键，炔烃中的 $C\equiv C$ 三键，卤代烃中的卤原子（F、Cl、Br、I），醇中的羟基（—OH）等。表 1-3 给出一些常见的、重要的官能团。

表 1-3　一些常见的、重要的官能团

官能团	名称	官能团	名称
$-\overset{\mid}{C}=\overset{\mid}{C}-$	双键	$(C)-\overset{O}{\overset{\Vert}{C}}-(C)$	酮基
$-C\equiv C-$	三键	$-\overset{O}{\overset{\Vert}{C}}-OH$	羧基
—OH	羟基	—CN	氰基
—X（F、Cl、Br、I）	卤原子	$-NO_2$	硝基
(C)—O—(C)	醚键	$-NH_2(-NHR、-NR_2)$	氨基
$-\overset{O}{\overset{\Vert}{C}}-H$	醛基	$-SO_3H$	磺（酸）基

分类时，一般是先按照碳骨架分类，再按照官能团分类。在本书中，就是按照这种分类方法逐类介绍有机化合物的，其理由是含相同官能团的化合物具有类似的化学性质，将它们归于一类进行学习，不仅体现有机化合物“结构决定性质”的特点，而且还利于比较各类有机化合物之间的相互联系。

导读

有机化学课程是化工类、生化与药品、能源、环境、食品等大类专业的核心课程。有机化学知识在日常生活中的应用也十分广泛,如合成纤维、合成橡胶、合成树脂、合成药物、食品与食品添加剂、染料、涂料、油漆、化妆品、洗涤剂、汽油、柴油等都是有机化合物。我们日常的衣食住行都离不开有机化学的知识,医疗上应用的人造角膜、人造肝、人造血浆等也是有机化学合成成果的应用。由此,有机化学知识不仅是后续专业课程的基础,而且也是大学生科学素养的重要组成部分。

本书概要地阐述了有机化学的基本知识与基本理论,讨论了烷烃、环烷烃、烯烃、二烯烃、炔烃、芳香烃及其含卤衍生物、含氧衍生物、含氮衍生物的分类、组成、结构、性质及应用;讨论了糖类、氨基酸、蛋白质的分类、结构、性质和应用;讨论了杂环化合物的基础知识,介绍了物质旋光性产生的原因及对映异构体的表示与标记。

本书内容遵循循序渐进、重点分散、难点突出、讲授与练习相结合的原则,以服务师生教与学为目的:各章的知识梳理在章首的知识导图中体现;各章后面的“学习指导”列出本章的知识要点,帮助学生明确重点和难点,以更好地掌握有机化学的知识与应用。

借助本书,在教师的指导下使学生对有机化学内容有比较系统和全面的了解。通过贯彻有机化学基本知识、基础理论和实验技能的教育,使学生为后续专业课的学习奠定较为坚实的基础。

学习建议

有机化学的学习和其他学科知识的学习一样,良好的学习习惯是决定学习效率的关键。有机化合物尽管数目庞大、结构复杂、性质各异、应用广泛,看似不好掌握,但注意以下几点,通过努力学习,掌握有机化学的基本知识与基础理论不是件难事。

第一,预习是学习的重要环节。要充分利用教材及与教材配套的立体资源,特别是视频资源、动画资源,列出每章的难点与重点,在课前做到大致了解课堂要学习的内容,带着问题听课。

第二,提高课堂效率。通过课堂记笔记的方式做到手脑并用、积极思考,紧跟老师的讲课思路解决难点,明确重点;充分利用课堂时间,做到事半功倍的课堂效果。

第三,及时总结与归纳。课后要利用好本书的知识导图和学习指导栏目、结合课堂笔记及其他参考书及时总结归纳所学知识。在理解的基础上,总结规律以便于记忆。

第四,高质量完成作业。通过做老师布置的练习题、思考题,可以衡量自己对课程内容的掌握情况。在处理作业时有困惑是正常的,解惑要靠多和老师、同学交流讨论。没有人先知先觉,只有看得多了、思考得多了、记得多了、做得多了,所掌握的知识就多了。

学习有方法,但无定法,在注意以上四点的基础上,探索适宜自己的学习方法,掌握更多的有机化学知识,提升自己的学习能力,为后续专业课的学习奠定坚实的基础。

阅读材料 1　　碳的同素异形体——富勒烯

通常人们只知碳的同素异形体有三种：金刚石、石墨和无定形碳。1985 年，美国 Rice 大学的 Kroto 和 Smalley 等人在实验室中发现了碳的第四种同素异形体——富勒烯。富勒烯是 C_{50}、C_{60}、C_{70} 等化合物的总称。C_{60} 的组成及结构已经被质谱仪、X 射线分析等实验所证明。其结构是由 12 个五元环和 20 个六元环组成的球形 32 面体，有 60 个顶点，具有很高的对称性，其结构见图 1－3。

C_{60} 的结构很像美国设计师 Richard Buckminster Fuller 所设计的加拿大蒙特利尔世界博览会网格球顶建筑，因此 C_{60} 又被命名为 Buckminster Fuller，谐音"富勒烯"。由于富勒烯是一种碳原子簇，具有封闭笼形结构，形似足球，又称为足球烯、碳笼等。

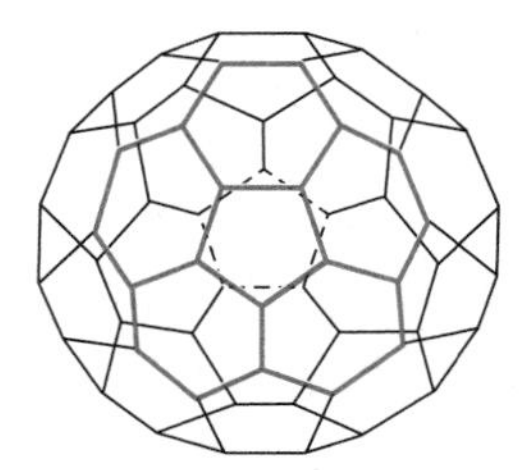

图 1－3　富勒烯分子结构图

由于富勒烯的结构奇特，在光、电、磁、高分子、生物等方面均表现出优良的性能。C_{60} 是纳米材料，可用作记忆元件、超级耐高温润滑剂，可制造高温蓄电池、燃料、太空火箭推进剂等。C_{60} 分子中存在的三维高度非定域电子共轭结构使得它具有良好的光学及非线性光学性能，如它的光学限制性在实际应用中可作为光学限辐器，对于保护眼睛具有重要意义；C_{60} 具有较大的非线性光学系数和高稳定性等特点，因而有望在光计算、光记忆、光信号处理及控制等方面有所应用，基于 C_{60} 光电导性能的光电开关和光学玻璃已研制成功。由于 C_{60} 特殊笼形结构及功能，将 C_{60} 作为新型功能基团引入高分子体系，得到具有优异导电、光学性质的新型功能高分子材料——光电导材料，在静电复印、静电成像以及光探测等技术中有广泛应用。另外，C_{60} 在生物学和医学上可用于制造生物活性材料、杀伤肿瘤细胞，C_{60} 的衍生物具有抑制人体免疫缺损蛋白酶的活性的功能，有望在防治艾滋病的研究上发挥作用。随着对富勒烯结构和性能研究的深入发展，富勒烯及其衍生物的应用潜力将不断开发出来，从而造福人类。

阅读材料 2 碳的同素异形体——石墨与石墨烯

阅读材料 3 碳的同素异形体——金刚石

学习指导

1. 有机化合物

有机化合物是碳氢化合物及其衍生物。

2. 有机化学

有机化学是研究有机化合物的组成、结构、性质及其变化规律的一门学科。

3. 有机化合物的构造式

有机化合物的构造式是反映分子内原子连接的次序及方式的表达式。

4. 元素的电负性

元素的电负性表示分子中原子吸引电子能力的大小。不同元素的原子形成的共价键是极性共价键，如 $\overset{\delta+}{H}—\overset{\delta-}{Cl}$；分子是否有极性不仅取决于形成分子的共价键是否有极性，还取决于分子的空间结构。

5. 均裂和异裂

共价键的断裂有两种方式:均裂和异裂。均裂产生自由基,异裂产生离子。

6. 路易斯酸碱

能够接受孤对电子的分子或离子是路易斯酸;能够提供孤对电子的分子或离子是路易斯碱。

文本

第一章习题参考答案

习　题

1. 解释下列名词:

(1) 有机化合物　(2) 构造式　(3) 官能团　(4) 均裂

(5) 键角　(6) 偶极矩　(7) 路易斯酸　(8) 键长

2. 简述有机化合物的性质特点。

3. 如何用简便的方法鉴别无机化合物和有机化合物?

4. 举例说明分子的极性与构成分子的共价键的极性的关系。

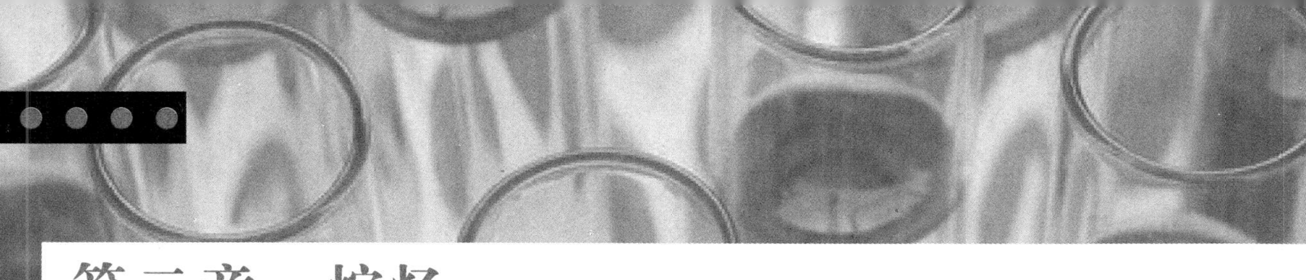

第二章 烷烃

学习目标

1. 了解烷烃的来源及烷烃的物理性质；
2. 了解自由基链反应的机理；
3. 理解碳原子的 sp^3 杂化及正四面体空间构型；
4. 理解烷烃构象产生的原因；
5. 理解烷烃裂化、裂解反应的应用；
6. 理解烷烃的结构；
7. 掌握烷烃的命名；
8. 掌握不同类型氢原子卤代反应时的活性比较。

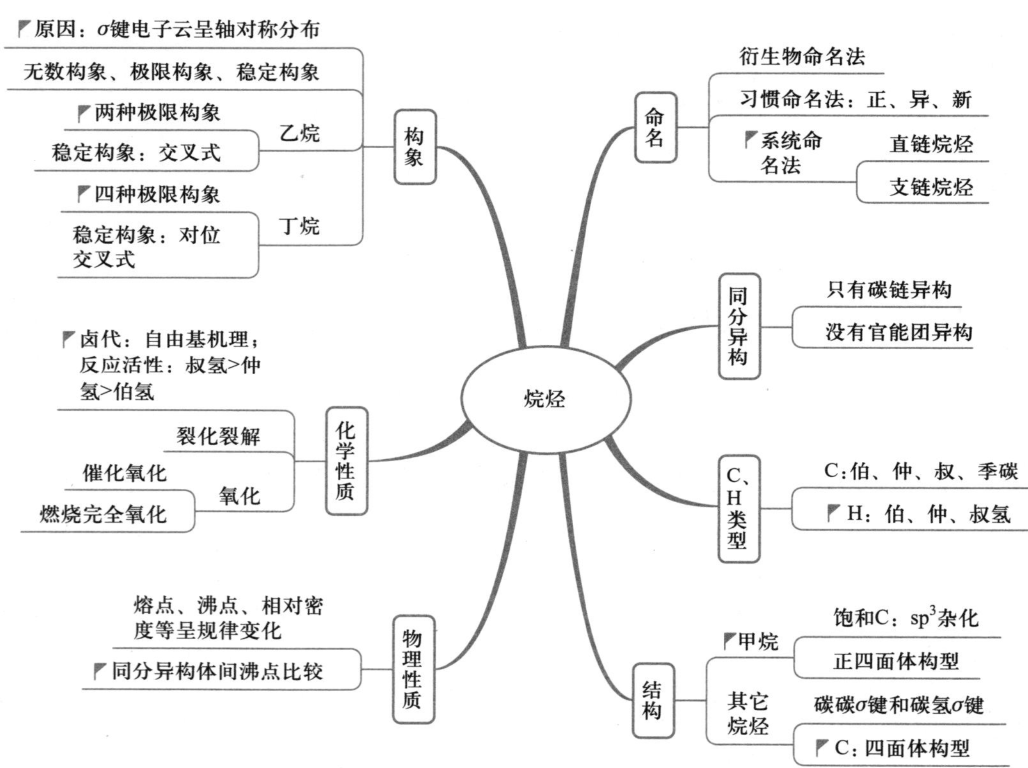

烷烃
构象
原因：σ键电子云呈轴对称分布
无数构象、极限构象、稳定构象
乙烷
两种极限构象
稳定构象：交叉式
丁烷
四种极限构象
稳定构象：对位交叉式
化学性质
卤代：自由基机理；反应活性：叔氢>仲氢>伯氢
裂化裂解
氧化
催化氧化
燃烧完全氧化
物理性质
熔点、沸点、相对密度等呈规律变化
同分异构体间沸点比较
命名
衍生物命名法
习惯命名法：正、异、新
系统命名法
直链烷烃
支链烷烃
同分异构
只有碳链异构
没有官能团异构
C、H类型
C：伯、仲、叔、季碳
H：伯、仲、叔氢
结构
甲烷
饱和C：sp3杂化
正四面体构型
其它烷烃
碳碳σ键和碳氢σ键
C：四面体构型

第一节　烷烃的通式、构造异构和命名

一、烷烃的通式和同系列

1. 烷烃的通式（C_nH_{2n+2}）

甲烷（CH_4）、乙烷（C_2H_6）、丙烷（C_3H_8）、丁烷（C_4H_{10}）等都是烷烃。从这几个烷烃的分子式可以看出，在任何一个烷烃分子中，如果 C 原子数是 n，H 原子数则是 $2n+2$。因此，可以用一个共同的式子 C_nH_{2n+2}（n 表示 C 原子数）来表示烷烃分子的组成，这个式子叫作烷烃的通式。

2. 同系列

具有同一个通式，结构相似、组成上相差只是 CH_2 或其整倍数的一系列化合物叫作同系列。甲烷、乙烷、丙烷、丁烷等这一系列化合物叫作烷烃同系列。同系列中的各化合物互为同系物。甲烷、乙烷、丙烷、丁烷等互为同系物。CH_2 叫作同系列的系差。同系物具有相似的化学性质。同系物的物理性质（如沸点、熔点、相对密度、溶解度等）一般是随着相对分子质量的改变而呈现规律性的变化。

二、烷烃的构造异构

在甲烷（CH_4）、乙烷（CH_3CH_3）、丙烷（$CH_3CH_2CH_3$）的分子中，碳原子只有一种连接方式，它们没有构造异构体。从丁烷开始，碳原子之间不止一种连接方式，有了不同的构造异构体，如丁烷有两种构造异构体：

```
CH3—CH2—CH2—CH3        CH3—CH—CH3
                            |
                            CH3
     正丁烷                 异丁烷
```

戊烷有三种构造异构体：

```
                                                    CH3
                                                    |
CH3—CH2—CH2—CH2—CH3     CH3—CH2—CH—CH3         CH3—C—CH3
                                |                   |
                                CH3                 CH3
      正戊烷                  异戊烷               新戊烷
```

随着分子中碳原子数的增大，烷烃构造异构现象变得越来越复杂，构造异构体的数目也越来越多。表 2-1 给出 $C_6 \sim C_{10}$ 烷烃的构造异构体的数目。

表 2-1　烷烃构造异构体的数目

烷　烃	构造异构体的数目
己烷（C_6H_{14}）	5
庚烷（C_7H_{16}）	9
辛烷（C_8H_{18}）	18
壬烷（C_9H_{20}）	35
癸烷（$C_{10}H_{22}$）	75

文本

练一练 1
参考答案

练一练 1

写出分子组成为 C_6H_{14} 烷烃的构造异构体。

三、不同类型的碳原子和氢原子

烷烃分子中有四种不同的碳原子和三种氢原子。只与一个碳原子相连接的碳原子叫作伯碳原子，或一级碳原子，用 1 ℃表示；与两个碳原子相连接的，叫作仲碳原子，或二级碳原子，用 2 ℃表示；与三个碳原子相连接的，叫作叔碳原子，或三级碳原子，用 3 ℃表示；与四个碳原子相连接的，叫作季碳原子，或四级碳原子，用 4 ℃表示。例如：

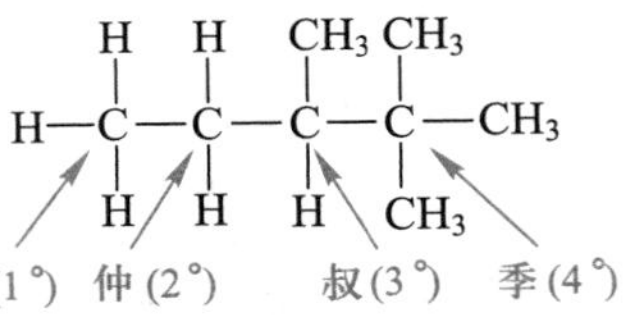

```
     H   H   CH3 CH3
     |   |   |   |
  H—C—C—C—C—CH3
     |   |   |   |
     H   H   H   CH3
```

伯 (1°)　仲 (2°)　叔 (3°)　季 (4°)

与伯、仲、叔碳原子相连接的氢原子相应地分别叫作伯、仲、叔氢原子，或一级、二级、三级氢原子，也分别用 1°H、2°H、3°H 表示。

四、烷基

从烃分子中去掉一个氢原子后所剩下的基团叫作烃基。从烷烃分子中去掉一个氢原子后所剩下的基团叫作烷基。烷基通常用 R—来表示。烷基的名称是从相应的烷烃的名称衍生出来的。常见的烷基有：

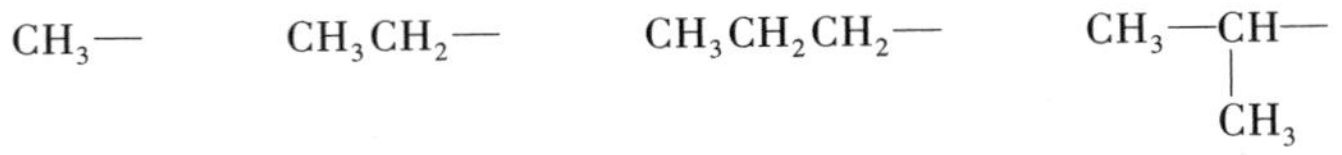

$CH_3—$　甲基

$CH_3CH_2—$　乙基

$CH_3CH_2CH_2—$　正丙基

$CH_3—CH(CH_3)—$　异丙基

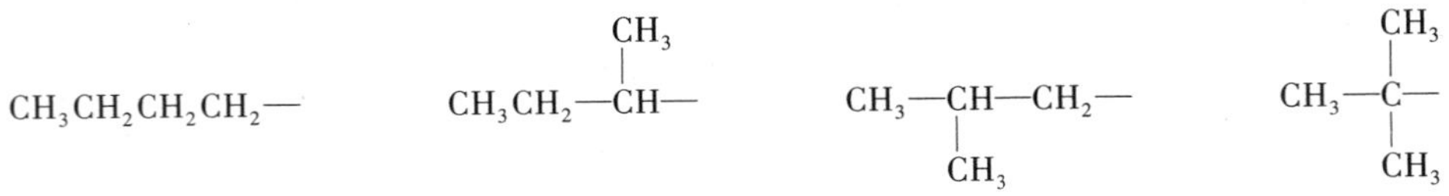

$CH_3CH_2CH_2CH_2—$　正丁基

$CH_3CH_2—CH(CH_3)—$　仲丁基

$CH_3—CH(CH_3)—CH_2—$　异丁基

$CH_3—C(CH_3)_2—$　叔丁基

五、烷烃的命名

由于构造异构现象的普遍存在，导致有机化合物不能用分子式表示而是用构造式表示。所以，有机化合物的名称必须表示出有机化合物的分子构造。烷烃命名法有以下三种。

1. 习惯命名法

在习惯命名法中，把直链烷烃叫作正某烷。分子中碳原子数在十个以内的，依次用甲、乙、丙、丁、戊、己、庚、辛、壬、癸表示；碳原子数在十个以上的，直接用汉文数字来表示。例如：

$CH_3(CH_2)_2CH_3$	$CH_3(CH_2)_4CH_3$	$CH_3(CH_2)_{10}CH_3$
正丁烷	正己烷	正十二烷

对于带支链的烷烃，以“异”“新”前缀区别两类不同的构造异构体。直链构造一末端带有两个甲基的，命名为异某烷。“新”是专指具有叔丁基构造的含五六个碳原子的链烃化合物。例如：

$$\begin{array}{l} CH_3CHCH_3 \\ \quad\ \ | \\ \quad\ CH_3 \end{array} \qquad \begin{array}{l} CH_3CHCH_2CH_3 \\ \quad\ \ | \\ \quad\ CH_3 \end{array} \qquad \begin{array}{l} CH_3CHCH_2CH_2CH_3 \\ \quad\ \ | \\ \quad\ CH_3 \end{array} \qquad \begin{array}{c} CH_3 \\ | \\ CH_3CCH_3 \\ | \\ CH_3 \end{array}$$

异丁烷　　异戊烷　　异己烷　　新戊烷

习惯命名法简单，但有局限性，不适合所有的烷烃。

2. 衍生命名法

衍生命名法是以甲烷作为母体，把其他烷烃看作是甲烷的烷基衍生物，即甲烷分子中的氢原子被烷基取代所得到的衍生物。命名时，一般是把连接烷基最多的碳原子作为母体碳原子；按照次序规则列出烷基的顺序（符号“>”表示“优先于”，参见第三章的第三节）：

$$(CH_3)_3C\text{—} > CH_3CH_2(CH_3)CH\text{—} > (CH_3)_2CH\text{—} > (CH_3)_2CHCH_2\text{—}$$
$$> CH_3CH_2CH_2CH_2\text{—} > CH_3CH_2CH_2\text{—} > CH_3CH_2\text{—} > CH_3\text{—}$$

把优先的基团（也就是处于前面的基团）排在后面，依次写在母体“甲烷”之前。例如：

$$\begin{array}{c} CH_3\text{—}\boxed{CH}\text{—}CH_2\text{—}CH_3 \\ | \\ CH_3 \end{array} \qquad \begin{array}{c} CH_3 \\ | \\ CH_3\text{—}CH_2\text{—}\boxed{C}\text{—}CH\text{—}CH_3 \\ |\qquad | \\ CH_3\quad CH_3 \end{array} \qquad \begin{array}{c} CH_3\quad CH_3 \\ |\qquad | \\ CH_3\text{—}C\text{—}\boxed{C}\text{—}CH_2\text{—}CH\text{—}CH_3 \\ |\qquad |\qquad\qquad | \\ CH_3\quad CH_2CH_3\quad CH_3 \end{array}$$

二甲基乙基甲烷　　二甲基乙基异丙基甲烷　　甲基乙基异丁基叔丁基甲烷

衍生命名法能够清楚地表示出分子构造，但是，对于复杂的烷烃，由于涉及的烷基比较复杂，常常是难以采用这种方法命名的。

3. 系统命名法

系统命名法是一种普遍适用的命名方法。它是采用国际上通用的 IUPAC 命名原则，结合我国文字特点制订的一种命名方法。

（1）直链烷烃

对于**直链烷烃**，其命名方法与习惯命名法相似，按照它所含有的碳原子数叫作某烷，只是不加“正”字。例如：

$CH_3\text{—}(CH_2)_4\text{—}CH_3$	$CH_3\text{—}(CH_2)_7\text{—}CH_3$	$CH_3\text{—}(CH_2)_{10}\text{—}CH_3$
己烷	壬烷	十二烷

（2）带有支链的烷烃

将其看成是直链烷烃的烷基衍生物，分以下三步命名。

① **选主链，确定母体**。选择含有碳原子数最多的碳链为主链，支链当成取代基；如有

等长的碳链可选择时，选择连有较多取代基的碳链为主链，依据主链中碳原子数称“某”烷。

② **主链碳原子编号，确定取代基位次**。从靠近支链的一端开始，依次用阿拉伯数字给主链碳原子编号，如果两端与支链等距离时，应从靠近构造较简单的取代基的那端开始编号；如果两端与支链等距离，且两支链构造相同时，应遵循取代基位次之和最小原则。

③ **写出全称**。把取代基名称写在烷烃母体名称前，在取代基名称之前用阿拉伯数字标明它的位置。在阿拉伯数字与取代基名称之间用短线隔开。例如：

$$\overset{1}{CH_3}-\overset{2}{CH}(CH_3)-\overset{3}{CH_2}-\overset{4}{CH_3}$$

2-甲基丁烷

$$\overset{6}{CH_3}-\overset{5}{CH_2}-\overset{4}{CH_2}-\overset{3}{CH}(CH_2-CH_3)-\overset{2}{CH_2}-\overset{1}{CH_3}$$

3-乙基己烷

如果带有几个不同的取代基，则是把次序规则中“优先”的基团（如前所列的顺序）排在后面。不同的取代基之间用短线隔开，例如：

$$\overset{1}{CH_3}-\overset{2}{CH}(CH_3)-\overset{3}{CH_2}-\overset{4}{CH}(CH_2-CH_3)-\overset{5}{CH_2}-\overset{6}{CH_3}$$

2-甲基-4-乙基己烷

如果在带有的取代基中有几个是相同的，则在相同的取代基前面用数字二、三、四等表明其数目，其位置则须逐个注明。例如：

$$\overset{1}{CH_3}-\overset{2}{C}(CH_3)_2-\overset{3}{CH_2}-\overset{4}{CH_2}-\overset{5}{CH_3}$$

2,2-二甲基戊烷

$$\overset{1}{CH_3}-\overset{2}{CH_2}-\overset{3}{CH}(CH_3)-\overset{4}{CH}(CH_3)-\overset{5}{C}(CH_2-CH_3)_2-\overset{6}{CH_2}-\overset{7}{CH_2}-\overset{8}{CH_3}$$

3,4-二甲基-5,5-二乙基辛烷

$$\overset{1}{CH_3}-\overset{2}{CH_2}-\overset{3}{CH}(CH_3)-\overset{4}{CH_2}-\overset{5}{CH}(CH(CH_3)_2)-\overset{6}{CH_2}-\overset{7}{CH_2}-\overset{8}{CH_2}-\overset{9}{CH}(CH_2CH_3)-\overset{10}{CH_2}-\overset{11}{CH_3}$$

从左端开始编号，命名为：3-甲基-9-乙基-5-异丙基十一烷（Ⅰ）
从右端开始编号，命名为：9-甲基-3-乙基-7-异丙基十一烷（Ⅱ）

对两个系列逐项比较，名称（Ⅰ）中第一个取代基的位次为3，名称（Ⅱ）中第一个取代基的位次也是3，两者相同，故需比较第二个取代基的位次。名称（Ⅰ）中第二个取代基的位次为5，名称（Ⅱ）中第二个取代基的位次为7，故名称（Ⅰ）中取代基位次之和小是正确的选择。如果第二个取代基的位次也相同，则再比较第三个取代基的位次，以此类推。

练一练 2

写出下列各烷基的构造式：

(1) 正丁基　　(2) 正戊基　　(3) 异丙基

(4) 异丁基　　(5) 仲丁基　　(6) 叔丁基

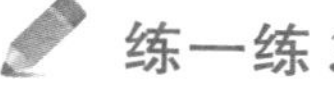

练一练 3

写出下列各烷烃的构造式：

(1) 四乙基甲烷　　(2) 甲基丙基异丙基仲丁基甲烷

(3) 正丁基异丁基甲烷　　(4) 三甲基甲烷

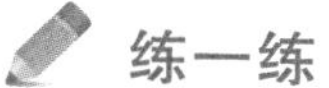

练一练 4

写出下列各烷烃的构造式：

(1) 2,2-二甲基丁烷　　(2) 2,4-二甲基-3-乙基戊烷

(3) 2,2-二甲基-3,4-二乙基己烷　　(4) 2-甲基-3-乙基-4-丙基辛烷

并指出(3)中每个碳原子所属的类别(伯、仲、叔或季碳原子)。

练一练 5

用衍生命名法命名下列各烷烃：

(1) $CH_3CH_2CH(CH_3)_2$　　(2) $CH_3CH_2C(CH_3)_2CH(CH_3)_2$

(3) $(CH_3)_3CCH(CH_3)CH_2CH_3$　　(4) $(CH_3)_2CHC(CH_3)_2C(CH_3)_3$

练一练 6

用系统命名法命名练一练 5 中的各烷烃。

练一练 7

在下列化合物中，哪些是相同的？哪些是不同的？

(1) $CH_3-CH_2-CH_2-CH_2-CH_3$

(2) $\begin{array}{ccccc} CH_3 & - & CH_2 & & CH_3 \\ & & | & & | \\ & & CH_2 & - & CH_2 \end{array}$

(3) $\begin{array}{ccccccc} CH_3 & - & CH & - & CH_2 & & \\ & & | & & | & & \\ & & CH_3 & & CH_2 & - & CH_3 \end{array}$

(4) $\begin{array}{ccccccccc} CH_3 & - & CH_2 & & CH_2 & - & CH_3 & & \\ & & | & & | & & & & \\ CH_3 & - & CH & - & CH & - & CH_2 & - & CH_3 \end{array}$

(5) $\begin{array}{ccccccccc} CH_3 & - & CH & - & CH_3 & & & & \\ & & | & & & & & & \\ & & CH_2 & - & CH & - & CH_2 & - & CH_3 \\ & & & & | & & & & \\ & & & & CH_2 & - & CH_3 & & \end{array}$

(6) $\begin{array}{ccccccccc} CH_3 & - & CH_2 & - & CH_2 & - & CH & - & CH_3 \\ & & & & & & | & & \\ & & & & & & CH_3 & & \end{array}$

(7) $\begin{array}{ccccc} CH_3 & - & CH_2 & - & CH_2 \\ & & & & | \\ & & CH_3 & - & CH_2 \end{array}$

(8) $\begin{array}{ccccccccccc} CH_3 & - & CH_2 & - & CH & - & CH_2 & - & CH & - & CH_3 \\ & & & & | & & & & | & & \\ & & & & CH_2 & - & CH_3 & & CH_3 & & \end{array}$

(9) $\begin{array}{ccccccc} CH_3 & - & CH_2 & - & CH & - & CH_3 \\ & & & & | & & \\ & & & & CH_2 & - & CH_3 \end{array}$

第二节　烷烃的结构

一、甲烷分子的结构

微课

甲烷的结构

动画

甲烷分子的结构

1. 正四面体结构

1874 年范托夫(van't Hoff J H)提出了碳原子四面体结构。范托夫认为,在有机化合物分子中,饱和碳原子位于一个四面体的中心,它的四个共价单键指向四面体的四个角顶,在这位置上分别与其他四个原子相连接形成有机化合物分子。范托夫提出的碳原子四面体结构早就得到了大家的公认。到了 20 世纪以后,又得到实验的直接证实。实验测定,CH_4 分子是正四面体结构,四个C—H键是等同的,键角(∠HCH)是 109.5°,C—H 键的键长是 0.110 nm(图 2-1)。

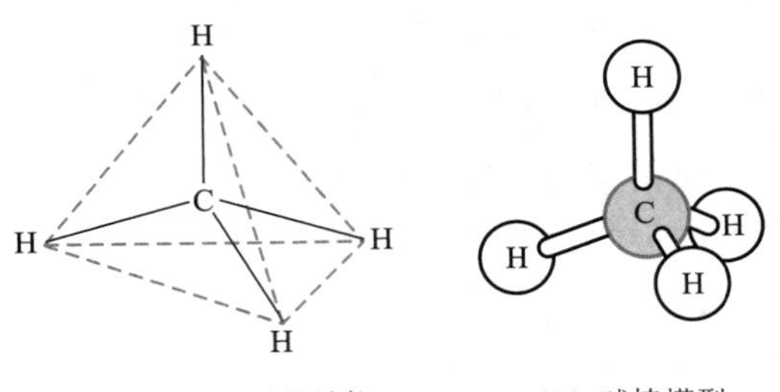

(a) 正四面体结构　　(b) 球棒模型

图 2-1　CH_4 分子的正四面体结构

2. C 原子的 sp^3 杂化

为了解释 CH_4 分子为什么是正四面体结构,四个 C—H 键为什么是等同的,1931 年鲍林(Pauling L C)和斯莱特(Slater J C)提出了杂化轨道理论。

碳原子核外有六个电子,其中第一主层分布两个 1 s 电子,第二主层为其价电子层,它的价电子结构是:

$$(2s)^2(2p_x)^1(2p_y)^1$$

杂化轨道理论认为,碳原子以四个单键分别与其他四个氢原子相连接形成分子时,并不是用它的一个 s 轨道和三个 p 轨道(p_x、p_y 和 p_z)形成共价键,而是用它的一个 s 轨道和三个 p 轨道(p_x、p_y 和 p_z)杂化生成的四个等同的 sp^3 杂化轨道成键。杂化可以形象地看成是"混合然后均分"的意思,即一个 s 轨道与三个 p 轨道"混合然后均分"成为四个等同的 sp^3 杂化轨道。在 sp^3 杂化轨道中,s 轨道成分占 1/4,p 轨道成分占 3/4。因此,sp^3 杂化轨道也可以形象地看成是由 1/4 的 s 轨道与 3/4 的 p 轨道"混合"而成的。

计算表明,sp^3 杂化轨道的形状与 s 轨道和 p 轨道不同,是一头(一瓣)很大,像个部分凹进去的大球,而另一头(另一瓣)甚小,像个小球。轨道的对称轴经过 C 原子核。图 2-2(a)是 sp^3 杂化轨道截面的形状①。为了画图方便,把 sp^3 杂化轨道简化为图 2-2(b)。

C 原子的四个等同的 sp^3 杂化轨道在空间的分布是:sp^3 杂化轨道大头一瓣指向正四面体的四个角顶,如图 2-3(a)所示②。也就是,sp^3 杂化轨道的对称轴既经过 C 原子核,

① 通过 sp^3 杂化轨道的对称轴所作的截面。

② 为了看得清楚些,在图 2-3(a)中只画出一个 sp^3 杂化轨道,其余三个没有画出来。

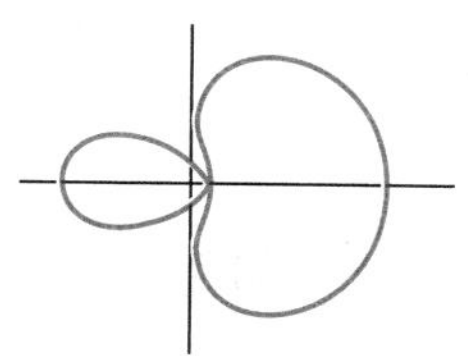

图 2-2　sp^3 杂化轨道

动画

sp^3 杂化

又经过以 C 原子核为中心的正四面体的角顶；四个对称轴之间的夹角是正四面体角（109.5°）。形成 CH_4 分子时，四个 H 原子是以其 s 轨道沿着 C 原子 sp^3 杂化轨道对称轴的方向分别与四个等同的 sp^3 杂化轨道大头一瓣“头顶头”地重叠，如图 2-3(b) 所示①。在重叠的轨道上有两个自旋相反的电子②，形成四个 C—H 键，如图2-3(c) 所示。所以，这四个 C—H 键是等同的，四个 C—H 键键轴之间的夹角（键角）是正四面体角（109.5°）。这就圆满地解释了 CH_4 分子为什么是正四面体结构，四个 C—H 键为什么是等同的这个事实。

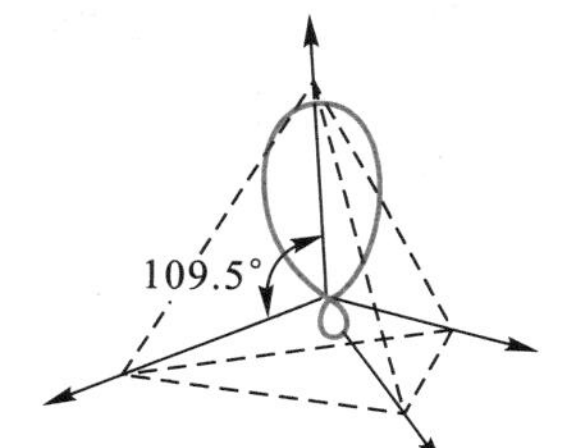

(a) C 原子的 sp^3 轨道在空间的分布

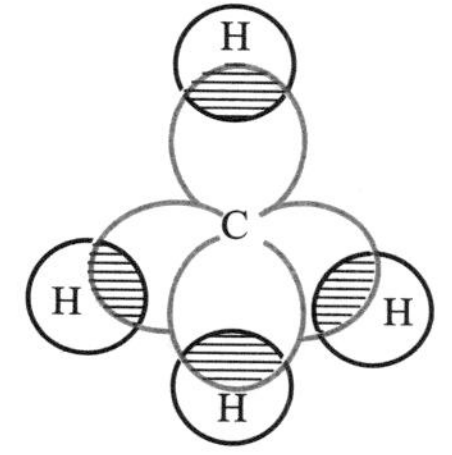

(b) C 原子的四个 sp^3 轨道与四个 H 原子的 s 轨道重叠

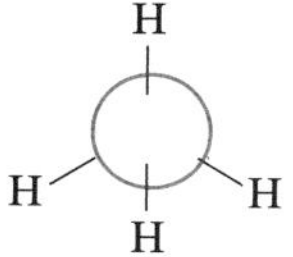

(c) CH_4 的四个 C—H 键

图 2-3　CH_4 分子的形成

动画

甲烷的化学键

在 CH_4 分子中，连接 C 和 H 两个原子核的直线叫作 C—H 键的键轴。从图 2-3(b) 中可以看出，形成 C—H 键时，H 原子的 s 轨道与 C 原子的 sp^3 杂化轨道大头一瓣是沿着键轴方向“头顶头”或称“头对头”地重叠形成 σ 键。σ 键的特点是以形成共价键的两原子核的连线为轴做旋转操作，共价键电子云不被破坏，即 σ 键的对称轴与两原子核连线相吻合。

微课

烷烃的结构

二、其他烷烃分子的结构

其他烷烃的结构与甲烷相似，它们分子中的每一个碳原子也都是 sp^3 杂化。例如在乙烷分子中，两个碳原子各以一个 sp^3 杂化轨道“头对头”地相互重叠，形成一个 C—C σ 键，每个碳原子剩余的三个 sp^3 杂化轨道，分别与三个 H 原子的 1s 轨道重叠，形成六个 C—H σ 键，这就是乙烷分子的结构（见图 2-4）。对

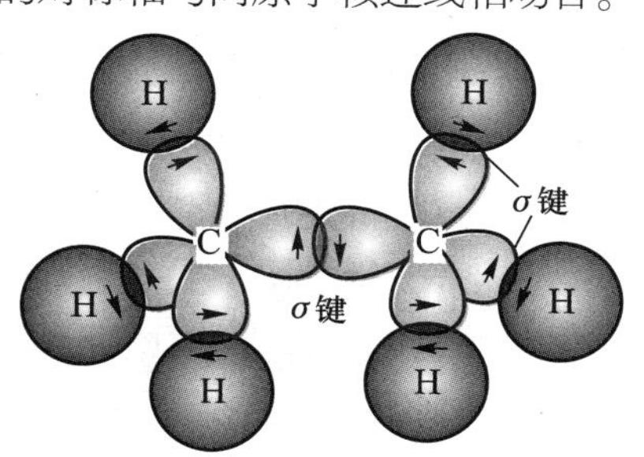

图 2-4　乙烷分子的结构

① 为了看得清楚些，在图 2-3(b) 中只画出 sp^3 杂化轨道的大头一瓣，小头一瓣没有画出来。

② 这两个自旋相反的电子，从形式上可以看作是：一个来自 C 原子，另一个来自 H 原子——电子配对。

于三个碳原子以上的烷烃，也都和乙烷类似，它们分子中的 C—C—C 键角都接近于 109.5°。

*第三节　烷烃的构象

动画

乙烷分子的构象

一、乙烷分子的构象

由于 σ 键电子云呈轴对称分布，绕着 C—C 单键旋转可以得到不同的乙烷分子空间排列方式。这种由于绕着单键转动而引起的分子中原子在空间的不同排列叫作**构象**。一种排列方式相当于一种构象；一种构象表示一种排列方式。转动的角度 0°～360°中有无数个角度，所以乙烷分子的构象是无穷多的。

在乙烷分子的无穷多个构象中，两个 C 原子上的 H 原子彼此相距最近的构象，也就是两个甲基互相重叠的构象，叫作重叠式构象。两个 C 原子上的 H 原子彼此相距最远，也就是两个甲基上的 H 原子正好互相交叉，这个构象叫作交叉式构象。

微课

烷烃的构象

构象可用透视式表示。图 2−5 是乙烷分子重叠式和交叉式构象的透视式。构象也可用纽曼(Newman M S)投影式表示。下面以乙烷为例，说明纽曼投影式。摆出乙烷分子的模型，使眼睛沿着 C—C 单键的键轴透视过去，后面的 C 原子在黑板或纸面上用圆圈表示，从圆圈上“辐射”出去三条直线表示连接在这个 C 原子上的三个单键，在乙烷分子中这三个单键是分别连接到三个 H 原子上；前面的 C 原子用点表示，从圆心发出三条直线表示连接在这个 C 原子上的三个单键，在乙烷分子中这三个单键也是分别连接到三个 H 原子上。这就是纽曼投影式。图 2−6 给出乙烷分子构象的纽曼投影式。

(a) 重叠式　(b) 交叉式

图 2−5　乙烷分子的构象(透视式)

(a) 重叠式　(b) 交叉式

图 2−6　乙烷分子的构象(纽曼投影式)

构象不同，分子的能量不同，稳定性不同。在乙烷分子的无穷多个构象中，能量最低、稳定性最大的是交叉式构象；能量最高、稳定性最小的是重叠式构象。两者之差约为 12.6 $kJ \cdot mol^{-1}$。其他构象的能量则介于这两者之间。图 2−7 是乙烷分子不同构象的能量曲线图。从图中可以看出，即便是乙烷分子，绕着 C—C 单键的转动也不是自由的，从一个交叉式转到另一个交叉式必须经过重叠式，从而也就必须克服一个 12.6 $kJ \cdot mol^{-1}$ 的能垒。

综上所述可以看出，乙烷($H_3C—CH_3$)分子虽然只有一个构造，但是构象是无穷多的。其中有交叉式和重叠式这两种极限构象。能量低的为稳定构象，交叉式的能量比重叠式低，但它们之间的能垒小于分子热运动提供的能量(42 $kJ \cdot mol^{-1}$)，所以乙烷的各种

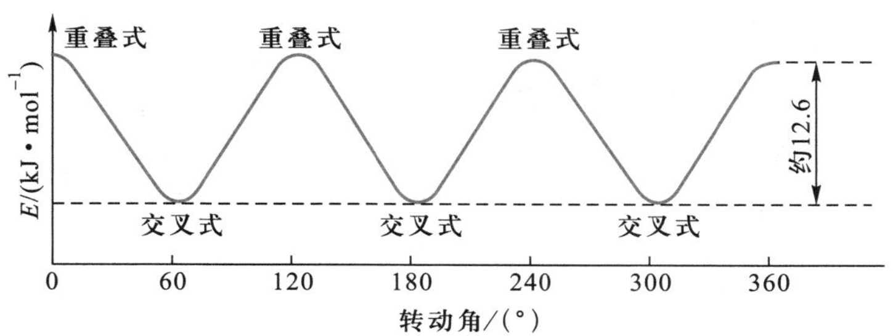

图 2−7　乙烷分子不同构象的能量曲线图

构象之间迅速转变，常温时分离不出乙烷的构象异构体。

二、丁烷分子的构象

丁烷中有四个碳原子，构象比乙烷的更复杂。当绕着 $C^2—C^3$ 单键转动时，丁烷分子中连接在 C^2 和 C^3 原子上的 H 原子和甲基在空间就会出现无穷多个排列，即它有无穷多个构象。图 2−8 用纽曼投影式给出在能量曲线上丁烷分子的四种极限构象。

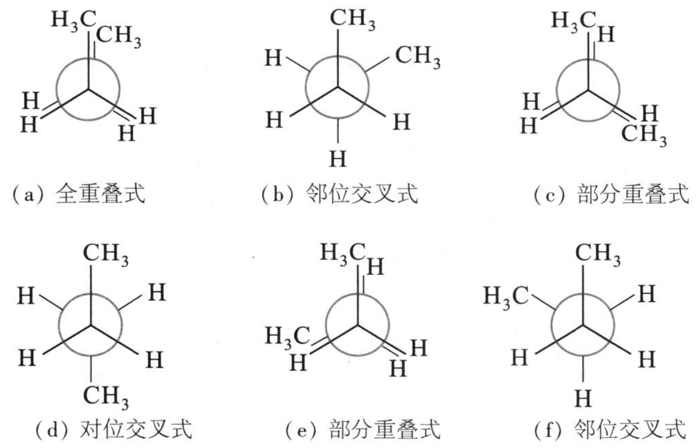

图 2−8　丁烷分子的极限构象(纽曼投影式)

图 2−9 是丁烷分子不同构象的能量曲线图。从图中可以看出，在丁烷分子的无穷多个构象中，对位交叉式能量最低，稳定性最大；其次是邻位交叉式；然后是部分重叠式；全重叠式能量最高，稳定性最小。从图中还可看出它们之间的能量的差值。

能量越低，构象越稳定。四种极限构象的稳定次序为：

$$对位交叉式>邻位交叉式>部分重叠式>全重叠式$$

能量最低的稳定构象叫作优势构象。丁烷分子的优势构象是对位交叉式构象。

由于这四种极限构象之间的能垒不高，小于 42 $kJ \cdot mol^{-1}$(图 2−9)，常温时分子的热运动就能够使之越过能垒，导致构象之间的迅速转变，因此，常温时分离不出来丁烷的构象异构体。

一般说来，当转动能垒小于 42 $kJ \cdot mol^{-1}$时，常温时分子的热运动就能够使之越过能

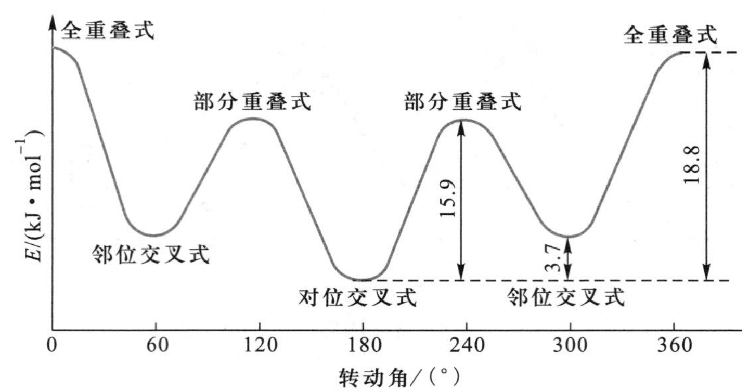

图 2-9　丁烷分子不同构象的能量曲线图

垒，导致构象异构体之间的迅速转变，因而分离不出来这类异构体。如果能垒等于或大于 84 kJ·mol^{-1}，由于能垒较高，常温时 C—C 单键的转动就受到阻碍，这时就可以分离出来这类异构体。

知识拓展

直链烷烃最稳定的构象——碳链平面锯齿形

用 X 射线研究直链烷烃晶体结构时发现，在这些晶体中，直链烷烃分子中的碳链处在同一个平面内，是伸长的，呈锯齿形——平面锯齿形。在奇数碳原子直链烷烃分子中，两个末端的碳原子位于碳链的同侧；在偶数碳原子直链烷烃分子中，两个末端的 C 原子位于碳链的两侧（图 2-10）。

（a）奇数碳原子　　（b）偶数碳原子

图 2-10　晶体中直链烷烃分子中的碳链——平面锯齿形

碳链之所以呈现平面锯齿形，是因为在直链烷烃分子所有的构象中，这是能量最低、稳定性最大的一种构象。这是所有 C 原子都处在对位交叉式位置，也就是整个分子完全是对位交叉式的一种构象。直链烷烃在晶体中都是对位交叉式构象，但在液态或溶液中，则由于 C—C 单键的转动，还有各式各样的、不完全是对位交叉式的其他构象（例如，某些碳原子处在邻位交叉式位置的构象）存在。

文本

练一练 8
参考答案

练一练 8

用透视式和纽曼投影式给出丙烷分子的极限构象。

第四节 烷烃的物理性质

直链烷烃的物理性质,例如熔点、沸点、相对密度等,随着分子中碳原子数(或相对分子质量)的增大,而呈现规律性的变化。表 2-2 给出一些直链烷烃的物理常数。

表 2-2 一些直链烷烃的物理常数

名称	构造式	熔点/℃	沸点/℃	相对密度(d_4^{20})	折射率(n_D^{20})
甲烷	CH_4	-183	-162		
乙烷	CH_3CH_3	-172	-88.5		
丙烷	$CH_3CH_2CH_3$	-187	-42		
正丁烷	$CH_3(CH_2)_2CH_3$	-138	0		
正戊烷	$CH_3(CH_2)_3CH_3$	-130	36	0.626	1. 357 7
正己烷	$CH_3(CH_2)_4CH_3$	-95	69	0.659	1. 375 0
正庚烷	$CH_3(CH_2)_5CH_3$	-90.5	98	0.684	1. 387 7
正辛烷	$CH_3(CH_2)_6CH_3$	-57	126	0.703	1. 397 6
正壬烷	$CH_3(CH_2)_7CH_3$	-54	151	0.718	1. 405 6
正癸烷	$CH_3(CH_2)_8CH_3$	-30	174	0.730	1. 412 0
正十一烷	$CH_3(CH_2)_9CH_3$	-26	196	0.740	1. 417 3
正十二烷	$CH_3(CH_2)_{10}CH_3$	-10	216	0.749	1. 421 6
正十三烷	$CH_3(CH_2)_{11}CH_3$	-6	234	0.757	
正十四烷	$CH_3(CH_2)_{12}CH_3$	5.5	252	0.764	
正十五烷	$CH_3(CH_2)_{13}CH_3$	10	266	0.769	
正十六烷	$CH_3(CH_2)_{14}CH_3$	18	280	0.775	
正十七烷	$CH_3(CH_2)_{15}CH_3$	22	292		
正十八烷	$CH_3(CH_2)_{16}CH_3$	28	308		
正十九烷	$CH_3(CH_2)_{17}CH_3$	32	320		
正二十烷	$CH_3(CH_2)_{18}CH_3$	36			

一、物态

从表 2-2 可以看出,常温常压时①,C_1 ~ C_4 直链烷烃是气体,C_5 ~ C_{16} 直链烷烃是液体,C_{17} 及 C_{17} 以上直链烷烃是固体。

二、沸点

从表 2-2 还可看出,随着碳原子数(或相对分子质量)的增大,直链烷烃的沸点逐渐

① 本书中所说的常温常压,指的是 25 ℃、约 0.1 MPa。

升高。这是个一般规律。若将直链烷烃的沸点对应碳原子数作图，则得到一条较平滑的曲线，如图 2－11 所示。

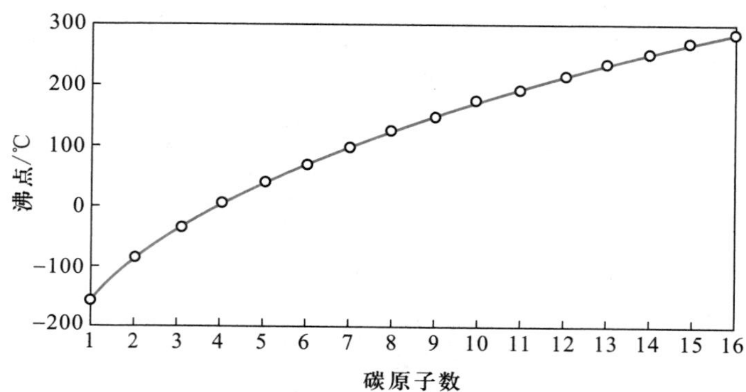

图 2－11　直链烷烃的沸点

表 2－3　丁烷和戊烷各异构体的沸点

名称	构　造　式	沸点/℃
正丁烷	$CH_3—CH_2—CH_2—CH_3$	0
异丁烷	$CH_3—CH—CH_3$ │ CH_3	−12
正戊烷	$CH_3—CH_2—CH_2—CH_2—CH_3$	36
异戊烷	$CH_3—CH—CH_2—CH_3$ │ CH_3	28
新戊烷	CH_3 │ $CH_3—C—CH_3$ │ CH_3	9.5

表 2－3 给出丁烷和戊烷各构造异构体的沸点。从表中可以看出，相同碳原子数的烷烃各异构体的沸点不同。其中**直链烷烃的沸点最高，支链越多，沸点越低**。

三、熔点

熔点变化的情况与沸点有所不同。从表 2－2 可以看出，随着碳原子数（或相对分子质量）的增大，直链烷烃（甲烷、乙烷和丙烷除外）的熔点逐渐升高。一般是从奇数碳原子变到偶数碳原子（例如从庚烷变到辛烷），熔点升高得多些；而从偶数碳原子变到奇数碳原子（例如从辛烷变到壬烷），熔点升高得少些。若将直链烷烃的熔点对应碳原子数作图，得到的不是一条平滑的曲线，而是折线。但是，若将奇数碳原子直链烷烃（甲烷除外）的熔点连接起来，则得到一条较平滑的曲线；若将偶数碳原子直链烷烃的熔点连接起来，得到的也是一条较平滑的曲线。偶数碳原子直链烷烃熔点曲线位于奇数碳原子的上面，如图 2－12 所示。

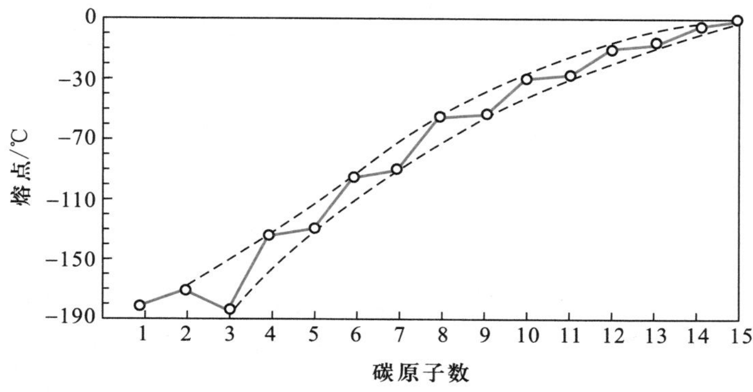

图 2-12　直链烷烃的熔点

四、相对密度

烷烃的相对密度(液态)小于 1。从表 2-2 可以看出,随着碳原子数(或相对分子质量)的增大,直链烷烃的相对密度逐渐增大。

五、溶解度

物质的溶解性能与溶剂有关,结构相似的化合物彼此相溶,即“相似相溶”原理。烷烃是非极性分子,不溶于极性溶剂如水中,但能溶解于某些无极性或极性非常弱的有机溶剂,如四氯化碳、1,2-二氯乙烷等。

六、折射率

折射率是光通过空气和介质的速度比,它是物质的特性常数,即当入射光的波长和温度一定时,物质的折射率是一个常数,一般使用入射光波长为钠光 D 线(λ = 589.3 nm),温度为 20 ℃时,测得的折射率以 n_D^{20} 表示。直链烷烃的折射率随碳原子数增加而增大,见表 2-2。

第五节　烷烃的化学性质

烷烃分子中只含有 C—C 单键和 C—H 键,没有官能团。与其他各类有机化合物相比,烷烃的化学性质最不活泼,不与强酸、强碱、强氧化剂等反应。在实验室中,常用冷的 20%发烟硫酸来鉴别烷烃和芳香烃:烷烃不溶解,而芳香烃溶解(见第七章)。

在一定的条件下,烷烃也能发生一系列化学反应。

一、卤代反应

烷烃分子中的氢原子被卤原子取代的反应称为卤代反应。卤代反应包括氟代、氯代、溴代和碘代,不同卤素与烷烃的反应活性为 $F_2>Cl_2>Br_2>I_2$。因为烷烃与氟反应过于剧烈,难以控制,烷烃与碘反应难以进行,有应用价值的是氯代和溴代反应。

1. 氯代反应

烷烃分子中的氢原子被氯原子取代的反应称为氯代反应，也称氯化反应。

烷烃与氯常温时在暗处并不反应。在日光或紫外线照射下，或热的作用下，烷烃则能与氯反应。反应有时很剧烈，控制不好甚至会爆炸。例如，甲烷和氯的混合物，当比例适当时，在强烈日光照射下，会发生爆炸生成游离碳和氯化氢。

$$CH_4+2Cl_2 \xrightarrow{\text{强烈日光}} C+4HCl$$

但是，控制好反应条件，烷烃与氯能顺利地发生取代反应。例如，在 350~400 ℃，甲烷与氯反应可以生成一氯甲烷、二氯甲烷、三氯甲烷（氯仿）和四氯甲烷（四氯化碳）。

$$4CH_4+10Cl_2 \xrightarrow{350\sim400\ ℃} CH_3Cl+CH_2Cl_2+CHCl_3+CCl_4+10HCl$$

调节甲烷和氯气的比例，使甲烷过量到一定程度（体积比为 10∶1 时），可以得到以氯甲烷为主的产物；甲烷与氯气的体积比为 0.26∶1 时，则可以得到以四氯化碳为主的产物。生产出来的混合物工业上用作溶剂。利用沸点的不同，采用精馏的方法把它们分开，便可得到一氯甲烷、二氯甲烷、三氯甲烷和四氯化碳。这是工业上生产这些化合物的一种方法。

***2. 卤代反应的反应机理**

反应物转变为产物所经过的途径叫作反应机理或反应历程。烷烃的卤代反应是自由基链反应。自由基链反应一般分为链引发、链传递和链终止三个阶段。以甲烷氯代反应为例，反应机理如下：

链引发

$$Cl_2 \xrightarrow{\triangle} 2Cl\cdot \quad 或 \quad Cl_2 \xrightarrow[h\nu]{\text{光照}} 2Cl\cdot \qquad ①$$

链传递

$$Cl\cdot+CH_4 \longrightarrow HCl+CH_3\cdot \qquad ②$$

$$CH_3\cdot+Cl_2 \longrightarrow CH_3Cl+Cl\cdot \qquad ③$$

重复反应②和③，直到链终止

链终止

$$Cl\cdot+Cl\cdot \longrightarrow Cl_2 \qquad ④$$

$$CH_3\cdot+CH_3\cdot \longrightarrow CH_3CH_3 \qquad ⑤$$

$$CH_3\cdot+Cl\cdot \longrightarrow CH_3Cl \qquad ⑥$$

链引发反应①是氯分子 Cl_2 在高温或光照下解离生成氯原子 Cl·。链传递包括反应②和反应③。反应①生成的 Cl·原子碰撞到 CH_4 分子中的 H 原子时，把它从 CH_4 分子中夺取过来，生成 HCl（产物）和 CH_3·自由基——这是反应②。反应②生成的 CH_3·自由基碰撞到 Cl_2 分子时，从 Cl_2 分子中夺取 Cl 原子，生成 CH_3Cl（产物）和 Cl·原子——这是反应③。链传递反应②和③合在一起组成一个完整的循环——反应②消耗掉一个 Cl·原子，反应③重新把它产生出来。反应③重新产生的 Cl·原子可以继续重复循环地反应下去。原则上讲，在有 Cl_2 分子存在时，一个 Cl· 原子通过链传递可以使无穷多个 CH_4 分子氯化。实际上不会如此，原因是在反应过程中还有链终止发生。实验发现，甲烷氯化的反应链还是较长的，约为 10^4 循环。反应④、⑤和⑥是链终止。链终止是自由基结合生成分子。在这过程中，自由基消失，链传递终止，反应当然也就终止了。

随着反应②、反应③的循环进行，体系内的 CH_4 浓度越来越小，CH_3Cl 的浓度逐渐增加，在链传递反应②中，Cl· 原子夺取的如果不是 CH_4 分子中的 H 原子，而是 CH_3Cl 分子中的 H 原子，那么，生成的产物是 CH_2Cl_2。同理，随着反应的进行会有 $CHCl_3$、CCl_4 的生成。由于 Cl· 原子夺取 CH_4、CH_3Cl、CH_2Cl_2 和 $CHCl_3$ 分子中的 H 原子的难易程度相差并不悬殊，所以甲烷氯化的产物经常是 CH_3Cl、CH_2Cl_2、$CHCl_3$ 和 CCl_4 的混合物。

练一练 9

实验发现，烷烃高温气相氯化时，烷烃分子中的任何一个氢原子都可能被氯原子取代生成氯代烷。写出下列烷烃一元氯化可能生成的产物的构造式（不必命名）：

（1）正丁烷　　（2）异丁烷　　（3）异戊烷　　（4）新戊烷

文本

练一练 9
参考答案

3. 卤代反应的取向

丙烷和三个碳原子以上的烷烃发生一元卤化时，生成的卤代烷一般是两种或两种以上的构造异构体。例如：

（1）氯代反应

$$\underset{\text{丙烷}}{CH_3CH_2CH_3} \xrightarrow[h\nu,\,25\ ℃]{Cl_2} \underset{(45\%)}{CH_3CH_2CH_2—Cl} + \underset{(55\%)}{CH_3\underset{\underset{Cl}{|}}{C}HCH_3}$$

$$\underset{\text{异丁烷}}{CH_3—\overset{\overset{CH_3}{|}}{\underset{\underset{H}{|}}{C}}—CH_3} \xrightarrow[h\nu,\,25\ ℃]{Cl_2} \underset{(37\%)}{CH_3—\overset{\overset{CH_3}{|}}{\underset{\underset{Cl}{|}}{C}}—CH_3} + \underset{(63\%)}{CH_3—\overset{\overset{CH_3}{|}}{\underset{\underset{H}{|}}{C}}—CH_2Cl}$$

（2）溴代反应

$$CH_3CH_2CH_3 \xrightarrow[h\nu,\,127\ ℃]{Br_2} \underset{3\%}{CH_3CH_2CH_2Br} + \underset{97\%}{CH_3\overset{\overset{Br}{|}}{C}HCH_3}$$

$$CH_3\overset{\overset{CH_3}{|}}{C}HCH_3 \xrightarrow[h\nu,\,127\ ℃]{Br_2} \underset{\text{少量}}{CH_3\overset{\overset{CH_2Br}{|}}{C}HCH_3} + \underset{>99\%}{CH_3\overset{\overset{CH_3}{|}}{\underset{\underset{Br}{|}}{C}}CH_3}$$

丙烷中有六个伯氢原子和两个仲氢原子。上述实验表明，在给定的氯代反应条件

下，仲氢原子与伯氢原子的活性[1]之比是

$$仲氢活性:伯氢活性=\frac{55}{2}:\frac{45}{6}\approx 4:1$$

异丁烷分子中有九个等同的伯氢原子和一个叔氢原子。同样，叔氢原子与伯氢原子的活性之比是

$$叔氢活性:伯氢活性=\frac{37}{1}:\frac{63}{9}\approx 5:1$$

对于自由基氯代反应或溴代反应，烷烃中氢原子的活性顺序是

叔氢原子 > 仲氢原子 > 伯氢原子

之所以具有上述活性顺序，是与这三种类型 C—H 键的解离能 E_d 的大小有关。例如：

$(CH_3)_3C—H$	$E_d=389.1\ kJ\cdot mol^{-1}$
$(CH_3)_2CH—H$	$E_d=397.5\ kJ\cdot mol^{-1}$
$CH_3CH_2—H$	$E_d=410.0\ kJ\cdot mol^{-1}$

叔 C—H 键的解离能较小，较易断裂，从而导致叔氢原子较易被 Cl·（或 Br·）原子夺取。

上述氯化、溴化反应对氢的选择性，往往在温度不太高时有用，如果温度超过 450 ℃，因为有足够高的能量，反应就没有选择性，反应结果往往是与氢原子的多少有关。

文本

练一练 10 参考答案

练一练 10

根据下列反应结果，计算异戊烷分子中叔、仲、伯氢原子的相对活性（计算时，异戊烷分子中所有的伯氢原子都看作是等同的）。

$$CH_3CH(CH_3)CH_2CH_3 \xrightarrow[300\ ℃]{Cl_2} CH_3CH(CH_3)CH_2CH_2—Cl\ (15\%) + CH_3CH(CH_3)CHClCH_3\ (33\%)$$

$$+ CH_3CCl(CH_3)CH_2CH_3\ (22\%) + Cl—CH_2CH(CH_3)CH_2CH_3\ (30\%)$$

二、氧化反应

常温时，烷烃一般不与氧化剂（如 $KMnO_4$ 稀溶液）反应，也不与空气中的氧反应，但在空气中易燃烧，在空气充足燃烧完全时，生成二氧化碳和水，同时放出大量的热。

① 所谓活性或反应活性或化学活性，指的是反应速率。反应快，活性大；反应慢，活性小。

【应用示例1】 石油产品如汽油、煤油、柴油等作为燃料就是利用它们燃烧时放出的热能的性质。烷烃燃烧不完全时会产生游离碳,汽油、煤油、柴油等燃烧时带有黑烟(游离碳)就是因为空气不足燃烧不完全的缘故。

在一定的条件下,用空气氧化烷烃可以生成醇、醛、酮、酸等含氧有机化合物。由于原料(烷烃和空气)便宜,这类氧化反应在有机化学工业上具有重要的应用。

【应用示例2】 工业上生产乙酸的一种新方法就是以乙酸钴或乙酸锰为催化剂,150~225 ℃、约 5 MPa,在乙酸溶液中用空气氧化丁烷(液相氧化)制备乙酸。

$$CH_3CH_2—CH_2CH_3+\frac{5}{2}O_2 \xrightarrow[150\sim225\ ℃,约5\ MPa]{催化剂} 2CH_3COOH+H_2O$$

(产率 ~50%)

在无机化学中,是用电子得失,也就是氧化数升降,来描述、判断氧化还原反应。而在有机化学中,则经常把在有机化合物分子中引进氧或脱去氢的反应叫作**氧化**,引进氢或脱去氧的反应叫作**还原**。这样定义的氧化还原反应,与以碳原子氧化数的升降描述、判断的有机化合物的氧化还原反应是一致的。

烷烃是易燃易爆物质。烷烃(气体或蒸气)与空气混合达到一定比例时(爆炸范围以内)遇到火花就发生爆炸。这个混合物的比例叫作爆炸极限。例如,甲烷的爆炸极限为 5.53%~14%(体积分数)。在生产上和实验中使用烷烃时必须注意安全事项。

三、裂化、裂解反应

常温时,烷烃是非常稳定的物质,没有分解现象。但是,当隔绝空气加热到一定温度时,烷烃就开始分解。温度越高,分解得越厉害。这个现象叫作烷烃的高温裂化或高温裂解①。例如:

$$CH_3CH_2CH_2CH_3 \xrightarrow{约500\ ℃} \begin{cases} 丁烯+H_2 \\ CH_4+CH_3—CH═CH_2 \\ CH_3—CH_3+CH_2═CH_2 \end{cases}$$

动画

烷烃的高温裂化反应

烷烃的高温裂化或裂解产物复杂。实验表明,烷烃高温裂化或裂解的结果是:

① 发生了 C—C 单键断裂,烷烃分子中任何一个 C—C 单键都可能断裂生成较小的烷烃和烯烃;

② 发生了 C—H 键断裂,烷烃脱氢生成烯烃。高温裂化或裂解时,烷烃分子中 C—C 单键断裂比 C—H 键容易些,也就是烷烃碳链断裂比脱氢容易些。这是因为 C—C 单键的解离能比 C—H 键的解离能小的缘故。

【应用示例】 在石油工业上,烷烃高温裂化可以增产汽油。在炼油厂催化裂化车间,是以硅酸铝为催化剂,450~470 ℃,裂化石油高沸点馏分(例如重柴油等)来生产汽

① 从化学的观点来看,裂化和裂解的含义是等同的,它们是同义词。但在工业上,这两个词的用法则有所不同。炼油厂用裂化,有些炼油厂裂化温度不超过 500 ℃;石油化工厂用裂解,裂解温度较高,一般高于 750 ℃。

油。所得汽油叫作催化裂化汽油，其辛烷值[1]比直馏汽油高，可直接使用。与此同时，还得到大量的催化裂化气，其中含有氢气、$C_1 \sim C_4$ 烷烃、$C_2 \sim C_4$ 烯烃等。催化裂化气与炼油厂其他车间在炼油时产生的气体合并，即为炼厂气。在石油化学工业上，高温裂解的目的是为了生产有机化学工业的基础原料乙烯，同时还得到丙烯、丁烯及1,3-丁二烯等。裂解温度一般是高于750 ℃。

在工业操作条件下，烷烃高温裂化或裂解的反应复杂。其中有C—C单键和C—H键的断裂反应，也有异构化、环化（转变为脂环烃）、芳构化（转变为芳烃）、聚合（由相对分子质量较低的烃转变为相对分子质量较高的烃）等反应。因此，在石油工业和石油化学工业上，在烷烃高温裂化或裂解生成的产物中，既有氢和比原料相对分子质量低的烷烃、烯烃、芳烃等，又有比原料相对分子质量高的烃、焦油及游离碳等。

*第六节　烷烃的来源

一、天然气

天然气的组成因产地不同而变化很大。天然气分为干气（干性天然气）和湿气（湿性天然气）两类。干气的主要成分是甲烷；湿气除主要成分甲烷外，还含有乙烷、丙烷、丁烷等。天然气中除上述烷烃外，还含有一些其他气体，如硫化氢、氮、氦等。常温时干气加压不能液化，湿气加压则可部分液化。

天然气除了用作燃料外，也可用来合成氯仿、四氯化碳、甲醇和甲醛，还可用来制造水煤气、氢气、氮肥。甲烷不完全燃烧可制造炭黑，在1 200 ℃以上，甲烷直接分解成炭黑和氢气。在更高的温度下，如在约1 500 ℃，甲烷可生成乙炔。这是生产乙炔的方法之一。

$$CH_4+H_2O \xrightarrow{725\ ℃} CO+3H_2$$

$$2CH_4 \xrightarrow{1\ 200\ ℃以上} 2C(炭黑)+4H_2$$

$$2CH_4 \xrightarrow{约1\ 500\ ℃} HC\equiv CH(乙炔)+3H_2$$

二、石油

石油主要是烃类的混合物。从地下开采出来的石油一般是深褐色液体，叫作原油。原油的组成与质量因油田不同而有显著的差异。有些地区的原油含有大量的烷烃，甚至几乎全部是烷烃；有些地区的原油含有环烷烃；有些地区的原油含有芳烃。此外，在原油中还含有少量的含氧、含硫、含氮的化合物。

① 辛烷值是汽油抗爆性的指标（表示单位），其大小与汽油组成有关。汽油的辛烷值越大，抗爆性越好，表明汽油质量越高。规定异辛烷（2,2,4-三甲基戊烷）的辛烷值为100，正庚烷的辛烷值为0。当汽油试样与按一定比例组成的异辛烷和正庚烷混合物的抗爆性相等，则该混合物中所含异辛烷的百分数，即为该油品的辛烷值。

石油经炼制可产生汽油、煤油、柴油等轻质燃料，以及润滑油、石油沥青、石油焦等产品。此外，还可得到烯烃（乙烯、丙烯及丁烯等）和芳香烃（苯、甲苯、乙苯及二甲苯等）等基础有机化工原料。

阅读材料

不可再生的能源——石油和石油气

石油又称原油，是一种黏稠的、深褐色液体。石油的性质因产地而异，密度为 0.8~1.0 g·cm^{-3}，黏度范围很宽，凝固点差别很大（30~60 ℃），沸点范围为常温到 500 ℃以上，可溶于多种有机溶剂，不溶于水，但可与水形成乳状液。烃类构成石油的主要组成部分，占 95%~99%，包括：烷烃、环烷烃、芳烃。原油一般按沸点的不同分馏成不同的馏分，如汽油、煤油、柴油、润滑油、石蜡、凡士林、沥青等石油产品，具体用途见表 2-4。

表 2-4　石油产品的具体用途

名称		大致组成	沸点范围/℃	用途
石油气		C_1~C_4	40 以下	燃料、化工原料
粗汽油	石油醚	C_5~C_6	40~60	溶剂
	汽油	C_7~C_9	60~205	内燃机燃料、溶剂
	溶剂油	C_9~C_{11}	150~200	溶剂（溶解橡胶、油漆等）
煤油	航空煤油	C_{10}~C_{15}	145~245	喷气式飞机燃料油
	煤油	C_{11}~C_{16}	160~310	燃料、工业洗涤油
柴油		C_{16}~C_{18}	180~350	柴油机燃料
机械油		C_{10}~C_{20}	350 以上	机械润滑
凡士林		C_{18}~C_{22}	350 以上	制药、防锈涂料
石蜡		C_{20}~C_{24}	350 以上	制皂、蜡烛、蜡纸、脂肪酸等
燃料油			350 以上	船用燃料、锅炉燃料
沥青			350 以上	防腐绝缘材料、铺路及建筑材料
石油焦				制电石、炭精棒、用于冶金工业

石油气（简称煤气）是石油在提炼汽油、煤油、柴油、重油等油品过程中剩下的一种石油尾气，通过一定程序，如采取加压的措施，使其变成液体，装在受压容器内成液化气，主要成分为丙烷、丙烯、丁烷、丁烯等，其主要用作燃料和化工原料。

经过长期的研究，已证明石油是由古代有机物变来的。在古老的地质年代里，古代海洋或大型湖泊里的大量生物、动植物死亡后，遗体被埋在泥沙下，在缺氧的条件下逐步分解变化。随着地壳的升降运动，它们又被送到海底，被埋在沉积岩层里，承受高压和地热的烘烤，经过漫长的转化，最后形成了石油这种液态的碳氢化合物。由于石油的形成过程比较漫长，几乎不可能再生，因此，我们应该注意保护和合理利用石油资源。

学习指导

1. 烷烃的通式

烷烃的通式是 C_nH_{2n+2}。碳原子数多于三个的烷烃有不同数目的同分异构体（构造异构体），不同异构体的物理、化学性质不同。

2. 烷烃中的 σ 键

烷烃分子中碳原子以 sp^3 杂化轨道与氢原子或碳原子成键，烷烃分子中有 C—H σ 键和 C—C σ 键（甲烷例外）；σ 键是由成键轨道沿着轨道对称轴"头顶头"地交盖重叠；重叠部分多，形成的键牢固，不易受外界试剂的影响而表现出比较稳定的化学性质。

3. 烷烃的物理性质

直链烷烃的物理性质中沸点、熔点、相对密度均随分子内碳原子数的增加而有规律地变化。烷烃的相对密度均小于水的相对密度。

4. 烷烃中的碳、氢原子的类型

分子中只与一个碳原子相连的碳原子为伯碳原子，与两个碳原子相连的为仲碳原子，与三个碳原子相连的为叔碳原子，与四个碳原子相连的为季碳原子。根据相连碳原子的不同，氢原子分为伯氢、仲氢和叔氢，不同类型的氢原子有不同的反应活性。

5. 烷烃的命名

烷烃的系统命名原则由两部分组成。一是直链烷烃的命名和习惯命名法相似，把习惯命名中的"正"字去掉。二是支链烷烃的命名是把支链烷烃看作直链烷烃的烷基衍生物命名，遵循以下三点：

（1）选主链——确定母体；选最长的碳链为主链，若遇等长的碳链、选连取代基最多的那条为主链。

（2）编号——确定取代基的位次；从靠近取代基的一端开始编号，若取代基与两端等距离时，遵从位次之和为最小的原则。

（3）写出全称，注意细节表达方式。

6. 烷烃的化学性质

$$CH_4+Cl_2 \xrightarrow{350\sim400\ ℃} CH_3Cl+CH_2Cl_2+CHCl_3+CCl_4+HCl$$

$$R—H+Cl_2 \xrightarrow{h\nu} R—Cl+HCl$$

$$R—H+O_2 \xrightarrow{\text{燃烧}} CO_2+H_2O+\text{热量}$$

$$R—H \xrightarrow[\text{一定条件}]{O_2(\text{空气})} R'OH+R''CHO+R'COOH \quad (—R'、—R''\text{的碳原子数少于}—R\text{的})$$

$$CH_3CH_2CH_2CH_3 \xrightarrow{\text{约 }500\ ℃} \begin{cases} CH_2{=}CH—CH_2—CH_3(\text{和 } CH_3—CH{=}CH—CH_3) + H_2 \\ CH_2{=}CH_2 + CH_3—CH_3 \\ CH_2{=}CH—CH_3 + CH_4 \end{cases}$$

7. 烷烃的卤代反应机理

烷烃在光照或加热的情况下，烷烃分子中的氢原子被卤素取代的反应，反应分链的引发、链的传递、链的终止三个阶段。卤代反应中不同类型氢原子反应活性比较为：叔氢>仲氢>伯氢。

习　题

1. 根据下列名称写出烷烃的构造式，然后判断所给名称有无错误，如有错误，则予以改正，并写出正确的名称。

(1) 1,2-二甲基丁烷　(2) 2,3-二乙基丁烷

(3) 3,4-二甲基戊烷　(4) 2,4-二甲基-3-乙基己烷

(5) 2,5-二甲基-4-乙基己烷　(6) 3-叔丁基戊烷

2. 下列构造式哪些代表着相同的化合物？

(1) $(CH_3)_3CCH_2CH_3$　(2) $CH_3C(CH_3)_2CH_2CH_3$

(3) $(CH_3)_2CHCH_2CH_2CH_3$　(4) $CH_3CH_2CH(CH_3)CH_2CH_3$

(5) $CH_3CH(CH_3)CH_2CH_2CH_3$　(6) $CH_3CH_2CH_2CH(CH_3)_2$

(7) $(CH_3CH_2)_2CHCH_3$　(8) $CH_3CH_2C(CH_3)_2CH_3$

(9) $CH_3(CH_2)_2CH(CH_3)_2$　(10) $CH_3CH_2CH_2CH_2CH_2CH_3$

(11) $CH_3CH_2(CH_3)CHCH_2CH_3$　(12) $CH_3(CH_2)_4CH_3$

3. 写出符合下列条件的烷烃的构造式：

(1) 只含有伯氢原子的戊烷同分异构体　(2) 含有一个叔氢原子的戊烷同分异构体

(3) 只含有伯氢和仲氢原子的己烷同分异构体　(4) 含有一个叔氢原子的己烷同分异构体

4. 写出下列透视式所表示的分子的构造式：

(1) 前碳：CH_3，H，H；后碳：H，H，CH_3　(2) 前碳：H，H，CH_3；后碳：CH_3，H，H

(3) 前碳：CH_3，CH_2CH_3；后碳：H，H，CH_3　(4) 前碳：$C(CH_3)_3$，CH_2CH_3；后碳：H，H，$C(CH_3)_3$

5. 某烷烃的相对分子质量为72，根据氯代产物的不同，推测各烷烃的构造，并写出其构造式。

(1) 一氯代物只能有一种　(2) 二氯代物只可能有两种

(3) 一氯代物可以有四种

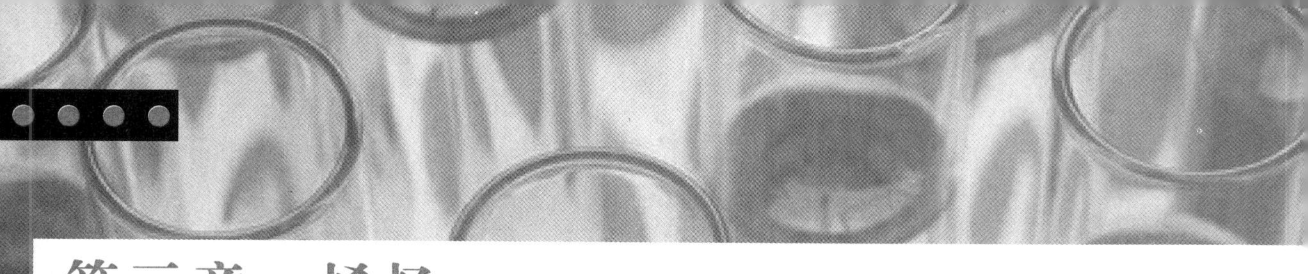

第三章　烯烃

学习目标

1. 了解烯烃的制备方法及烯烃的物理性质；
2. 了解烯烃亲电加成的反应机理；
3. 理解碳原子的 sp^2 杂化及平面三角形空间构型；
4. 理解碳正离子稳定性的比较；
5. 理解烯烃的结构；
6. 掌握烯烃的命名及烯烃的同分异构现象；
7. 掌握烯烃氧化、聚合反应的应用；
8. 掌握不对称加成规则及烯烃的加成反应。

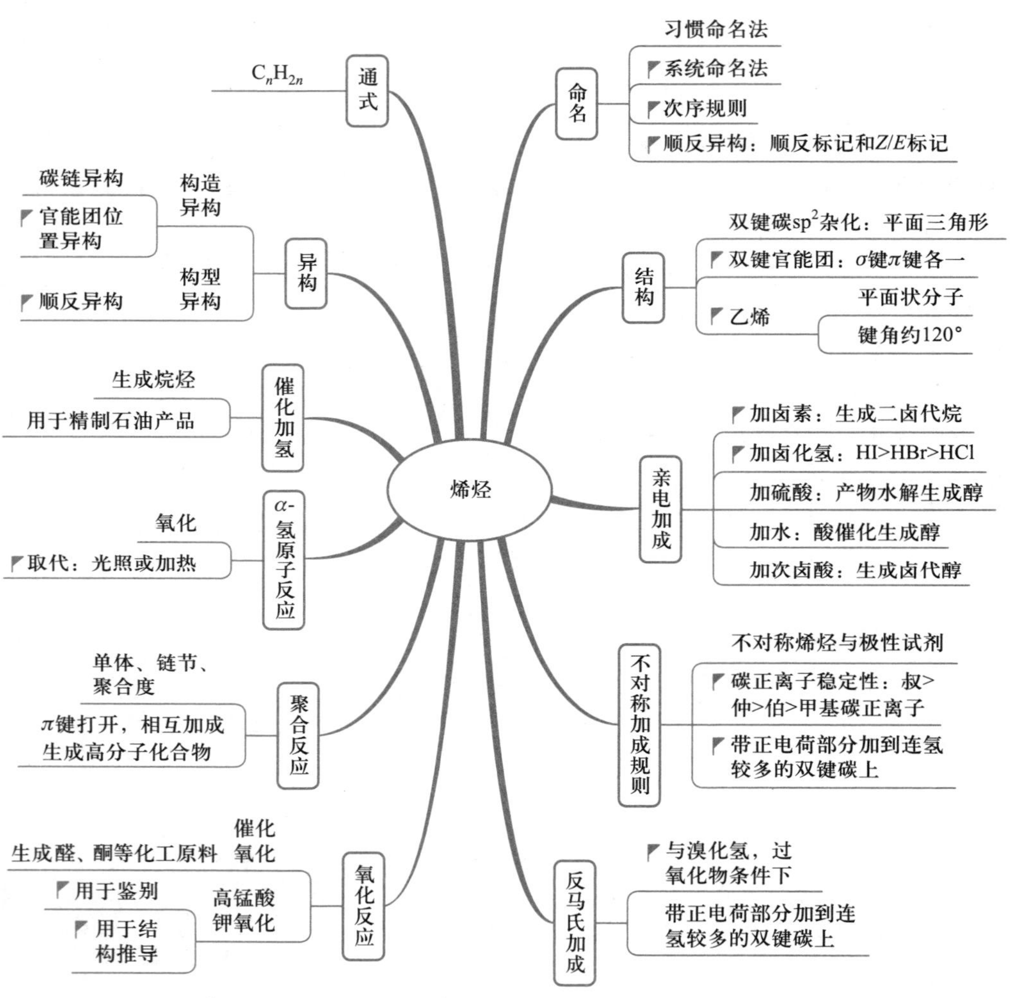

烯烃
通式
C_nH_{2n}
命名
习惯命名法
系统命名法
次序规则
顺反异构：顺反标记和Z/E标记
异构
构造异构
碳链异构
官能团位置异构
构型异构
顺反异构
结构
双键碳sp²杂化：平面三角形
双键官能团：σ键π键各一
乙烯
平面状分子
键角约120°
催化加氢
生成烷烃
用于精制石油产品
亲电加成
加卤素：生成二卤代烷
加卤化氢：HI>HBr>HCl
加硫酸：产物水解生成醇
加水：酸催化生成醇
加次卤酸：生成卤代醇
α-氢原子反应
氧化
取代：光照或加热
不对称加成规则
不对称烯烃与极性试剂
碳正离子稳定性：叔>仲>伯>甲基碳正离子
带正电荷部分加到连氢较多的双键碳上
聚合反应
单体、链节、聚合度
π键打开，相互加成生成高分子化合物
氧化反应
催化氧化
生成醛、酮等化工原料
高锰酸钾氧化
用于鉴别
用于结构推导
反马氏加成
与溴化氢，过氧化物条件下
带正电荷部分加到连氢较多的双键碳上

第一节 烯烃的通式、构造异构和命名

一、烯烃的通式与构造异构

1. 烯烃的通式

脂肪烃分子中含有一个碳碳双键的,叫作烯烃。碳碳双键是烯烃的官能团。烯烃是不饱和脂肪烃,烯烃的通式是 C_nH_{2n}(n 表示 C 原子数)。

2. 烯烃的构造异构

乙烯($CH_2{=}CH_2$)和丙烯($CH_3{-}CH{=}CH_2$)没有构造异构,含有四个碳原子的烯烃有三种构造异构体:

$CH_3{-}CH_2{-}CH{=}CH_2$

1-丁烯

$CH_3{-}\underset{\large|\atop CH_3}{C}{=}CH_2$

异丁烯

$CH_3{-}CH{=}CH{-}CH_3$

2-丁烯

碳碳双键位于末端的烯烃通常叫作**末端烯烃**或**α-烯烃**。例如,上述的 1-丁烯即是 α-烯烃。

从烯烃分子中去掉 1 个氢原子后所剩下的基团叫作**烯基**。乙烯($CH_2{=}CH_2$)只能生成 1 个烯基:

$CH_2{=}CH{-}$　　乙烯基

丙烯($CH_3{-}CH{=}CH_2$)则可生成三种烯基:

$CH_3{-}CH{=}CH{-}$

丙烯基

$CH_3{-}\underset{|}{C}{=}CH_2$

异丙烯基

$CH_2{=}CH{-}CH_2{-}$

烯丙基

其中最常应用到的是烯丙基。

二、烯烃的命名

烯烃通常是以衍生命名法和系统命名法来命名的。只有个别烯烃才具有习惯名称。例如:

$CH_3{-}\underset{\large|\atop CH_3}{C}{=}CH_2$

异丁烯

烯烃的**衍生命名法**是以乙烯作为母体,把其他烯烃看作是乙烯的烷基衍生物来命名。例如:

$CH_3{-}\underset{\large|\atop CH_3}{CH}{-}CH{=}CH_2$

异丙基乙烯

$CH_3{-}CH_2{-}\underset{\large|\atop CH_3}{CH}{-}CH{=}CH_2$

仲丁基乙烯

$CH_3{-}CH{=}CH{-}CH_3$

对称二甲基乙烯

$CH_3{-}\underset{\large|\atop CH_3}{C}{=}CH_2$

不对称二甲基乙烯

烯烃的**系统命名法**是以含有双键的最长碳链作为主链，把支链当作取代基来命名。命名原则如下。

① 选取含有双键的最长碳链作为主链，依主链中所含有的碳原子数把该化合物命名为某烯（碳原子数多于 10 个时，“烯”之前要缀一“碳”字，如十二碳烯）。

② 从靠近双键的一端开始，将主链中的碳原子依次编号。

③ 双键的位置，以双键上位次较小的碳原子号数来表明，写在烯烃名称的前面。

④ 按照次序规则将取代基的位次、数目和名称，写在烯烃名称的前面。

例如：

$$\begin{array}{l} \overset{5}{C}H_3-\overset{4}{C}H_2-\overset{3}{C}H-\overset{2}{C}H=\overset{1}{C}H_2 \\ \qquad\qquad\quad\;\; | \\ \qquad\qquad\;\; CH_3 \end{array}$$

3-甲基-1-戊烯

$$\begin{array}{l} \overset{1}{C}H_2=\overset{2}{C}-CH_2-CH_3 \\ \qquad\quad\;\; | \\ \qquad\;\; \underset{3}{C}H_2-\underset{4}{C}H_2-\underset{5}{C}H_3 \end{array}$$

2-乙基-1-戊烯

$$\begin{array}{l} \overset{5}{C}H_3-\overset{4}{C}H-\overset{3}{C}H=\overset{2}{C}-\overset{1}{C}H_3 \\ \qquad\quad\;\; | \qquad\qquad | \\ \qquad\;\; CH_3 \qquad\;\; CH_3 \end{array}$$

2,4-二甲基-2-戊烯

$$\begin{array}{l} \qquad\qquad CH_3-\overset{3}{C}H-\overset{2}{C}=\overset{1}{C}H_2 \\ \qquad\qquad\qquad\quad\; | \qquad | \\ \underset{6}{C}H_3-\underset{5}{C}H_2-\underset{4}{C}H_2 \;\; CH_2-CH_3 \end{array}$$

3-甲基-2-乙基-1-己烯

$CH_3(CH_2)_{15}CH=CH_2$

1-十八碳烯

练一练 1

写出下列各烯烃的构造式：

(1) 四甲基乙烯　　(2) 三乙基乙烯

(3) 对称二异丁基乙烯　　(4) 不对称二仲丁基乙烯

练一练 2

写出下列各烯烃的构造式：

(1) 2-甲基-2-丁烯　　(2) 3-甲基-1-戊烯

(3) 2-甲基-3-乙基-2-己烯　　(4) 2,5-二甲基-3,4-二乙基-3-己烯

练一练 3

用系统命名法命名下列各烯烃：

(1) $(CH_3)_2CHCH_2CH=CH_2$　　(2) $CH_3CH_2CH(CH_3)CH=CH_2$

(3) $CH_3CH_2C(CH_3)_2CH=CH_2$　　(4) $(CH_3)_2CHCH=CHCH(CH_3)_2$

(5) $(CH_3)_3CCH=CHC(CH_3)_3$　　(6) $(CH_3)_3CCH_2CH=CHCH_2C(CH_3)_3$

文本

练一练 1~3 参考答案

微课

乙烯的结构

第二节　烯烃的结构

一、乙烯的结构

乙烯（$CH_2=CH_2$）分子是平面形结构，键角和键长如图 3-1 所示。

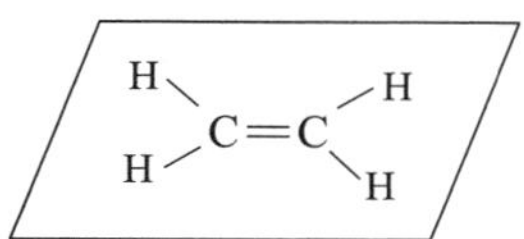

∠HCC = 121.4°

∠HCH = 117.3°

C═C 双键键长 = 0.134 nm

C—H 键键长 = 0.109 nm

图 3-1　乙烯分子的平面形结构

动画

乙烯分子的结构

在乙烯分子中，碳原子是以两个单键和一个双键分别与两个氢原子和另一个碳原子相连接的。按照杂化轨道理论，以两个单键和一个双键分别与三个原子相连接的碳原子是以 sp^2 杂化轨道成键的。碳原子的一个 s 轨道和两个 p 轨道（例如 p_x 和 p_y 轨道）杂化生成三个等同的 sp^2 杂化轨道，另一个 p 轨道（例如 p_z 轨道）未参与杂化。

在 sp^2 杂化轨道中，s 轨道成分占 1/3，p 轨道成分占 2/3。因此，sp^2 杂化轨道也可以形象地看成是由 1/3 的 s 轨道和 2/3 的 p 轨道“混合”而成的。sp^2 杂化轨道的形状与 sp^3 杂化轨道相似（参看图 3-2）。

在乙烯分子中，碳原子的三个 sp^2 杂化轨道在空间的分布如图 3-2（a）所示。三个 sp^2 杂化轨道的对称轴经过碳原子核，处在同一个平面内，互成 120°角，大头一瓣指向正三角形的三个角顶。另一个未杂化的 p 轨道（例如 p_z 轨道）的对称轴垂直于 sp^2 杂化轨道对称轴所在的平面，如图 3-2（b）所示。

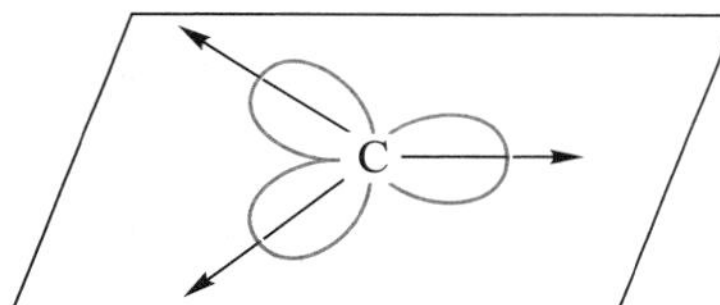

（a）C 原子的三个 sp^2 杂化轨道在空间的分布（小头一瓣未画出）

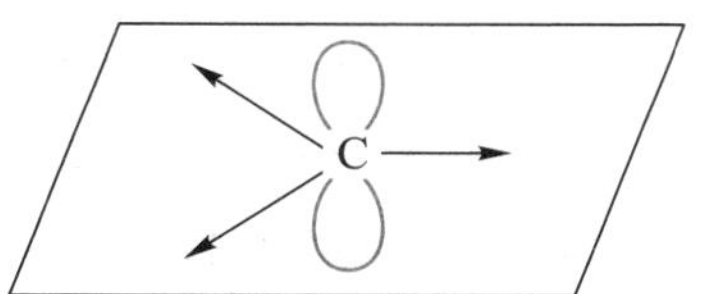

（b）C 原子的未杂化的 p_z 轨道

图 3-2　碳原子的 sp^2 杂化轨道和 p 轨道

动画

sp^2 杂化轨道

在乙烯分子中，C^1 和 C^2 两个原子各以 sp^2 杂化轨道大头一瓣沿着对称轴方向“头顶头”地重叠，在重叠的轨道上有两个自旋相反的电子，形成 C—C σ 键。C^1 和 C^2 两个原子又各以两个 sp^2 杂化轨道大头一瓣沿着对称轴方向分别与四个氢原子的 s 轨道重叠，在每一个重叠的轨道上有两个自旋相反的电子，形成四个 C—H σ 键。这六个原子和五个 σ 键的键轴处在同一个平面内［图 3-3（a）和（b）］。

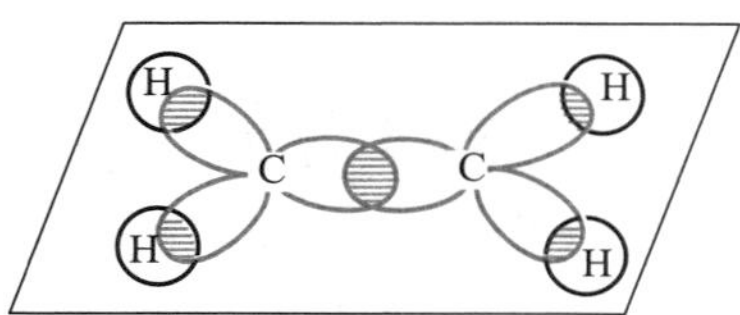

（a）C 原子的 sp^2 杂化轨道之间，以及与 H 原子的 s 轨道之间的相互重叠

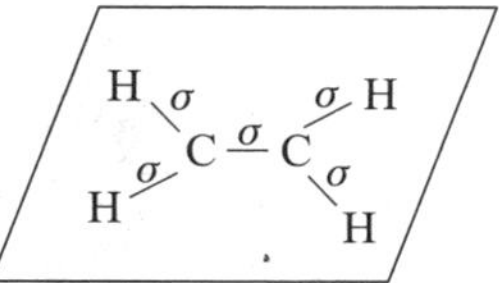

（b）乙烯分子中的 σ 键

图 3-3　乙烯分子中的 σ 键

C^1 和 C^2 这两个原子还各自有一个未杂化的 p_z 轨道。这两个 p_z 轨道的对称轴都垂直于乙烯分子所在的平面，互相平行，它们进行另一种方式的重叠——如图 3-4(a) 中所示“肩并肩”的重叠形成 π 键。图 3-4(b) 给出上述 π 键的电子云分布形状。

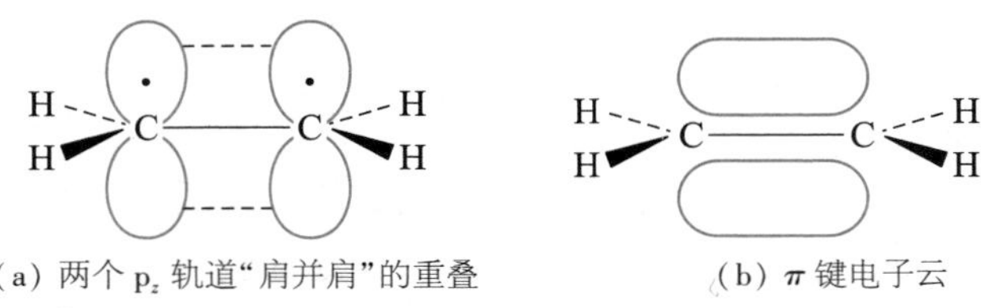

(a) 两个 p_z 轨道“肩并肩”的重叠　　(b) π 键电子云

图 3-4　乙烯分子中的 π 键

乙烯分子平面形结构的原因　从 p 轨道的形状可以看出，当两个 p 轨道互相平行时，轨道重叠得最多；互相垂直时，重叠是零。轨道重叠形成共价键。重叠得越多，键越牢固。为了使两个 p 轨道“肩并肩”地达到最大重叠，形成的 π 键最牢固，乙烯分子中 C^1 和 C^2 原子的 p 轨道必须平行，也就是乙烯分子中的六个原子必须在同一个平面内。这就是乙烯分子为什么是平面形结构的原因。虽然 C^1 和 C^2 原子的三个 sp^2 杂化轨道对称轴之间互成 120°角，但是，由于乙烯分子中的键角(∠HCH 和∠CCH)并不是等同的，所以乙烯分子中的键角并不恰好是 120°，而是接近 120°。

碳碳双键不能以 σ 键为轴自由转动　综上所述可以看出，在碳碳双键中，一个是 σ 键，另一个是 π 键，不是两个等同的共价键。当碳碳双键以 σ 键为轴转动时，由于两个 p 轨道重叠部分变小，碳碳双键中的 π 键就被破坏；转动 90°时，重叠部分变为零，π 键完全被破坏。因此，以双键相连的碳原子不能绕其 σ 键键轴旋转。

此外，π 电子也不像 σ 电子那样集中在两个碳原子核之间，而是如图 3-4(b) 所示，处在乙烯分子所在的平面的上方和下方，两个碳原子核对 π 电子的“束缚力”就比较小，在外界的影响下，例如当试剂进攻时，π 电子就比较容易被极化，导致 π 键断裂发生加成反应。

知识拓展

乙烯分子中的 π 电子云

如果从与轨道相对应的电子云的观点来看，π 键的形成是来自两个互相平行的 p_z 电子云的“肩并肩”的重叠，如图 3-5(a) 所示。图 3-5(b) 是 π 电子云的大致形状。π 电子云有一个对称面，就是通过碳碳双键的 σ 键轴垂直于纸面的平面，也就是两个碳原子和四个 H 原子所在的那个平面。在这个平面内 π 电子云密度等于零。π 键电子云对称分布在这个平面的上方和下方。

动画

乙烯分子中的 π 电子云

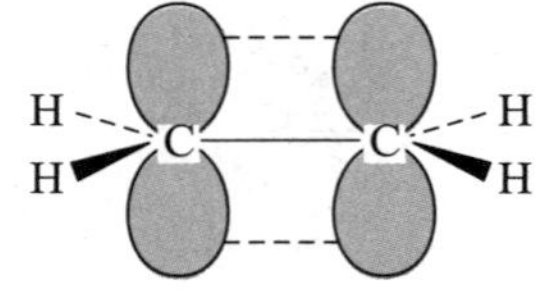

(a) 两个 p_z 电子云“肩并肩”的重叠

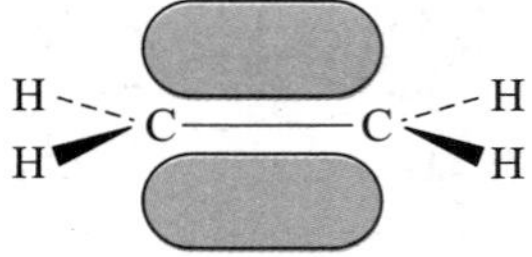

(b) π 键电子云

图 3-5　乙烯分子中的 π 电子云

二、其他烯烃的结构

其他烯烃分子中的碳碳双键与乙烯分子中的碳碳双键基本相同，都是由一个 σ 键和一个 π 键所组成。由于碳碳双键是由一个 σ 键、一个 π 键两对电子共用而形成，相对于单键而言，双键成键电子云密度高，所以碳碳双键键长(0.134 nm)比碳碳单键(0.154 nm)短。π 键是由两个 p 轨道侧面交盖重叠而成，如乙烯分子的 π 电子云一样，烯烃 π 键电子云位于碳碳双键的上方和下方，相对于 σ 键的电子云而言，成键电子云距两原子核较远，受原子核的束缚力比较小，在外界试剂的作用下易变形、拉长断裂，表现出较大的反应活性。

第三节　烯烃的顺反异构与命名

一、烯烃的顺反异构

上节已经指出：① 乙烯分子是平面形的；② 碳碳双键不能以 σ 键为轴自由转动。由于这两个原因，在构造为 abC═Cab 这类烯烃分子中，连接在双键碳原子上的原子或基团在空间的排列就有两种不同的情况，即有两种不同的构型。分子中原子在空间的排列叫作**构型**。对应于这两种不同的构型就有两种不同的化合物，如图 3-6 所示。

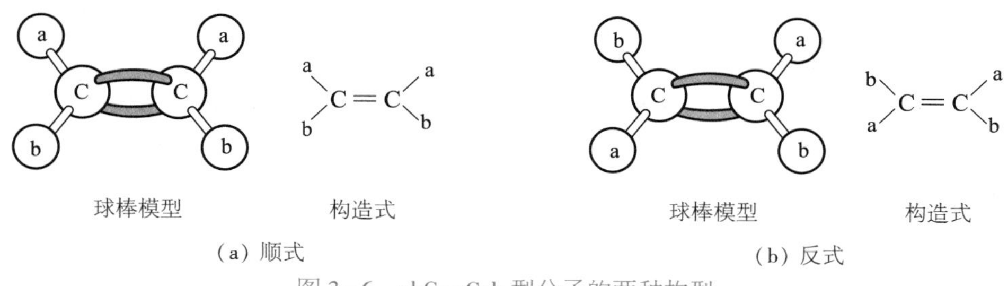

图 3-6　abC═Cab 型分子的两种构型

第一种构型是与双键碳原子相连的相同的两个原子或基团在碳碳双键的同侧，叫作顺式；第二种构型是相同的两个原子或基团在碳碳双键的两侧，叫作反式。例如：

$$\underset{\text{顺-2-丁烯}}{\begin{matrix} CH_3 & & CH_3 \\ & C{=}C & \\ H & & H \end{matrix}} \qquad \underset{\text{反-2-丁烯}}{\begin{matrix} H & & CH_3 \\ & C{=}C & \\ CH_3 & & H \end{matrix}}$$

它们是两种异构体。这类异构体叫作**顺反异构体**。

从模型还可看出，存在顺反异构体的条件是，每个双键碳原子上连接的必须是两个不相同的原子或基团，例如，abC═Cab、abC═Cac 和 abC═Ccd 都有顺反异构体。这两个双键碳原子只要有一个连接的是相同的原子或基团，就没有顺反异构体，例如，aaC═Cab 和 aaC═Cbc 都没有顺反异构体。

二、顺反异构体的命名

1. 顺-反标记法

对于 abC ═Cab 和 abC ═Cac 这两类化合物,经常是用顺-反进行标记。如上所述,相同的两个原子或基团在碳碳双键的同侧,叫作顺式;在碳碳双键的两侧,叫作反式。例如:

$$\begin{matrix} CH_3CH_2 & & CH_3 \\ & C{=}C & \\ H & & H \end{matrix} \qquad\qquad \begin{matrix} H & & CH_2CH_3 \\ & C{=}C & \\ CH_3 & & H \end{matrix}$$

顺-2-戊烯　　　　反-2-戊烯

顺-反标记法显然不适用于命名 abC ═Ccd 这类化合物的顺反异构体。命名顺反异构体普遍适用的方法是 *Z*-*E* 标记法。

2. *Z*-*E* 标记法

在讲述 *Z*-*E* 标记法以前,先学习次序规则。

次序规则是按照优先的次序排列原子或基团的几项规定。优先的原子或基团排列在前面。这几项规定可以概括如下。

(1) 按照与双键碳原子直接连接的原子的原子序数减小的次序排列原子或基团;对于同位素,按照质量数减小的次序排列;孤对电子排在最后。因此:

$$I>Br>Cl>S>F>O>N>C>D>H>:$$

这里,符号“>”表示“优先于”。上述排列次序意味着,Br 原子优先于 Cl 原子,—OH 或—OR 优先于—NH_2 或—NHR 或—NR_2,也优先于—CH_3 或—CH_2CH_3,等等。

(2) 如果与双键碳原子直接连接的原子的原子序数相同,就要从这个原子起向外进行比较,依次外推,直到能够解决它们的优先次序为止。例如,—CH_3 和—CH_2CH_3 直接连接的都是碳原子,但是,在—CH_3 中与这个碳原子相连接的是三个氢原子(H,H,H);而在—CH_2CH_3 中则是一个碳原子和两个氢原子(C,H,H),外推比较,碳的原子序数大于氢,所以—CH_2CH_3>—CH_3。因此,几个简单烷基的优先次序是

$$—C(CH_3)_3>—CH(CH_3)_2>—CH_2CH_3>—CH_3$$

同理,—CH_2OH>—CH_2CH_3,—CH_2OCH_3>—CH_2OH,—CH_2Br>—CCl_3,等等。

(3) 如果基团含不饱和键,可以看作是单键的重复,例如:

$$—C{\equiv}CH \quad 相当于 \quad \begin{matrix} & (C) & (C) & \\ & | & | & \\ — & C & — C & —H \\ & | & | & \\ & (C) & (C) & \end{matrix} \qquad —C{\equiv}N \quad 相当于 \quad \begin{matrix} & (N) & (C) \\ & | & | \\ — & C & — N \\ & | & | \\ & (N) & (C) \end{matrix}$$

$$—CH{=}CH_2 \quad 相当于 \quad \begin{matrix} & H & H & \\ & | & | & \\ — & C & — C & —H \\ & | & | & \\ & (C) & (C) & \end{matrix} \qquad \rangle C{=}O \quad 相当于 \quad \begin{matrix} & & \\ \rangle & C & — O \\ & | & | \\ & (O) & (C) \end{matrix}$$

这样处理后,再进行比较。因此:

$$—C_6H_5 > —C{\equiv}CH > —CH{=}CH_2$$

命名时，按照次序规则，比较每个双键碳原子上所连接的两个原子或基团哪一个优先，优先的两个原子或基团如果是位于双键的同侧，就叫作 Z 式（来自德文 Zusammen，“同”）；如果是位于双键的两侧，就叫作 E 式（来自德文 Entgegen，“对”）。Z,E 写在括号里放在化合物名称的前面。例如：

$$\mathrm{Cl(H)C{=}C(Cl)(CH_3)}$$

（Cl 与 Cl 同侧）

—Cl>—H

—Cl>—CH_3

（Z）-1,2-二氯丙烯

或顺-1,2-二氯丙烯

$$\mathrm{H(Cl)C{=}C(Cl)(CH_3)}$$

（Cl 与 Cl 异侧）

（E）-1,2-二氯丙烯

或反-1,2-二氯丙烯

$$\mathrm{Cl(F)C{=}C(Br)(H)}$$

—Cl>—F

—Br>—H

（Z）-1-氟-1-氯-2-溴乙烯

$$\mathrm{CH_3(H)C{=}C(CH_2CH_3)(CH_2CH_2CH_3)}$$

—CH_3>—H

—$CH_2CH_2CH_3$>—CH_2CH_3

（E）-3-乙基-2-己烯

但是，必须指出，不能误认为 Z 式就一定是顺反标记中的顺式或 E 式也一定是顺反标记中的反式。例如：

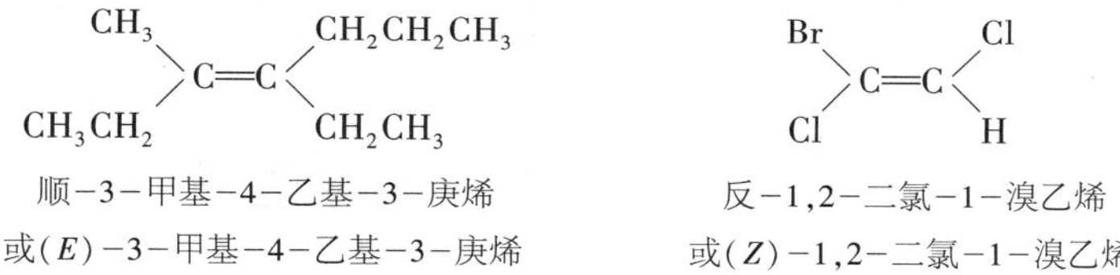

顺-3-甲基-4-乙基-3-庚烯

或（E）-3-甲基-4-乙基-3-庚烯

反-1,2-二氯-1-溴乙烯

或（Z）-1,2-二氯-1-溴乙烯

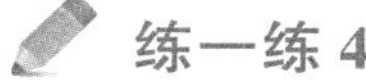

练一练 4

下列化合物有无顺反异构体？若有，写出其顺反异构体，并指出哪个是顺式，哪个是反式。

（1）异丁烯　（2）1-戊烯　（3）2-戊烯

（4）3-己烯　（5）1-氯-1-溴乙烯　（6）1-氯-2-溴乙烯

练一练 5

命名下列化合物：

（1）$\mathrm{(CH_3)(CH_3)C{=}C(CH_2CH_3)(CH_2CH_3)}$

（2）$\mathrm{(CH_3)(CH_3CH_2)C{=}C(CH_2CH_3)(CH_3)}$

（3）$\mathrm{(H)(CH_3)C{=}C(CH_2CH_3)(CH(CH_3)_2)}$

（4）$\mathrm{(F)(Cl)C{=}C(Br)(I)}$

（5）$\mathrm{(F)(Cl)C{=}C(CH_3)(CH_2CH_3)}$

（6）$\mathrm{(H)(CH_3)C{=}C(CH_2CH_2CH_3)(CH_2CH_3)}$

文本

练一练 4 和 5 参考答案

第四节　烯烃的物理性质

常温常压时，乙烯、丙烯和丁烯是气体。在直链 α－烯烃中，从 1－戊烯开始是液体，从 1－二十碳烯开始是固体。表3－1给出一些烯烃的物理常数。从表 3－1 可以看出，直链 α－烯烃的沸点随着分子中碳原子数(或相对分子质量)的增大而升高；烯烃的相对密度(液态)小于 1，随着碳原子数(或相对分子质量)的增大，直链 α－烯烃的相对密度逐渐增大。烯烃不溶于水，但能溶解于某些有机溶剂，如苯、乙醚、氯仿、四氯化碳等。

表 3－1　一些直链 α－烯烃的物理常数

名称	构造式	熔点/℃	沸点/℃	相对密度(d_4^{20})
乙烯	$CH_2{=}CH_2$	－169	－102	0.570
丙烯	$CH_3CH{=}CH_2$	－185	－48	0.610
1－丁烯	$CH_3CH_2CH{=}CH_2$	－130	－6.5	0.625
1－戊烯	$CH_3(CH_2)_2CH{=}CH_2$	－166	3.0	0.643
1－己烯	$CH_3(CH_2)_3CH{=}CH_2$	－138	63.5	0.675
1－庚烯	$CH_3(CH_2)_4CH{=}CH_2$	－119	93	0.698
1－辛烯	$CH_3(CH_2)_5CH{=}CH_2$	－104	122.5	0.716

第五节　烯烃的化学性质

烯烃的化学性质主要表现在官能团碳碳双键上，以及受碳碳双键影响较大的 α－碳原子上[①]的氢原子。

一、加成反应

动画

乙烯的催化加氢

碳碳双键中 π 键较易断裂，在双键的两个碳原子上各加一个原子或基团，这种反应称为加成反应。这是双键官能团最普遍、最典型的一个反应。

1. 催化加氢

在催化剂铂、钯或雷尼(Raney M)镍的催化下，烯烃能与氢加成生成烷烃。

$$CH_2{=}CH_2+H_2 \xrightarrow{\text{催化剂}} CH_3{-}CH_3$$

$$R{-}CH{=}CH_2+H_2 \xrightarrow{\text{催化剂}} R{-}CH_2{-}CH_3$$

烯烃催化加氢的难易取决于烯烃分子的构造和所选用的催化剂。烯烃催化加氢的温度和压力变化的范围很大，有些反应可在常温、常压下进行，也有些反应需要 200～300 ℃、高于 10 MPa 下进行。工业上一般是用雷尼镍作为碳碳双键催化加氢的催化剂。

碳碳双键的催化加氢既可在气相进行，也可在液相进行。在液相进行时，实验室中常用乙醇作为溶剂。

① 在有机化合物分子中，与官能团直接相连的碳原子叫作 α－碳原子，α－碳原子上的氢原子叫作 α－氢原子。

【应用示例】 烯烃的加氢可用于精制汽油和其他石油产品。石油产品中的烯烃易受空气氧化，生成的有机酸有腐蚀作用。它还容易聚合生成树脂状物质，影响油品的质量。可以利用催化加氢除掉烯烃，提高油品的品质。在某些精细合成中，常用催化加氢的方法除去不需要的双键。还可利用加氢反应测定某些化合物的不饱和程度。

2. 亲电加成

由于 π 电子受碳原子核的束缚力较小，易极化给出电子，因此易受缺电子的亲电试剂进攻而发生亲电加成反应。实验证明烯烃的亲电加成分两步进行，以与溴化氢加成为例：

$$>C=C< + H-Br \xrightarrow[\text{慢}]{①} -\overset{+}{C}-\overset{H}{\underset{|}{C}}- + :Br^-$$

$$-\overset{+}{C}-\overset{H}{\underset{|}{C}}- + :Br^- \xrightarrow[\text{快}]{②} -\overset{Br}{\underset{|}{C}}-\overset{H}{\underset{|}{C}}-$$

（反应式中的弯箭号⌒表示电子对转移的方向）

第一步是慢的一步，是控制反应速率的一步——**速控步骤**。这一步反应的结果是碳碳双键与来自 H—Br 的 H^+ 加成，生成碳正离子和 $:Br^-$。H^+ 是亲电试剂，提供 H^+ 的 H—Br 也是亲电试剂，所以，碳碳双键与 H—Br（亲电试剂）的加成是亲电加成。这一步活化能较高，反应慢。第二步是碳正离子与 $:Br^-$ 结合，生成产物。碳正离子是高活性物种，与 $:Br^-$ 结合生成产物时，活化能很低，反应快。

知识拓展

诱导效应与碳正离子的稳定性

分子内由于形成共价键的两原子电负性不同而使成键电子云沿一定方向偏移的效应叫诱导效应，用 I 表示，有给电子的（推电子的）诱导效应（$+I$）和吸电子（拉电子）的诱导效应（$-I$）两种。

以氢原子为标准，当原子或基团的电负性大于氢原子时，该原子或基团具有吸电子性，叫作吸电子基，由吸电子基引起的电子效应，叫作吸电子诱导效应，即这样的基团具有 $-I$ 效应；当原子或基团的电负性小于氢原子时，该原子或基团具有给电子性，叫作给电子基，由给电子基引起的诱导效应，叫作给电子诱导效应，用 $+I$ 表示，即这样的原子或基团具有 $+I$ 效应。

实验测定结果表明，一些吸电子基的 $-I$ 效应由强到弱的次序是

$$-\overset{+}{N}R_3 > -\overset{+}{N}H_3 > -NO_2 > -CN > -COOH > -F > -Cl > -Br > -I >$$
$$-OAr > -COOR > -OR > -COR > -SH > -SR > -OH >$$
$$-C\equiv CR > -Ph > -CH=CH_2 > -H$$

一些给电子基的 $+I$ 效应由强到弱的次序是

$$—O^- > —COO^- > —C(CH_3)_3 > —CH(CH_3)_2 > —CH_2CH_3 > —CH_3 > —H$$

由于诱导效应是以静电诱导的方式沿着σ键依次从一个原子到次一个原子由近而远地传递下去，因此，距离越远，受到的影响也就越小，一般是经过三四个原子后，常常就微不足道了。

根据物理学原理，带电荷体系的稳定性取决于所带电荷的分布情况，电荷越分散，体系越稳定。碳正离子的稳定性也取决于其电荷的分散情况。

由于甲基是给电子的，显然，常见烷基正离子稳定性大小的顺序是

$$CH_3-\overset{+}{\underset{\underset{CH_3}{|}}{C}}-CH_3 > CH_3-\overset{+}{\underset{\underset{CH_3}{|}}{C}}H > CH_3-\overset{+}{C}H_2 > \overset{+}{C}H_3$$

即

叔烷基正离子>仲烷基正离子>伯烷基正离子>甲基正离子

(1) **加氯或溴** 烯烃能与氯或溴加成，生成连二氯代烷或连二溴代烷。例如：

$$CH_3-CH=CH_2+Br_2 \longrightarrow \underset{1,2-二溴丙烷}{CH_3-\underset{\underset{Br}{|}}{C}H-\underset{\underset{Br}{|}}{C}H_2}$$

碳碳双键与氯或溴加成，既可在气相进行，也可在液相进行。反应在液相进行时，四氯化碳、1,2-二氯乙烷等是常用的溶剂，有时也加入一些催化剂，如无水氯化铁。

$$CH_2=CH_2+Cl_2 \xrightarrow[在CH_2Cl-CH_2Cl中]{FeCl_3，约40℃} \underset{1,2-二氯乙烷}{CH_2Cl-CH_2Cl}$$

这是工业上和实验室中制备连二氯和连二溴化合物最常用的一种方法。

微视频

乙烯与卤素的加成(喷泉实验)

碳碳双键与溴加成是检验碳碳双键等不饱和键的一种方法。把红棕色的溴-四氯化碳溶液加到含有碳碳双键的有机化合物或其溶液中，碳碳双键就迅速地与溴加成生成连二溴化合物，而使溴的红棕色消失。

卤素的活性顺序①是

$$Cl_2 > Br_2$$

(2) **加卤化氢** 烯烃能与卤化氢(氯化氢、溴化氢或碘化氢)加成生成卤代烷。例如：

$$CH_2=CH_2+HBr \longrightarrow \underset{溴乙烷}{\underset{\underset{H}{|}}{C}H_2-\underset{\underset{Br}{|}}{C}H_2}$$

马尔科夫尼科夫规则 不对称烯烃与卤化氢加成时可以生成两种产物。例如：

$$CH_3CH_2CH=CH_2+HBr \xrightarrow{醋酸} \underset{2-溴丁烷(80\%)}{CH_3CH_2\underset{\underset{Br}{|}}{C}HCH_3} + \underset{1-溴丁烷(20\%)}{CH_3CH_2CH_2CH_2Br}$$

① 烯烃与氟加成过于猛烈，难以控制；与碘加成很难进行。故实际应用主要是与氯或溴的加成反应。

实验发现，不对称烯烃与卤化氢加成时，卤化氢分子中的氢原子主要加在碳碳双键含氢较多的那个双键碳原子上，卤原子则加在含氢较少的那个双键碳原子上。这是1869年马尔科夫尼科夫（Markovnikov V）根据大量的实验结果总结出来的一条经验规则，叫作马尔科夫尼科夫规则（简称马氏规则）。

知识拓展

亲电加成机理解释马尔科夫尼科夫规则

丙烯与卤化氢的亲电加成机理是（以溴化氢为例）：

$$CH_3—CH=CH_2+H—Br \xrightarrow{慢} \begin{cases} CH_3—\overset{+}{C}H—CH_2(H) + :Br^- \xrightarrow{快} CH_3—CH(Br)—CH_2(H) \quad (1) & 较稳定、易形成 \\ CH_3—CH(H)—\overset{+}{C}H_2 + :Br^- \xrightarrow{快} CH_3—CH(H)—CH_2(Br) \quad (2) & 不稳定、不易形成 \end{cases}$$

与伯烷基正离子（$CH_3—CH_2—\overset{+}{C}H_2$）相比，仲烷基正离子（$CH_3—\overset{+}{C}H—CH_3$）的能量较低，稳定性较大，较易生成，结果是（1）是主要产物，从而解释了马尔科夫尼科夫规则。

【应用示例】 工业生产中用乙烯与干燥的氯化氢加成生产氯乙烷。

$$CH_2=CH_2+HCl \xrightarrow[\text{在 } CH_3—CH_2Cl \text{ 中}]{\text{无水 } AlCl_3, 30\sim40\ ℃, 0.3\sim0.4\ MPa} CH_3—CH_2Cl$$

碳碳双键与卤化氢加成时，卤化氢的活性顺序是：

$$HI > HBr > HCl$$

例如，乙烯不被浓盐酸吸收，但能与浓氢溴酸加成。

反马尔科夫尼科夫加成——过氧化物效应 烯烃与溴化氢加成，如果是在过氧化物存在下进行时，得到的产物就与马尔科夫尼科夫规则不一致，是反马尔科夫尼科夫加成。例如：

$$CH_3—CH=CH_2+HBr \begin{cases} \xrightarrow{无过氧化物} CH_3—CH(Br)—CH_2(H) & 马尔科夫尼科夫加成 \\ \xrightarrow{有过氧化物} CH_3—CH(H)—CH_2(Br) & 反马尔科夫尼科夫加成 \end{cases}$$

由于存在过氧化物而引起的加成定位的改变，叫作**过氧化物效应**。烯烃与卤化氢的加成，只有溴化氢有过氧化物效应。它是自由基加成反应机理。

（3）**加硫酸** 烯烃能与硫酸加成生成硫酸氢酯。例如：

$$CH_2{=}CH_2 + HO{-}SO_2{-}OH \longrightarrow \underset{\text{硫酸氢乙酯}}{\begin{array}{cc} CH_2 & {-}CH_2 \\ | & | \\ HO{-}SO_2{-}O & H \end{array}}$$

$$CH_3{-}CH{=}CH_2 + HO{-}SO_2{-}OH \longrightarrow \underset{\text{硫酸氢异丙酯}}{\begin{array}{ccc} CH_3{-} & CH & {-}CH_2 \\ & | & | \\ HO{-}SO_2{-} & O & H \end{array}}$$

从丙烯与硫酸的加成产物可以看出，不对称烯烃与硫酸加成是马尔科夫尼科夫加成。

烯烃与硫酸的加成产物硫酸氢酯与水共热时则水解生成醇，并重新给出硫酸。例如：

$$\underset{\text{硫酸氢乙酯}}{CH_3CH_2O{-}SO_2{-}OH} + H_2O \xrightarrow{\triangle} \underset{\text{乙醇}}{CH_3{-}CH_2{-}OH} + H_2SO_4$$

$$\underset{\text{硫酸氢异丙酯}}{(CH_3)_2CHO{-}SO_2{-}OH} + H_2O \xrightarrow{\triangle} \underset{\text{异丙醇}}{\begin{array}{c} CH_3{-}CH{-}OH \\ | \\ CH_3 \end{array}} + H_2SO_4$$

从以上所述可以看出，烯烃经过与硫酸加成反应，可以与水反应生成醇——乙烯生成乙醇，丙烯生成异丙醇等。这是工业上生产乙醇、异丙醇等低级醇的一种方法，叫作**烯烃间接水合法**。

烯烃与硫酸的加成产物硫酸氢酯能溶于硫酸中而被吸收。例如，常温时，异丁烯可被约 65% H_2SO_4 吸收，吸收丙烯则需要约 87% H_2SO_4，而乙烯用约 95% H_2SO_4 仍不能吸收完全。不同的烯烃所需吸收的 H_2SO_4 浓度不同。借此，可分离烯烃的混合物。烷烃不与浓 H_2SO_4 反应，故可用冷的浓 H_2SO_4 除去混在烷烃中的烯烃。

（4）**加水**　在酸催化下，烯烃与水加成生成醇。例如：

$$CH_2{=}CH_2 + H_2O \xrightarrow[\text{约 300 ℃，约 7 MPa}]{\text{磷酸－硅藻土}} CH_3{-}CH_2{-}OH$$

$$CH_3{-}CH{=}CH_2 + H_2O \xrightarrow[\text{约 250 ℃，约 4 MPa}]{\text{磷酸－硅藻土}} \begin{array}{c} CH_3{-}CH{-}OH \\ | \\ CH_3 \end{array}$$

这是工业上生产乙醇、异丙醇最重要的一种方法，叫作**烯烃直接水合法**。

从丙烯与水的加成产物可以看出，在酸催化下，不对称烯烃与水加成是马尔科夫尼科夫加成，因此除乙烯外，都得不到伯醇。

直接水合法制备醇的过程中，避免了使用腐蚀性较大的硫酸，而且省去稀硫酸的浓缩回收过程。这既可以节约设备投资和减少能源消耗，又能避免酸性废水的污染。但是，直接水合法要求烯烃的纯度必须达到 97% 以上。而间接水合法，纯度较低的烯烃也可以使用，故间接水合法对于回收利用石油炼厂气中的烯烃，仍然是一种良好的方法。

（5）**加次氯酸**　烯烃能与次氯酸（Cl_2-H_2O）加成生成氯代醇。例如：

$$CH_2{=}CH_2 + H{-}O{-}Cl \longrightarrow \underset{Cl}{CH_2}{-}\underset{OH}{CH_2}$$

次氯酸　　2-氯乙醇

$$CH_3{-}CH{=}CH_2 + H{-}O{-}Cl \longrightarrow CH_3{-}\underset{OH}{CH}{-}\underset{Cl}{CH_2}$$

1-氯-2-丙醇

乙烯与次卤酸的加成,是合成氯乙醇的一种方法。丙烯与次氯酸加成是马尔科夫尼科夫加成,是合成甘油的一个步骤。

二、聚合反应

烯烃分子中的碳碳双键不但能与许多试剂加成,而且还可以通过加成反应自身结合起来生成聚合物,这类反应叫作加成聚合反应,简称**加聚反应**。聚合生成的产物叫作聚合物。

烯烃最重要的聚合反应是由千百个烯烃分子聚合生成高分子化合物或高分子聚合物(简称高聚物)的聚合反应。例如,在络合催化剂[三乙基铝-四氯化钛 $Al(CH_2CH_3)_3$-$TiCl_4$ 或二乙基氯化铝-四氯化钛 $AlCl(CH_2CH_3)_2$-$TiCl_4$ 等]的催化下,加氢汽油为溶剂,乙烯、丙烯各自聚合生成聚乙烯、聚丙烯。

$$nCH_2{=}CH_2 \xrightarrow[60\sim75\ ℃,\sim1\ MPa]{Al(CH_2CH_3)_3-TiCl_4} {+}CH_2{-}CH_2{+}_n$$

聚乙烯

$$nCH_2{=}\underset{CH_3}{CH} \xrightarrow[50\ ℃,2\ MPa]{Al(CH_2CH_3)_3-TiCl_4} {+}CH_2{-}\underset{CH_3}{CH}{+}_n$$

聚丙烯

聚乙烯和聚丙烯是线型高聚物,乙烯和丙烯叫作**单体**,$-CH_2-CH_2-$和$-CH_2-\underset{CH_3}{CH}-$叫作**链节**,$n$ 叫作**聚合度**。聚乙烯、聚丙烯广泛用于农业、工业及国防上,例如可用它们制造薄膜、管件、容器,以及各种绝缘和防腐蚀材料等。

三、氧化反应

烯烃比较容易被氧化。随着氧化剂和氧化条件不同,氧化产物各异。常用的氧化剂(如高锰酸钾、重铬酸钾-硫酸、过氧化物等)都能把烯烃氧化生成含氧化合物。

1. 氧化剂氧化

在非常缓和的条件下,例如,使用适量的稀高锰酸钾冷溶液(质量分数为1%~5%,或更稀),烯烃被氧化生成连二醇,高锰酸钾则被还原成为棕色的二氧化锰从溶液中析出。

$$3RCH{=}CHR' + 2KMnO_4 + 4H_2O \longrightarrow 3R\underset{OH}{CH}{-}\underset{OH}{CH}R' + 2MnO_2\downarrow + 2KOH$$

连二醇

这个反应常用来检验碳碳双键等不饱和键。常温时，把高锰酸钾稀溶液（约 2%）滴加到含有碳碳双键的有机化合物或其溶液中，摇荡，碳碳双键就与高锰酸钾反应而使溶液的紫色褪去，同时生成棕色的二氧化锰沉淀。

在较剧烈的氧化条件下，例如，使用过量的高锰酸钾，并使反应在加热的条件下进行，烯烃被氧化的结果是在原来碳碳双键的位置上发生碳链断裂，生成氧化裂解产物。例如：

$$R-CH=CH-R' \xrightarrow{[O]} \underset{\text{羧酸}}{R-\overset{\overset{\large O}{\|}}{C}-OH} + \underset{\text{羧酸}}{R'-\overset{\overset{\large O}{\|}}{C}-OH}$$

$$R-\overset{\overset{\large R'}{|}}{C}=CH_2 \xrightarrow{[O]} \underset{\text{酮}}{R-\overset{\overset{\large O}{\|}}{C}-R'} + \underset{\text{甲酸}}{H-\overset{\overset{\large O}{\|}}{C}-OH}$$

$$\text{甲酸} \xrightarrow{[O]} H_2O+CO_2$$

当用高锰酸钾－硫酸、重铬酸钾－硫酸作为氧化剂时，也发生上述氧化裂解反应。根据反应得到的氧化裂解产物，可以推测原来的烯烃的构造。

采用过氧化物作氧化剂，如过氧羧酸，能将烯烃氧化成环氧化合物。例如，过氧羧酸能将丙烯氧化成环氧丙烷。

$$CH_3-CH=CH_2 + \underset{\text{过氧羧酸}}{R-\overset{\overset{\large O}{\|}}{C}-O-O-H} \longrightarrow \underset{\text{环氧丙烷}}{CH_3-CH\overset{O}{\frown}CH_2} + RCOOH$$

2. 催化氧化

烯烃催化氧化可以生成不同的产物。例如：

$$CH_2=CH_2+\frac{1}{2}O_2 \xrightarrow[100\sim125\ ℃,0.3\ MPa]{PdCl_2-CuCl_2} CH_3CHO$$

$$CH_3-CH=CH_2+\frac{1}{2}O_2 \xrightarrow[120\ ℃,0.9\sim1.2\ MPa]{PdCl_2-CuCl_2} CH_3-\overset{\overset{\large O}{\|}}{C}-CH_3$$

$$CH_2=CH_2+\frac{1}{2}O_2(\text{空气}) \xrightarrow[220\sim280\ ℃]{Ag} CH_2\overset{O}{\frown}CH_2$$

工业上利用上述反应生产乙醛、丙酮和环氧乙烷。就最后一个反应而言，反应温度低于220 ℃，则反应太慢；超过 300 ℃，便部分地氧化成二氧化碳和水，致使产率下降。所以，严格控制反应温度十分重要。

四、α－氢原子的反应

烯烃分子中的 α－氢原子因受双键的影响，表现出特殊的活泼性，容易发生取代反应和氧化反应。

丙烯($CH_3—CH═CH_2$)分子中含有乙烯基($CH_2═CH—$)和甲基($CH_3—$),在一定条件下,碳碳双键可以与氯加成,α-C—H 键中的 H 原子可以被氯原子取代。因此,当丙烯与氯反应时,就会发生两个互相竞争的反应——加成与取代,生成两种不同的产物:

$$CH_3—CH═CH_2+Cl_2 \begin{cases} \xrightarrow{<200\ ℃,加成} CH_3—CHCl—CH_2Cl \quad (主要反应) \\ \xrightarrow{>300\ ℃,取代} ClCH_2—CH═CH_2 \quad (主要反应) \end{cases}$$

实验发现,温度越高,越有利于取代。200 ℃以下,主要反应是加成;300 ℃以上,主要反应变成了取代。当温度升高到 500 ℃,丙烯与氯的加成大大被抑制,可以得到较高产率的取代产物。工业上就是采用这种方法,使干燥的丙烯在 500~530 ℃与氯反应来生产3-氯丙烯。

α-氢原子不仅易被卤素取代,也易被氧化。在不同的催化条件下,用空气或氧气作氧化剂,氧化产物不同。例如,丙烯在下列条件下,可氧化生成丙烯醛:

$$CH_2═CH—CH_3+O_2(空气) \xrightarrow[350\ ℃,0.25\ MPa]{Cu_2O} \underset{丙烯醛}{CH_2═CH—CHO}$$

这是工业上生产丙烯醛的主要方法。

在钼酸铋或磷钼酸铋的催化下,丙烯高温气相氧化生成丙烯酸:

$$CH_2═CH—CH_3+\frac{3}{2}O_2 \xrightarrow[300\sim400\ ℃]{催化剂} CH_2═CH—COOH+H_2O$$

这是工业上生产丙烯酸的一种方法。

练一练 6

写出异丁烯与下列试剂反应时生成的产物:

(1) H_2/Pt　　(2) Br_2/CCl_4　　(3) HI

(4) 浓 H_2SO_4　　(5) H_2O/H^+　　(6) HOCl

(7) $KMnO_4$ 水溶液(适量,稀冷)　　(8) $KMnO_4$ 水溶液(过量,热)

练一练 7

有两气囊气体,一种是乙烷,另一种是乙烯,用简便方法把它们鉴别出来。

文本

练一练 6 和 7 参考答案

微课

乙烯的用途

*第六节　烯烃的制法

烯烃中最重要的是乙烯,其次是丙烯,它们都是有机化学工业基础原料,它们的来源或制备如下。

一、从裂解气、炼厂气中分离

石油化工厂裂解石油得到的石油裂解气中含有乙烯、丙烯、丁烯、1,3-丁二烯等烯烃和二烯烃。炼油厂炼制石油时得到的炼厂气中含有乙烯、丙烯、丁烯等烯烃。经过一系列的步骤，可以从它们中分离出乙烯、丙烯等。这是工业上大规模生产乙烯、丙烯等的方法。

二、醇脱水

醇脱水是实验室中制备烯烃的一种重要方法。在催化剂作用下，加热时，醇脱水可以生成烯烃。醇催化脱水一般分为两类：

液相催化脱水　以浓硫酸为催化剂，加热时，醇即脱水生成烯烃。例如：

$$\underset{\text{乙醇}}{CH_3—CH_2—OH} \xrightarrow[\text{约 170 ℃}]{\text{浓 } H_2SO_4} \underset{\text{乙烯}}{CH_2=CH_2} + H_2O$$

气相催化脱水　以氧化铝为催化剂，高温下，醇的蒸气即在氧化铝表面上脱水生成烯烃。例如：

微视频

乙烯的制备（乙醇的催化脱水）

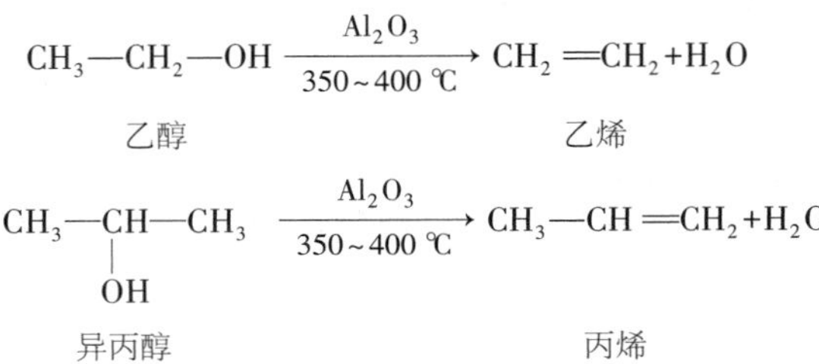

$$\underset{\text{乙醇}}{CH_3—CH_2—OH} \xrightarrow[350\sim400\ ℃]{Al_2O_3} \underset{\text{乙烯}}{CH_2=CH_2} + H_2O$$

$$\underset{\text{异丙醇}}{CH_3—\underset{\underset{OH}{|}}{CH}—CH_3} \xrightarrow[350\sim400\ ℃]{Al_2O_3} \underset{\text{丙烯}}{CH_3—CH=CH_2} + H_2O$$

文本

练一练 8 参考答案

> **练一练 8**
>
> 下列醇脱水生成哪些烯烃？写出反应式和烯烃的名称。
>
> （1）丁醇 $CH_3CH_2CH_2CH_2OH$　　　　（2）叔丁醇$(CH_3)_3COH$

三、卤代烷脱卤化氢

卤代烷与浓的强碱醇溶液（如浓的氢氧化钾乙醇溶液）共热，则脱去一分子卤化氢生成烯烃。例如：

$$\underset{\text{异丙基溴}}{CH_3—\underset{\underset{Br}{|}}{CH}—CH_3} + KOH \xrightarrow[\triangle]{C_2H_5OH} \underset{\text{丙烯}}{CH_3—CH=CH_2} + KBr + H_2O$$

这是制备烯烃、也是形成碳碳双键的一种方法。

> **阅读材料**　　三大合成高分子材料之一——塑料
>
> 塑料是一类具有可塑性的高分子材料。它的基本原料是乙烯、丙烯、丁二烯、乙炔、苯、甲苯、二甲苯等低相对分子质量有机化合物，主要来源于石油、天然气、煤、电

石等自然资源。塑料作为消费量最大的高分子材料，不仅被广泛用作人类日常生活用品，还大量用于机电、化工、建筑、交通运输、轻纺、仪表、农业等众多部门。

塑料以高分子合成树脂为主要成分，合成树脂占塑料总量的40%～100%，为了改善塑料制品的某些性质，使之便于加工成型，常要在树脂中加一些辅助剂，主要有填料、增塑剂、稳定剂和色料。塑料种类繁多，按受热性能和使用范围进行分类。

按树脂不同的受热特性分为热塑性塑料和热固性塑料两种。热塑性塑料主要由聚合树脂制成，这类塑料受热时软化或熔化，冷却后变硬，可反复如此操作，其废品可回收再生，包括聚乙烯、聚丙烯、聚氯乙烯、聚甲醛、聚苯醚、聚氯醚、聚四氟乙烯等。热固性塑料大多以缩聚树脂为基础，加入适量的添加剂制成，加工成型后，受热不会软化、熔融，也不溶于有机溶剂，因此，热固性塑料制品不能回收再生，包括酚醛塑料、脲醛塑料、氨基塑料和环氧塑料。

根据各种塑料不同的使用范围，通常将塑料分为通用塑料、工程塑料和特种塑料三种类型。通用塑料一般是指产量大、用途广、价格便宜的一类塑料；工程塑料通常是指机械强度好，具备耐高温、耐腐蚀等性能，可以代替金属材料用来制备机器零部件的一类塑料；特种塑料一般是指具有特种功能，可用于航空、航天等特殊应用领域的塑料，如氟塑料、有机硅塑料。

塑料技术的发展日新月异，新型功能塑料不断涌现，比较有代表性的有：日本电气公司开发的以植物为原料的新型高热传导率生物塑料，其热传导率与不锈钢不相上下，这种生物塑料除导热性能好外，还具有质量轻、易成型、对环境污染小等优点，可用于生产轻薄型的计算机、手机等电子产品的外框；英国谢菲尔德大学的研究人员开发的人造“塑料血”，外形就像浓稠的糨糊，只要将其溶于水后就可以给患者输血，可作为急救过程中的血液替代品；墨西哥的一个科研小组最近研制的新型防弹塑料，可用来制作防弹玻璃和防弹服，质量只有传统材料的1/5至1/7。

学习指导

1. 烯烃的通式

烯烃的通式是C_nH_{2n}。

2. 烯烃的官能团及结构

烯烃官能团碳碳双键是由一个σ键与一个π键组成。双键碳的杂化状态是sp^2。乙烯分子内六个原子共平面，分子内键之间夹角约120°，π键电子云位于六个原子所处平面碳碳连线的上方和下方，受碳原子核的束缚力比较小，易受外界试剂的影响而发生化学变化，因此烯烃有比较活泼的化学性质。

3. 烯烃的同分异构

烯烃的同分异构有两种：构造异构和构型异构。构造异构包含碳链异构和官能团位置异构；构型异构是顺反异构。不是所有的烯烃都有顺反异构。

4. 烯烃的命名

烯烃的命名是选择含有碳碳双键在内的最长碳链为主链，从靠近双键的一端依次对主链碳进行编号，命名时和烷烃相似，不同的是双键的位次以编号较小的一个双键碳来表示，并写在烯烃名称前。顺反异构体的命名要依据次序规则用“顺”“反”或 Z/E 来标记。

5. 烯烃的化学性质

$$\mathrm{R{-}CH{=}CH_2 + H_2 \xrightarrow{催化剂\ Ni\ 等} R{-}CH_2{-}CH_3}$$

$$\mathrm{R{-}CH{=}CH_2 + X_2 \longrightarrow R{-}\underset{\displaystyle X}{\underset{|}{CH}}{-}\underset{\displaystyle X}{\underset{|}{CH_2}}}\qquad (\mathrm{X}:\mathrm{Cl}、\mathrm{Br})$$

$$\mathrm{R{-}CH{=}CH_2 + HX \longrightarrow R{-}\underset{\displaystyle X}{\underset{|}{CH}}{-}\underset{\displaystyle H}{\underset{|}{CH_2}}}\qquad (\mathrm{X}:\mathrm{Cl}、\mathrm{Br})$$

$$\mathrm{R{-}CH{=}CH_2 + HBr \xrightarrow{过氧化物} R{-}CH_2{-}CH_2{-}Br}\qquad (过氧化物效应：反马尔科夫尼科夫加成)$$

$$\mathrm{R{-}CH{=}CH_2 + H_2O \xrightarrow{H_3PO_4} R{-}\underset{\displaystyle OH}{\underset{|}{CH}}{-}CH_3}$$

$$\mathrm{R{-}CH{=}CH_2 + H{-}OSO_2OH \longrightarrow R{-}\underset{\displaystyle OSO_2OH}{\underset{|}{CH}}{-}CH_3 \xrightarrow[\triangle]{H_2O} R{-}\underset{\displaystyle OH}{\underset{|}{CH}}{-}CH_3}$$

$$\mathrm{RCH_2{-}CH{=}CH_2 + HOCl \longrightarrow RCH_2{-}\underset{\displaystyle OH}{\underset{|}{CH}}{-}\underset{\displaystyle Cl}{\underset{|}{CH_2}}}$$

$$\mathrm{CH_2{=}CH_2 + O_2 \xrightarrow[250\ ^\circ C]{Ag} \underset{\diagdown\,O\,\diagup}{CH_2{-}CH_2}}$$

6. 烯烃的鉴别

烯烃可使溴水的红棕色褪去，也可使紫红色的 $\mathrm{KMnO_4}$ 溶液的颜色褪去。

动画

不饱和烃使紫红色高锰酸钾溶液褪色

7. 结构推导——烯烃性质的应用

有机化学习题中结构推导题是一类涉及知识面比较广泛、综合性比较强的练习题。解这类习题要根据给出的全部条件加以综合分析、推导得出答案。通过这类练习，可以帮助学生系统地掌握、熟练地运用所学的基本知识，培养逻辑推理的思维能力。这类题型在以后各章中均会遇到，这里简介解题的步骤并结合烯烃给出例子以使同学们触类旁通。

推导有机化合物的结构，一般要从以下几个步骤着手。

(1) 明确题目的含义，掌握题中给出的每一个信息。

(2) 根据有机化合物分子式中所含元素、不饱和或饱和情况，与所熟悉化合物的通式进行比较，初步判断化合物的类型。

(3) 通过题中给出化学变化中反应物与产物分子式的比较，结合已学的化合物的化学性质，逐步推出化合物的构造式。

(4) 结构推导中也常常用“倒推法”，即从最后的结果逐步向前推导，得出可能的结构后再用题意中给出的信息逐一验证，若吻合则说明推理正确；否则就需要重新考虑正确答案。在遇到不清楚的问题要追根求源，弄明白变化的过程、掌握对应的知识及其应用才是这类题目训练的目的。

例：某化合物 A 的分子式为 C_5H_{10}，催化加氢后得到化合物 B(C_5H_{12})，A 经酸性高锰酸钾溶液氧化得到两种羧酸(乙酸 $CH_3-\overset{O}{\overset{\|}{C}}-OH$ 和丙酸 $CH_3-CH_2-\overset{O}{\overset{\|}{C}}-OH$)试推出该化合物可能是什么物质，并命名。

解题分析：

(1) 化合物的分子式为 C_5H_{10}，符合通式 C_nH_{2n}，可以初步判定该化合物为烯烃。

(2) A 催化加氢后得到 B，B 的分子式为 C_5H_{12}，符合 C_nH_{2n+2}，B 是烷烃，进一步证明 A 为烯烃。

(3) 烯烃 C_5H_{10} 经酸性 $KMnO_4$ 溶液氧化得 $CH_3-\overset{O}{\overset{\|}{C}}-OH$ 和 $CH_3-CH_2-\overset{O}{\overset{\|}{C}}-OH$ 证明化合物 A 具有 $C-C=C-C-C$ 的骨架，A 的构造式为 $CH_3CH=CH-CH_2-CH_3$。

(4) A 的构造式代表两种不同构型的烯烃(顺反异构体)，从而推出 A 可能是

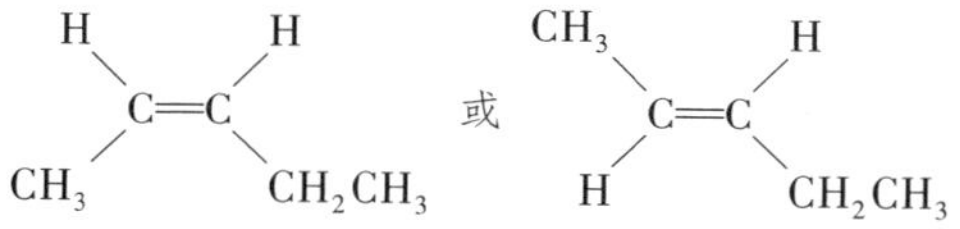

$$\begin{array}{ccc} \overset{H\quad\quad H}{\underset{CH_3\quad\quad CH_2CH_3}{C=C}} & 或 & \overset{CH_3\quad\quad H}{\underset{H\quad\quad CH_2CH_3}{C=C}} \\ 顺-2-戊烯 & & 反-2-戊烯 \end{array}$$

解题的参考格式如下：

解：依题意推知 A 可能是顺-2-戊烯或反-2-戊烯，结构式分别为

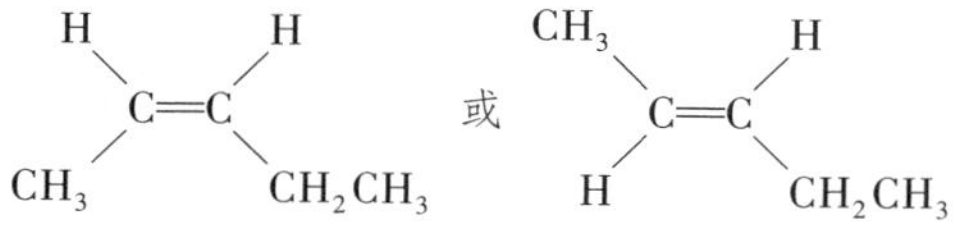

$$\overset{H\quad\quad H}{\underset{CH_3\quad\quad CH_2CH_3}{C=C}} \quad 或 \quad \overset{CH_3\quad\quad H}{\underset{H\quad\quad CH_2CH_3}{C=C}}$$

推导过程为

$$\underset{(A)}{CH_3CH=CH-CH_2-CH_3} \xrightarrow[催化剂]{H_2} \underset{(B)}{CH_3CH_2CH_2CH_2CH_3}$$

$$CH_3CH=CH-CH_2-CH_3 \xrightarrow[H^+]{KMnO_4} CH_3\overset{O}{\overset{\|}{C}}-OH + CH_3-CH_2-\overset{O}{\overset{\|}{C}}-OH$$

习　　题

1. 根据下列名称写出烯烃的构造式，然后判断所给名称有无错误，如有错误，则予以改正，并写出正确的名称。

(1) 2-甲基-3-戊烯　　(2) 2-乙基-3-戊烯　　(3) 3-乙基-3-戊烯

(4) 1-甲基-1-丁烯　　(5) 3-氯-2-丁烯　　(6) 1-氯-1-丁烯

2. 写出分子组成为 C_5H_{10} 的烯烃构造异构体。在其构造异构体中，哪些有顺反异构体？写出其顺反异构体，并命名。

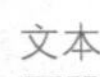

第三章习题参考答案

3. 分子式为 C_6H_{12}的化合物，能使溴水褪色，催化加氢生成正己烷，用过量的高锰酸钾氧化则生成两种羧酸。写出这种化合物的构造式及各步反应的反应式。

4. 推断 A 的构造式，并对其命名：

$$A(C_4H_8) \xrightarrow[\text{氧化}]{KMnO_4} CH_3—COOH$$

5. 完成下列转变：

(1) $CH_3—CHOH—CH_3 \longrightarrow CH_3—CH_2—CH_3$

(2) $CH_3—CHOH—CH_3 \longrightarrow CH_3—CHOH—CH_2Br$

(3) $CH_3—CHOH—CH_3 \longrightarrow CH_3—CHOH—CH_2OH$

(4) $CH_3—CH_2—CH_2—CH_2—OH \longrightarrow CH_3—CH_2—CHBr—CH_3$

(5) $CH_3—CH_2—CH_2—CH_2—OH \longrightarrow CH_3—CH_2—CHOH—CH_3$

6. 由指定原料合成指定化合物：

(1) $CH_3—CH_2OH \longrightarrow CH_2Br—CH_2Br$

(2) $CH_3—CH_2OH \longrightarrow CH_2Br—CH_2OH$

(3) $CH_3—CH═CH_2 \longrightarrow CH_2Cl—CHCl—CH_2Cl$

7. 用什么试剂可以除去乙烷中少量的乙烯杂质？

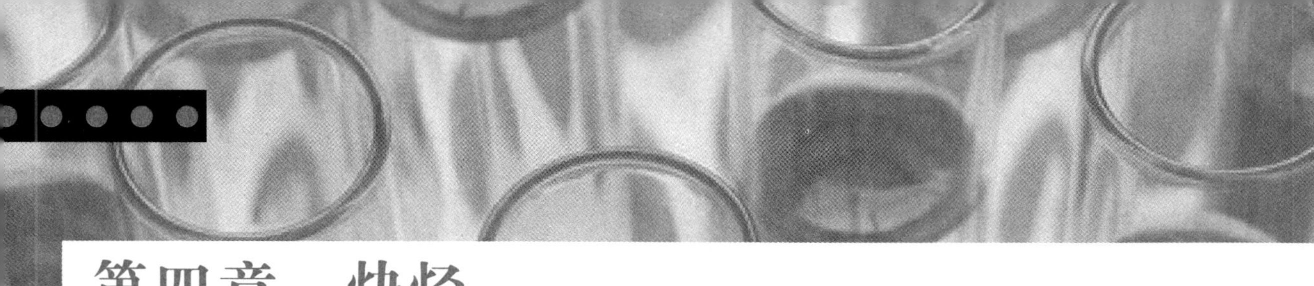

第四章　炔烃

学习目标

1. 了解炔烃的制备方法及炔烃的物理性质；
2. 了解不同杂化状态碳原子电负性的比较；
3. 理解碳原子 sp 杂化及直线形的空间构型；
4. 理解炔烃的结构；
5. 掌握炔烃的同分异构现象；
6. 掌握炔烃的命名、烯炔的命名；
7. 掌握炔烃的化学性质及其应用。

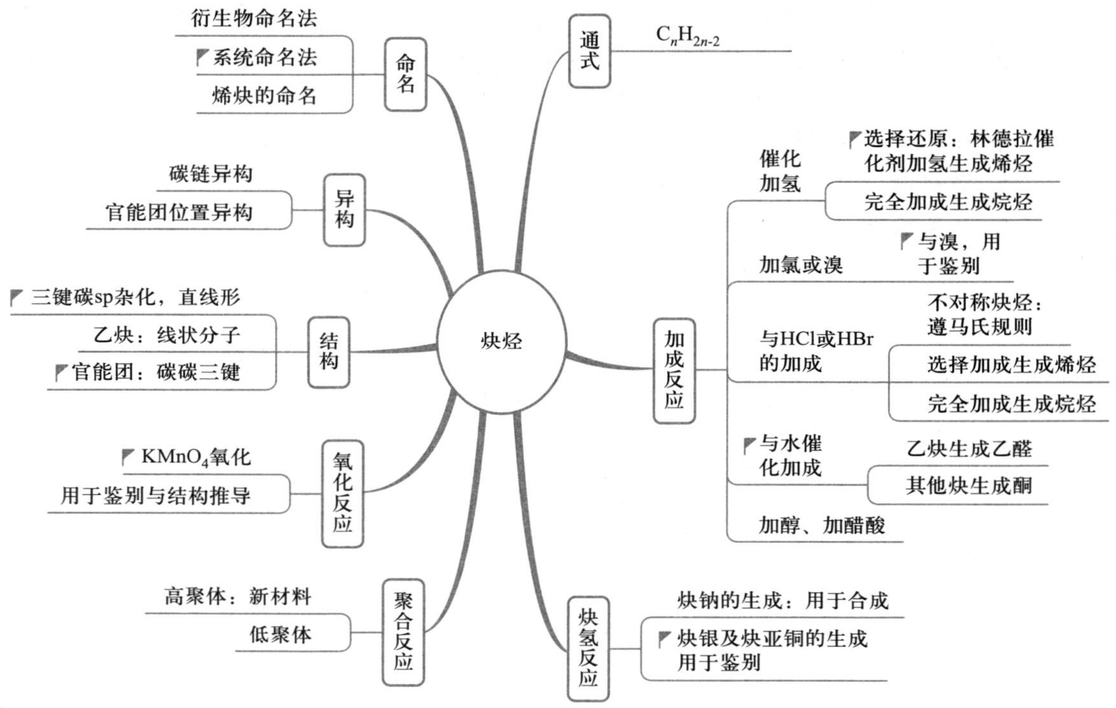
炔烃
命名
衍生物命名法
系统命名法
烯炔的命名
异构
碳链异构
官能团位置异构
结构
三键碳sp杂化，直线形
乙炔：线状分子
官能团：碳碳三键
氧化反应
KMnO4氧化
用于鉴别与结构推导
聚合反应
高聚体：新材料
低聚体
通式
CnH2n-2
加成反应
催化加氢
选择还原：林德拉催化剂加氢生成烯烃
完全加成生成烷烃
加氯或溴
与溴，用于鉴别
与HCl或HBr的加成
不对称炔烃：遵马氏规则
选择加成生成烯烃
完全加成生成烷烃
与水催化加成
乙炔生成乙醛
其他炔生成酮
加醇、加醋酸
炔氢反应
炔钠的生成：用于合成
炔银及炔亚铜的生成用于鉴别

第一节　炔烃的通式、同分异构和命名

一、炔烃的通式与同分异构

脂肪烃分子中含有碳碳三键的，叫作炔烃。碳碳三键是炔烃的官能团。炔烃是不饱和脂肪烃。炔烃的通式是 C_nH_{2n-2}（n 表示 C 原子数）。

在炔烃分子中，碳碳三键处于末端的，例如 $HC\equiv CH$、$RC\equiv CH$，叫作**末端炔烃**；处于中间的，例如 $RC\equiv CR'$，叫作非末端炔烃。在末端炔烃分子中，碳碳三键碳原子上的氢叫作**炔氢**。

炔烃只有碳链异构和官能团位置异构这两种异构现象。例如，含有四个碳原子的烯烃如上一章第一节所述有三种构造异构体，而含有四个碳原子的炔烃只有两种构造异构体：

$$CH_3-CH_2-C\equiv CH \qquad\qquad CH_3-C\equiv C-CH_3$$

1-丁炔　　　　2-丁炔

含有五个碳原子的烯烃有五种构造异构体，而含有五个碳原子的炔烃只有三种构造异构体：

$$CH\equiv C-CH_2CH_2CH_3 \qquad CH_3C\equiv CCH_2CH_3 \qquad \begin{array}{l} CH\equiv C-CH-CH_3 \\ \qquad\quad\ \ | \\ \qquad\quad CH_3 \end{array}$$

1-戊炔　　　　2-戊炔　　　　3-甲基-1-丁炔

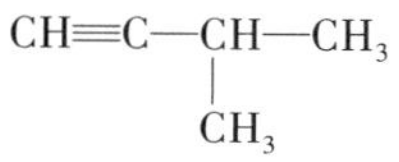

二、炔烃的命名

炔烃的命名原则与烯烃的相似。选择含有碳碳三键在内的最长碳链为主链，根据主链碳原子数称为“某”炔，从靠近官能团一端开始编号确定取代基的位次；支链作为取代基，官能团的位置以其碳原子编号较小的阿拉伯数字表示，写在炔烃母体名称前面，取代基的位置、数目、名称表示的原则与烯烃的相似。例如：

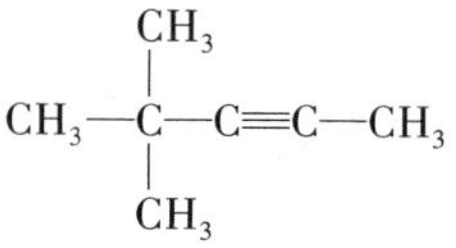

$$\begin{array}{c} \quad CH_3 \\ \quad | \\ CH_3-C-C\equiv C-CH_3 \\ \quad | \\ \quad CH_3 \end{array} \qquad\qquad \begin{array}{l} \qquad\quad\ \ CH_3 \\ \qquad\qquad | \\ CH_3CH_2-C-C\equiv C-CH-CH_2CH_3 \\ \qquad\qquad | \qquad\qquad\ \ | \\ \qquad\quad\ \ CH_3 \qquad\quad CH_3 \end{array}$$

4,4-二甲基-2-戊炔 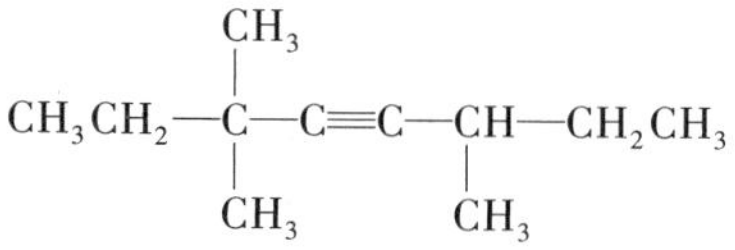　　　　3,3,6-三甲基-4-辛炔

炔烃的衍生命名法是把炔烃看作是乙炔的衍生物。例如：

炔　　烃	衍生命名法	系统命名法
$CH\equiv CH$		乙炔
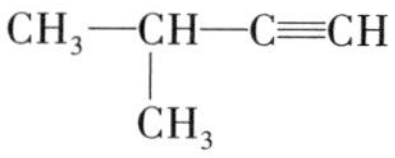 $CH_3-CH(CH_3)-C\equiv CH$	异丙基乙炔	3-甲基-1-丁炔
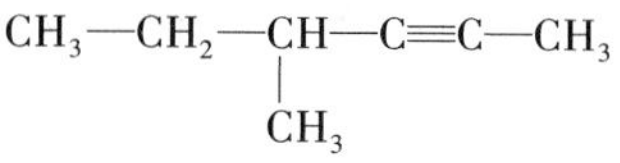 $CH_3-CH_2-CH(CH_3)-C\equiv C-CH_3$	甲基仲丁基乙炔	4-甲基-2-己炔

脂肪烃分子中同时含有碳碳双键、碳碳三键的，叫作**烯炔**，命名时，选择含有双键、三键的最长碳链为主链，从靠近不饱和键的一端开始，将主链中的碳原子依次编号。如果双键、三键处于相同位次供选择时，则从靠近双键一端开始编号。例如：

$\overset{5}{C}H_3\overset{4}{C}H{=}\overset{3}{C}H{-}\overset{2}{C}{\equiv}\overset{1}{C}H$

3-戊烯-1-炔

$H\overset{5}{C}{\equiv}\overset{4}{C}{-}\overset{3}{C}H(CH_3){-}\overset{2}{C}H{=}\overset{1}{C}H_2$

3-甲基-1-戊烯-4-炔

文本

练一练 1 和 2 参考答案

练一练 1

写出下列炔烃的构造式，并用系统命名法命名：

(1) 异丁基乙炔　　(2) 异丁基仲丁基乙炔

练一练 2

写出下列炔烃的构造式或命名(任何一种命名法皆可)：

(1) 3-甲基-1-戊炔　　(2) 4,4-二甲基-2-戊炔

(3) 2,5-二甲基-3-庚炔　　(4) $(CH_3)_2CHC{\equiv}CC(CH_3)_3$

(5) $(CH_3)_2CHCH_2CH_2C{\equiv}CCH_3$　　(6) $H_2C{=}CHCH(CH_3)CH_2C{\equiv}CCH_2CH_3$

微课

乙炔的结构

第二节　炔烃的结构

一、乙炔的结构

乙炔(CH≡CH)分子是直线形结构(图 4-1)，键角(∠HCC)是 180°，碳碳三键的键长是 0.120 5 nm，C—H 键的键长是 0.105 8 nm。

H—C≡C—H（180°；0.1205 nm；0.1058 nm）

图 4-1　乙炔分子的直线形结构

动画

乙炔分子的结构

乙炔分子中的 C 原子是以一个三键和一个单键分别与另一个 C 原子和 H 原子相连接的。按照杂化轨道理论，以一个三键和一个单键分别与两个原子相连接的碳原子是以 sp 杂化轨道成键的。碳原子的一个 s 轨道和一个 p 轨道(例如 p_x 轨道)杂化生成两个等同的 sp 杂化轨道，另外两个 p 轨道(例如 p_y 和 p_z 轨道)未参与杂化。

动画

sp 杂化轨道

在 sp 杂化轨道中，s 轨道成分占 1/2，p 轨道成分占 1/2。sp 杂化轨道的形状也与 sp^3 杂化轨道相似。两个 sp 杂化轨道的对称轴的夹角为 180°，即两个 sp 杂化轨道对称地分布在同一条直线上(如图 4-2 所示)。碳原子剩下的两个未参与杂化的 p 轨道对称轴互相垂直，也垂直于两个杂化轨道的对称轴。

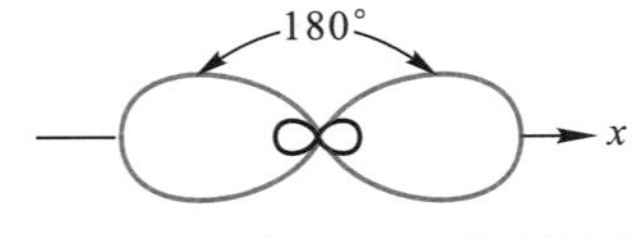

图 4-2　两个 sp 杂化轨道的分布

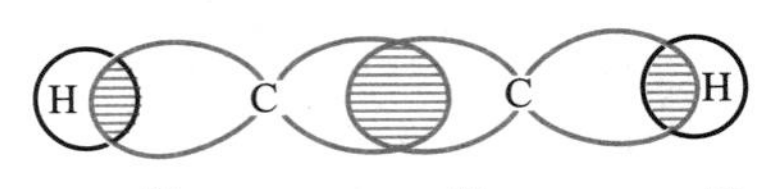

图 4-3　乙炔分子中的三个 σ 键

在乙炔分子中，两个碳原子各以一个 sp 杂化轨道相重叠，形成一个 C—C σ 键，而碳原子上另外的一个 sp 杂化轨道与一个 H 原子的 s 轨道重叠，形成 C—H σ 键（见图 4-3）。在形成 σ 键的同时，两对相互平行的 p 轨道从侧面“肩并肩”地重叠，形成两个互相垂直的 π 键（见图 4-4）。一个是在碳碳三键 σ 键轴的上面和下面，另一个是在前面和后面。从电子云来看，这两个 π 键的电子云是以 C—C σ 键键轴为对称轴，对称地分布在 C—C σ 键的上、下、前、后，呈圆筒形，如图4-5所示。

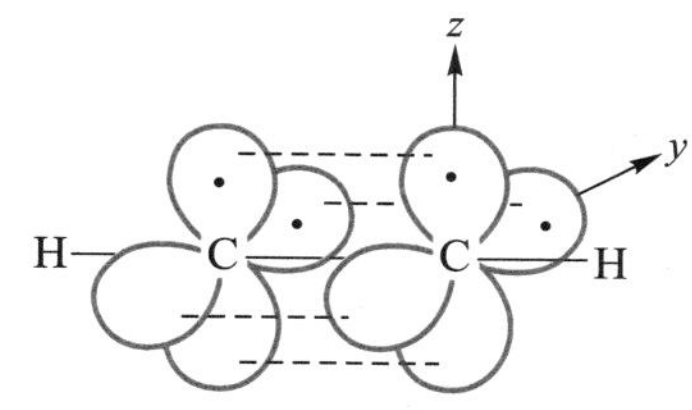

图 4-4　乙炔分子中的 π 键

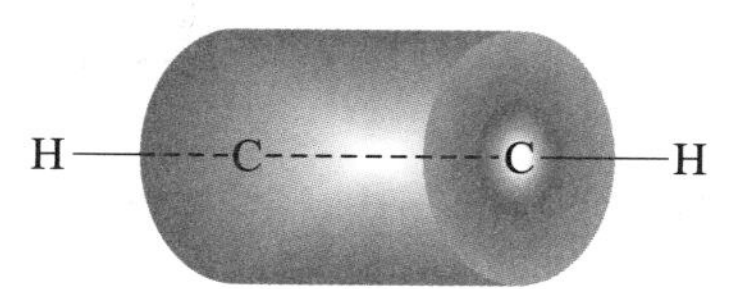

图 4-5　乙炔分子中的两个 π 键的电子云

二、其他炔烃的结构

其他炔烃分子中的官能团（—C≡C—）的结构如乙炔的一样，由一个 σ 键和两个相互垂直的 π 键组成，碳碳三键的 π 电子云呈圆筒形对称分布，并且与 σ 键的对称轴在同一直线上，炔烃没有顺反异构现象。

第三节　炔烃的物理性质

炔烃的熔点、沸点与相应的烷烃、烯烃相比，稍高一些，相对密度稍大一点，但也小于 1。与烯烃一样，炔烃难溶于水而易溶于非极性或极性小的有机溶剂。烯烃、炔烃的折射率通常比烷烃大，可用于液态烯烃、炔烃的鉴定。一些炔烃的物理常数见表 4-1。

表 4-1　一些炔烃的物理常数

名称	构造式	熔点/℃	沸点/℃	相对密度（d_4^{20}）
乙炔	HC≡CH	-81.8（压力下）	-83.4	0.618（沸点时）
丙炔	CH_3C≡CH	-101.5	-23.3	0.671（沸点时）
1-丁炔	CH_3CH_2C≡CH	-122.5	8.5	0.668（沸点时）
1-戊炔	$CH_3CH_2CH_2C$≡CH	-98	39.7	0.695
2-戊炔	CH_3CH_2C≡CCH_3	-101	55.5	0.712 7（17.2 ℃）
3-甲基-1-丁炔	$CH_3CH(CH_3)C$≡CH		28（10 kPa）	0.684 5（0 ℃）
1-己炔	$CH_3(CH_2)_3C$≡CH	-124	71.4	0.719
1-庚炔	$CH_3(CH_2)_4C$≡CH	-80.9	99.8	0.733
1-十八碳炔	$CH_3(CH_2)_{15}C$≡CH	22.5	180（2 kPa）	0.869 6（0 ℃）

炔烃中最重要的是乙炔。纯的乙炔是无色、无臭味的气体。常温时增大压力可使乙

炔液化。液态乙炔受到震动会发生爆炸，所以在乙炔钢瓶中既要填入多孔性物质，如硅藻土、石棉等，又要加入丙酮作为溶剂，这样贮存、运输、使用可以避免危险。

乙炔难溶于水。常温时 1 体积水约能溶解 1 体积乙炔。乙炔易溶于丙酮和某些有机溶剂。

乙炔与空气组成爆炸性的混合气体。其爆炸极限为 3%～81%（体积分数）。

乙炔与空气组成的爆炸气体的组成范围，比其他烃类要大得多。在生产、使用乙炔时必须注意这一点，防止发生爆炸事故。

第四节　炔烃的化学性质

炔烃的典型反应表现在官能团碳碳三键及炔氢的酸性上，即炔氢被取代。

一、加成反应

1. 催化加氢

与烯烃相似，炔烃也与氢气加成。根据反应条件，既可以与氢气部分氢化生成烯烃，也可以完全氢化生成烷烃。例如：

动画

乙炔的催化加氢

$$CH\equiv CH + H_2 \xrightarrow{\text{催化剂}} CH_2=CH_2$$

$$CH\equiv CH + 2H_2 \xrightarrow{\text{催化剂}} CH_3-CH_3$$

在催化剂铂、钯或雷尼镍的催化下，乙炔加上两分子氢完全氢化生成乙烷，中间产物乙烯难以分离得到。使碳碳三键部分氢化生成碳碳双键合适的方法是使用钝化了的催化剂。例如，在钯－碳酸钙中加入一些醋酸铅使钯钝化[**林德拉（Lindlar H）催化剂**]。使用这类钝化了的催化剂，可以较容易地控制碳碳三键的催化加氢生成烯烃，而不再反应下去。石油裂解得到的乙烯中含有微量的乙炔，工业上就是利用乙炔部分氢化生成乙烯的反应，以提高乙烯的纯度。

2. 亲电加成

（1）**加氯或溴**　与乙烯相似，乙炔也可与氯发生加成反应。乙炔可以加上一分子或两分子氯，生成1，2－二氯乙烯（或对称二氯乙烯）或 1，1，2，2－四氯乙烷（或对称四氯乙烷）：

$$CH\equiv CH \xrightarrow[80\sim85\ ℃]{Cl_2,FeCl_3} CHCl=CHCl \xrightarrow[80\sim85\ ℃]{Cl_2,FeCl_3} CHCl_2-CHCl_2$$

反应一般是在液相中进行。四氯化碳、对称四氯乙烷是常用的溶剂，有时也加入一些无水氯化铁作为催化剂。这是工业上制备 1，1，2，2－四氯乙烷的方法。

由于 $CHCl=CHCl$ 与氯加成比 $CH\equiv CH$ 与氯加成慢，所以，反应较易控制在乙炔加上一分子氯的阶段，即生成 $CHCl=CHCl$ 的阶段。

乙炔也能与溴加成，加上一分子或两分子溴，分别生成 1，2－二溴乙烯或 1，1，2，2－四溴乙烷。碳碳三键与溴加成后，溴的红棕色消失，因此**可用溴－四氯化碳溶液的褪色来检验炔烃**。

碳碳三键的亲电加成反应活性较双键低。当分子内同时存在碳碳双键和三键时，双键首先与溴加成，在溴不过量的情况下，只有双键加成而三键保留。例如：

$$CH_2{=}CH{-}CH_2{-}C{\equiv}CH + Br_2 \xrightarrow[CCl_4]{-20\ ℃} \underset{\large Br}{\underset{|}{CH_2}}{-}\underset{\large Br}{\underset{|}{CH}}{-}CH_2{-}C{\equiv}CH$$

4,5－二溴－1－戊炔

（2）**加氯化氢或溴化氢** 乙炔也能与氯化氢加成。例如，在氯化汞（$HgCl_2$）－活性炭的催化下，气相，150～160 ℃，乙炔与氯化氢加成生成氯乙烯：

$$CH{\equiv}CH + HCl \xrightarrow[150\sim160\ ℃]{HgCl_2-活性炭} CH_2{=}CHCl$$

这曾是工业上生产氯乙烯的一种方法。氯乙烯是生产聚氯乙烯的单体。

氯乙烯可以进一步与氯化氢加成，生成的产物主要是 1,1－二氯乙烷。

$$CH_2{=}CHCl + HCl \longrightarrow CH_3{-}CHCl_2$$

乙炔也能与溴化氢加成，加上一分子或两分子溴化氢，分别生成溴乙烯或 1,1－二溴乙烷（主要产物）。

不对称炔烃与卤化氢的加成产物与马尔科夫尼科夫规则一致。例如：

$$CH_3{-}C{\equiv}CH + HCl \xrightarrow{HgCl_2} CH_3{-}\underset{\large Cl}{\underset{|}{C}}{=}CH_2 \xrightarrow[HCl]{HgCl_2} CH_3{-}\overset{\large Cl}{\overset{|}{\underset{\large Cl}{\underset{|}{C}}}}{-}CH_3$$

2－氯丙烯　　2,2－二氯丙烷

（3）**加水** 一般情况下，乙炔与水不发生反应。但在硫酸汞的稀硫酸溶液中（硫酸汞是催化剂），乙炔则可与水加成，首先生成乙烯醇，乙烯醇不稳定，立即**异构化生成乙醛**。

$$CH{\equiv}CH + H_2O \xrightarrow[\substack{98\sim105\ ℃ \\ 约\ 0.15\ MPa}]{HgSO_4,稀H_2SO_4} \left[CH_2{=}\underset{\large OH}{\underset{|}{CH}} \right] \longrightarrow CH_3{-}CH{=}O$$

乙烯醇　　乙醛

这曾是工业上生产乙醛的一种方法，目前工业上主要采用乙烯催化氧化生产乙醛。

不对称炔烃与水的加成产物与马尔科夫尼科夫规则一致。**末端炔烃与水加成产物为甲基酮**。

3. 亲核加成

（1）**加醇** 在碱的催化下，乙炔与醇加成生成乙烯基醚。例如：

$$CH{\equiv}CH + CH_3OH \xrightarrow[\substack{160\sim165\ ℃ \\ 2\sim2.2\ MPa}]{20\%KOH\ 水溶液} CH_2{=}CH{-}O{-}CH_3$$

甲基乙烯基醚

在碱催化下，碳碳三键与醇的加成不是亲电加成，而是亲核加成。

（2）**加醋酸** 在醋酸锌－活性炭的催化下，气相，170～230 ℃，乙炔可与醋酸加成生成醋酸乙烯酯。

$$CH\equiv CH + CH_3COOH \xrightarrow[170\sim230\ ℃]{醋酸锌-活性炭} \underset{醋酸乙烯酯}{CH_3CO—O—CH=CH_2}$$

这曾是工业上生产醋酸乙烯酯的一种方法，目前工业上采用乙烯、乙酸催化氧化法制备。醋酸乙烯酯是生产聚乙烯醇与合成纤维维纶的原料。

二、聚合反应

乙炔也能聚合，不同的反应条件下，乙炔可以聚合生成不同的聚合产物。例如：

$$2\ CH\equiv CH \xrightarrow[少量\ HCl，约\ 70\ ℃]{CuCl-NH_4Cl\ 水溶液} \underset{乙烯基乙炔}{CH_2=CH—C\equiv CH}$$

$$CH_2=CH—C\equiv CH + HCl \xrightarrow[12\%\sim14\%HCl，约\ 45\ ℃]{CuCl-NH_4Cl\ 盐酸溶液} \underset{2-氯-1,3-丁二烯}{CH_2=CH—CCl=CH_2}$$

2-氯-1,3-丁二烯（无色液体，沸点 59.4 ℃）是生产氯丁橡胶的单体。

在 $Al(C_2H_5)_3-TiCl_4$ 等的催化下，乙炔可聚合生成具有单、双键交替排列的聚乙炔。

$$nCH\equiv CH \longrightarrow \underset{聚乙炔}{\left[CH=CH\right]_n}$$

聚乙炔有顺、反两种异构体，是一种有机共轭高分子材料，具有较好的导电性，其卤化衍生物是一种有机导电高分子材料（见本章阅读材料）。

三、氧化反应

与碳碳双键相似，碳碳三键也能被高锰酸钾氧化。乙炔被高锰酸钾氧化的最终产物是二氧化碳（碳碳三键断裂），高锰酸钾则被乙炔还原生成棕色的二氧化锰沉淀。

$$3CH\equiv CH + 10KMnO_4 + 2H_2O \longrightarrow 6CO_2\uparrow + 10KOH + 10MnO_2\downarrow$$

如果是非末端炔烃，氧化的最终产物则是羧酸（碳碳三键断裂）。例如：

$$R—C\equiv C—R' \xrightarrow[过量]{KMnO_4} R—COOH + R'—COOH$$

炔烃与高锰酸钾反应，常用来**检验炔烃官能团的存在**，也可根据氧化产物推测原来的炔烃的构造。

四、炔氢的反应

1. 炔钠的生成——炔烃的制备

炔氢的酸性 脂肪烃 C—H 键酸性强度的顺序是

$$CH\equiv C—\mathbf{H} > CH_2=CH—\mathbf{H} > CH_3—CH_2—\mathbf{H}$$

$$pK_a \qquad 25 \qquad\qquad 36.5 \qquad\qquad 42$$

也就是

$$C(sp)—\mathbf{H} > C(sp^2)—\mathbf{H} > C(sp^3)—\mathbf{H}$$

轨道杂化对 C—H 键酸性强度的影响 轨道杂化对 C—H 键酸性强度的影响是来自轨道杂化对碳原子的电负性(吸电子能力)的影响。与 p 电子(处在 p 轨道上的电子)相比,s 电子(处在 s 轨道上的电子)离原子核较近,被原子核吸得较紧。因此,对于 sp^n 杂化轨道上的电子来说,s 成分越多,离原子核就越近,被原子核吸得也就越紧,原子核吸电子能力也就越强,原子的电负性也就越大。C(sp)中的 s 成分多于 $C(sp^2)$ 中的,更多于 $C(sp^3)$ 中的,因此,C 原子电负性的顺序是:

$$C(sp) > C(sp^2) > C(sp^3)$$

在 C—H 键中,C 原子电负性较大,吸电子能力就较强,也就意味着 C—H 键 σ 电子被较强地吸向 C 原子,从而导致 C—H 键较易解离出来 H^+,酸性强度较大。因此,末端炔烃可与强碱反应形成金属化合物,叫作炔化物。例如,乙炔的酸性强度比氨(H_2N—**H**, $pK_a = 34$)大很多(大 10^9 倍),氨基负离子可以定量地把乙炔转变成为乙炔基负离子。

$$CH\equiv CH + NH_2^- \longrightarrow CH\equiv C^- + NH_3$$

在液氨中,用氨基钠(1 mol)处理乙炔是实验室中制备乙炔钠普遍采用的方法。

$$\underset{}{CH\equiv CH} + \underset{\text{氨基钠}}{Na^+NH_2^-} \xrightarrow[-33\ ℃]{\text{液氨}} \underset{\text{乙炔钠}}{CH\equiv C^-\ Na^+} + NH_3$$

$CH\equiv C\colon^-$ 离子是很强的亲核试剂(C 原子上带有孤对电子),在液氨中可与伯卤代烷发生取代反应生成烷基乙炔——**乙炔的烷基化**。例如:

$$HC\equiv CH \xrightarrow[-33\ ℃]{NaNH_2,\text{液氨}} HC\equiv CNa \xrightarrow[\text{液氨},-33\ ℃]{CH_3CH_2CH_2CH_2Br} \underset{(89\%)}{CH_3CH_2CH_2CH_2C\equiv CH}$$

$$CH_3CH_2C\equiv CH \xrightarrow[-33\ ℃]{NaNH_2,\text{液氨}} CH_3CH_2C\equiv CNa \xrightarrow[\text{液氨},-33\ ℃]{CH_3CH_2Br} \underset{(75\%)}{CH_3CH_2C\equiv CCH_2CH_3}$$

这是实验室中**从乙炔制备其他炔烃**普遍采用的一种方法。

2. 炔银和炔亚铜的生成——末端炔烃的鉴定

末端炔烃分子中的炔氢(以质子的形式)可被 Ag^+ 或 Cu^+ 取代生成炔银或炔亚铜。例如,把乙炔通入硝酸银的氨溶液中,立即生成白色乙炔银沉淀。

$$CH\equiv CH + \underset{\text{硝酸银氨溶液}}{2[Ag(NH_3)_2]NO_3} \longrightarrow \underset{\text{乙炔银(白色)}}{AgC\equiv CAg\downarrow} + 2NH_4NO_3 + 2NH_3$$

微视频
乙炔银的生成

把乙炔通入氯化亚铜的氨溶液中,则立即生成棕红色乙炔亚铜沉淀。

$$CH\equiv CH + \underset{\text{氯化亚铜氨溶液}}{2[Cu(NH_3)_2]Cl} \longrightarrow \underset{\text{乙炔亚铜(棕红色)}}{CuC\equiv CCu\downarrow} + 2NH_4Cl + 2NH_3$$

这是具有 C≡C—H 构造的**末端炔烃的特征反应**。反应非常灵敏,在实验室中和生产上经常**用于乙炔及其他末端炔烃的分析、鉴定**。

炔银(RC≡CAg)和炔亚铜(RC≡CCu)分子中的碳-金属键基本上是共价键。与基本上是离子键的炔钠($RC\equiv C^-Na^+$)不同,它们不与水反应,也不溶于水。但是,它们可被稀盐酸分解,重新生成末端炔烃。这个性质在实验室中可用来分离、精制末端炔烃。

炔银、炔亚铜潮湿时比较稳定，干燥时，因撞击、震动或受热会发生爆炸。因此，实验后应立即用酸处理。

文本

练一练 3 参考答案

练一练 3

丁烷、丁烯和丁炔都是无色气体，用简便的方法鉴别下面两组化合物。

(1) 1－丁炔和 2－丁炔　　(2) 丁烷、1－丁烯和 1－丁炔

*第五节　炔烃的制法

一、乙炔的制法

乙炔是有机化学工业的一个基础原料，用于生产乙醛、乙酸、乙酐、聚乙烯醇及氯丁橡胶等。此外，乙炔在氧气中燃烧时火焰能达到 3 000 ℃以上的高温，工业上常用来焊接或切断金属材料。

工业上生产乙炔有两种方法。

1. 以电石为原料

在高温电炉中加热生石灰和焦炭到 2 500～3 000 ℃，生石灰即与焦炭反应生成碳化钙。碳化钙俗名电石。电石与水反应即得乙炔，所以，乙炔俗名电石气。例如：

$$CaO+3C \xrightarrow[\text{电炉}]{2\,500\sim3\,000\ ℃} CaC_2+CO$$

$$CaC_2+2H_2O \longrightarrow CH{\equiv}CH + Ca(OH)_2$$

生成的乙炔中含有的硫化氢、磷化氢[①]等杂质，在实验室或工业上一般是采用氧化法除去。把乙炔通入次氯酸钠(Cl_2－NaOH)水溶液中，硫化氢、磷化氢等就被氧化成为硫酸盐、磷酸盐等而除去。

由上述方法得到的乙炔纯度较高，生产流程简单，但耗电量大，成本高，污染严重。

2. 以天然气为原料

天然气(CH_4)在约 1 500 ℃进行短时间裂解可生成乙炔：

$$2CH_4 \xrightarrow[0.001\sim0.01\ s]{\text{约}\ 1\,500\ ℃} CH{\equiv}CH + 3H_2$$

此法的优点是原料便宜，特别是在丰产天然气的地方，采用此法很经济；但用此法得到的乙炔纯度较低。

二、其他炔烃的制法

1. 利用炔钠和伯卤代烷制备

$$R—C{\equiv}CNa + R'—X \rightarrow R—C{\equiv}C—R' + NaX$$

① 在生产电石的过程中，将混在原料中的少量硫、磷等杂质，先转变为硫化钙、磷化钙等物质，然后再与水作用生成具有难闻臭味的硫化氢和磷化氢等杂质。

2. 由邻二卤代烷或偕二卤代烷脱卤化氢制备

$$CH_3-\underset{\displaystyle\underset{Br}{|}}{CH}-\underset{\displaystyle\underset{Br}{|}}{CH_2}\xrightarrow[\triangle]{KOH,乙醇}CH_3-C\equiv CH+2HBr$$

$$CH_3-CH_2-CHCl_2\xrightarrow[\triangle]{KOH,乙醇}CH_3-C\equiv CH+2HCl$$

练一练 4

以电石为原料，合成对称四氯乙烷。

文本

练一练 4
参考答案

阅读材料 能导电的聚合物——(掺杂)聚合炔烃

你可曾想象像胶卷一样可以卷曲的电视机屏幕，可曾想象穿在身上的计算机……科学家对导电聚合物的研究，将使这些貌似天方夜谭的新生活在不久的将来成为现实。

众所周知，塑料是一种良好的绝缘材料，在电缆中，塑料常被用作铜线外面的绝缘层。然而，2000 年诺贝尔化学奖颁给了美国物理学家黑格(A.J.Heeger)、美国化学家麦克迪尔米德(A.G.MacDiarmid)和日本化学家白川英树(H.Shirakawa)，以表彰他们在导电聚合物这一新兴领域所做的开创性工作。三位科学家研究发现：特殊改造后的塑料(即导电聚合物)能够像金属一样表现导电性能。这一发现打破了有机聚合物都是绝缘体的传统观念，开创了导电聚合物的研究领域，诱发了世界范围内对导电聚合物的研究热潮。

早在 1977 年，白川英树的一个学生在做合成聚乙炔的实验中出现了一个偶然的失误，他向聚合体系中多加入了 1 000 倍的催化剂，结果却让白川英树非常吃惊：一层美丽的具有金属光泽的银色薄膜出现了！这种闪闪发光的薄膜是反式聚乙炔。在日本东京的一次学术交流会的咖啡休息室里，麦克迪尔米德很偶然地遇见了白川英树，当他得知他的同行发现了聚合物闪光薄膜后，便邀请白川英树到宾夕法尼亚大学访问。之后，他们着手通过碘蒸气氧化掺杂聚乙炔。黑格让他的一个学生来测量这种薄膜的导电性，结果发现经碘掺杂的反式聚乙炔的电导率提高了 10 亿倍，导电性能可与金属铜、银相媲美。

聚乙炔是人们发现的第一种有机导电聚合物，其树脂薄膜平整柔顺，有金属光泽，密度为 $0.83\sim0.89\ g\cdot cm^{-3}$。导电聚乙炔发现以来，一系列新型的导电高聚物相继问世。常见的导电聚合物有：聚乙炔、聚噻吩、聚吡咯、聚苯胺、聚亚苯、聚亚苯基乙烯和聚双炔等。

导电聚合物的研究已经在可充放电池、电磁干扰的屏蔽、抗静电、防腐蚀、传感器、显示器、柔软的“塑料”晶体管和电极、聚合物电致发光显示、电磁屏蔽和雷达隐身材料等许多方面显现了巨大的技术应用前景。

学习指导

1. 炔烃的通式

炔烃的通式是 C_nH_{2n-2}。

2. 炔烃的官能团及结构

$—C\equiv C—$ 是炔烃的官能团,三键碳原子是以 sp 杂化的方式参与成键,三键碳原子的两个 sp 杂化轨道对称轴夹角是 180°,组成三键官能团的两个碳原子和与其直接相连的原子都处在一条直线上。

3. 炔烃的同分异构

炔烃只有碳骨架不同产生的碳链异构与因官能团在碳链中的位置不同而产生的位置异构,这两种异构都是构造异构。

4. 炔烃的命名

炔烃的命名原则与烯烃相似。分子中既含有双键也含有三键的碳氢化合物称某烯炔,碳链的编号应使两个官能团的位次之和最小为原则。

5. 炔烃的性质

(1) 加氢生成烷烃

$$R—C\equiv CH + H_2 \xrightarrow{Ni} R—CH=CH_2 \xrightarrow{H_2,Ni} R—CH_2—CH_3$$

(2) 加氢生成烯烃

$$R—C\equiv CH + H_2 \xrightarrow{\text{Lindlar 催化剂}} R—CH=CH_2$$

(3) 加卤素

$$HC\equiv CH \xrightarrow{X_2} \underset{X}{CH}=\underset{X}{CH} \xrightarrow{X_2} \underset{X}{\overset{X}{CH}}—\underset{X}{\overset{X}{CH}} \quad (X=Cl,Br)$$

(4) 加卤化氢

$$R—C\equiv CH \xrightarrow{HX} R—\underset{X}{C}=CH_2 \xrightarrow{HX} R—\underset{X}{\overset{X}{C}}—CH_3 \quad (X=Cl,Br)$$

(5) 乙炔加水生成乙醛

$$CH\equiv CH + H_2O \xrightarrow[\text{稀 } H_2SO_4]{HgSO_4} CH_3CHO$$

(6) 末端炔烃加水生成甲基酮

$$R—C\equiv CH + H_2O \xrightarrow[\text{稀 } H_2SO_4]{HgSO_4} R—\overset{O}{\overset{\|}{C}}—CH_3$$

(7) 加醇生成醚

$$CH\equiv CH + CH_3OH \xrightarrow[\substack{160\sim165\ ℃ \\ 2\sim2.2\ MPa}]{\text{20\%KOH 水溶液}} CH_2=CH—O—CH_3$$

(8) 加酸生成酯

$$CH\equiv CH + CH_3-\overset{\overset{O}{\|}}{C}-OH \xrightarrow[170\sim230\ ℃]{醋酸锌-活性炭} CH_2=CH-O-\overset{\overset{O}{\|}}{C}-CH_3$$

(9) 氧化反应

$$R-C\equiv CH \xrightarrow[H_2O]{KMnO_4} RCOOH+CO_2\uparrow$$

$$R-C\equiv C-R' \xrightarrow[过量]{KMnO_4} RCOOH+R'COOH$$

6. 炔烃的鉴别

(1) 末端炔烃的鉴别

乙炔和三键在端部的炔烃与$[Ag(NH_3)_2]NO_3$或$[Cu(NH_3)_2]Cl$溶液反应分别生成白色或红棕色的沉淀,非端部炔烃因没有活泼氢而不反应。

$$CH\equiv CH + \underset{硝酸银氨溶液}{2[Ag(NH_3)_2]NO_3} \longrightarrow \underset{乙炔银(白色)}{AgC\equiv CAg\downarrow} + 2NH_4NO_3 + 2NH_3$$

$$CH\equiv CH + \underset{氯化亚铜氨溶液}{2[Cu(NH_3)_2]Cl} \longrightarrow \underset{乙炔亚铜(棕红色)}{CuC\equiv CCu\downarrow} + 2NH_4Cl + 2NH_3$$

(2) 用高锰酸钾溶液鉴别

炔烃因含碳碳三键,很容易被氧化,能使高锰酸钾溶液紫红色褪去,同时生成棕色的二氧化锰沉淀。

(3) 用溴水鉴别

炔烃因含碳碳三键,容易发生加成反应,能使溴水的红棕色褪去。

7. 炔烃的制备

$$R-C\equiv CNa+R'-X \longrightarrow R-C\equiv C-R' +NaX \quad (增长碳链的方法)$$

$$R-\underset{X}{\underset{|}{CH}}-\underset{X}{\underset{|}{CH_2}} \xrightarrow[\triangle]{KOH,乙醇} R-C\equiv CH + 2HX$$

$$R-CH_2-CHX_2 \xrightarrow[\triangle]{KOH,乙醇} R-C\equiv CH + 2HX$$

习　题

1. 写出分子组成为C_5H_8的炔烃构造异构体,并用系统命名法命名。

2. 写出下列化合物的构造式或命名:

(1) 异戊基异丁基乙炔　(2) 烯丙基乙烯基乙炔　(3) $CH_2=CH-C\equiv C-CH=CH_2$

3. 分子式为C_6H_{10}的化合物,能使溴水褪色,催化加氢生成正己烷,用过量的高锰酸钾氧化则生成两种羧酸。写出这种化合物的构造式及各步反应的反应式。

4. 推断 A 的构造式,A 与高锰酸钾反应生成乙酸,即 $A(C_4H_6) \xrightarrow[氧化]{KMnO_4} CH_3-COOH$,写出 A 的名称。

5. 脂肪烃 A 和 B 的分子式都是C_6H_{10},催化加氢都生成 2-甲基戊烷。A 与氯化亚铜氨溶液反应,生成棕红色沉淀,B 不与氯化亚铜氨溶液反应,推测 A、B 可能的构造式。

文本

第四章习题参考答案

6. 把 $\mathrm{CH_3-CH_2-C\equiv CH}$ 转变成为下列化合物：

（1） 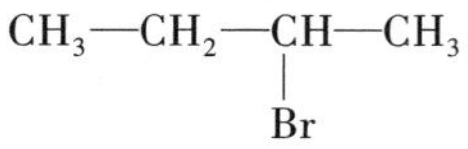 $\mathrm{CH_3-CH_2-\underset{\underset{Br}{|}}{CH}-CH_3}$　　（2） $\mathrm{CH_3-CH_2-CH_2-CH_2Br}$

（3） 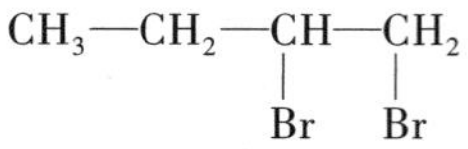 $\mathrm{CH_3-CH_2-\underset{\underset{Br}{|}}{CH}-\underset{\underset{Br}{|}}{CH_2}}$　　（4） 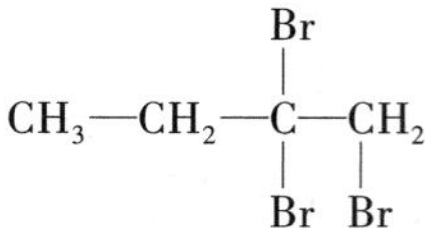 $\mathrm{CH_3-CH_2-\overset{\overset{Br}{|}}{\underset{\underset{Br}{|}}{C}}-\underset{\underset{Br}{|}}{CH_2}}$

7. 把 $\mathrm{CH\equiv CH}$ 转变成为 $\mathrm{CH_3-CH_2-C\equiv CH}$，无机试剂可任选。

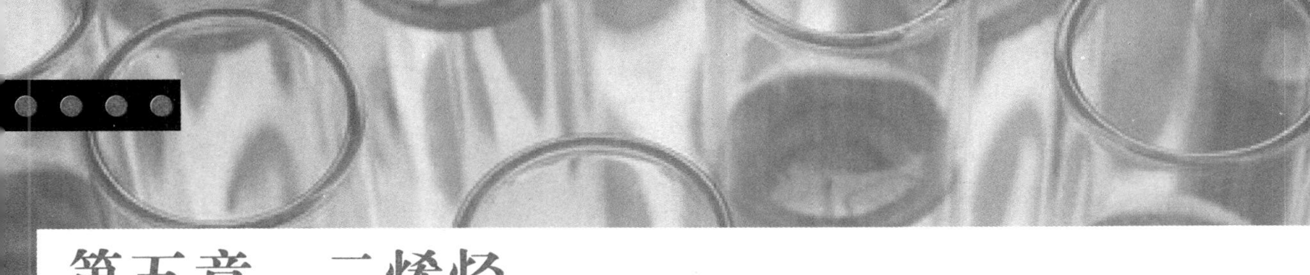

第五章　二烯烃

学习目标

1. 了解二烯烃的分类及1,3-丁二烯的制备方法；
2. 理解共轭效应和超共轭效应；
3. 理解共轭 π 键的形成及其三种类型；
4. 理解烷基自由基稳定性的比较；
5. 理解二烯烃的结构；
6. 掌握二烯烃的同分异构及命名；
7. 掌握共轭二烯烃的性质及其应用。

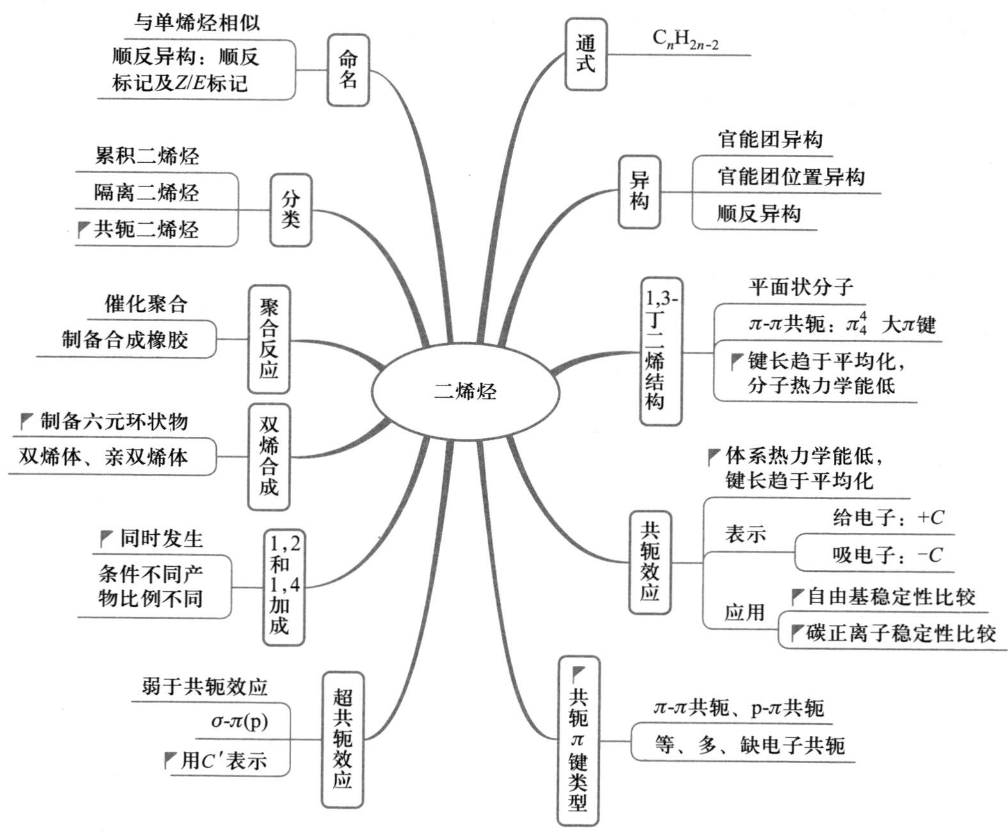

二烯烃
命名
与单烯烃相似
顺反异构：顺反标记及Z/E标记
分类
累积二烯烃
隔离二烯烃
共轭二烯烃
聚合反应
催化聚合
制备合成橡胶
双烯合成
制备六元环状物
双烯体、亲双烯体
1,2和1,4加成
同时发生
条件不同产物比例不同
超共轭效应
弱于共轭效应
σ-π(p)
用C′表示
通式
C_nH_{2n-2}
异构
官能团异构
官能团位置异构
顺反异构
1,3-丁二烯结构
平面状分子
π-π共轭：π_4^4 大π键
键长趋于平均化，分子热力学能低
共轭效应
体系热力学能低，键长趋于平均化
表示
给电子：+C
吸电子：−C
应用
自由基稳定性比较
碳正离子稳定性比较
共轭π键类型
π-π共轭、p-π共轭
等、多、缺电子共轭

第一节　二烯烃的分类与命名

一、二烯烃的分类

脂肪烃分子中含有两个 C═C 双键的，叫作二烯烃。按照这两个 C═C 双键的相对位置，通常把二烯烃分为三类。

1. 累积二烯烃

两个双键连接在同一个碳原子上的，叫作累积双键，含有累积双键的二烯烃叫作**累积二烯烃**。例如：

$$\overset{3}{C}H_2=\overset{2}{C}=\overset{1}{C}H_2$$

丙二烯

$$\overset{4}{C}H_3-\overset{3}{C}H=\overset{2}{C}=\overset{1}{C}H_2$$

1,2-丁二烯

2. 共轭二烯烃

两个双键被一个单键隔开的（也就是双键和单键相互交替的）叫作共轭双键，含有共轭双键的二烯烃叫作**共轭二烯烃**。例如：

$$\overset{4}{C}H_2=\overset{3}{C}H-\overset{2}{C}H=\overset{1}{C}H_2$$

1,3-丁二烯

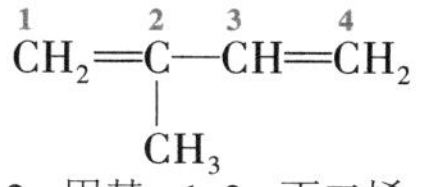

$$\overset{1}{C}H_2=\underset{\underset{CH_3}{|}}{\overset{2}{C}}-\overset{3}{C}H=\overset{4}{C}H_2$$

2-甲基-1,3-丁二烯
（俗名异戊二烯）

3. 隔离二烯烃

两个双键被两个或两个以上单键隔开的，叫作隔离双键，含有隔离双键的二烯烃叫作**隔离二烯烃**，或孤立二烯烃。例如：

$$\overset{5}{C}H_2=\overset{4}{C}H-\overset{3}{C}H_2-\overset{2}{C}H=\overset{1}{C}H_2$$

1,4-戊二烯

$$\overset{6}{C}H_3-\overset{5}{C}H=\overset{4}{C}H-\overset{3}{C}(CH_3)_2-\overset{2}{C}H=\overset{1}{C}H_2$$

3,3-二甲基-1,4-己二烯

二、二烯烃的命名

二烯烃的通式也是 C_nH_{2n-2}，与碳原子数相同的炔烃互为同分异构体。

二烯烃的系统命名原则与烯烃相似。选择含有两个双键碳原子在内的最长碳链作为主链，根据主链的碳原子数称为某二烯。从靠近双键的一端开始将主链中碳原子依次编号，按照“较优基团后列出”的原则，将取代基的位次、数目、名称，以及两个双键的位次写在母体名称前面。例如：

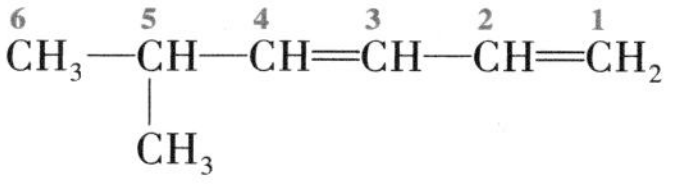

$$\overset{6}{C}H_3-\underset{\underset{CH_3}{|}}{\overset{5}{C}H}-\overset{4}{C}H=\overset{3}{C}H-\overset{2}{C}H=\overset{1}{C}H_2$$

5-甲基-1,3-己二烯

$$\overset{5}{C}H_3-\underset{\underset{CH_3}{|}}{\overset{4}{C}}=\overset{3}{C}H-\underset{\underset{CH_2-CH_3}{|}}{\overset{2}{C}}=\overset{1}{C}H_2$$

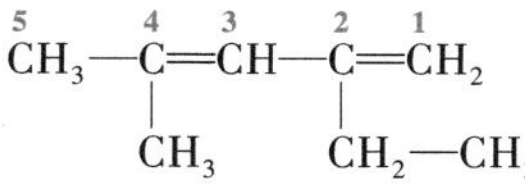

4-甲基-2-乙基-1,3-戊二烯

若有顺反异构体，还需标明其构型。例如：

CH$_3$\ C=C /H   H\ C=C /H   H/ \CH$_3$

反,反-2,4-己二烯
或(E,E)-2,4-己二烯

CH$_3$\ C=C /H   H\ C=C /CH$_3$ H/ \H

顺,反-2,4-己二烯
或(Z,E)-2,4-己二烯

文本

练一练 1
参考答案

练一练 1

命名下列化合物：

(1) CH_2=C=C(CH_3)$_2$　(2) CH_3—CH=C(CH_2CH_3)—CH=CH—CH_3

(3) (CH_3)$_2$C=CH—CH=C(CH_3)$_2$

(4) CH_2=CH—C(CH_2CH_3)=CH—CH(CH_3)$_2$

第二节　共轭二烯烃的结构与共轭效应

微课

1,3-丁二烯
与共轭效应

一、共轭二烯烃的结构

在脂肪烃中，最简单、最具有代表性的共轭二烯烃是1,3-丁二烯。下面以1,3-丁二烯分子的结构为例介绍共轭二烯烃的结构。

实验测定，1,3-丁二烯(CH_2=CH—CH=CH_2)分子中的4个C原子和6个H原子都在同一个平面内，其键角和键长数据如图5-1所示。

H\ C=C /H   H/ \C=C /H   H/ \H

键角 ∠C=C—C 122°
键角 ∠C=C—H 125°
键长 C=C 双键 0.134 nm
键长 C—C 单键 0.148 nm

图5-1　1,3-丁二烯分子的形状

由于所有键角都接近120°，所以这4个C原子是以sp^2杂化轨道成键——互相以sp^2杂化轨道形成3个C—C σ键，并与6个H原子的s轨道形成6个C—H σ键。4个C原子、6个H原子和9个σ键的键轴都在同一个平面内。每个C原子还剩余1个p轨道(例如p_z轨道)和1个p电子(例如p_z电子)。这4个p轨道垂直于C原子核所在的平面，互相平行。结果是，不仅C^1与C^2原子、C^3与C^4原子的p轨道能够"肩并肩"地重叠，而且C^2与C^3原子的p轨道也能够"肩并肩"地重叠(虽然重叠得少些)，使所有这4个C原子的p轨道都"肩并肩"地重叠起来，形成一个整体。在这个整体中有4个电子，形成一个包括4个原子、4个电子的共轭π键(图5-2)，表示为π_4^4。

包括3个或3个以上原子的π键叫作**共轭π键**，共轭π键也叫作**大π键**。含有共轭π键的分子叫作共轭分子。共轭π键也叫作离域π键。这是因为形成共轭π键的电子并不是运动于相邻的两个原子之间，或者说，并不是定域于相邻的两个原子之间，而是离域扩展到共轭π键包括的所有原子之上。

如果是从电子云的观点来看，则是在$\overset{4}{C}H_2$=$\overset{3}{C}$H—$\overset{2}{C}$H=$\overset{1}{C}H_2$分子中，不仅C^1与C^2原子、

C^3 与 C^4 原子的 p 电子云(例如 p_z 电子云)能够“肩并肩”地重叠,而且 C^2 与 C^3 原子的 p 电子云也能够“肩并肩”地重叠(虽然重叠得少些),从而使所有的 p 电子云都“肩并肩”地重叠起来,形成一个整体(图 5-3)。也就是 C^1 与 C^2、C^3 与 C^4 原子间的 π 电子云不再是分别定域于 C^1 与 C^2、C^3 与 C^4 原子之间,而是发生了离域现象,互相连接起来,扩展到 4 个 C 原子上,形成一个共轭 π 键或离域 π 键。

动画

丁二烯分子中的 π 电子云

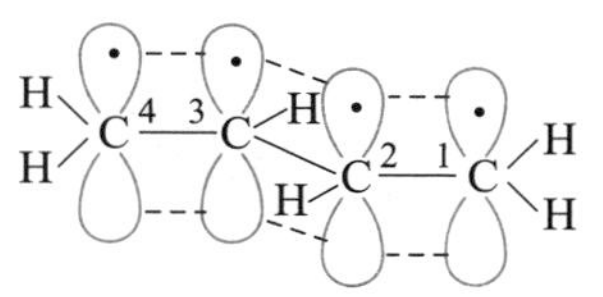

图 5-2　1,3-丁二烯分子中的共轭 π 键

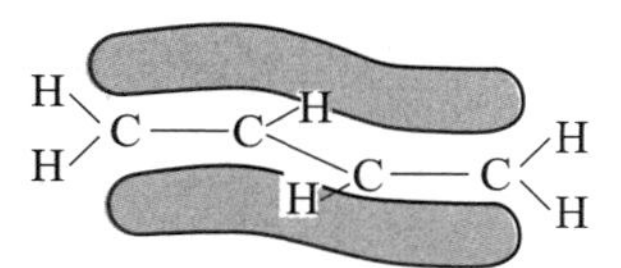

图 5-3　1,3-丁二烯分子中的 π 电子云

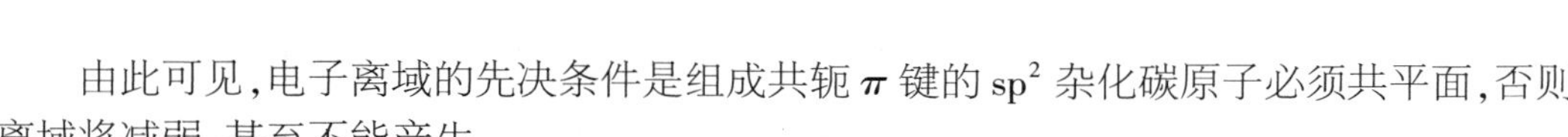

由此可见,电子离域的先决条件是组成共轭 π 键的 sp^2 杂化碳原子必须共平面,否则离域将减弱,甚至不能产生。

1,3-丁二烯分子中虽然有共轭 π 键,但是,1,3-丁二烯的分子构造一般仍用构造式 $CH_2{=}CH{-}CH{=}CH_2$ 表示。当然采用这个构造式时,要知道 1,3-丁二烯分子中具有共轭 π 键。

知识拓展

共轭 π 键与超共轭

1. 共轭 π 键

共轭 π 键一般可以分为三种类型。

(1) 等电子共轭 π 键

电子数等于原子数的共轭 π 键叫作等电子共轭 π 键。例如,1,3-丁二烯的 π_4^4;第七章苯中的 π_6^6;烯丙基自由基($CH_2{=}CH{-}CH_2\cdot$)中的 π_3^3 等。

在 1,3-丁二烯、苯等分子中,参与共轭的是 π 轨道和 π 轨道。这类由 π 轨道和 π 轨道参与的共轭,叫作 **π-π 共轭**。

(2) 多电子共轭 π 键

电子数大于原子数的共轭 π 键叫作多电子共轭 π 键。氯乙烯($CH_2{=}CH{-}\ddot{\underset{\cdot\cdot}{Cl}}\colon$,图 5-4)和乙烯基醚($R{-}\ddot{\underset{\cdot\cdot}{O}}{-}CH{=}CH_2$)分子中都含有 3 个原子、4 个 π 电子的共轭大 π 键,表示为 π_3^4。从氯乙烯和乙烯基醚的结构可以看出,双键(或三键)碳原子上连接的原子如果带有孤对电子,例如 F、Cl、O、N 等,分子中就含有这类多电子共轭 π 键。烯丙基负离子($CH_2{=}CH{-}\bar{C}H_2$)显然也含有这类多电子共轭 π_3^4 键——3 个原子、4 个电子的共轭 π 键。

在氯乙烯分子中,参与共轭的是 p 轨道与 π 轨道。这类由 p 轨道和 π 轨道参与的共轭,叫作 **p-π 共轭**。

(3) 缺电子共轭 π 键

电子数小于原子数的共轭 π 键叫作缺电子共轭 π 键。烯丙基正离子（$CH_2=CH-\overset{+}{C}H_2$）中就含有 3 个原子、2 个电子的共轭 π 键（图 5-5）表示为 π_3^2。从烯丙基正离子的结构可以看出，双键（或三键）碳原子上连接的原子如果带有空的 p 轨道，分子或正离子中就含有这类缺电子共轭 π 键。

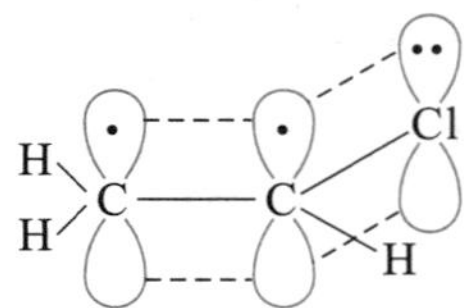

图 5-4　氯乙烯分子中的多电子共轭 π 键

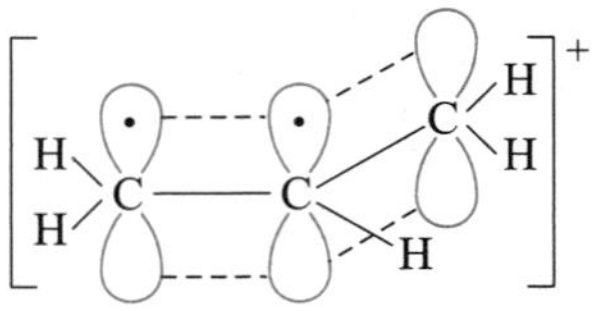

图 5-5　烯丙基正离子中的缺电子共轭 π 键

显然，在烯丙基正离子中，参与共轭的也是 p 轨道和 π 轨道——p-π 共轭。

2. 超共轭

在丙烯分子中，$-CH_3$ 中的 C—H 键 σ 轨道与 C=C 双键的 π 轨道重叠形成 σ-π 超共轭。虽然 $-CH_3$ 中的 C—H 键 σ 轨道与形成 π 键的两个 p 轨道并不平行，但是它们之间仍然是可以有一定的重叠，只不过是重叠得少些（图 5-6）。由 α-C—H键 σ 轨道参与的共轭叫作超共轭。由于 C—C 单键的转动，丙烯分子中 $-CH_3$ 的 3 个C—H键 σ 轨道都有可能与 C=C 双键的 π 轨道重叠，参与超共轭。与此类似，在 1-丁烯（$CH_3-CH_2-CH=CH_2$）分子中有 2 个 C—H 键可能参与超共轭。

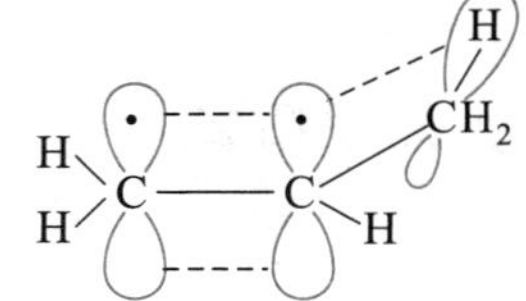

图 5-6　丙烯分子中的超共轭

不论 σ-π 超共轭，还是 σ-p 超共轭，α-C—H 键 σ 轨道越多，参与共轭的概率越大，超共轭作用越强；但与 π-π 共轭相比，超共轭作用要弱得多。

文本

练一练 2 和 3 参考答案

练一练 2

判断下列物种（分子、离子或自由基）是否有共轭 π 键。

(1) 2-丁烯　$CH_3-CH=CH-CH_3$

(2) 1,2-丁二烯　$CH_3-CH=C=CH_2$

(3) 1,4-戊二烯　$CH_2=CH-CH_2-CH=CH_2$

(4) 1,3,5-己三烯　$CH_2=CH-CH=CH-CH=CH_2$

(5) 乙烯基乙炔　$CH_2=CH-C\equiv CH$

(6) 烯丙基乙炔　$CH_2=CH-CH_2-C\equiv CH$

(7) 1,3-丁二炔　$CH\equiv C-C\equiv CH$

(8) 丙烯醛　$CH_2=CH-CH=O$

(9) 甲基烯丙基醚　$CH_3-O-CH_2-CH=CH_2$

(10) 烯丙基自由基　　$CH_2{=}CH{-}CH_2\cdot$

(11) 烯丙基正离子　　$CH_2{=}CH{-}\overset{+}{C}H_2$

(12) 烯丙基负离子　　$CH_2{=}CH{-}\overset{-}{C}H_2$

练一练 3

构造式 $CH_2{=}CH{-}CH{=}CH_2$ 能不能准确表达 1,3-丁二烯分子中的不饱和键?

二、共轭效应

由于共轭体系内电子云密度趋于平均化而引起键长趋于平均化和体系能量降低的现象叫作**共轭效应**。共轭效应表现在物理性质和化学反应许多方面,下面只讨论能量和键长的改变情况。

1. 共轭能

共轭 π 键的形成使分子的能量降低,稳定性增大。例如,对于共轭分子 $CH_2{=}CH{-}CH{=}CH_2$,由于 π 键与 π 键共轭降低了分子的能量。也就是说,$CH_2{=}CH{-}CH{=}CH_2$ 分子的能量比假定该分子中 π 键与 π 键不共轭时低,所低的数值叫作共轭能。

有机化合物催化加氢时放出来的热量叫作氢化热。测定有机化合物的氢化热,可以从实验上得到共轭分子的共轭能。

实验测定共轭能时,必须选定一个标准用作比较。对于含有 C═C 双键的脂肪烃,一般都是选用乙烯($CH_2{=}CH_2$)作为标准①。乙烯分子中无共轭作用,共轭能定为零。实验测得,乙烯的氢化热是 137.2 $kJ\cdot mol^{-1}$:

$$CH_2{=}CH_2 + H_2 \longrightarrow CH_3{-}CH_3 \qquad 放热\ 137.2\ kJ\cdot mol^{-1}$$

1,3-丁二烯的氢化热是 238.9 $kJ\cdot mol^{-1}$:

$$CH_2{=}CH{-}CH{=}CH_2 + 2H_2 \longrightarrow CH_3{-}CH_2{-}CH_2{-}CH_3 \qquad 放热\ 238.9\ kJ\cdot mol^{-1}$$

1,3-丁二烯分子中含有两个 π 键,如果这两个 π 键不共轭,则其氢化热应该是乙烯的 2 倍,即放热 $2\times137.2\ kJ\cdot mol^{-1}=274.4\ kJ\cdot mol^{-1}$。实际上,1,3-丁二烯分子中的两个 π 键是处于共轭状态,氢化时少放出来的热量 $274.4\ kJ\cdot mol^{-1}-238.9\ kJ\cdot mol^{-1}=35.5\ kJ\cdot mol^{-1}$ 是用于破坏这种共轭状态。破坏共轭要消耗能量,那么,生成共轭就要放出能量。也就是说,35.5 $kJ\cdot mol^{-1}$ 相当于 1,3-丁二烯分子中两个 π 键共轭生成共轭 π 键时放出的能量,即 1,3-丁二烯的共轭能。氢化热的测定从实验上直接证实了共轭 π 键的生成使共轭分子的能量降低,稳定性增大。表 5-1 给出一些烯烃的超共轭能和共轭二烯烃的共轭能(包括超共轭能)。

---

① 从共轭能的定义可以看出,测定 $CH_2{=}CH{-}CH{=}CH_2$ 的共轭能时,应该选用 π 键与 π 键不共轭的 $CH_2{=}CH{-}CH{=}CH_2$ 作为标准进行比较,而不是选用 $CH_2{=}CH_2$ 作为标准进行比较。但是,这是不可能的。原因是实际上并不存在 π 键与 π 键不共轭的 $CH_2{=}CH{-}CH{=}CH_2$。因此,对于含有 C═C 双键的脂肪烃,一般是选用 $CH_2{=}CH_2$ 作为标准。

表 5−1　常见烯烃的超共轭能和共轭能

烯烃	氢化热 $kJ\cdot mol^{-1}$	超共轭能 $kJ\cdot mol^{-1}$	共轭二烯烃	氢化热 $kJ\cdot mol^{-1}$	共轭能* $kJ\cdot mol^{-1}$
$CH_2{=}CH_2$（标准）	137.2	0	$CH_2{=}CH_2$（标准）	137.2	0
$CH_3{-}CH{=}CH_2$	125.9	11.3	$CH_2{=}CH{-}CH{=}CH_2$	238.9	35.5
$CH_3{-}C(CH_3){=}CH_2$	118.8	18.4	$CH_3{-}CH{=}CH{-}CH{=}CH_2$	226.4	48.0
$CH_3{-}C(CH_3){=}CH{-}CH_3$	112.5	24.7	$CH_2{=}C(CH_3){-}CH{=}CH_2$	223.4	51.0
$CH_3{-}C(CH_3){=}C(CH_3){-}CH_3$	111.3	25.9			

* 包括超共轭能。

从表 5−1 可以看出，超共轭能比共轭能小。

2. 键长

从电子云观点来看，在两个给定的原子间，电子云重叠得越多，电子云密度越大，两个原子结合得就越牢固，键长也就越短。共轭 π 键的生成使电子云的分布趋向均匀化，导致共轭分子中单键的键长缩短，双键的键长加长——突出的是单键键长缩短。例如，实验测得，在 $CH_2{=}CH{-}CH{=}CH_2$ 分子中，C—C 单键的键长是 0.148 nm，比典型的 C—C 单键键长0.154 nm 短。在 $CH_2{=}CH{-}Cl$ 分子中，由于共轭 π 键的存在，C—Cl 键的键长 0.169 nm 比典型的 C—Cl 键的键长 0.177 nm 短。

3. 共轭效应的传递与表示

共轭效应是用 C 表示，有吸（拉）电子共轭效应（$-C$）和给（推）电子的共轭效应（$+C$）两种。

如果把羰基（$\rangle C{=}O$）以单键连接到 C═C 双键上，所得到的 C═C—C═O 也是一个共轭体系——共轭 π 键①。在这个 $\pi-\pi$ 共轭体系中，羰基的共轭效应是吸电子的——吸电子共轭效应（$-C$ 效应）。由于氧原子电负性较强，把羰基中的 π 电子拉向氧原子，引起了整个共轭体系中的 π 电子按照下面弯箭头所表示的方向转移——弯箭头从双键到与这个双键相连接的原子上：

$$\overset{\delta+}{CH_2}{=}\overset{\delta-}{CH}{-}\overset{\delta+}{CH}{=}\overset{\delta-}{\ddot{O}}:$$

从 π 电子转移的情况来看，共轭效应与诱导效应不同有以下两个方面：

① 共轭效应在共轭体系中产生了极性交替现象；

② 共轭效应的传递不因共轭链的增长而减弱。

① $\rangle C{=}O$ 叫作羰基。丙烯醛 $CH_2{=}CH{-}CH{=}O$ 分子中就含有 C═C—C═O 这个共轭体系——共轭 π 键。

在丙炔醛（ $CH\equiv C—CH=O$ ）、苯甲醛（ $C_6H_5—CH=O$ ）这些共轭分子中，羰基同样的是−*C* 效应。

从以上所述可以看出，碳碳双键上或碳碳三键上或苯环上的氢原子被 $C=O$、$C\equiv N$ 基团取代后，由于氧、氮原子的电负性较强，这些取代基都是−*C* 效应。

如果碳碳双键上或碳碳三键上或苯环上的氢原子被带有孤对电子的原子取代，这些取代原子（或基团）的共轭效应则是给电子的（+*C* 效应）。例如，$CH_2=CH—\ddot{Cl}:$ 分子中的氯原子的共轭效应是给电子的，Cl 原子上的孤对电子（p 电子）所处的 p 轨道与 C=C 双键中的 π 轨道共轭，电子转移的方向如下面弯箭头所示：

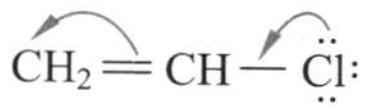

$$CH_2=CH—\ddot{Cl}:$$

在 $CH_3—CH=CH_2$、$CH_3—C\equiv CH$ 和 $CH_3—C_6H_5$ 这些分子中，甲基（或者说 C—H σ 键）的超共轭效应（用 *C′* 表示）是给电子的（+*C′* 效应），电子转移的方向如下式所示（以 $CH_3—CH=CH_2$ 为例）：

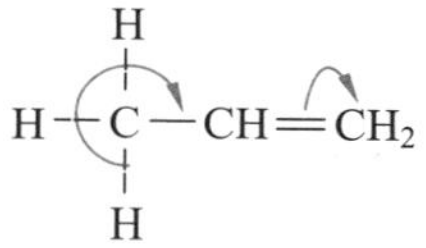

$$H_3C—CH=CH_2$$

综上所述，凡能降低共轭体系的 π 电子云密度的取代基，具有吸电子的共轭效应（−*C* 效应）；凡能增高共轭体系的 π 电子云密度的取代基，则具有给电子的共轭效应（+*C* 或+*C′*效应）。

三、共轭效应的应用实例

应用共轭效应可以解释众多的有机物种（分子、离子和自由基）的稳定性，并通过它们揭示或解释有机反应和反应机理。例如：

1. 烷基正离子的稳定性

在烯烃一章中曾经指出，烷基正离子的稳定性顺序是

$$叔\ R^+ > 仲\ R^+ > 伯\ R^+ > CH_3^+$$

可用—CH_3 的给电子诱导效应解释这个事实。

实际上，烷基正离子的稳定性既来自—CH_3 的给电子诱导效应，又来自 C—H 键的给电子超共轭效应（+*C′*）。以下列几个烷基正离子为例来说明后者。

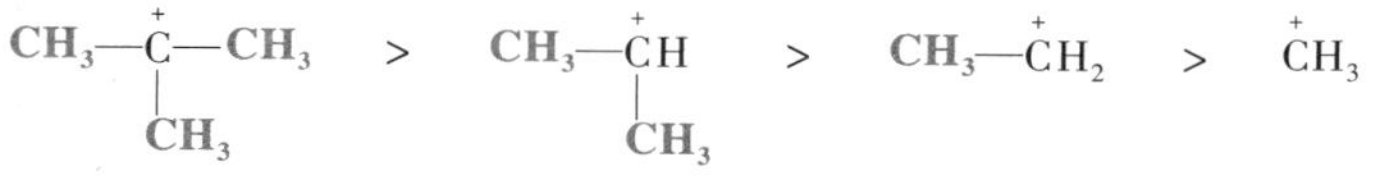

$$(CH_3)_3C^+ > (CH_3)_2CH^+ > CH_3CH_2^+ > CH_3^+$$

$(CH_3)_3C^+$	$(CH_3)_2CH^+$	$CH_3CH_2^+$	CH_3^+
9 个 C—H 键 σ 轨道可能与 C^+ 离子空 p 轨道超共轭	6 个 C—H 键 σ 轨道可能与 C^+ 离子空 p 轨道超共轭	3 个 C—H 键 σ 轨道可能与 C^+ 离子空 p 轨道超共轭	无超共轭

由于 C—H 键的 $+C'$ 效应分散了缺电子碳原子上的正电荷，降低了碳正离子的能量，从而稳定了碳正离子。超共轭作用越强，碳正离子的能量就越低，稳定性也就越大①。这就解释了上述碳正离子的稳定性顺序。

练一练 4

与 $AgNO_3$ 乙醇溶液反应时，$CH_2=CH-CH_2Cl$ 与 $CH_3-CH_2-CH_2Cl$ 都能生成 AgCl，试判断哪一个较容易，为什么？

2. 烷基自由基的稳定性

与烷基正离子相同，烷基自由基的稳定性顺序是

叔 R· > 仲 R· > 伯 R· > CH_3·

现以丁基自由基(C_4H_9·)为例来解释这个事实。

$$(CH_3)_3\dot{C} > CH_3-CH_2-\dot{C}H(CH_3) > CH_3-CH_2-CH_2-CH_2\cdot > CH_3\cdot$$

9个 C—H 键 σ 轨道可能与单电子占据的 p 轨道超共轭；5 个 C—H 键 σ 轨道可能与单电子占据的 p 轨道超共轭；2 个 C—H 键 σ 轨道可能与单电子占据的 p 轨道超共轭；无超共轭

从丁基自由基的结构可以看出，叔丁基自由基的超共轭作用最强，其次是仲丁基自由基，伯丁基自由基最弱。用作比较标准的甲基自由基无超共轭作用。超共轭作用越强，自由基的能量就越低，稳定性也就越大。这就解释了上述烷基自由基的稳定性顺序。

第三节　共轭二烯烃的化学性质

共轭二烯烃分子中含有 C=C—C=C 共轭 π 键。与 C=C 双键相似，C=C—C=C 共轭 π 键的化学性质主要是加成和聚合。但由于共轭体系的特殊性，决定了共轭二烯烃有其特有的化学性质。

一、1,2-加成和 1,4-加成反应

1. 催化加氢

在催化剂铂、钯或雷尼镍的作用下，1,3-丁二烯既可与一分子氢气加成生成 1,2-加成产物(1-丁烯)与 1,4-加成产物(2-丁烯)，又可与两分子氢加成生成正丁烷。

$$\overset{1}{C}H_2=\overset{2}{C}H-\overset{3}{C}H=\overset{4}{C}H_2 + H_2 \xrightarrow{催化剂} \begin{cases} \xrightarrow{1,2-加成} CH_3-CH_2-CH=CH_2 \\ \xrightarrow{1,4-加成} CH_3-CH=CH-CH_3 \end{cases}$$

① 尽管每一瞬间只可能有 1 个 C—H 键 σ 轨道与 C^+ 离子的空 p 轨道发生重叠，但与空 p 轨道可能重叠的C—H 键 σ 轨道越多，重叠的概率越大，则超共轭效应越强，共轭体系越稳定。

$$CH_3—CH_2—CH=CH_2 + H_2,\quad CH_3—CH=CH—CH_3 + H_2 \xrightarrow{催化剂} CH_3—CH_2—CH_2—CH_3$$

2. 亲电加成

(1) 加氯或溴　1,3-丁二烯可与氯或溴加成。1,3-丁二烯与一分子氯加成时，既生成1,2-加成产物，又生成1,4-加成产物。生成的产物再与一分子氯加成，最后生成1,2,3,4-四氯丁烷。

$$CH_2=CH—CH=CH_2 + Cl_2 \xrightarrow{常温} \begin{cases} \xrightarrow[(约60\%)]{1,2-加成} CH_2Cl—CHCl—CH=CH_2 \\ \xrightarrow[(约40\%)]{1,4-加成} CH_2Cl—CH=CH—CH_2Cl \end{cases}$$

$$\left.\begin{matrix} CH_2Cl—CHCl—CH=CH_2 + Cl_2 \\ CH_2Cl—CH=CH—CH_2Cl + Cl_2 \end{matrix}\right\} \longrightarrow CH_2Cl—CHCl—CHCl—CH_2Cl$$

1,3-丁二烯与溴加成与此相似。

(2) 加氯化氢或溴化氢　1,3-丁二烯与一分子氯化氢或溴化氢加成时，既生成1,2-加成产物，又生成1,4-加成产物。例如：

$$CH_2=CH—CH=CH_2 + HBr \xrightarrow{-80\ ℃} \underset{(80\%)}{CH_2=CH—\underset{Br}{CH}—\underset{H}{CH_2}} + \underset{(20\%)}{\underset{Br}{CH_2}—CH=CH—\underset{H}{CH_2}}$$

温度升高，1,2-加成产物逐渐转变成为1,4-加成产物，在40 ℃到达平衡时，在平衡体系中，1,2-加成产物占20%，1,4-加成产物占80%。

由此可见，含有共轭双键的1,3-丁二烯与一分子氢（在催化剂作用下）、氯或溴、氯化氢或溴化氢加成时，既发生1,2-加成，又发生1,4-加成。这是具有共轭双键的二烯烃加成时的一般情况。其中1,2-加成产物和1,4-加成产物的含量则随反应物、加成试剂和反应条件的不同而不同。

二、双烯合成反应（第尔斯-阿尔德反应）

共轭二烯烃与含有C=C双键（或C≡C三键）的化合物可以发生1,4-加成反应，生成环状化合物，这叫作**第尔斯（Diels O）-阿尔德（Alder K）反应**，或**双烯合成反应**。最简单的例子如下：

$$\begin{matrix} CH_2 \\ \| \\ CH \\ | \\ CH \\ \| \\ CH_2 \end{matrix} + \begin{matrix} CH_2 \\ \| \\ CH_2 \end{matrix} \xrightarrow[17\ h]{165\ ℃,90\ MPa} \text{环己烯}$$

环己烯（产率78%）

在这个反应中，含有共轭双键的二烯烃叫作双烯体；含有C=C双键（或C≡C三键）的烯类化合物（或炔类化合物）叫作亲双烯体。在亲双烯体的双键（或三键）碳原子上，如果带有强的吸电子的取代基（例如羰基等），反应则较易进行。例如：

$CH_2=CH-CH=CH_2$ + $CH_2=CH-CH=O$ $\xrightarrow{100\ ℃}$ 3-环己烯甲醛

丙烯醛　　　　（产率 100%）

$CH_2=CH-CH=CH_2$ + 顺丁烯二酸酐 $\xrightarrow[在苯中]{20\ ℃}$ 四氢邻苯二甲酸酐

顺丁烯二酸酐　　　　（产率 100%）

第尔斯–阿尔德反应是**共轭二烯烃的一个特征反应**。它既不是离子反应，也不是自由基反应，而是协同反应。其反应特征是：新键的生成和旧键的断裂同时发生并协同进行，不需要催化剂，一般只要求在光或热的作用下发生反应。上述反应可以用来**制备六元环的环状化合物**。

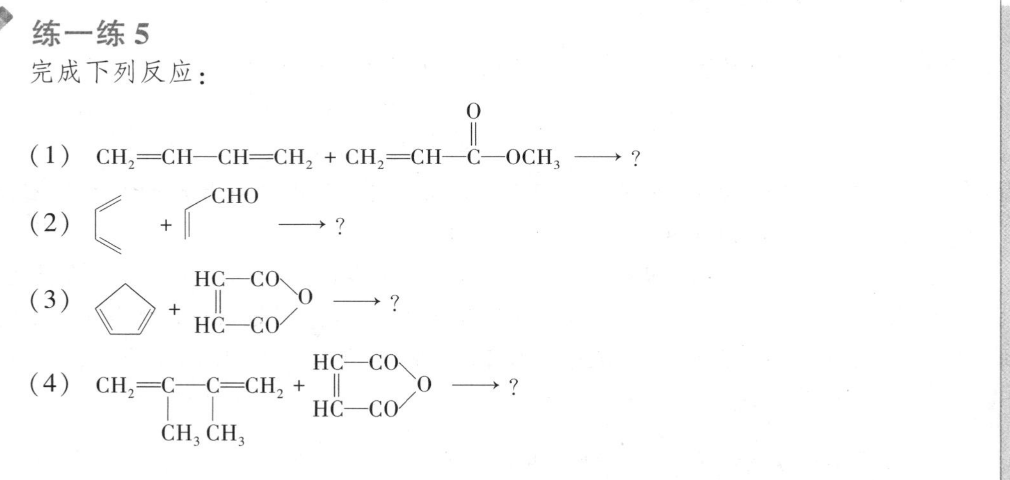

练一练 5

完成下列反应：

（1）$CH_2=CH-CH=CH_2 + CH_2=CH-\overset{O}{\overset{\|}{C}}-OCH_3 \longrightarrow ?$

（2）1,3-丁二烯 + $CH_2=CH-CHO \longrightarrow ?$

（3）环戊二烯 + 顺丁烯二酸酐 $\longrightarrow ?$

（4）$CH_2=C(CH_3)-C(CH_3)=CH_2$ + 顺丁烯二酸酐 $\longrightarrow ?$

文本

练一练 5
参考答案

三、聚合与橡胶

含有共轭双键的二烯烃，也容易发生聚合反应。与加成反应相似，既可以进行 1,2–加成聚合，也可以进行 1,4–加成聚合，或两种聚合反应同时发生。其中 1,4–加成聚合反应是制备橡胶的基本反应。利用不同的反应物，选择不同的反应条件和催化剂，可以控制加成聚合的方式，得到不同的高聚物——橡胶。

橡胶是一类具有高弹性的高分子化合物，因结构不同，性质不同，用途也不相同。橡胶分为天然橡胶与合成橡胶两大类。

1. 天然橡胶

天然橡胶主要来自橡胶树。它是一个线型高分子化合物，平均相对分子质量为 200 000～500 000。将天然橡胶干馏则得到异戊二烯。

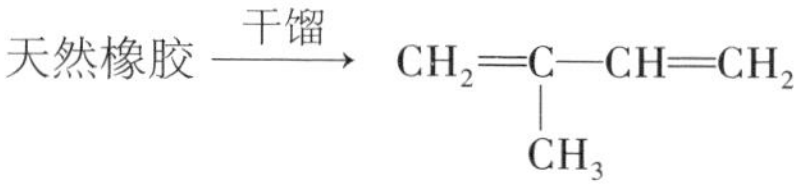

$$\text{天然橡胶} \xrightarrow{\text{干馏}} \underset{\text{异戊二烯}}{CH_2{=}\underset{\displaystyle CH_3}{\underset{|}{C}}{-}CH{=}CH_2}$$

研究的结果表明,天然橡胶的结构相当于顺-1,4-聚异戊二烯:

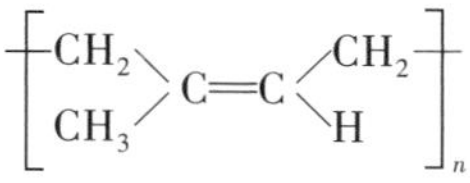

$$\left[\begin{matrix}CH_2\\CH_3\end{matrix}\!\!>C{=}C<\!\!\begin{matrix}CH_2\\H\end{matrix}\right]_n$$

顺-1,4-聚异戊二烯

橡胶的重要性是众所周知的。它是工农业生产、交通运输、国防建设和日常生活中不可缺少的物资。

2. 合成橡胶

(1) 顺丁橡胶　在络合催化剂(例如三异丁基铝-三氟化硼乙醚络合物-环烷酸镍)的催化下,在苯或加氢汽油溶剂中,40 ~ 70 ℃,1,3-丁二烯即聚合生成顺丁橡胶,其中顺-1,4-聚丁二烯的含量>94%。

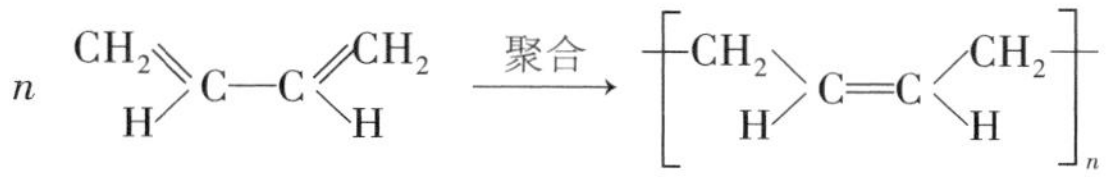

$$n\ \begin{matrix}CH_2\\H\end{matrix}\!\!>C{-}C<\!\!\begin{matrix}CH_2\\H\end{matrix} \xrightarrow{\text{聚合}} \left[\begin{matrix}CH_2\\H\end{matrix}\!\!>C{=}C<\!\!\begin{matrix}CH_2\\H\end{matrix}\right]_n$$

顺-1,4-聚丁二烯

顺丁橡胶的主要用途是制造轮胎。轮胎制造工业消耗顺丁橡胶产量的 85% ~ 90%。

(2) 异戊橡胶　在络合催化剂(例如三异丁基铝-四氯化钛)的催化下,在加氢汽油溶剂中,约 30 ℃,异戊二烯即聚合生成异戊橡胶,其中顺-1,4-聚异戊二烯的含量约为 97%。

$$n\ \begin{matrix}CH_2\\CH_3\end{matrix}\!\!>C{-}C<\!\!\begin{matrix}CH_2\\H\end{matrix} \xrightarrow{\text{聚合}} \left[\begin{matrix}CH_2\\CH_3\end{matrix}\!\!>C{=}C<\!\!\begin{matrix}CH_2\\H\end{matrix}\right]_n$$

顺-1,4-聚异戊二烯

异戊橡胶的分子结构与天然橡胶相同,因此它的化学、物理性能与天然橡胶相似。所以,异戊橡胶又叫作“合成天然橡胶”。

(3) 氯丁橡胶　在引发剂(例如过硫酸钾 $K_2S_2O_8$)的作用下,约 40 ℃,2-氯-1,3-丁二烯即聚合生成氯丁橡胶——聚-2-氯-1,3-丁二烯或聚氯丁二烯。

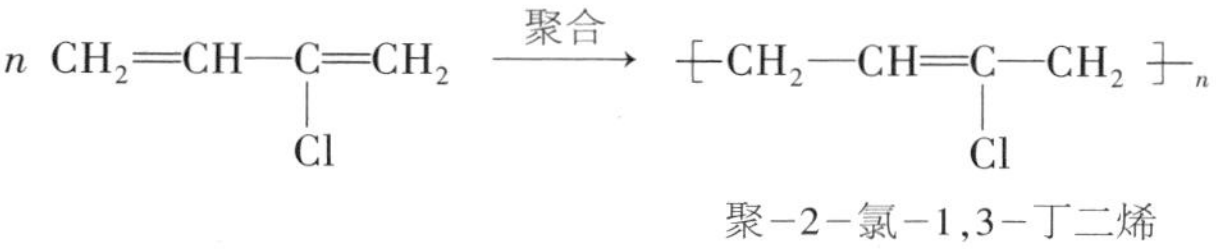

$$n\ CH_2{=}CH{-}\underset{\displaystyle Cl}{\underset{|}{C}}{=}CH_2 \xrightarrow{\text{聚合}} \left[CH_2{-}CH{=}\underset{\displaystyle Cl}{\underset{|}{C}}{-}CH_2\right]_n$$

聚-2-氯-1,3-丁二烯

氯丁橡胶的强度和弹性与天然橡胶相近,而其耐臭氧、耐油、耐化学药品(氧化性强的酸除外)的性能超过天然橡胶,其主要缺点是耐寒性能差。氯丁橡胶主要用于制造轮胎、运输带及油箱、贮罐的衬里等。

*第四节　1,3-丁二烯的来源与制备

1,3-丁二烯是无色可燃气体,沸点-4.4 ℃,在空气中的爆炸极限是2.0%~11.5%(体积分数),不溶于水,易溶于汽油、苯等有机溶剂。由于它在合成橡胶工业中的特殊地位,人们一直在研究它的大规模制备方法,从以乙醇为原料到现在以石油裂解气为原料,一直不断更新它的合成方法。工业上生产1,3-丁二烯的主要方法如下。

一、从石油裂解气中分离

1,3-丁二烯主要是从石油裂解气C_4馏分中提取得到的,常用的提取溶剂有*N*,*N*-二甲基甲酰胺,*N*-甲基吡咯烷酮、乙腈、二甲亚砜、糠醛和醋酸铜氨溶液等。例如,将含有1,3-丁二烯的石油裂解气的C_4馏分,在-5~10 ℃的温度及一定的压力下,通入醋酸铜氨溶液中,1,3-丁二烯与醋酸铜形成溶于醋酸铜氨溶液的络合物$C_4H_6 \cdot 2(CH_3COO)_2Cu$,将溶液加热到55~60 ℃时,络合物又分解为1,3-丁二烯和醋酸铜,收率在98%以上。

二、丁烷或丁烯脱氢

将丁烷和1-丁烯、2-丁烯进行催化脱氢,可以转化成1,3-丁二烯。例如,在磷酸镍钙-氧化铬的催化下,于600~700 ℃,丁烯可以脱氢转化为1,3-丁二烯。

$$\left.\begin{matrix} CH_3CH_2CH{=}CH_2 \\ CH_3CH{=}CHCH_3 \end{matrix}\right\} \xrightarrow[600\sim700\ ℃]{\text{磷酸镍钙加 2\% 的 } Cr_2O_3} CH_2{=}CH{-}CH{=}CH_2 + H_2$$

在480~500 ℃的温度下氧化脱氢,虽然产物中损失了氢气,但可以节省能源。

$$\left.\begin{matrix} CH_3CH_2CH{=}CH_2 \\ CH_3CH{=}CHCH_3 \end{matrix}\right\} + \frac{1}{2}O_2 \xrightarrow[480\sim500\ ℃]{P-Mo-Bi} CH_2{=}CH{-}CH{=}CH_2 + H_2O$$

以丁烷为原料催化脱氢,同样可获得1,3-丁二烯。

$$CH_3CH_2CH_2CH_3 \xrightarrow[600\ ℃]{Al_2O_3-Cr_2O_3} CH_2{=}CH{-}CH{=}CH_2 + 2H_2$$

阅读材料　　三大合成高分子材料之一——合成橡胶

橡胶是具有可逆形变的高分子弹性聚合物材料。按原料来源分为天然橡胶和合成橡胶,天然橡胶主要来源于三叶橡胶树,当这种橡胶树的表皮被割开时,就会流出乳白色的汁液,成为胶乳,胶乳经凝聚、洗涤、成型、干燥即得天然橡胶;合成橡胶是人工合成的高弹性聚合体,是三大合成材料之一,产量仅次于塑料和合成纤维。

合成橡胶按用途分为通用合成橡胶和特种合成橡胶。通用合成橡胶包括丁苯橡胶、顺丁橡胶、异戊橡胶、乙丙橡胶、氯丁橡胶和丁基橡胶,主要用来制造轮胎;特种合成橡胶是专用于特殊环境(高低温、酸、碱和油环境)下的橡胶,包括丁腈橡胶、硅橡胶、

氟橡胶、聚硫橡胶、聚氨酯橡胶、聚醚橡胶、丙烯酸酯橡胶等。

合成橡胶按聚合物热加工行为，分为热固性橡胶和热塑性橡胶。通用合成橡胶和特种合成橡胶都属于热固性橡胶；热塑性橡胶也称为热塑性弹性体，是一种兼具有橡胶和热塑性塑料特性的材料，热塑性橡胶具有多种可能结构，最根本的是需要有至少两个互相分散的聚合物相，在正常使用温度下，一相为流体，另一相为固体，并且两相之间存在相互作用。即在常温下显示橡胶弹性，高温下又能塑化成型的高分子材料，具有类似橡胶的力学性能和使用性能，又能按热塑性塑料进行回收和加工，如热塑性苯乙烯－丁二烯嵌段共聚物(SBS)、热塑性异戊二烯－苯乙烯嵌段共聚物(SIS)。

合成橡胶按成品形态分为液体橡胶(如端羟基聚丁二烯橡胶)、固体橡胶、乳胶和粉末橡胶等。

合成橡胶按生产方法分为乳液均聚或共聚合成橡胶和溶液均聚或共聚合成橡胶。用乳液法生产的大品牌橡胶有：乳聚丁苯橡胶、丁腈橡胶、丁苯乳胶、聚丁二烯乳胶、氯丁橡胶和丙烯酸酯橡胶；用溶液法生产的大品牌橡胶有顺丁橡胶、乙丙橡胶、丁基橡胶和溶聚丁苯橡胶、热塑性丁苯橡胶。

橡胶行业是国民经济的重要基础产业之一。它不仅为人们提供日常生活不可或缺的日用、医用等轻工橡胶产品，而且向采掘、交通、建筑、机械、电子等重工业和新兴产业提供各种橡胶制生产设备和橡胶部件。

学习指导

1. 二烯烃的通式

二烯烃的通式为 C_nH_{2n-2}，二烯烃和同碳数的炔烃互为同分异构体。

2. 二烯烃的分类

根据分子中两个双键官能团的相对位置分为累积二烯烃、共轭二烯烃和隔离二烯烃三类。

3. 二烯烃的命名

二烯烃的命名原则与烯烃相似，选择含有两个双键碳在内的最长碳链为主链，根据主链碳原子数称为“某二烯”，编号从离双键碳最近的一端开始，按照较优基团后列出的原则将取代基的位次、数目、名称，以及两个双键的位次写在母体名称前面；如有顺反异构体，需标明其构型。

4. 1,3－丁二烯的结构

1,3－丁二烯分子内 10 个原子共平面，每个碳原子均以 sp^2 杂化的方式参与成键，分子内有一个 π_4^4 共轭大 π 键，π 电子云密度趋于平均化使其碳碳键长趋于平均化，分子中没有典型的碳碳单键和典型的碳碳双键。

5. 共轭效应

共轭体系内，由于电子云密度趋于平均化而引起的键长趋于平均化、体系能量降低的现象称共轭效应。

6. 二烯烃的化学性质

(1) 1,2-加成和1,4-加成

$$CH_2{=}CH{-}CH{=}CH_2 \xrightarrow[\text{催化剂}]{H_2} \begin{cases} \xrightarrow{1,2-\text{加成}} CH_3{-}CH_2{-}CH{=}CH_2 \\ \xrightarrow{1,4-\text{加成}} CH_3{-}CH{=}CH{-}CH_3 \end{cases} \xrightarrow[\text{催化剂}]{H_2} CH_3{-}CH_2{-}CH_2{-}CH_3$$

$$CH_2{=}CH{-}CH{=}CH_2 \xrightarrow{X_2} \begin{cases} \xrightarrow{1,2-\text{加成}} \underset{X}{CH_2}{-}\underset{X}{CH}{-}CH{=}CH_2 \\ \xrightarrow{1,4-\text{加成}} \underset{X}{CH_2}{-}CH{=}CH{-}\underset{X}{CH_2} \end{cases} \xrightarrow{X_2} \underset{X}{CH_2}{-}\underset{X}{CH}{-}\underset{X}{CH}{-}\underset{X}{CH_2}$$

$$CH_2{=}CH{-}CH{=}CH_2 + HBr \begin{cases} \xrightarrow{-80\ ℃} \underset{(80\%)}{CH_2{=}CH{-}\underset{Br}{CH}{-}\underset{H}{CH_2}} + \underset{(20\%)}{\underset{Br}{CH_2}{-}CH{=}CH{-}\underset{H}{CH_2}} \\ \qquad\qquad \downarrow \text{升温到 } 40\ ℃ \\ \xrightarrow{40\ ℃} \underset{(20\%)}{CH_2{=}CH{-}\underset{Br}{CH}{-}\underset{H}{CH_2}} + \underset{(80\%)}{\underset{Br}{CH_2}{-}CH{=}CH{-}\underset{H}{CH_2}} \end{cases}$$

(2) 双烯合成反应(第尔斯-阿尔德反应)

$$CH_2{=}CH{-}CH{=}CH_2 + CH_2{=}CH_2 \xrightarrow[17\ h]{165\ ℃,90\ MPa} \text{(环己烯)}$$

环己烯(产率78%)

习 题

1. 写出分子式为 C_5H_8 的二烯烃的构造异构体,并用系统命名法命名。

2. 完成下列反应:

(1) $CH_2{=}CH{-}CH{=}CH_2$

① 加 1 mol Br_2,② 加 2 mol Br_2,③ 过量 $KMnO_4$ 氧化,④ 加 $\begin{matrix} CH{-}CO \\ \| \\ CH{-}CO \end{matrix}\!\!>\!O$

(2) $CH_2{=}CH{-}CH_2{-}CH_2{-}CH_2{-}\underset{CH_3}{\underset{|}{C}}{=}CH_2$

① 加 1 mol Br_2,② 加 2 mol Br_2,③ 加 1 mol HBr,④ 加 2 mol HBr,⑤ 过量 $KMnO_4$ 氧化

(注:隔离二烯烃的化学性质与两个独立的 C═C 双键的化学性质相似。)

3. 制备下列化合物,需要哪些双烯体和亲双烯体?

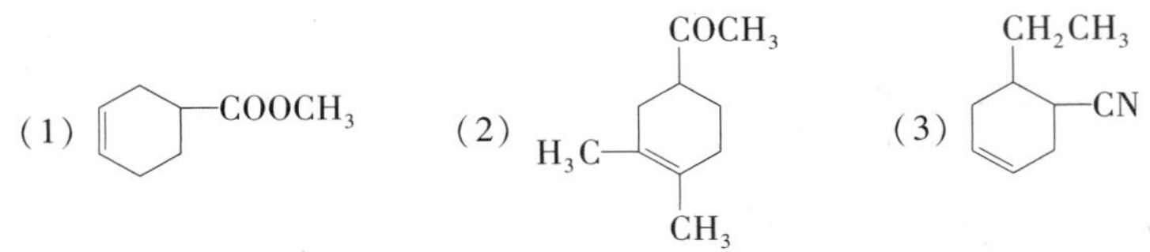

文本
第五章习题参考答案

4. 比较碳正离子的稳定性。

(1) $CH_3-\underset{\underset{CH_3}{|}}{CH}-CH_2-\overset{+}{C}H_2$　　$CH_3-\underset{\underset{CH_3}{|}}{\overset{+}{C}}-CH_2-CH_3$　　$CH_3-\underset{\underset{CH_3}{|}}{CH}-\overset{+}{C}H-CH_3$

(2) $CH_2=CH-CH_2-\overset{+}{C}H-CH_3$　　$CH_2=CH-\overset{+}{C}H-CH_2-CH_3$

5. 1,3-丁二烯聚合时,除生成高分子聚合物外,还生成一些二聚体。这个二聚体可使 Br_2-CCl_4 溶液褪色,催化加氢生成乙基环己烷,氧化可生成下列化合物:

$$HOOC-CH_2-\underset{\underset{COOH}{|}}{CH}-CH_2-CH_2-COOH$$

推测这个二聚体的构造式。

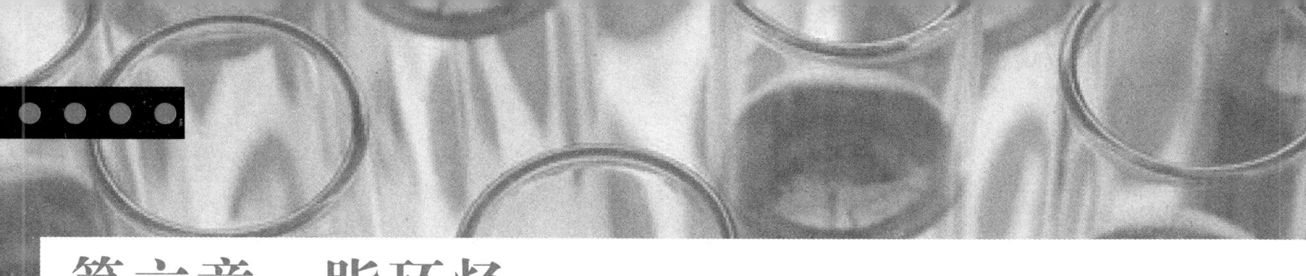

第六章　脂环烃

学习目标

1. 了解环烷烃的物理性质及其制备方法；
2. 了解环己烷的构象；
3. 理解三元环、四元环不稳定的原因；
4. 理解环丙烷的结构；
5. 掌握单环脂环烃的命名及其同分异构现象；
6. 掌握脂环烃的化学性质及其应用。

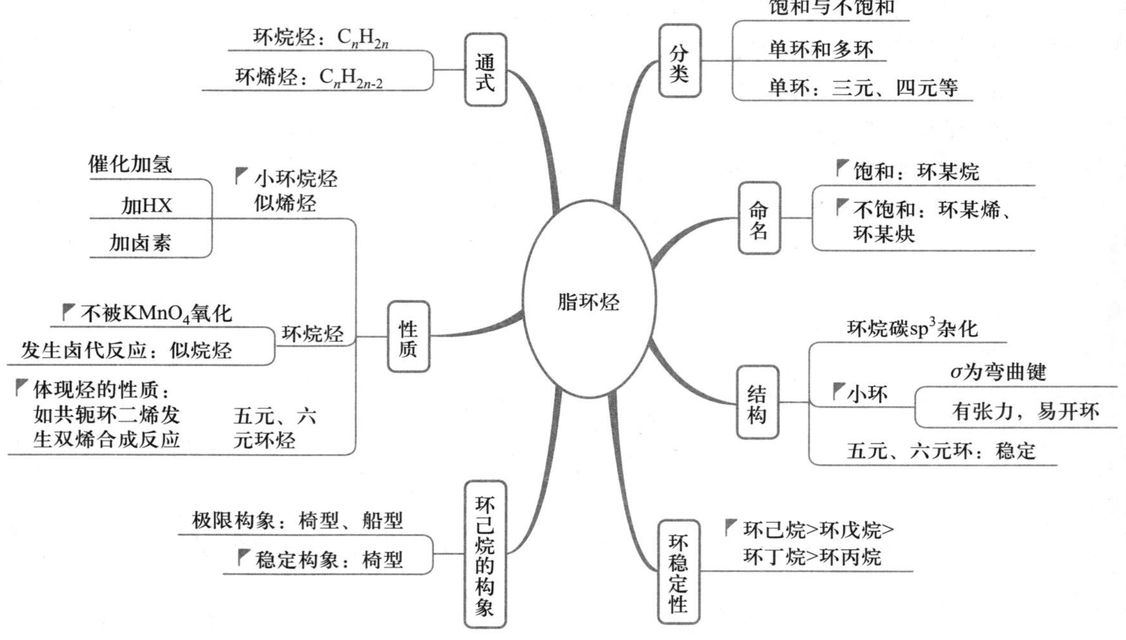

脂环烃
通式
环烷烃：C_nH_{2n}
环烯烃：C_nH_{2n-2}
性质
小环烷烃似烯烃
催化加氢
加HX
加卤素
环烷烃
不被$KMnO_4$氧化
发生卤代反应：似烷烃
五元、六元环烃
体现烃的性质：如共轭环二烯发生双烯合成反应
环己烷的构象
极限构象：椅型、船型
稳定构象：椅型
分类
饱和与不饱和
单环和多环
单环：三元、四元等
命名
饱和：环某烷
不饱和：环某烯、环某炔
结构
环烷碳sp^3杂化
小环
σ为弯曲键
有张力，易开环
五元、六元环：稳定
环稳定性
环己烷>环戊烷>环丁烷>环丙烷

第一节 脂环烃的分类与命名

分子中含有碳环骨架，化学性质和烷、烯、炔等脂肪烃相似的碳氢化合物被称为脂环烃。

一、脂环烃的分类

根据脂环烃分子中是否含有不饱和键分为饱和脂环烃和不饱和脂环烃两类。饱和脂环烃即环烷烃，不饱和脂环烃指环烯烃、环炔烃等。例如：

环戊烯　　环己烯　　环己炔

根据分子中碳环的数目分为单环和多环脂环烃。

根据单环脂环烃分子中组成环的碳原子数目，环烷烃可分为三元、四元、五元等环烷烃。例如：

环丙烷　　环丁烷　　环戊烷　　环己烷
三元环　　四元环　　五元环　　六元环

单环环烷烃的通式为 C_nH_{2n}，和同碳数的单烯烃互为同分异构体；单环环烯烃的通式为 C_nH_{2n-2}，和同碳数的炔烃互为同分异构体。

二、脂环烃的命名

1. 环烷烃的命名

环烷烃的命名与烷烃相似，只是在相应烷烃名称的前面加上一个"环"字。对于不带支链的环烷烃，命名时是按照环碳原子的数目，叫作"环某烷"。对于带有支链的环烷烃，则把环上的支链看作是取代基。当取代基不止一个时，还要将环碳原子编号，编号时要使取代基的位次尽可能小，同时根据次序规则中优先的基团排在后面的原则，把较小的位次给以次序规则中位于后面的取代基。例如：

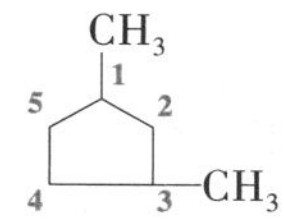

$CH(CH_3)_2$ 3 2 4 5 6 1 CH_3

环丁烷　　乙基环丙烷　　1,3-二甲基环戊烷　　1-甲基-3-异丙基环己烷

当带有的支链比较复杂时，则以碳链为母体，环作为取代基。例如：

$$\overset{6}{CH_3}\overset{5}{CH_2}\overset{4}{CH_2}\overset{3}{CH}—\overset{2}{CH}(CH_3)—\overset{1}{CH_3}$$

2-甲基-3-环戊基己烷

文本

练一练 1 和 2 参考答案

练一练 1

写出下列化合物的构造式或命名：

(1) 1,1-二甲基环丙烷　　(2) 1,2-二甲基环丙烷

(3) 3-环丁基戊烷　　(4) 环丙基环戊烷

(5) CH_3— (cyclopentane) CH_3, CH_3　　(6) (cyclobutane) —CH_2CH_3

练一练 2

写出分子式为 C_5H_{10} 的环烷烃的所有构造异构体，并命名。

2. 不饱和脂环烃的命名

环烯烃和环炔烃的命名是以环烯烃和环炔烃为母体，环上碳原子的编号在以满足官能团碳原子位置为最小的前提下，使取代基有尽可能低的编号。例如：

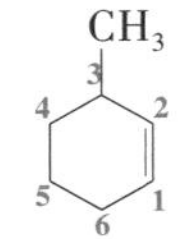

3-甲基环己烯

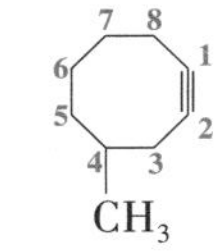

4-甲基环辛炔

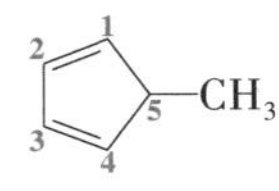

5-甲基-1,3-环戊二烯

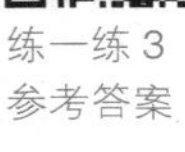

文本

练一练 3 参考答案

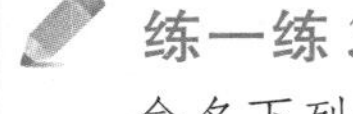

练一练 3

命名下列化合物：

(1) CH_3, C_2H_5　　(2)

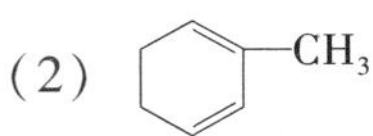

(3) CH_3, C_2H_5

第二节　环烷烃的结构与环的稳定性

微课

环烷烃的结构

环烷烃分子中的碳原子是饱和碳原子，在成键时以 sp^3 杂化的方式与相邻碳原子或氢原子成键，碳原子彼此连接成环，成环碳原子的数目决定了环烷烃结构的稳定性。环丙烷分子内三个碳原子核连线构成一个正三角形，分子中的三个碳原子由于受几何形状的限制，碳碳之间的 sp^3 杂化轨道不可能像烷烃那样沿着轨道对称轴进行最大程度重叠，只能以弯曲的方式相互重叠，这种重叠程度比正常的 σ 键小，成键电子云没有轨道对称轴，而是分布在一条曲线上，形如香蕉，被称为弯曲键，俗称香蕉键，碳原子间的键角为 105.5°，如图 6-1 所示。由于形成弯曲键的电子云重叠较少，并且电子云分布在碳碳连线的外侧，易受试剂的进攻发生开环反应。

环丁烷的结构与环丙烷相似，碳碳键也是弯曲的，只是弯曲的程度小一些，且碳原子不都在一个平面上，成键轨道的重叠较环丙烷大些，所以环丁烷的性质比环丙烷稍稳定。

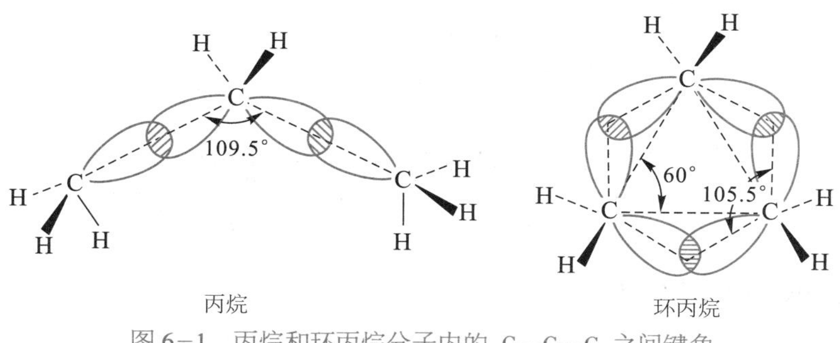

图 6-1 丙烷和环丙烷分子内的 C—C—C 之间键角

动画
环烷烃的结构

随着成环碳原子数的增多，成环碳原子之间 sp^3 杂化轨道重叠逐渐增大，如环己烷中相邻碳原子的 sp^3 杂化轨道可以沿着轨道的对称轴进行最大程度的重叠，碳碳键角已接近正常键角 109°28′，表现出与烷烃相似的化学性质。

构成环的碳原子数目和环的稳定性密切相关。环丙烷最易开环加成，而环戊烷和环己烷通常不易开环。

第三节　环烷烃的物理性质

环烷烃是无色、具有一定气味的物质。没有取代基的环烷烃的沸点、熔点和相对密度等物理性质也随着分子中碳原子数（或相对分子质量）的增大，而呈现规律性的变化。环烷烃的沸点、熔点和相对密度都比同碳原子数的直链烷烃高，这是由于环烷烃分子间的作用力较强的缘故。表 6-1 给出一些环烷烃的物理常数。

表 6-1　一些环烷烃的物理常数

名称	熔点/℃	沸点/℃	相对密度(d_4^{20})	折射率(n_D^{20})
环丙烷	-127	-33		
环丁烷	-80	13		
环戊烷	-94	49	0.746	1.406 4
环己烷	6.5	81	0.778	1.426 6
环庚烷	-12	118	0.810	1.444 9
环辛烷	14	149	0.830	

有机化合物的物理性质在实验室中和生产上得到了广泛的应用。例如，**纯物质具有一定的熔点和沸点**。萘的熔点是 80 ℃，苯的沸点是 80 ℃，熔点 80 ℃或沸点 80 ℃是鉴定萘或苯的一个最特征的物理常数。这是熔点和沸点在鉴定有机化合物方面的应用。又如，不同的物质具有不同的沸点。苯的沸点是 80 ℃，甲苯是 110.6 ℃，乙苯是 136.2 ℃，根据它们沸点之间的差异，在实验室中或生产上，应用精馏的方法可以从苯、甲苯和乙苯的混合物中分离出来纯的苯、甲苯和乙苯。这是沸点在分离、提纯有机化合物上的应用。再如，烷烃不溶于水，而硫酸与水混溶。当烷烃中混杂有硫酸时，可以根据它们在水中溶解性的不同，采用简单的水洗方法把硫酸除去。

此外,还可以通过测定物质的折射率,以确定有机化合物的纯度,并可用于鉴定未知化合物。总之,不论是在实验室中,还是在生产上,在制备有机化合物时,应用的是它们的化学性质,即化学反应;而在分离、提纯、鉴定时,则应用它们的物理性质。

第四节　脂环烃的化学性质

一、饱和脂环烃的性质

1. 取代反应

和烷烃一样,在光照或加热的情况下,环烷烃可与卤素进行取代反应,生成环烷烃的卤代衍生物。例如:

$$\text{环己烷} + Cl_2 \xrightarrow{\text{紫外线}} \text{氯代环己烷} + HCl$$

$$\text{环戊烷} + Br_2 \xrightarrow{\text{加热}} \text{溴代环戊烷} + HBr$$

2. 氧化反应

环烷烃在常温下不与 $KMnO_4$ 等氧化剂反应。例如:

$$(H_3C)_2C_3H_3\text{—}CH{=}C(CH_3)_2 \xrightarrow[H^+]{KMnO_4} (H_3C)_2C_3H_3\text{—}COOH + O{=}C(CH_3)_2$$

当加热或在催化剂的作用下,用空气中的氧气等可氧化环己烷,例如:

$$\text{环己烷} + O_2(\text{空气}) \xrightarrow[130\ ℃,2\ MPa]{\text{醋酸钴}} \underset{\text{环己酮}}{\text{环己酮}} + \underset{\text{环己醇}}{\text{环己醇}}$$

$$\text{环己烷} \xrightarrow[90\ ℃,1\ MPa]{\text{醋酸钴}} \underset{\text{己二酸}}{\begin{matrix} CH_2\text{—}CH_2\text{—}COOH \\ | \\ CH_2\text{—}CH_2\text{—}COOH \end{matrix}}$$

这是工业上生产环己醇及己二酸的方法。

3. 开环反应

具有较大环张力的小环在外界试剂的作用下,可以开环加成形成链状化合物。

(1) 催化氢化

含碳原子数少的小环烷烃,在催化剂的存在下,受热能进行氢化反应。环戊烷和环己烷在此条件下不发生反应。

$$\text{环丙烷} + H_2 \xrightarrow[80\ ℃]{\text{雷尼镍}} CH_3\text{—}CH_2\text{—}CH_3$$

$$\text{环丁烷} + H_2 \xrightarrow[200\ ℃]{\text{雷尼镍}} CH_3\text{—}CH_2\text{—}CH_2\text{—}CH_3$$

(2) 与卤素反应

环丙烷和环丁烷能与卤素进行开环反应。环丙烷在室温下即可与溴反应，而环丁烷则需要加热才能反应。

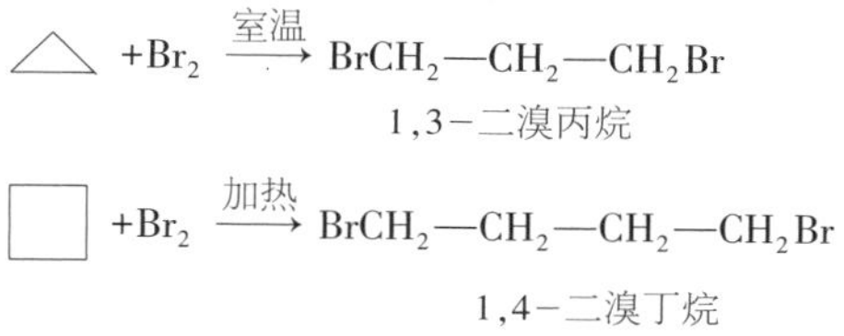

$$\triangle + Br_2 \xrightarrow{\text{室温}} BrCH_2—CH_2—CH_2Br$$

1,3-二溴丙烷

$$\square + Br_2 \xrightarrow{\text{加热}} BrCH_2—CH_2—CH_2—CH_2Br$$

1,4-二溴丁烷

环戊烷、环己烷稳定，与卤素不易发生开环加成，而是发生氢原子被取代的反应。

(3) 与卤化氢的反应

环丙烷、环丁烷与卤化氢进行开环反应，生成卤代烷。

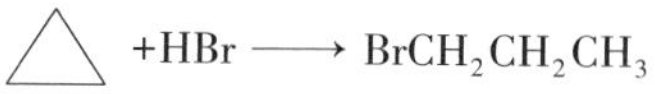

$$\triangle + HBr \longrightarrow BrCH_2CH_2CH_3$$

烃基取代的环丙烷与卤化氢反应时，碳碳键破裂发生在取代基最多与取代基最少的两个环碳原子之间，加成产物并遵循马尔科夫尼科夫规则。

$$CH_3—\underset{\text{(ring)}}{CH—CH_2—C}(CH_3)_2 + HBr \longrightarrow CH_3—CH(CH_3)—C(CH_3)(Br)—CH_3$$

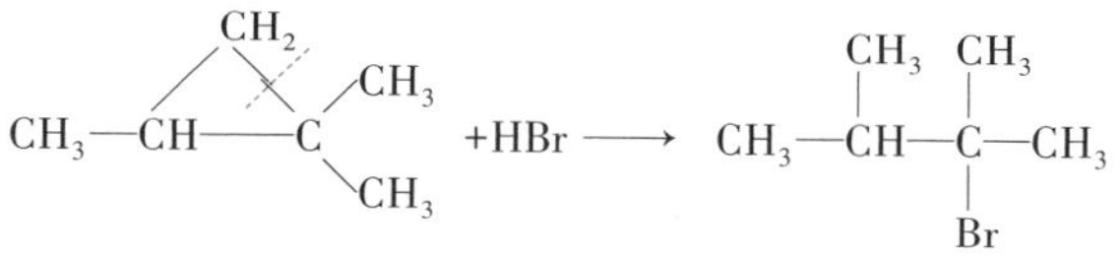

而环丁烷、环戊烷、环己烷并不反应。

二、不饱和脂环烃的性质

环烯烃具有一般烯烃的特性：催化加氢、亲电加成且遵循马尔科夫尼科夫规则，能被 $KMnO_4$ 等氧化剂氧化。例如：

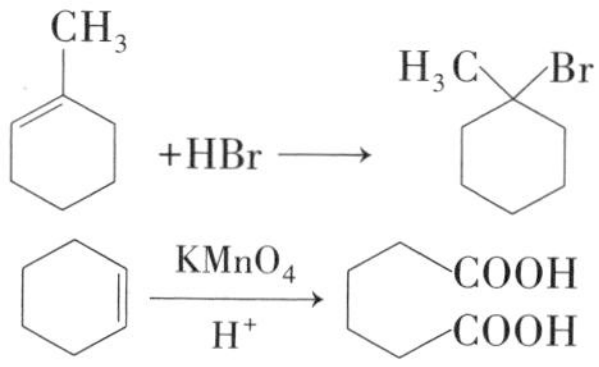

1-甲基环己烯 + HBr ⟶ 1-溴-1-甲基环己烷（H_3C, Br）

环己烯 $\xrightarrow[H^+]{KMnO_4}$ 己二酸（COOH, COOH）

共轭二烯烃与亲双烯体发生双烯合成反应。共轭环二烯烃的双烯合成反应是制取二环化合物的重要方法。例如：

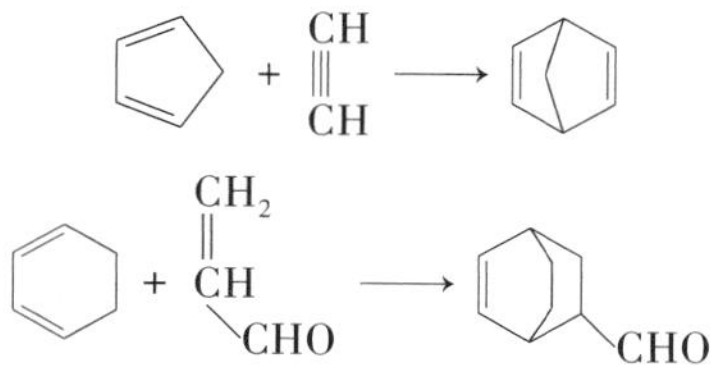

环戊二烯 + CH≡CH ⟶ 双环化合物

环己二烯 + CH_2=CH—CHO ⟶ 双环化合物—CHO

练一练 4

完成下列反应方程式：

(1) 环戊二烯 + 顺丁烯二酸酐 ⟶ ?

(2) 1-甲基环己烯（$-CH_3$） $+HBr$ ⟶ ?

(3) 环己烷 $+Cl_2$ $\xrightarrow{\text{漫射光}}$?

文本

练一练 4 参考答案

*第五节　环己烷的构象

一、环己烷的椅型构象和船型构象

微课

环己烷的构象

饱和碳原子是四面体的空间结构，碳原子以单键相连接，键角是 109.5°。如果键角保持 109.5°或接近 109.5°，环己烷分子中的六个碳原子就不可能在同一个平面内形成平面形的环，而是在不同的平面内形成折叠式的环。由于碳碳 σ 键的转动，可以产生无穷多种构象，其中椅型和船型是环己烷的两种极限构象。

图 6-2 给出环己烷分子椅型构象的模型、透视式和纽曼投影式。

动画

环己烷的椅型构象

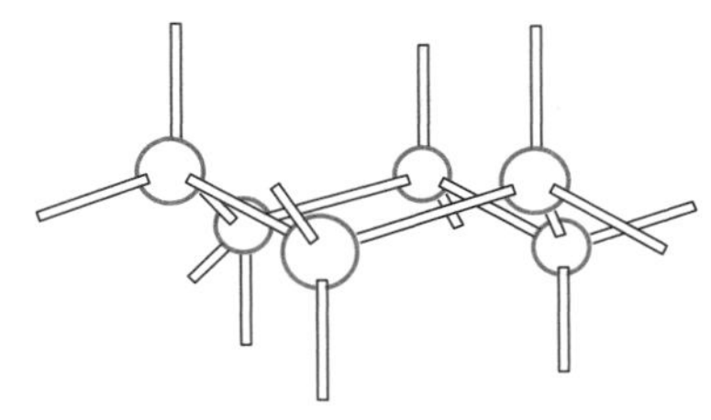

(a) 模型

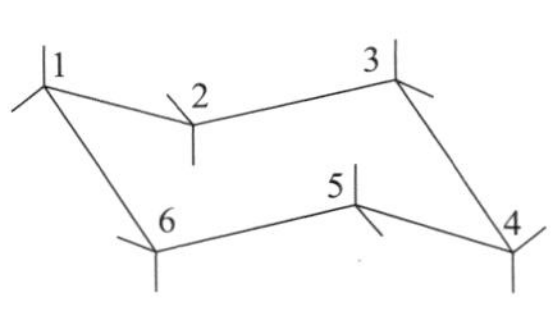

(b) 透视式

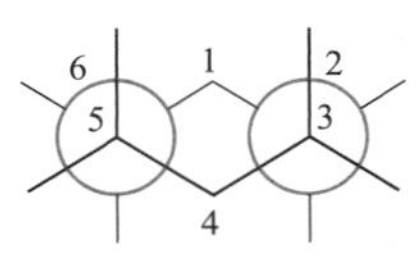

(c) 纽曼投影式

图 6-2　椅型环己烷分子的构象

从模型可以看出，在椅型环己烷分子中，每个碳原子都是等同的。每个碳原子可以等同地看作是处于“椅背”，或者“椅腿”，或者“椅面”的位置上，无任何差别。如果把模型按如图 6-3 所示的方式放置，使 C^2、C^3、C^5 和 C^6 处在同一个水平面内，C^1 和 C^4 则分别处在这个水平面的上面和下面，整个分子像一把“椅子”，所以叫作椅型构象。椅型环己烷分子是非平面形的，键角接近 109.5°①，所以没有角张力。从模型还可看出，所

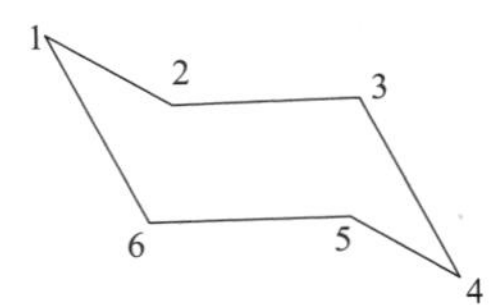

图 6-3　椅型环己烷分子

① 椅型环己烷分子中，所有 C—C—C 键角都为 111.5°。

有相邻的两个碳原子上的 C—H 键都是处于交叉式位置，所以也没有扭转张力。因此，椅型构象是环己烷能量最低、最稳定的构象；椅型构象也几乎是所有环己烷衍生物能量最低、最稳定的构象，它是环己烷及其衍生物的优势构象。

图 6-4 给出环己烷分子船型构象的模型、透视式和纽曼投影式。

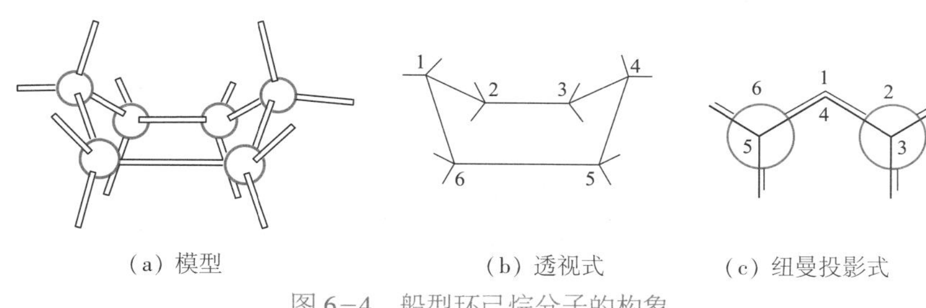

（a）模型　　（b）透视式　　（c）纽曼投影式

图 6-4　船型环己烷分子的构象

动画

环己烷的船型构象

从模型可以看出，在船型环己烷分子中，C^2、C^3、C^5 和 C^6 这四个碳原子处在同一个平面内，可以看作是“船底”；C^1 和 C^4 这两个碳原子则处在这个平面的上面，一个可以看作是“船头”，另一个可以看作是“船尾”。整个分子像一条“小船”，所以叫作船型构象。船型环己烷分子是非平面形的，键角 109.5°①，所以没有角张力。但是，在船型构象中，C^2 和 C^3、C^5 和 C^6 上的 C—H 键处于重叠式位置，存在着扭转张力。此外，在船型构象中，C^1 和 C^4 上的两个“旗杆”H 原子间的距离非常近，从而产生一定的斥力——立体张力。因此，船型构象比椅型构象的能量高（大约高 29.7 $kJ \cdot mol^{-1}$）。环己烷船型构象的能量最高。

如果把船型构象模型的右端向下翻，则得到椅型构象的模型（图 6-5）。这一翻动只涉及绕着环己烷分子中的 C—C 单键的转动，所以“船型”和“椅型”是环己烷的两种极限构象。

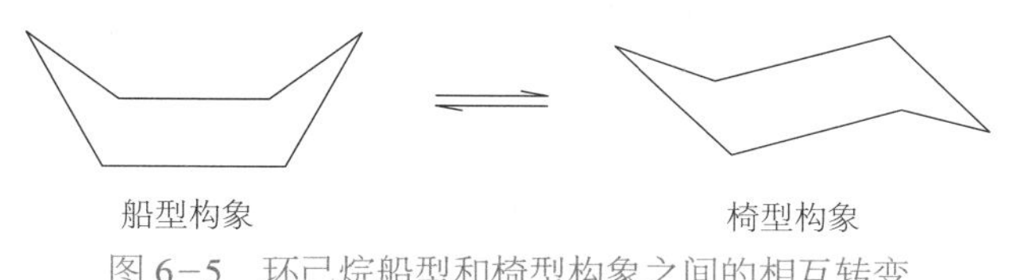

图 6-5　环己烷船型和椅型构象之间的相互转变

动画

环己烷构象转化与能量变化

二、椅型构象中的 *a* 键和 *e* 键

从椅型环己烷分子的模型可以看出，C^1、C^3 和 C^5 处在同一个平面内，C^2、C^4 和 C^6 处在另一个平面内，这两个平面彼此平行［图 6-6（a）］；此外，通过模型中心，还有一个垂直于这两个平行平面的轴线［图 6-6（b）］。

从模型［图 6-6（c）］还可看出，椅型环己烷分子中的 12 个 C—H 键分为两类。一类是 6 个 C—H 键与分子的轴线平行，是直立的，叫作 *a* 键，或竖键，或直立键。另一类是 6 个 C—H 键分别与 6 个 *a* 键成 109.5°的角，可以粗略地看作是处于水平位置，叫作 *e* 键，或横键，或平伏键。在椅型构象环己烷分子中，每个碳原子都有 1 个 *a* 键和 1 个 *e* 键。

① 键角接近 109.5°。

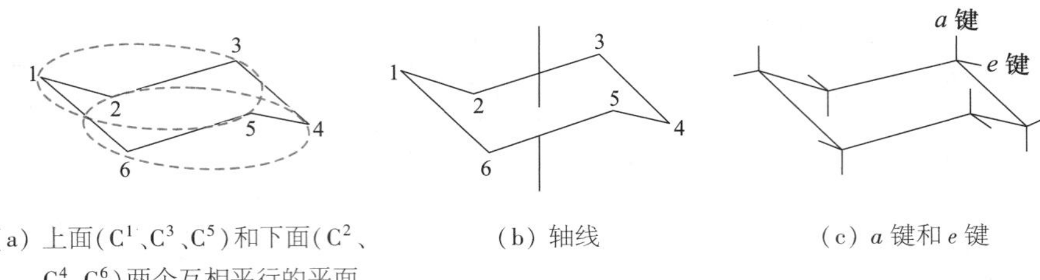

(a) 上面(C^1、C^3、C^5)和下面(C^2、C^4、C^6)两个互相平行的平面　(b) 轴线　(c) a 键和 e 键

图 6-6　椅型环己烷分子中的 a 键和 e 键

环己烷分子可以由一个椅型构象翻转成为另一个椅型构象(图 6-7)。在这个过程中,由 C^1、C^3 和 C^5 所决定的上边的平面转变成为下边的平面,而由 C^2、C^4 和 C^6 所决定的下边的平面则转变成为上边的平面;同时,碳原子上原来的 *a* 键变成了 *e* 键,而原来的 *e* 键则变成了 *a* 键。

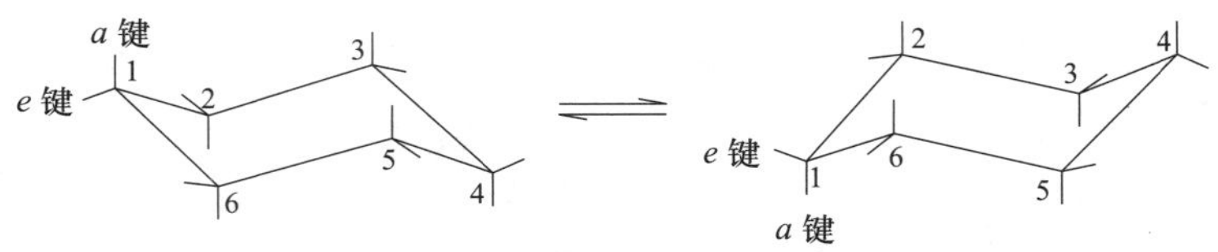

图 6-7　环己烷椅型构象之间的相互转变

知识拓展

一取代环己烷的构象

在椅型环己烷分子中,同一侧的 3 个 *a* 键(例如 C^1、C^3 和 C^5 上的 3 个 *a* 键)上的氢原子间的距离很近,是 0.25 nm,虽然这 3 个氢原子是连接在相间的碳原子上的(图 6-8)。

当环己烷分子中的 1 个氢原子被其他原子或基团(例如 Y)取代时,取代基 Y 可以是以 *a* 键、也可以是以 *e* 键与环碳原子相连接,从而产生了两种不同的构象异构体——*a* 型和 *e* 型(图6-9)。

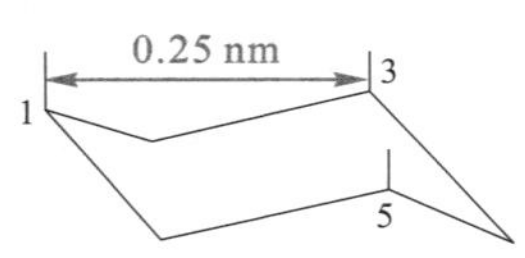

图 6-8　椅型环己烷分子中 C^1、C^3 和 C^5 原子上的 *a* 键间的距离

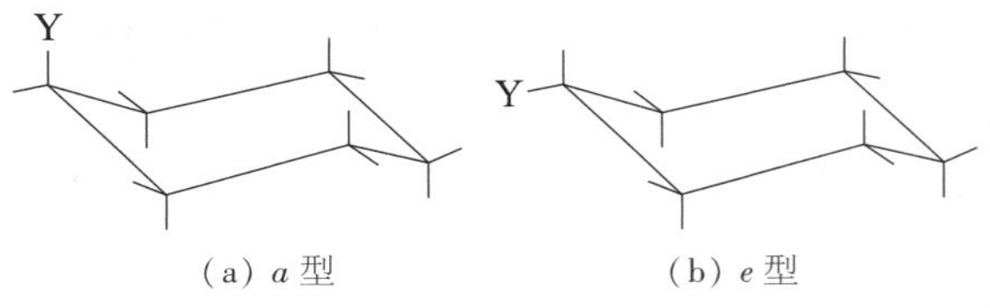

(a) *a* 型　(b) *e* 型

图 6-9　一取代环己烷椅型构象

取代基 Y 的"体积"比氢原子的大。从模型或透视式可以看出,由于 *a* 键和 *e* 键的方向不同,以 *a* 键与环碳原子相连接的取代基 Y 与环同侧的两个 *a* 键氢原子之间的距离较近,"拥挤"情况较严重,立体张力较大。这叫作 1,3-二 *a* 键的相互作用。由于这种作用,*a* 型构象异构体能量较高,稳定性较小。*e* 型构象异构体没有这种作用,因而能量较低,稳定性较大。取代基 Y 一般是以 *e* 键与环碳原子相连接的。

*第六节　环烷烃的来源与制备

脂环烃及其衍生物广泛存在于自然界中，主要存在于石油及从植物中提取得到的香精油中，如松节油、樟脑、薄荷脑、麝香及高效低毒农药除虫菊素等都属于脂环烃的衍生物。石油是环烷烃的主要来源，石油中所含的环烷烃主要是环戊烷、环己烷及它们的烷基衍生物，如甲基环戊烷、乙基环戊烷等。

从石油中获得单一的纯环烷烃比较困难，工业上可通过合成的方法制备。如环己烷的工业生产方法有两种。

一、石油馏分异构化法

将石油馏分分离加工，把含有环己烷等的馏分分出后，再经三氯化铝催化异构，使其中的甲基环戊烷转变成环己烷。

$$\text{(甲基环戊烷, }CH_3\text{)} \xrightarrow[80\ ℃]{AlCl_3} \text{(环己烷)}$$

二、苯催化加氢法

$$\text{(苯)} + 3H_2 \xrightarrow[180\sim250\ ℃]{Ni} \text{(环己烷)}$$

由苯催化加氢制得的环己烷产品纯度高、收率高，是工业上采用的主要方法。

环己烷在常温下为无色液体，沸点 81 ℃，比水轻，易挥发和易燃烧，不溶于水而溶于有机溶剂。环己烷是最重要的环烷烃、重要的化工原料，主要用于制造合成纤维的单体；环己烷也常作油漆的脱漆剂、精油的萃取剂等，是常用的一种有机溶剂。

阅读材料

吗　啡

吗啡，分子式为 $C_{17}H_{19}NO_3$，属环状化合物的芳香杂环化合物，相对分子质量为 285.34，结构式如图 6-10 所示。

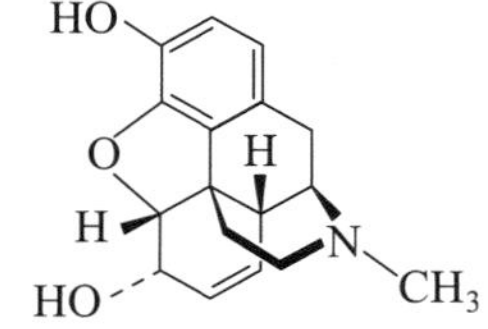

图 6-10　吗啡的结构式

吗啡具有梦境一般的镇痛效果，所以科学家就以希腊神话当中的梦境与睡眠之神——摩耳甫斯（Morpheus）的名称将这种麻醉式镇痛剂命名为“吗啡”（Morphine）。吗啡为镇痛剂，可减轻末期癌症病患、大面积烧烫伤患者的痛苦而贡献良多。战争期间，军医经常使用吗啡为伤兵止痛。吗啡的药理作用为：作用于中枢神经与平滑肌，能改变神经对痛的感受性与反应性，而达到止痛效果。给药后分布于全身，但在肾、肝、肺中浓度较高。

吗啡具有成瘾性，使用吗啡者，偶或产生恶心、呕吐、便秘、晕眩、输尿管及胆管痉挛等现象。高剂量的吗啡容易导致呼吸抑制、血压下降、昏迷。儿童、婴儿使用吗啡后，易产生痉挛现象，宜审慎使用。

毒品起初并非是“毒性药品”的简称。它是指出于非医疗目的而反复连续使用能够产生依赖性(即成瘾性)的药品。从自然属性来讲，这类物质在严格管理条件下合理使用具有临床治疗价值，也就是说，在正常使用下，它并非毒品，而是药品。不过，从社会属性来讲，如果为非正常需要而强迫性觅求，从而使这类物质失去了药品的本性，这时的药品就成了毒品。毒品摧毁的不仅是人的肉体，也是人的意志。珍爱生命，远离毒品、拒绝毒品！

学习指导

1. 单环环烷烃、环烯烃的通式

单环环烷烃的通式为 C_nH_{2n}，和同碳数的单烯烃互为同分异构体；单环环烯烃的通式为 C_nH_{2n-2}，与同碳数的炔烃互为同分异构体。

2. 环己烷有两种极限构象(椅型和船型)

椅型构象能量低，是优势构象。椅型构象中有 6 个平伏的 C—H 键，用 *e* 表示；有 6 个直立的 C—H 键，用 *a* 表示。一种椅型构象转化成另一种椅型构象时，原来椅型构象中的 *a* 键变 *e* 键，*e* 键变 *a* 键。一取代环己烷的稳定构象总是取代基处在 *e* 键上。

3. 脂环烃的命名

脂环烃的命名同脂肪烃相似，不同之处是母体烃名称前加上“环”字。

4. 脂环烃的化学性质

脂环烃的性质与其对应的脂肪烃性质相似，但要考虑成环碳原子数，三元环、四元环因存在较大的张力，易开环；对于环烷烃而言，“小环似烯，大环是烷”，大环的环烷烃发生如烷烃的取代、氧化等反应。

(1) 开环反应

$$\triangle + H_2 \xrightarrow[80\ ℃]{Ni} CH_3CH_2CH_3$$

$$\square + H_2 \xrightarrow[200\ ℃]{Ni} CH_3CH_2CH_2CH_3$$

$$\triangle + Br_2 \xrightarrow[\text{室温}]{CCl_4} BrCH_2CH_2CH_2Br$$

$$\square + Br_2 \xrightarrow[\triangle]{CCl_4} BrCH_2CH_2CH_2CH_2Br$$

$$\triangle\!-CH_3 + HX \longrightarrow CH_3-\underset{X}{\underset{|}{CH}}-CH_2-\underset{H}{\underset{|}{CH_2}} \qquad (X=Cl, Br)$$

(2) 取代反应

$$\text{环戊烷} + Cl_2 \xrightarrow{h\nu} \text{环戊基}-Cl + HCl$$

(3) 氧化反应

$$\xrightarrow[H^+]{KMnO_4} \quad \begin{matrix} COOH \\ COOH \end{matrix}$$

$$+O_2(\text{空气}) \xrightarrow[130\ ℃,2\ MPa]{\text{醋酸钴}} \quad O \quad + \quad OH$$

(4) 双烯合成反应

$$+ \quad \begin{matrix} CH \\ \parallel\!| \\ CH \end{matrix} \longrightarrow$$

5. 环烷烃的鉴别

(1) 环丙烷及其烷基衍生物与其他烷烃的区别

室温下环丙烷及环丙烷的烷基衍生物与溴的四氯化碳溶液能够发生加成反应,有红棕色褪去的明显现象,可用于与其他烷烃的区别;

(2) 环丙烷及其烷基衍生物与烯烃、炔烃的区别

环丙烷及其烷基衍生物与烯烃、炔烃的区别可用酸性 $KMnO_4$ 溶液,前者不能使酸性 $KMnO_4$ 溶液的紫红色褪去而得以区分。

习　　题

1. 写出分子组成为 C_6H_{12} 的环烷烃构造异构体并命名。

2. 选择正确的选项填在题后的括号内。

(1) 分子组成符合 C_nH_{2n-2} 通式的化合物可能是(　　)。

A. 环烷烃　　B. 环烯烃　　C. 环状共轭二烯烃

(2) 下列物质中,能使溴水溶液颜色褪去的是(　　)。

A. 环戊烷　　B. 甲基环丙烷　　C. 乙基环己烷

(3) 下列物质中,不能使酸性高锰酸钾溶液褪色的是(　　)。

A. 环戊烯　　B. 环己烷　　C. 1,3−丁二烯

3. 完成下列反应:

(1) CH_3 $+HBr \longrightarrow ?$

(2) $CH{=}CH_2 \xrightarrow[H^+]{KMnO_4} ?$

(3) CH_3 $+HBr$ $\longrightarrow ?$；$\xrightarrow{\text{过氧化物}} ?$

(4) $+$ COOH $\longrightarrow ?$

(5) $+O_2(\text{空气}) \xrightarrow[130\ ℃,2\ MPa]{\text{醋酸钴}} ?$

(6) $\xrightarrow[\triangle]{H_2,Ni} ?$

4. 用简单的化学方法区别下列两组化合物：

(1) 丙烯　丙烷　环丙烷

(2) 1-戊烯　甲基环丙烷　环戊烷

5. 写出符合下列条件的、分子式为 C_5H_{10} 的环烷烃的构造式。

(1) 只含有仲氢原子

(2) 只含有伯氢和仲氢原子

(3) 含有一个叔氢原子

(4) 含有两个叔氢原子

(5) 含有伯、仲、叔三类氢原子

第七章　芳香烃

学习目标

1. 了解芳香烃的物理性质、来源及其制备方法；
2. 了解稠环芳烃的结构特点；
3. 理解苯环亲电取代反应机理；
4. 理解苯分子中共轭大 π 键的形成及其对性质的影响；
5. 掌握萘的结构及性质；
6. 掌握芳香烃的命名及其同分异构现象；
7. 掌握苯及其同系物的化学性质及应用；
8. 掌握芳环亲电取代反应的定位规律及其应用。

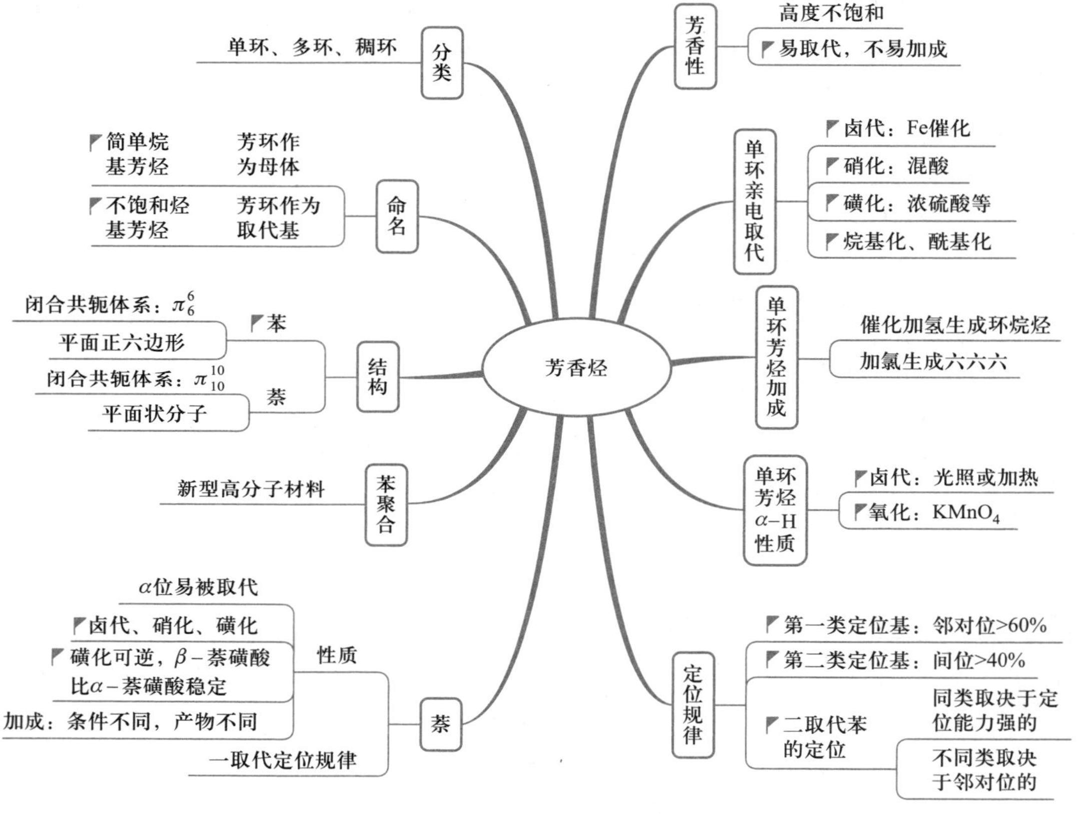
芳香烃
分类
单环、多环、稠环
命名
简单烷基芳烃
芳环作为母体
不饱和烃基芳烃
芳环作为取代基
结构
苯
闭合共轭体系：π_6^6
平面正六边形
萘
闭合共轭体系：π_{10}^{10}
平面状分子
苯聚合
新型高分子材料
萘
性质
α位易被取代
卤代、硝化、磺化
磺化可逆，β－萘磺酸比α－萘磺酸稳定
加成：条件不同，产物不同
一取代定位规律
芳香性
高度不饱和
易取代，不易加成
单环亲电取代
卤代：Fe催化
硝化：混酸
磺化：浓硫酸等
烷基化、酰基化
单环芳烃加成
催化加氢生成环烷烃
加氯生成六六六
单环芳烃α－H性质
卤代：光照或加热
氧化：$KMnO_4$
定位规律
第一类定位基：邻对位>60%
第二类定位基：间位>40%
二取代苯的定位
同类取决于定位能力强的
不同类取决于邻对位的

第一节　芳香烃的分类与命名

一、芳烃的分类

芳香族碳氢化合物简称芳香烃或芳烃，一般是指分子中含有苯环结构的烃。芳烃及其衍生物总称为芳香族化合物。苯可以看作是芳香族化合物的母体。

芳烃按分子中所含苯环的数目和结构可分为三大类：

1. 单环芳烃

分子中只含一个苯环结构的芳烃。例如：

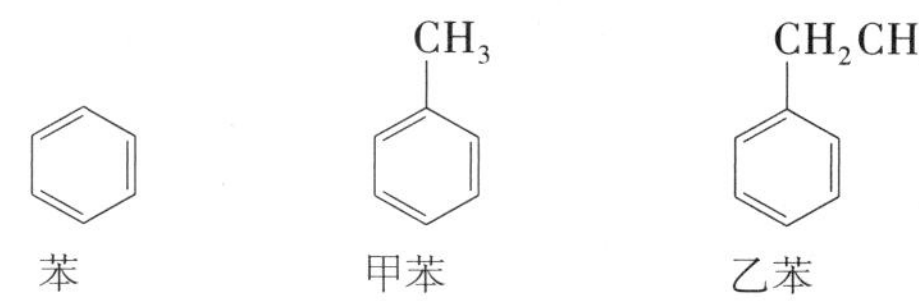

苯　　甲苯　　乙苯

2. 多环芳烃

分子中含有两个或两个以上独立的苯环结构的芳烃。例如：

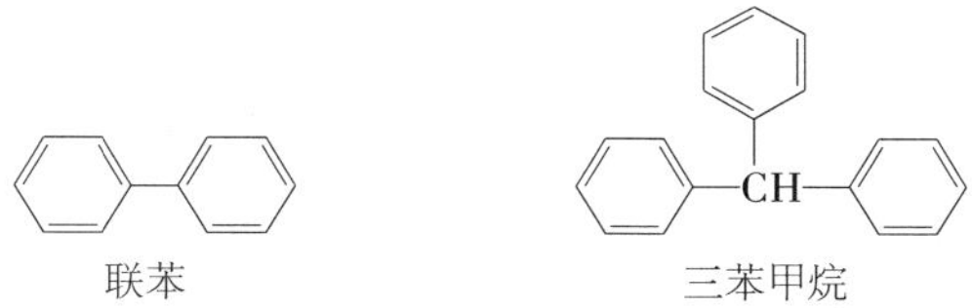

联苯　　三苯甲烷

3. 稠环芳烃

分子中含有两个或两个以上苯环彼此通过共用相邻的两个碳原子稠合而成的芳烃。例如：

萘　　蒽

二、芳烃的命名

1. 一元取代苯的命名

简单的一元取代苯是以苯环作为母体、烷基作为取代基来命名的。对于≤10 个碳原子的烷基，常省略某基的“基”字；对于>10 个碳原子的烷基，一般不省略“基”字。例如：

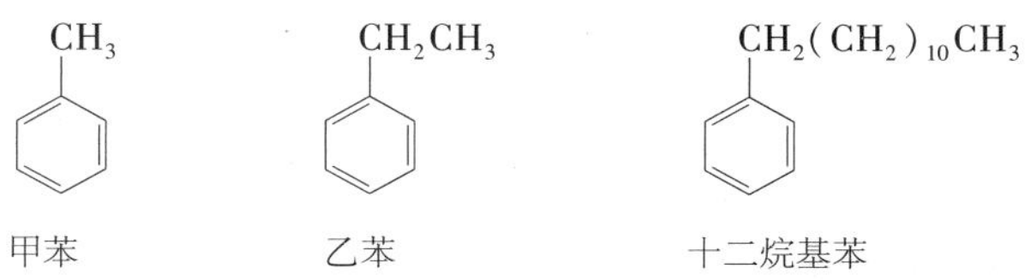

甲苯　　乙苯　　十二烷基苯

2. 相同二元取代苯的命名

相同二元取代苯命名时是以邻、间、对作为字头来表明两个取代基的相对位次，或者用 ortho(邻)、mata(间)、para(对)的第一个字母 *o*−、*m*−、*p*−来表示,还可用阿拉伯数字来表明取代基的位次。例如:

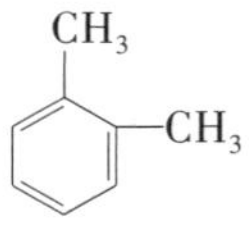

邻二甲苯
或 *o*−二甲苯
或 1,2−二甲苯

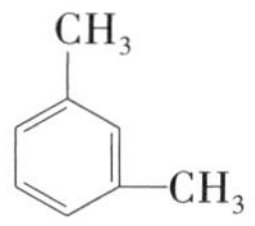

间二甲苯
或 *m*−二甲苯
或 1,3−二甲苯

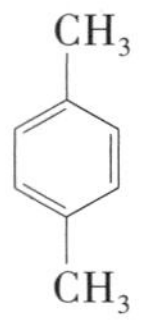

对二甲苯
或 *p*−二甲苯
或 1,4−二甲苯

3. 不同二元取代苯的命名

不同二元取代苯的命名是以苯环作为母体,编号时选择在次序规则中靠后的原子或基团所在碳原子位号为 1 位。然后按"最低系列"原则编号,并按"较优基团后列出"来命名。例如:

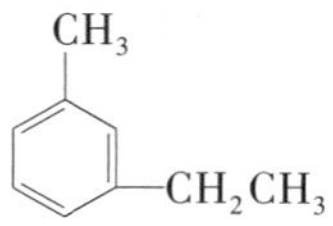

1−甲基−3−乙苯
或间甲乙苯

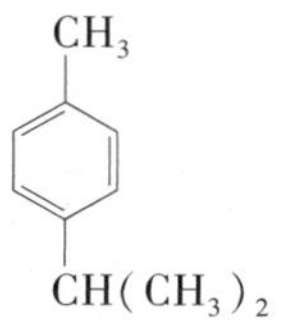

1−甲基−4−异丙苯
或对甲异丙苯

4. 多元取代苯的命名

多元取代苯的命名和不同二元取代苯的命名方法一样。例如:

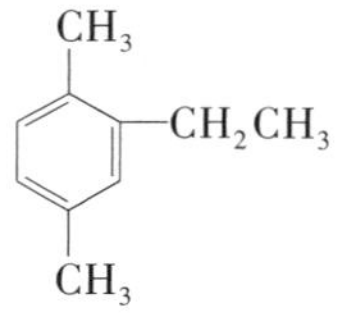

1,4−二甲基−2−乙苯

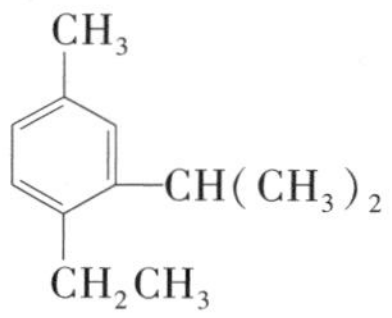

1−甲基−4−乙基−3−异丙苯

5. 三个相同烷基取代苯的命名

对于三个相同烷基取代苯,则可用连、偏、均字头来表示。例如:

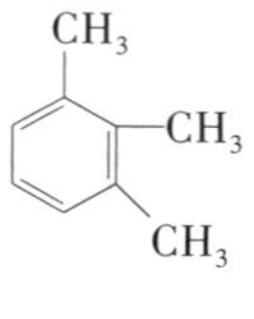

连三甲苯
或 1,2,3−三甲苯

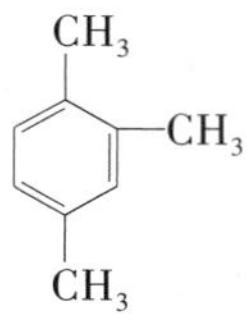

偏三甲苯
或 1,2,4−三甲苯

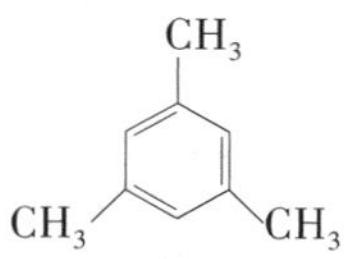

均三甲苯
或 1,3,5−三甲苯

6. 复杂取代苯化合物的命名

当苯环上连接的脂肪烃基比较复杂,或连接的是不饱和烃基,或烃链上有多个苯环时,则以脂肪烃作为母体,苯环作为取代基来命名。例如:

$CH_3—CH—CH—CH_3$（2位连苯基，3位连 CH_3）

2－甲基－3－苯基丁烷

（苯环邻位分别连 $—C≡CH$ 和 $—CH_3$）

邻甲苯基乙炔

（苯基—CH_2—CH=CH—CH_2—CH(CH_3)—CH_2—CH_3，两个 H 同侧）

顺－5－甲基－1－苯基－2－庚烯

知识拓展

常见的芳基

芳烃分子中去掉一个氢原子后剩下的基团称为芳基。常用 Ar—表示。苯分子去掉一个氢原子后形成苯基（苯环—），一般是用 Ph—（phenyl 的缩写）表示。甲苯分子中去掉一个氢原子可以形成四种芳基，分别如下：

苯甲基（或苄基）　　邻甲苯基　　间甲苯基　　对甲苯基

练一练 1

命名下列化合物：

（1）（苯环上邻位连 CH_3 和 C_2H_5）　　（2）（苯基—C(CH_3)$_2$—C(CH_3)$_2$—苯基）

（3）（苯环 1,2,3,5 位连 CH_3）　　（4）$(CH_3)_3CCHC(CH_3)_3$（CH 上连苯基）

（5）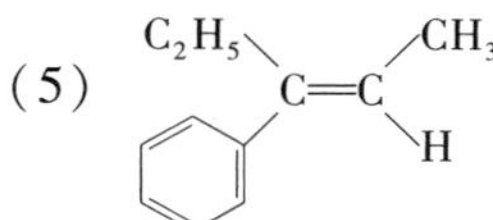

（6）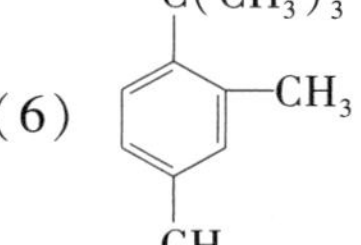

练一练 2

写出下列化合物的构造式或构型式：

（1）间甲叔丁苯　　（2）顺－1,4－二苯基－2－丁烯

（3）对乙异丙苯　　（4）2－甲基－3－苯基－2－丁烯

练一练 1 和 2 参考答案

第二节　苯分子的结构

微课

苯的结构与性质

近代物理方法证明，苯（C_6H_6）分子中的6个碳原子和6个氢原子都在同一平面内，6个碳原子构成平面正六边形，碳碳键长都是0.140 nm，比碳碳单键（0.154 nm）短，比碳碳双键（0.134 nm）长，碳氢键长都是0.108 nm，所有键角都是120°。

从图7-1苯分子的形状可知，6个碳原子都是以 sp^2 杂化轨道成键，互相以 sp^2 轨道形成6个C—C σ 键，以 sp^2 轨道分别与6个氢原子的1 s轨道形成6个C—H σ 键（所有的 σ 键轴在同一平面内）。每个碳原子还有1个p轨道（含1个p电子），这6个p轨道的对称轴都垂直于碳氢原子所在的平面，互相平行，侧面相互重叠，形成一个6个原子、6个电子的环状共轭 π 键 π_6^6（见图7-2）。这样，处于该 π 轨道中的 π 电子能够高度离域，使电子云密度完全平均化，从而能量降低。

从上可知，苯分子有6个等同的C—C σ 键、6个等同的C—H σ 键和一个包括6个碳原子在内的**环状共轭 π 键**。因此，苯分子中的6个碳碳键是完全等同的。苯分子中 π_6^6 电子云分布的情况见图7-3。

动画

苯分子的结构

动画

苯分子共轭 π 键的形成及电子云的形状

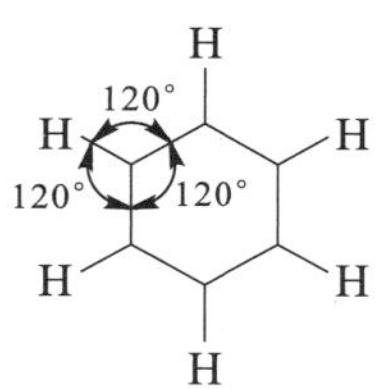

图7-1　苯分子的形状

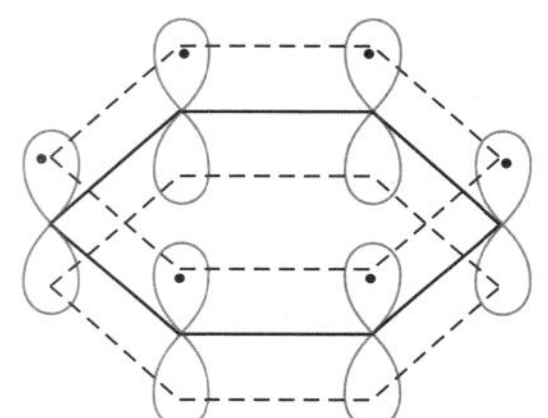

图7-2　苯分子中的共轭 π 键

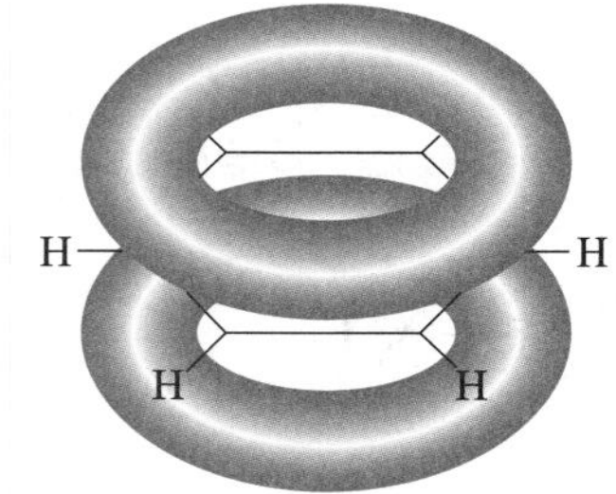

图7-3　苯分子中的 π 电子云

知识拓展

苯分子能量降低可以从氢化热的数据得到证实

苯的氢化热为208.5 kJ·mol^{-1}，环己烯的氢化热为119.5 kJ·mol^{-1}，假想的1,3,5-环己三烯的氢化热应为环己烯的3倍，即358.5 kJ·mol^{-1}。苯的氢化热比假想的1,3,5-环己三烯低150 kJ·mol^{-1}。也就是，由于环状共轭 π 键的形成使苯分子的能量低了150 kJ·mol^{-1}。这个数值称为苯的共轭能。

用凯库勒构造式 或 虽然未能完全正确地反映苯分子的结构，但仍在普遍使用。为了表示苯分子中有一个环状共轭 π 键，有些书刊上也采用 来表示苯的结构。可总的来讲， 并不比 或 优越，特别是用于复杂的稠环化合物。本书中采用凯库勒构造式来表示苯分子的结构。

第三节　单环芳烃的物理性质

苯及其同系物多数是无色液体，相对密度小于1，一般为0.86~0.9。不溶于水，可溶于乙醚、四氯化碳、乙醇、石油醚等溶剂。与脂肪烃不同，芳烃易溶于环丁砜、*N*,*N*-二甲基甲酰胺等溶剂，利用此性质可从脂肪烃和芳烃的混合物中萃取芳烃。甲苯、二甲苯等对某些涂料有较好的溶解性，可用作涂料工业的稀释剂。苯及其同系物有特殊气味，其蒸气有毒，其中苯的毒性较大，使用时应注意。苯及其常见同系物的一些物理常数见表7-1。

表7-1　苯及其常见同系物的一些物理常数

名称	熔点/℃	沸点/℃	相对密度(d_4^{20})
苯	5.5	80.0	0.879
甲苯	-95.0	110.6	0.867
邻二甲苯	-25.2	144.4	0.880
间二甲苯	-47.9	139.1	0.864
对二甲苯	13.3	138.4	0.861
乙苯	-95.0	136.2	0.867
正丙苯	-99.5	159.2	0.862
异丙苯	-96.0	152.4	0.862

第四节　单环芳烃的化学性质

苯具有环状的共轭π键，它有特殊的稳定性，没有典型的C═C双键的性质，不易加成和氧化。同时，苯环上的π电子云暴露在苯环平面的上方与下方，容易受到亲电试剂的进攻，引起C—H键的H原子被取代——亲电取代，取代产物仍保持原有环状共轭π键。

苯环的特殊稳定性，取代反应远比加成、氧化易于进行，这是芳香族化合物特有的性质，叫作**芳香性**。

苯的卤代反应

一、亲电取代反应

苯环的硝化、卤代、磺化、烷基化和酰基化是典型的亲电取代反应。亲电取代反应机理：

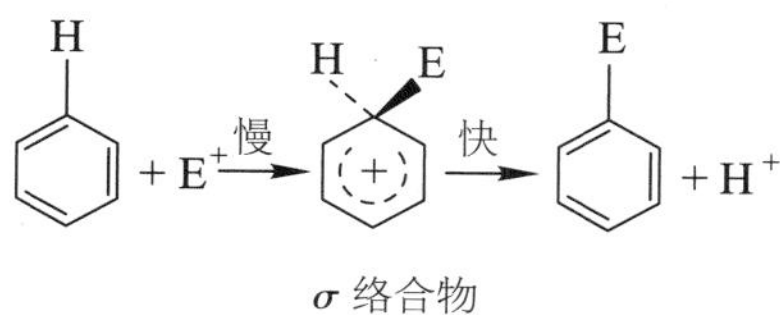

σ络合物

首先是亲电试剂E^+加到苯环上，生成活性中间体——σ络合物，这是慢的一步；然后是σ络合物消去H^+生成产物一元取代苯，这是快的一步。

1. 卤代

卤代中最重要的是氯代和溴代。以铁粉或路易斯酸无水氯化铁为催化剂，苯与氯气或溴发生卤代反应生成氯苯或溴苯。

微视频
苯的溴代反应

$$C_6H_6 + Cl_2 \xrightarrow[55\sim60\ ℃]{FeCl_3} C_6H_5Cl + HCl$$

$$C_6H_6 + Br_2 \xrightarrow[55\sim60\ ℃]{FeBr_3} C_6H_5Br + HBr$$

氯苯或溴苯继续卤代比苯困难些，产物主要是邻二氯苯和对二氯苯或邻二溴苯和对二溴苯。

$$C_6H_5Cl \xrightarrow[90\ ℃]{Cl_2,FeCl_3} o\text{-}C_6H_4Cl_2 + p\text{-}C_6H_4Cl_2$$

$$C_6H_5Br \xrightarrow[90\ ℃]{Br_2,FeBr_3} o\text{-}C_6H_4Br_2 + p\text{-}C_6H_4Br_2$$

甲苯的卤代比苯容易，如甲苯的氯代，其产物主要是邻氯甲苯和对氯甲苯。

$$C_6H_5CH_3 \xrightarrow{Cl_2,FeCl_3} o\text{-}CH_3C_6H_4Cl + p\text{-}CH_3C_6H_4Cl$$

卤代反应的亲电试剂是 X^+：

$$FeX_3+X_2 \longrightarrow FeX_4^-+X^+$$

2. 硝化

苯及其同系物与浓硝酸和浓硫酸的混合物（通常称混酸）在一定温度下可发生硝化反应，苯环上的氢原子被硝基（$—NO_2$）取代，生成硝基化合物。例如，苯硝化生成硝基苯。

微视频
苯的硝化反应

$$C_6H_6 + HNO_3 \xrightarrow[50\sim60\ ℃]{H_2SO_4} C_6H_5NO_2 + H_2O$$

硝基苯继续硝化比苯困难，生成的产物主要是间二硝基苯：

$$C_6H_5NO_2 \xrightarrow[约\ 100\ ℃]{HNO_3(发烟),H_2SO_4} \underset{(93\%)}{m\text{-}C_6H_4(NO_2)_2} + \underbrace{o\text{-}C_6H_4(NO_2)_2 + p\text{-}C_6H_4(NO_2)_2}_{(7\%)}$$

甲苯比苯容易硝化，硝化的主要产物是邻、对硝基甲苯。

$$\text{C}_6\text{H}_5\text{CH}_3 \xrightarrow[30\ ℃]{HNO_3,H_2SO_4} o\text{-}CH_3C_6H_4NO_2\ (63\%) + p\text{-}CH_3C_6H_4NO_2\ (34\%) + m\text{-}CH_3C_6H_4NO_2\ (3\%)$$

以浓硝酸-浓硫酸硝化芳烃时，亲电试剂是 NO_2^+。

$$HO—NO_2+2H_2SO_4 \rightleftharpoons H_3^+O+2HSO_4^-+NO_2^+$$

3. 磺化

苯及其同系物与浓 H_2SO_4 发生磺化反应，在苯环上引入磺(酸)基(—SO_3H)，生成芳磺酸。例如：

$$C_6H_6 + H_2SO_4 \underset{}{\overset{70\sim80\ ℃}{\rightleftharpoons}} C_6H_5SO_3H + H_2O$$

苯磺酸

如果用发烟硫酸($H_2SO_4-SO_3$)，25 ℃时即可反应。苯磺酸再磺化比苯困难，须采用发烟硫酸并在较高温度下进行。再磺化的产物主要是间苯二磺酸。

$$C_6H_5SO_3H \xrightarrow[200\sim230\ ℃]{H_2SO_4-SO_3} m\text{-}C_6H_4(SO_3H)_2\ (72\%) + \underbrace{p\text{-}C_6H_4(SO_3H)_2 + o\text{-}C_6H_4(SO_3H)_2}_{(28\%)}$$

甲苯比苯容易磺化，主要得到邻、对位的产物。

$$C_6H_5CH_3 \xrightarrow[0\ ℃]{H_2SO_4} o\text{-}CH_3C_6H_4SO_3H\ (43\%) + p\text{-}CH_3C_6H_4SO_3H\ (53\%) + m\text{-}CH_3C_6H_4SO_3H\ (4\%)$$

知识拓展

磺化反应在有机合成中的重要应用

与硝化、氯化和溴化不同，磺化反应是可逆反应。磺化的逆反应称为脱磺基反应或水解反应。高温和较低的硫酸浓度对脱磺基反应有利。利用磺化反应的可逆性，在有机合成中，可把磺基作为**临时占位基团**，以得到所需的产物。例如，由甲苯制取邻氯甲苯时，若用甲苯直接氯化，得到的是邻氯甲苯和对氯甲苯的混合物，分离困难。如果先用磺基占据甲基的对位，再进行氯化，就可避免对位氯化物的生成。产物再经水解，就可得到高产率的邻氯甲苯。

$$\text{C}_6\text{H}_5\text{CH}_3 \xrightarrow[100\ ℃]{H_2SO_4} p\text{-}CH_3C_6H_4SO_3H\ (79\%) \xrightarrow{Fe,Cl_2} \text{3-Cl-4-}CH_3C_6H_3SO_3H \xrightarrow[约\ 150\ ℃]{H^+,H_2O} o\text{-}CH_3C_6H_4Cl$$

磺化是制备芳磺酸的一种重要方法。

4. 傅瑞德尔−克拉夫茨反应

傅瑞德尔(Friedel C)−克拉夫茨(Crafts J M)反应(简称傅−克反应)一般分为烷基化和酰基化两类。

(1) 烷基化　在路易斯酸无水氯化铝的催化下，芳烃与氯代烷(或溴代烷)的反应是典型的**傅瑞德尔−克拉夫茨烷基化反应**(简称**傅−克烷基化反应**)。例如：

$$C_6H_6 + CH_3CH_2Cl \xrightarrow{AlCl_3} C_6H_5CH_2CH_3 + HCl$$

在烷基化中，引入的烷基含有三个或三个以上碳原子时，常常发生重排，生成重排产物。例如：

$$C_6H_6 + CH_3CH_2CH_2Cl \xrightarrow{AlCl_3} \underset{较多(重排产物)}{C_6H_5CH(CH_3)_2} + \underset{较少}{C_6H_5CH_2CH_2CH_3}$$

除了烷基可能重排外，烷基化时还常发生多烷基化。这是因为烷基是一个推电子的活化苯环的取代基，当苯环引入了第一个烷基后，第二个烷基的引入比第一个要容易些。为了使一烷基苯是主要产物，制备时，苯是过量的。

如果苯环上带有拉电子的钝化苯环的取代基，则由于苯环被钝化，一般不发生烷基化，例如硝基苯。由于硝基苯不发生烷基化，又能很好地溶解 $AlCl_3$，所以硝基苯可用作烷基化的溶剂。

在烷基化反应中，除卤代烷外，烯烃和醇也是常用的烷基化试剂；质子酸(例如 H_2SO_4、无水 HF、HF−BF_3 等)也是常用的催化剂。例如：

$$C_6H_6 + (CH_3)_3COH \xrightarrow{H_2SO_4} C_6H_5C(CH_3)_3$$

$$C_6H_6 + CH_3CH{=}CH_2 \xrightarrow[90\sim100\ ℃]{AlCl_3} C_6H_5CH(CH_3)_2$$

傅−克烷基化反应在工业生产上有重要的意义。例如，苯分别与乙烯和丙烯反应，是工业上生产乙苯和异丙苯的方法。烷基化产物中的乙苯、异丙苯、十二烷基苯等都是重要的化工原料。乙苯经催化脱氢后生成苯乙烯，后者是合成树脂和合成橡胶的重要单体；异丙苯是生产苯酚、丙酮的主要原料；十二烷基苯磺化、中和后生成的十二烷基苯磺酸钠是一种阴离子型表面活性剂，在洗涤剂、化妆品、农药等领域有着广泛的应用。

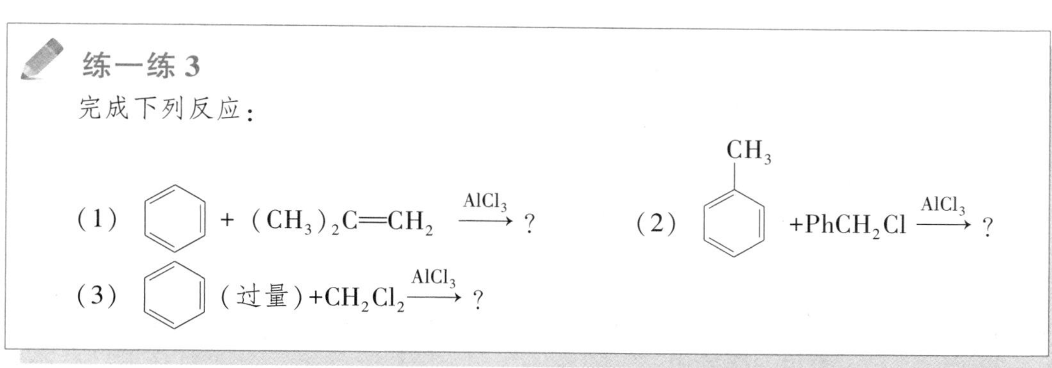

练一练 3

完成下列反应：

(1) 苯 + $(CH_3)_2C{=}CH_2 \xrightarrow{AlCl_3}$?

(2) 甲苯（CH_3 取代苯） $+ PhCH_2Cl \xrightarrow{AlCl_3}$?

(3) 苯（过量）$+ CH_2Cl_2 \xrightarrow{AlCl_3}$?

文本

练一练 3 参考答案

(2) 酰基化　在无水氯化铝催化下，芳烃与酰氯（R—CO—Cl）反应生成芳酮是典型的**傅瑞德尔-克拉夫茨酰基化反应**（简称**傅-克酰基化反应**）。例如：

$$C_6H_6 + CH_3-\overset{\overset{O}{\|}}{C}-Cl \xrightarrow{AlCl_3} C_6H_5-CO-CH_3 + HCl$$

乙酰氯　　　　苯乙酮

由于酰基是一个拉电子的钝化苯环的取代基，酰基化产物芳酮的活性比反应物芳烃小，所以一般不发生多酰基化反应。酰基化时，引入的酰基也不发生重排。

除酰氯外，酸酐也常用作酰基化试剂。例如：

$$C_6H_6 + CH_3-\overset{\overset{O}{\|}}{C}-O-\overset{\overset{O}{\|}}{C}-CH_3 \xrightarrow{AlCl_3} C_6H_5-CO-CH_3 + CH_3-COOH$$

$$C_6H_6 + \begin{matrix} CH_2-CO \\ | \qquad\quad O \\ CH_2-CO \end{matrix} \xrightarrow{AlCl_3} C_6H_5-CO-CH_2-CH_2-COOH$$

傅-克酰基化是制备芳酮的一种重要方法。

二、加成反应

尽管苯环易发生取代反应，但在一定条件下也可以发生加成反应，例如，与氢和氯加成。

1. 加氢

在催化剂铂、钯、雷尼镍等作用下，苯环能与氢加成。例如：

$$C_6H_6 + 3H_2 \xrightarrow[150\sim250\ ℃,\ 2.5\ MPa]{雷尼镍} C_6H_{12}$$

环己烷

这是环己烷的工业制法。

微视频

苯与氯气的加成

2. 加氯

在日光或紫外线照射下，苯能与氯加成，生成六氯环己烷（$C_6H_6Cl_6$），简称六六六。六氯环己烷有八种异构体，其中有一种异构体有显著的杀虫活性，其含量约占混合物的18%。

$$C_6H_6 + 3Cl_2 \xrightarrow[50\ ℃]{日光或紫外线} C_6H_6Cl_6$$

六六六曾作为农药大量使用，由于残毒严重且不易分解，早已被淘汰。

三、氧化反应

苯环很稳定，不易被氧化，只是在催化剂存在下，高温时苯才会氧化开环，生成顺丁烯二酸酐。

$$2\,C_6H_6 + 9O_2 \xrightarrow[400\sim500\ ℃]{V_2O_5} 2\,C_4H_2O_3 + 4CO_2 + 4H_2O$$

这是顺丁烯二酸酐的工业制法。

四、聚合反应

苯在一定条件下也可以脱氢缩合聚合生成聚对苯。

$$n\,C_6H_6 \xrightarrow[35\sim50\ ℃]{CuCl_2,\ AlCl_3} \left[\!\!-C_6H_4-\!\!\right]_n$$

聚对苯

poly(p-phenylene)(PPP)

反应式中 $CuCl_2$ 为氧化剂，$AlCl_3$ 为催化剂。聚对苯也是一种有机共轭高分子化合物，它具有半导体特性以及耐辐射和耐热特性。可用作耐高温耐辐射材料。

五、芳烃侧链上的反应

1. 卤代反应

芳烃侧链上的卤代与烷烃卤代一样，是自由基反应。在加热或日光照射下，反应主要发生在与苯环直接相连的 α-H 原子上。例如：

$$C_6H_5CH_3 + Cl_2 \xrightarrow[\text{或}\triangle]{h\nu} C_6H_5CH_2Cl + HCl$$

生成的苄氯可以继续发生氯代反应，生成苯二氯甲烷和苯三氯甲烷。

$$C_6H_5CH_2Cl \xrightarrow[\text{或}\triangle]{h\nu,Cl_2} C_6H_5CHCl_2 \xrightarrow[\text{或}\triangle]{h\nu,Cl_2} C_6H_5CCl_3$$

控制氯的用量可以使反应停止在某一阶段。

甲苯与溴也可以发生侧链溴代反应。

2. 氧化和脱氢反应

苯环侧链上有 α−H 时，苯环的侧链较易被氧化生成羧酸。例如：

$$C_6H_5CH_3 \xrightarrow[\text{醋酸钴或醋酸锰，约 0.8 MPa}]{\text{空气，140～160 ℃}} \underset{\substack{\text{苯甲酸}\\(92\%)}}{C_6H_5COOH} + H_2O$$

这是苯甲酸（俗称安息香酸）的工业制法。

苯甲酸用于制备香料等。它的钠盐可用作食品和药物中的防腐剂。

在侧链上只要有 α−H，不论侧链的长短，反应的最终产物都是苯甲酸。例如：

$$C_6H_5CH_2R \xrightarrow[\text{或 } K_2Cr_2O_7\text{−稀 } H_2SO_4,\triangle]{KMnO_4,OH^-,\triangle} C_6H_5COOH$$

当含 α−H 的侧链互为邻位时，气相高温催化氧化的产物则是酸酐。

$$o\text{-}C_6H_4(CH_3)_2 + 3O_2 \xrightarrow[350\sim400\ ℃]{V_2O_5-TiO_2} C_6H_4(CO)_2O + 3H_2O$$

这是邻苯二甲酸酐的一种工业制法。

若无 α−H，如叔丁苯，一般不能被氧化。

某些烷基苯，如乙苯在催化剂存在下可发生脱氢反应，生成苯乙烯：

$$C_6H_5CH_2CH_3 \xrightarrow[500\sim600\ ℃]{\text{含 K、Ni、Pd 的氧化铁系催化剂}} C_6H_5CH{=}CH_2 + H_2$$

这是苯乙烯的工业制法。苯乙烯是生产聚苯乙烯、ABS 树脂、丁苯橡胶①及离子交换树脂等的原料。

在引发剂的作用下，苯乙烯可以聚合生成聚苯乙烯：

① 丁苯橡胶是由丁二烯和苯乙烯共聚得到的合成橡胶。

$$n\,C_6H_5\text{—}CH{=}CH_2 \xrightarrow{\text{聚合}} \left[\text{—}\underset{C_6H_5}{CH}\text{—}CH_2\text{—}\right]_n$$

聚苯乙烯的电绝缘性好,透光性好,易于着色,易于成型;缺点是耐热性差,较脆,耐冲击强度低。聚苯乙烯主要用于生产电器零件、仪表外壳、光学仪器等。聚苯乙烯泡沫塑料广泛用于包装填充物。

第五节　苯环上亲电取代反应的定位规律

一、一元取代苯的定位规律

苯环在进行亲电取代反应时,如果苯环上已有一个取代基 Z,再引入的取代基可以进入原取代基 Z 的邻、间、对位,生成三种异构体。例如:

$$C_6H_5Z \xrightarrow[H_2SO_4]{HNO_3} o\text{-}ZC_6H_4NO_2 + m\text{-}ZC_6H_4NO_2 + p\text{-}ZC_6H_4NO_2$$

假设原有取代基对硝化反应进攻位置没有影响,那么邻位异构体应占 40%,间位异构体应占 40%,对位异构体应占 20%。事实上,在上节中已经指出:

① 甲苯硝化时,进攻试剂(NO_2^+)主要进入甲基的邻、对位,而且反应比苯容易;

② 硝基苯硝化时,进攻试剂主要进入硝基的间位,而且反应比苯困难。

由此可见,原有取代基除了对新引入的基团进入苯环的位置有指定作用外,还影响着苯环的活性。取代基的这种作用称为定位效应。原有取代基称为定位基。表 7-2 给出甲基、氯原子和硝基的定位效应。

表 7-2　一元取代苯的硝化反应相对速率和产物的组成

取代苯	相对速率（与苯比较,苯定为 1）	异构体分布/%			硝基主要进入位置
		邻位	间位	对位	
$PhCH_3$	24.45(活化)	63	3	34	邻位,对位
PhCl	0.15(钝化)	29.6	0.9	69.5	邻位,对位
$PhNO_2$	6×10^{-8}(钝化)	6	92	2	间位

二、两类定位基

根据大量的实验结果,可以把苯环上取代基的定位效应分为两类(见表 7-3)。

表 7-3 苯环亲电取代反应中的两类取代基

邻对位定位基	间位定位基
强烈活化 $—O^-$，$—NR_2$，—NHR，$—NH_2$，—OH 中等活化 —OR，—NHCOR，—OCOR 较弱活化 —Ph，—R 较弱钝化 —F，—Cl，—Br，—I，$—CH_2Cl$	强烈钝化 $—\overset{+}{N}R_3$，$—NO_2$，$—CF_3$，$—CCl_3$ 中等钝化 —CN，$—SO_3H$，—CHO，—COR —COOH，$—CONH_2$，$—\overset{+}{N}H_3$

1. 第一类定位基——邻对位定位基

这类取代基大多数（除卤原子、氯甲基等外）是推（给）电子基团，能使苯环活化，即第二个取代基的进入比苯容易，同时使新进入的取代基主要进到苯环的邻位和对位（邻位和对位取代物之和>60%），称为邻对位定位基，亦称第一类定位基。

2. 第二类定位基——间位定位基

这类取代基都是吸电子基团，使苯环钝化，即第二个取代基的进入比苯困难。同时使第二个取代基主要进到苯环的间位（间位取代物>40%），称为间位定位基，亦称第二类定位基。

定位基的定位效应、与苯相比的活性以及影响亲电取代的其他因素（如立体效应）等，总称为定位规律。

*三、一元取代苯定位规律的解释

1. 取代基的电子效应

苯是一个对称的分子，苯环上的电子云完全平均化。当苯环上有一个取代基时，由于取代基的影响，必然使苯环电子云密度的分布发生改变。这是因为取代基的影响，既有诱导效应（I）的影响，也有共轭效应（C）的影响，但都是沿着共轭链传递的，在共轭链上出现了电子云密度较大或较小的交替现象，因此亲电取代反应的产物不同。现以$—CH_3$、—OH（$—NH_2$）、—Cl 和$—NO_2$为例说明取代基的定位效应。

（1）$—CH_3$　$—CH_3$ 是一种活化苯环的邻对位定位基。$—CH_3$ 的 sp^3 杂化碳原子与苯的 sp^2 杂化碳原子相连时，由于 sp^2 杂化轨道比 sp^3 杂化轨道的电负性强，因此烷基表现出给电子效应（$+I$），同时也存在给电子的超共轭效应（$+C'$），使苯环上的电子云密度增加。尤其$—CH_3$ 的邻、对位碳原子上电子云密度增加更多。因此，甲基使苯环活化，甲苯的亲电取代反应比苯容易，且使新的取代基主要进攻甲基的邻、对位。

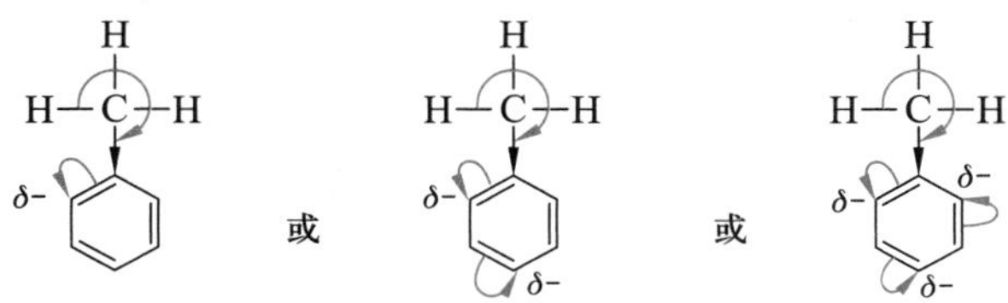

图中直箭头表示诱导效应的电子云转移方向，弯箭头表示共轭效应的电子云转移方向。

（2）**—OH（—NH₂）** —OH 和—NH_2 是强的邻、对位定位基。—OH 上的 O 原子和—NH_2上的N 原子的电负性大于 C 原子，O 原子和 N 原子的吸电子诱导效应使苯环上的电子云密度降低，但 O 原子和 N 原子的 p 轨道上的未共用电子对和苯环的 π 电子形成 p-π 共轭效应，发生电子的离域，使电子云趋于平均化，其结果造成电子云向苯环上转移。由于—OH 和—NH_2 的共轭效应强于诱导效应，两种效应作用的结果使苯环上的电子云密度增加，尤其是邻、对位增加得更多。因此，羟基和氨基使苯环活化，亲电取代反应主要发生在邻、对位。—OH 和—NH_2 相比，O 原子的电负性又大于 N 原子，因此—OH 对苯环的活化能力小于—NH_2。

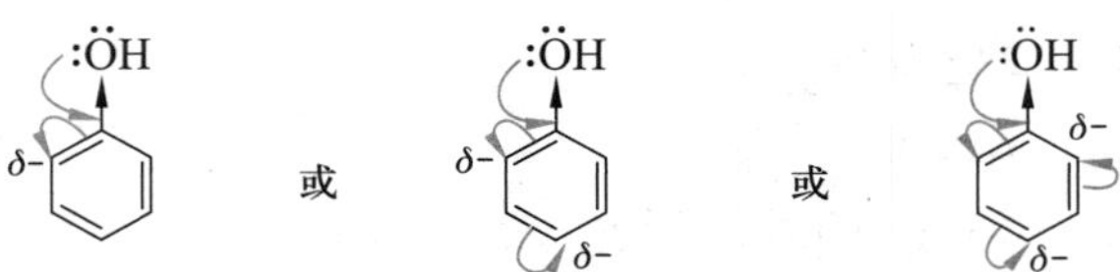

（3）**—Cl** Cl 原子的定位效应比较特殊。由于它有较强的吸电子诱导效应，使苯环钝化，亲电取代反应比苯困难。但 Cl 原子的 p 轨道上的未共用电子对也能和苯环的 π 电子形成 p-π 共轭效应，发生电子的离域，使电子云趋于平均化。由于 Cl 原子的诱导效应强于共轭效应，所以两种效应作用的结果使苯环上的电子云密度降低。但是给电子的共轭效应又使邻、对位电子云密度比间位相对高一些。因此，亲电取代反应主要发生在邻、对位。

:C̈l: δ- 或 :C̈l: δ- δ- 或 :C̈l: δ- δ- δ-

（4）**—NO_2** —NO_2 为间位定位基，间位定位基与邻对位定位基相反，可使苯环上的电子云密度降低，亲电取代反应比苯困难。—NO_2 上的 O 原子和 N 原子的电负性均大于 C 原子，苯环上连有—NO_2 时，产生强的吸电子效应，使整个苯环电子云密度降低，尤其是邻、对位上的电子云密度降低得多一些。同时—NO_2 上的 π 电子又与苯环上的 π 电子形成 π-π 共轭体系，共轭效应也使电子云向—NO_2 转移，两种效应方向一致，都使苯环上的电子云密度降低，尤其是邻对位降低得更多。因此，—NO_2 使苯环钝化，硝基苯在进行亲电取代时，不仅比苯困难而且主要得到间位取代物。

NO_2 δ+ 或 NO_2 δ+ δ+ 或 NO_2 δ+ δ+ δ+

2. 取代基的空间效应

苯环上有邻对位定位基时，生成的邻位和对位产物之比与苯环上原有取代基和进入基团的体积都有关系。这两种基团体积越大，空间位阻越大，邻位产物越少（见表 7-4 和

表 7-5)。这是取代基的立体效应所致。

表 7-4　一些烷基苯一元硝化时异构体的分布

化合物	环上原有取代基	异构体分布/%		
		邻位	对位	间位
甲苯	$—CH_3$	63.0	34.0	3.0
乙苯	$—CH_2CH_3$	45.0	48.5	6.5
异丙苯	$—CH(CH_3)_2$	30.0	62.3	7.7
叔丁苯	$—C(CH_3)_3$	15.8	72.7	11.5

表 7-5　氯苯氯化、溴化和磺化时异构体的分布

进入基团	异构体分布/%		
	邻位	对位	间位
—Cl	39	55	6
—Br	11	87	2
$—SO_3H$	1	99	0

苯环上原有取代基和进入基团的体积都很大时，产物中邻位异构体的量极少。例如，叔丁苯、溴苯进行磺化反应时，都几乎生成 100%的对位产物。

苯环上已有一个取代基，第二个取代基进入苯环的位置和活性，主要取决于苯环上已有的取代基的定位效应和立体效应。显然，温度、催化剂等因素也会有一定的影响。

练一练 4

下列化合物一元硝化，主要生成哪些产物(写出主要产物的构造式，不必写出反应式)？

(1) 甲苯　(2) 乙苯　(3) 异丙苯

(4) 叔丁苯　(5) 联苯　(6) 氯苯

(7) 苯酚(Ph—OH)　(8) 苯甲醚($Ph—OCH_3$)　(9) 苯乙酮($Ph—COCH_3$)

(10) 苯甲酸(Ph—COOH)

文本

练一练 4 和 5 参考答案

练一练 5

$—OCH_3$、—NHCOR 和—OCOR 这三个取代基都是活化苯环、邻对位定位，为什么？在结构上它们有什么特点？

四、二元取代苯的定位规律

苯环上已有两个取代基时，第三个取代基进入苯环的位置，主要取决于原来的两个取代基的定位效应。

1. 原有的两个取代基定位效应一致时

苯环上原有的两个取代基对于引入第三个取代基的定位效应一致时，仍由上述定位规律来决定。例如，下列化合物中再引入一个取代基时，取代基主要进入箭头所示的

位置。

2. 原有的两个取代基定位效应不一致时

(1) 如果两个取代基是同一类，第三个取代基进入苯环的位置，主要由较强定位效应的取代基来决定；如果两个取代基的定位效应相近，则得到混合物（混合物中各异构体的含量相差不太大）。例如：

(2) 如果两个定位基属于不同类时，第三个取代基进入苯环的位置，一般是邻对位定位基起主要定位作用，因为这类定位基活化苯环。例如：

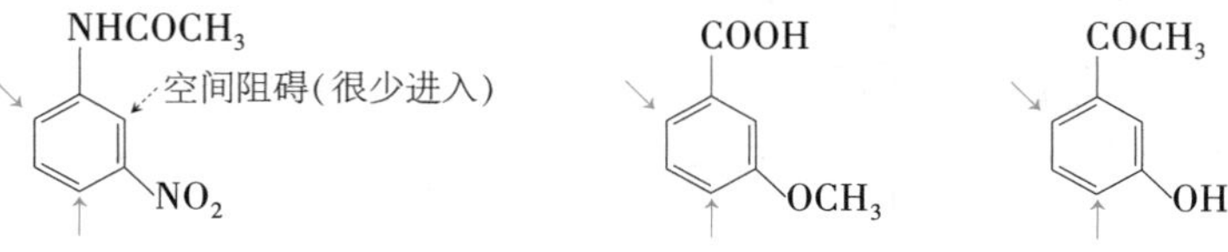

练一练 6 和 7 参考答案

练一练 6

推测下列反应的主要产物（没有特别指明时，则为引入一个取代基）：

(1) 对甲叔丁苯的硝化　　(2) 对甲异丙苯的磺化

(3) 对二甲苯的硝化　　(4) 间二甲苯的硝化

(5) 对甲苯酚（$p-CH_3—C_6H_4—OH$）的硝化

(6) 对硝基苯酚（$p-O_2N—C_6H_4—OH$）的硝化

(7) 对甲苯乙酮（$p-CH_3—C_6H_4—COCH_3$）的磺化

(8) 间二硝基苯[$m-C_6H_4(NO_2)_2$]的磺化

练一练 7

邻二甲苯磺化时，磺基（$—SO_3H$）主要进入 4 位，而不是 3 位，为什么？

五、定位规律的应用

苯环上亲电取代反应定位规律对于预测反应产物和选择正确的合成路线来合成苯的衍生物具有重大的指导作用。现举例说明。

【应用示例 1】 由苯合成对硝基氯苯

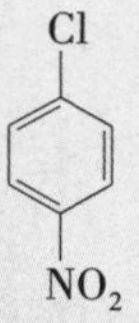

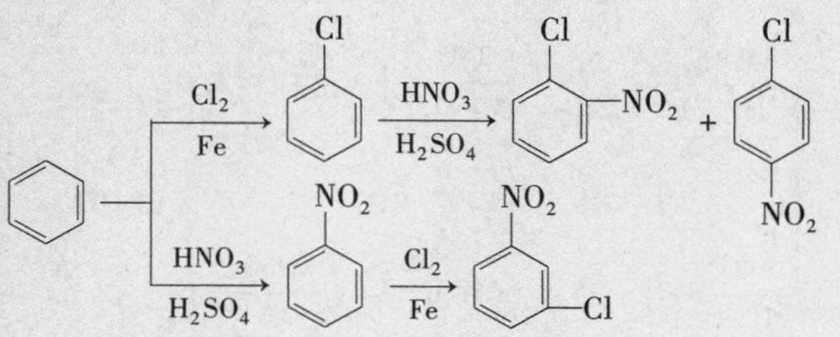

是先硝化后氯化？还是先氯化后硝化？如果先进行硝化反应，得到硝基苯，硝基是间位定位基，再经氯化则得到间硝基氯苯。如果先氯化则得到氯苯，而氯原子是邻对位定位基，氯苯硝化得到的是邻位和对位的硝基氯苯。然后把邻硝基氯苯和对硝基氯苯分离、精制，则得到对硝基氯苯。

【应用示例 2】 由甲苯合成 2,4-二硝基苯甲酸

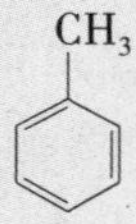

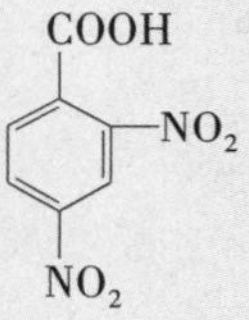

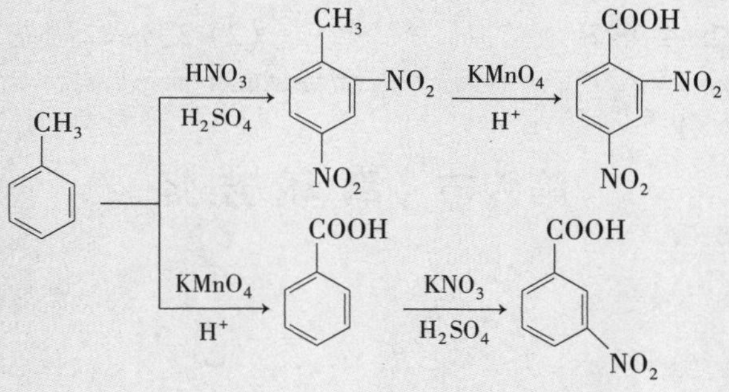

应先硝化后氧化。

【应用示例 3】 由甲苯合成 2-溴-6-硝基甲苯

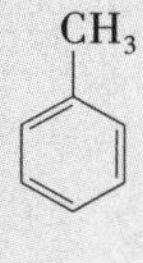

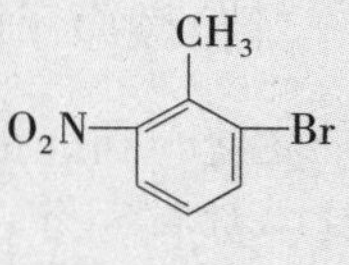

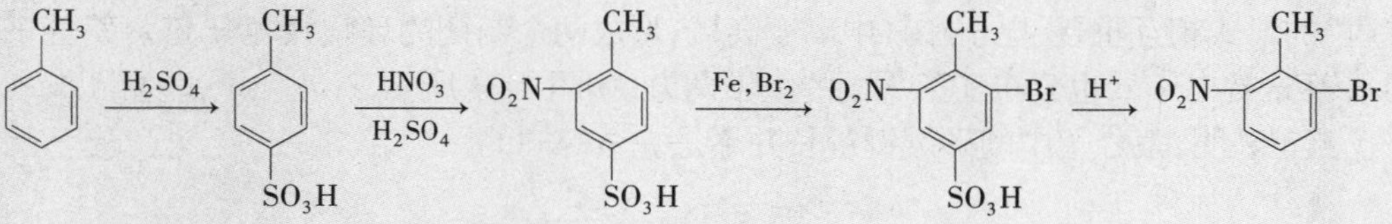

应用—SO_3H 的占位作用，先磺化，再硝化，然后溴化，最后脱去磺基。

【应用示例 4】 由 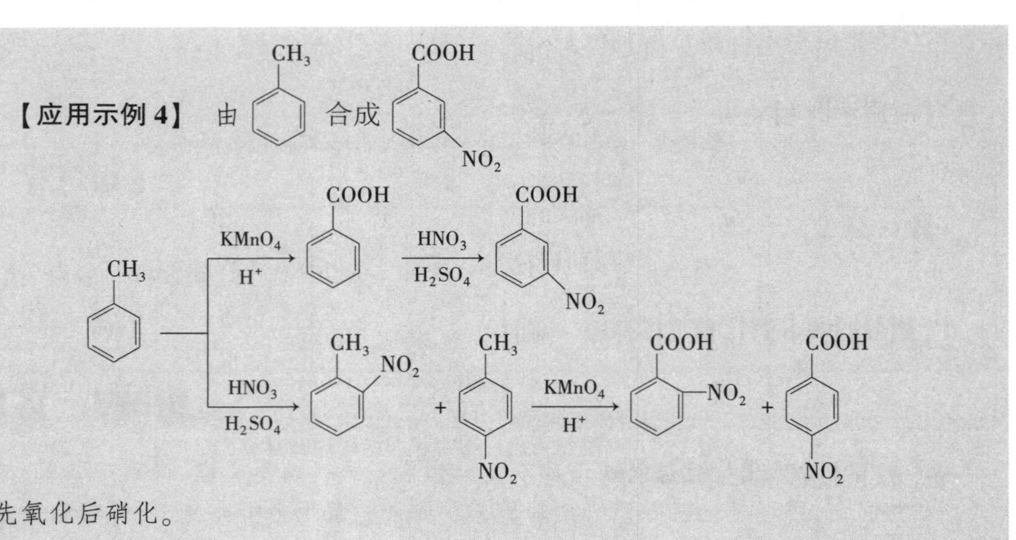

应先氧化后硝化。

文本

练一练 8 和 9 参考答案

练一练 8

以苯为原料，合成下列化合物：

(1) 2,4－二硝基氯苯 (2) 3－硝基－4－氯苯磺酸

练一练 9

以甲苯为原料，合成下列化合物：

(1) 4－硝基－2－氯甲苯 (2) 3,5－二硝基苯甲酸

第六节 稠环芳烃

一、萘

1. 萘分子的结构

萘($C_{10}H_8$)是由两个苯环共用两个邻位碳原子的稠环化合物，构造式为（萘的构造式）。萘分子中的 10 个碳原子和 8 个氢原子均处于同一平面内。碳原子都是 sp^2 杂化，每个碳原子都有垂直于萘环平面的 p 轨道，其中都有一个 p 电子。萘环上的 10 个 p 轨道以“肩并肩”的形式相互重叠，电子在其中高度离域，形成两个封闭的环状共轭 π 键。萘分子中的共轭 π 键电子云也分布在萘平面的上下两方，如图 7－4 所示。

测定表明，萘分子中的碳碳键键长并不是完全等同的。

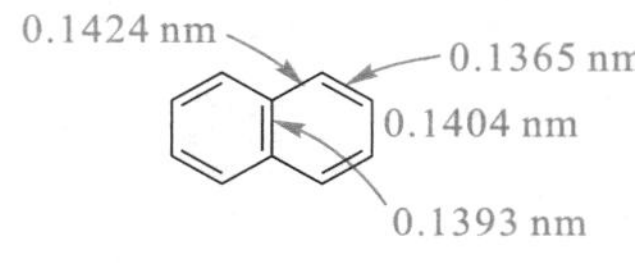

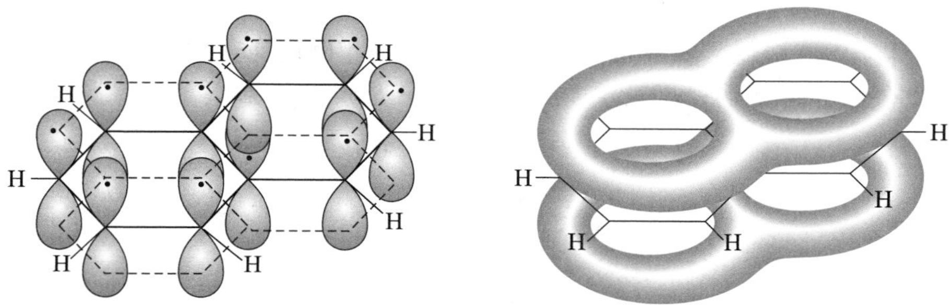

图 7-4　萘分子中的共轭 π 键及电子云图

萘环碳原子的编号如下：

8　1
7　　2
6　　3
5　4

α　α
β　　β
β　　β
α　α

其中的 1、4、5、8 位是等同的，称为 α 位；2、3、6、7 位也是等同的，称为 β 位。所以，一元取代萘有两种不同的异构体，α-取代萘和 β-取代萘。

2. 萘的性质

萘是无色片状晶体，熔点 80 ℃，沸点 218 ℃，易升华。萘有特殊的气味，溶于乙醇、乙醚及苯中。萘是基础有机化工原料，它的很多衍生物是合成染料、农药和医药的重要中间体。

萘的化学性质与苯相似。萘的共轭能是 254.8 $kJ \cdot mol^{-1}$，比两个单独苯环的共轭能的总和（$2 \times 150\ kJ \cdot mol^{-1}$）低。因此，萘的稳定性比苯小，萘环的活泼性比苯大。

（1）亲电取代反应　萘比苯容易发生亲电取代反应。萘的 α 位比 β 位活泼，取代反应较易发生在 α 位。

① 卤代：在无水氯化铁催化下，萘与氯反应，主要生成 α-氯萘。

$$\text{萘} \xrightarrow[\triangle]{FeCl_3,\ Cl_2} \alpha\text{-氯萘}\ (95\%) + \beta\text{-氯萘}\ (5\%)$$

α-氯萘是无色液体，沸点 259 ℃，常用作高沸点溶剂和增塑剂。

不需路易斯酸催化剂，在四氯化碳作溶剂和回流下，萘与溴反应，主要生成 α-溴萘。

$$\text{萘} \xrightarrow[\text{回流}]{Br_2,\ CCl_4} \alpha\text{-溴萘}$$

α-溴萘为无色液体，沸点 281 ℃。

② 硝化：萘在 30～60 ℃ 与混酸反应，生成 α-硝基萘。

$$\text{萘} \xrightarrow[30\sim60\ ℃]{HNO_3,\ H_2SO_4} \alpha\text{-硝基萘}\ (90\%\sim95\%)$$

α-硝基萘为黄色针状晶体,熔点 61 ℃。

③ 磺化：萘在较低温度下(80 ℃)与浓 H_2SO_4 发生磺化反应,生成的主要产物是 α-萘磺酸,当反应升温至 165 ℃时,主要产物则是 β-萘磺酸。

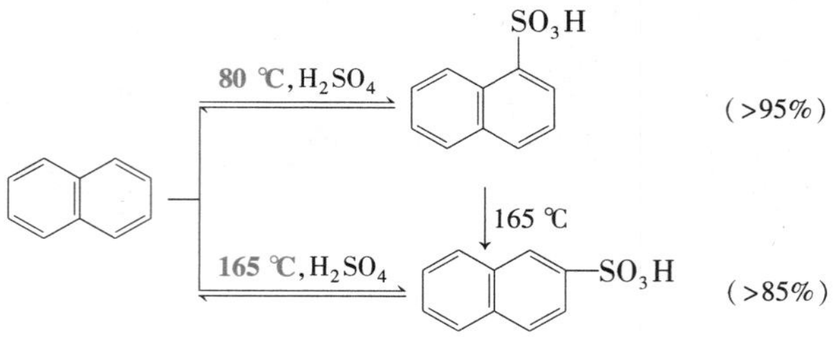
SO3H
80 ℃, H2SO4
(>95%)
165 ℃
165 ℃, H2SO4
SO3H
(>85%)

磺酸基的体积较大,萘环 1 位上的磺酸基同 8 位上的氢原子之间存在着立体张力,从而使α-萘磺酸的稳定性小于 β-萘磺酸。

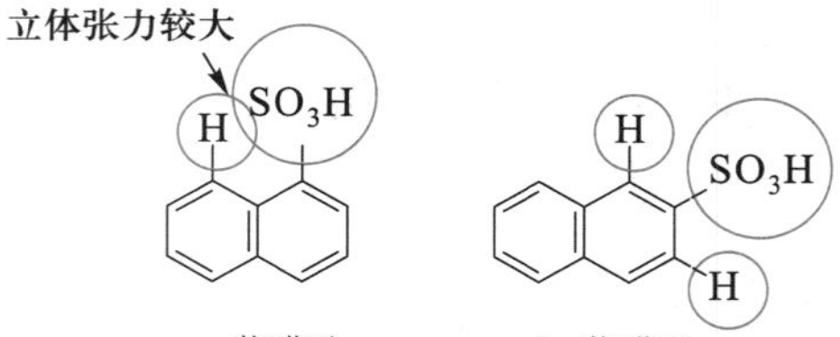
立体张力较大
H
SO3H
H
SO3H
H

α-萘磺酸
稳定性较小

β-萘磺酸

萘磺化低温时得到 α-萘磺酸,高温时得到稳定性较大的 β-萘磺酸。

萘磺酸在有机合成中有重要的应用。由于萘环的亲电取代反应一般发生在 α 位,而在磺化反应中,控制适当的条件,可以将磺基引入到 β 位。磺酸基又可以转换成羟基、氨基等基团,因此,萘环 β 位要引入其他取代基时,β-萘磺酸是一种很重要的中间体。

(2) 加成反应　萘比苯容易发生加成反应。在催化剂存在下,萘与氢气反应,生成 1,2,3,4-四氢化萘(沸点 207.2 ℃)。

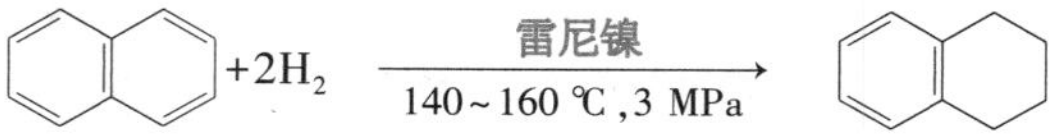
+2H2
雷尼镍
140~160 ℃, 3 MPa

在更剧烈的条件下,四氢化萘继续加氢,最终得到十氢化萘。

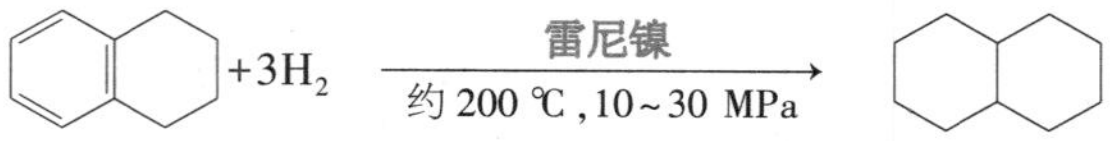
+3H2
雷尼镍
约 200 ℃, 10~30 MPa

1,2,3,4-四氢化萘和十氢化萘都是性能良好的高沸点溶剂。

(3) 氧化反应　萘比苯容易氧化。在催化条件下,萘被空气氧化生成邻苯二甲酸酐(俗称苯酐)。

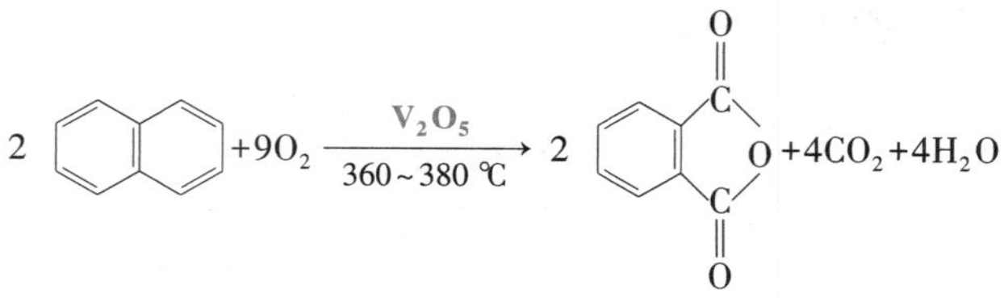
2
+9O2
V2O5
360~380 ℃
2
O
C
O
C
O
+4CO2+4H2O

这是邻苯二甲酸酐的一种工业制法，也是萘的主要用途。控制不同的氧化条件，萘氧化也可得到不同的产物。例如：

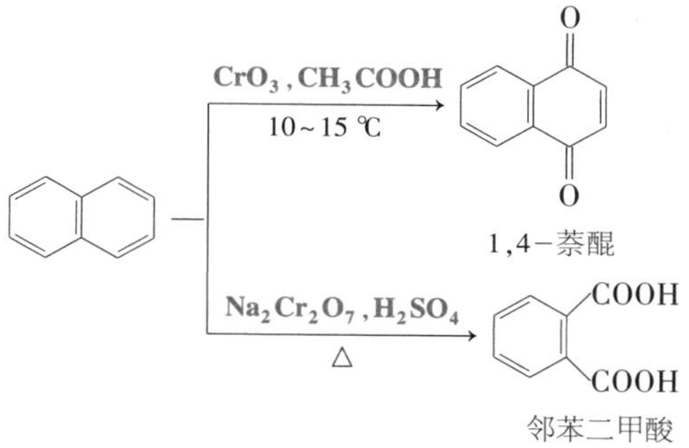

$\xrightarrow[10\sim15\ ℃]{CrO_3,CH_3COOH}$ 1,4-萘醌

$\xrightarrow[\triangle]{Na_2Cr_2O_7,H_2SO_4}$ 邻苯二甲酸

3. 萘环上亲电取代反应定位规律

萘环上的亲电取代反应也是有一定的规律可循的。一元取代的萘，原有取代基在亲电取代反应中的定位效应，同苯环相似。邻对位定位基（除卤素外）使萘环活化；间位定位基使萘环钝化。第二个取代基进入萘环时，若原有取代基是邻对位定位基，则发生同环 α-取代，即第二个取代基进入原有取代基的邻位或对位的那个 α 位。

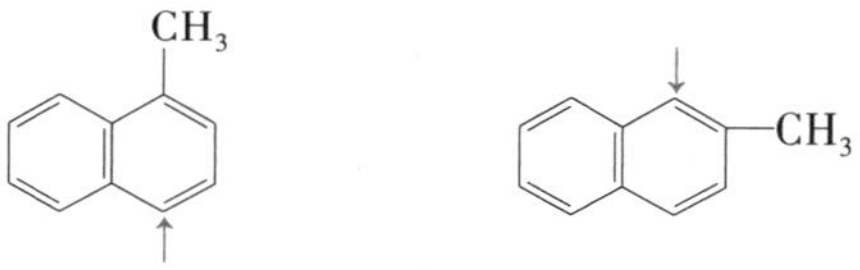

若原有取代基是间位定位基，则发生异环取代，第二个取代基进入另一苯环的两个 α 位中的任一个，得到两种产物。例如：

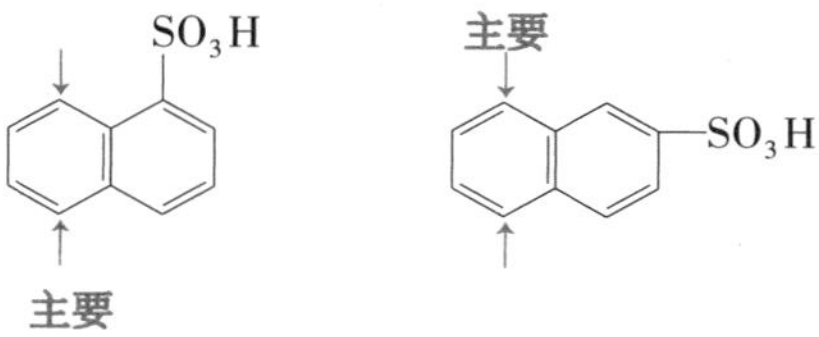

主要　　主要

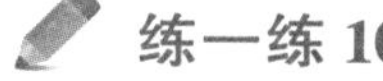

练一练 10

写出下列反应的主要产物。

(1) 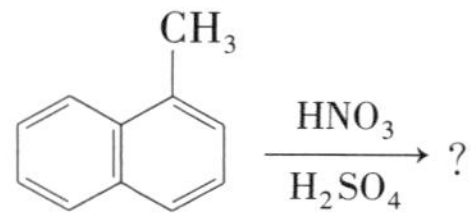 $\xrightarrow[H_2SO_4]{HNO_3}$?　　(2) $\xrightarrow[H_2SO_4]{HNO_3}$?

(3) $\xrightarrow[Fe]{Br_2}$?　　(4) $\xrightarrow[Fe]{Cl_2}$?

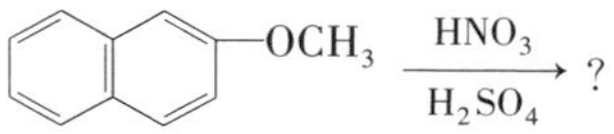

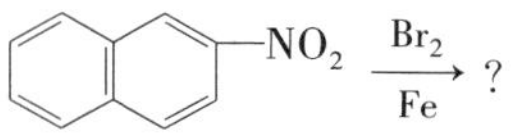

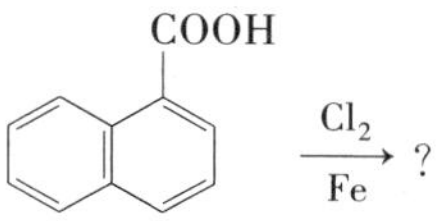

文本

练一练 10 参考答案

二、蒽和菲

蒽和菲是同分异构体，分子式都为 $C_{14}H_{10}$，它们都是由处在同一平面上的三个苯环稠合而成的稠环化合物，蒽是直线形的，而菲是角式稠合。它们都含有闭合的共轭体系，都具有芳香性。其芳香性由苯、萘、菲、蒽依次降低。蒽环、菲环的编号如下：

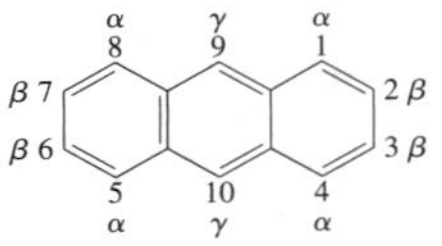
α γ α
8 9 1
β 7
2 β
β 6
3 β
5 10 4
α γ α

蒽

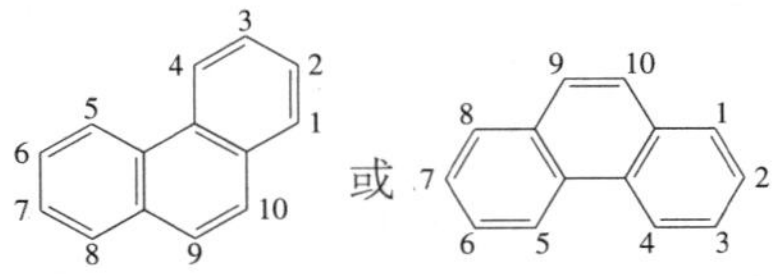
或

菲

蒽是无色的片状晶体，有弱的蓝色荧光。不溶于水，难溶于乙醇和乙醚，易溶于热苯。熔点 216.5 ℃，沸点 350 ℃。蒽可从煤焦油中提取，主要用于合成蒽醌。

菲是有光泽的无色片状晶体，熔点 100 ℃，沸点 340 ℃，不溶于水，易溶于苯，溶液有蓝色荧光。菲也可以从煤焦油中提取。

蒽、菲的化学性质相似，可以发生亲电取代、加成和氧化反应。9,10 位活性最高。例如：

1. 亲电取代反应

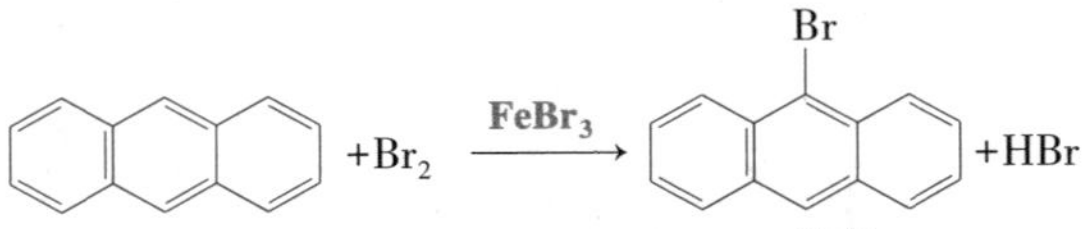
Br
+Br2
FeBr3
+HBr

9－溴蒽

2. 氧化反应

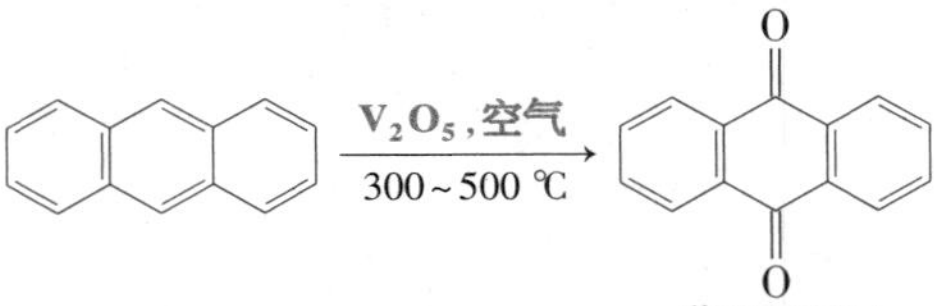
V2O5，空气
300～500 ℃
O
O

蒽醌（90%）

这是工业上生产蒽醌的一种方法，蒽是一种化工原料。蒽醌的许多衍生物是染料中间体，用于制备蒽醌染料。

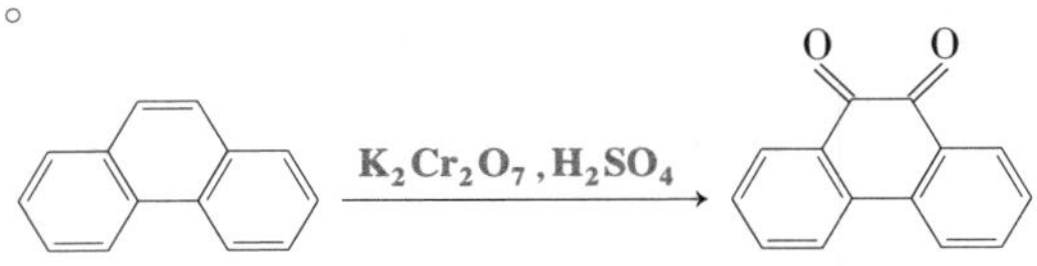
K2Cr2O7，H2SO4
O O

菲醌（50%）

菲醌是一种农药中间体。

知识拓展

休克尔规则和芳香性

前面讨论的苯、萘、蒽等都具有芳香性。具有怎样的结构特征的化合物才有芳香性呢？1931 年，休克尔（Hückel E）提出，在碳原子组成的平面共轭体系中，如含有

$4n+2$($n=0,1,2,\cdots$)个 π 电子，才会显示出芳香性。这就是说，如果构成环的原子都处于同一平面（或非常接近于同一平面），环内的 π 电子处于闭合的共轭体系中，并且 π 电子的数目等于 $4n+2$ 个，那么这样的环结构就有芳香性。这种判断环的芳香性的规则称为休克尔规则。根据这个规则，苯、萘、蒽环的碳原子均处在同一平面内，它们的 π 电子数分别为 6($n=1$)、10($n=2$)和 14($n=3$)，因此，它们都有芳香性。

*第七节　芳烃的来源与制备

芳烃是重要的有机化工原料，其中最重要的是苯、甲苯、二甲苯和萘，它们是有机化工基础原料。芳烃主要来自石油加工和煤加工。在石油化工发展之前，芳烃都来源于炼焦工业的副产物煤焦油。石油化工的发展，给芳烃提供了丰富的来源。近年来，苯及其同系物已主要由石油加工来提供，但萘和蒽仍主要来自煤焦油。

一、由石油加工得到芳烃

1. 从石油裂解的副产物中提取芳烃

乙烯、丙烯、丁二烯是石油化工最重要的原料，通常用馏分油的热裂解来制备。在热裂解的同时，能得到 $C_5 \sim C_9$ 的馏分，该馏分称为裂解汽油。例如，石油裂解可以得到约20%的裂解汽油。裂解汽油中含有芳烃，其中苯、甲苯、二甲苯的含量为40%～80%，是芳烃的重要来源。

石油化工越发展，乙烯的产量越高，裂解汽油的量也越多。有些石油化学工业发达的国家，大约一半的芳烃来源于裂解汽油。

2. 石油芳构化

以铂为催化剂，约500 ℃，3 MPa，处理石油的 $C_6 \sim C_8$ 馏分（主要是 $C_6 \sim C_8$ 烷烃，也可能含有 $C_6 \sim C_8$ 环烷烃），$C_6 \sim C_8$ 馏分中的各组分发生一系列的反应，最后生成 $C_6 \sim C_8$ 芳烃——苯、甲苯、乙苯和邻、间、对二甲苯。这个过程在石油工业上叫作石油的铂重整。这个反应叫作芳构化。

$$\text{石油 } C_6 \sim C_8 \text{ 馏分} \xrightarrow{\text{芳构化}} C_6H_6 + C_6H_5CH_3 + C_6H_5CH_2CH_3 + C_6H_4(CH_3)_2 + H_2$$

铂重整后的产物经过萃取、分离、精馏等过程，即可得到苯、甲苯以及 C_8 芳烃（乙苯和邻、间、对二甲苯）的混合物。

二、从煤焦油中提取芳烃

煤在隔绝空气下加强热称为煤的干馏。煤在900～1 100 ℃干馏得到焦炭和焦炉煤气。焦炉煤气经过冷却、洗油（中油）吸收，最后得到煤气、氨、粗苯和煤焦油。

粗苯是从洗油中分离得到的馏分，其产率是原料用煤质量的1%～1.5%。它的主要成分是苯（50%～70%）、甲苯（12%～22%）、二甲苯（2%～6%）。粗苯经过精制、精馏后可得到苯、甲苯和二甲苯。

煤焦油的产率是原料用煤质量的3%～4%，它的成分相当复杂，目前已经查明的物质有近500种。煤焦油精馏后得到轻油（<170 ℃）、酚油（170～210 ℃）、萘油（210～230 ℃）、洗油（230～300 ℃）、蒽油（300～365 ℃）等馏分和沥青。萘油占煤焦油总量的9%～13%，其中含萘78%～84%。萘油冷却结晶后得到萘。蒽油占煤焦油的20%～24%，其中含蒽18%～30%，从蒽油中提取、精制后可得到纯蒽。从煤焦油中还可以分离得到菲和其他许多有机化工原料。

阅读材料1　致癌稠环芳烃——3,4-苯并芘

某些稠环芳烃有致癌作用，下面三种是典型的致癌稠环芳烃。

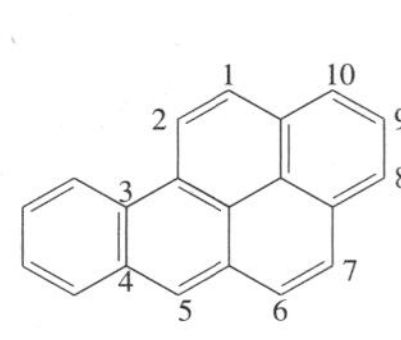
3,4-苯并芘

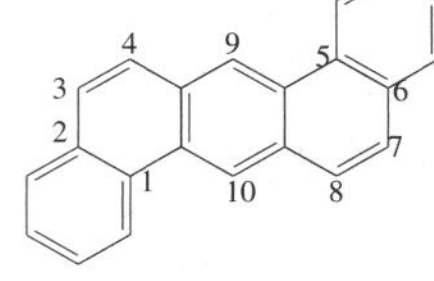
1,2,5,6-二苯并蒽

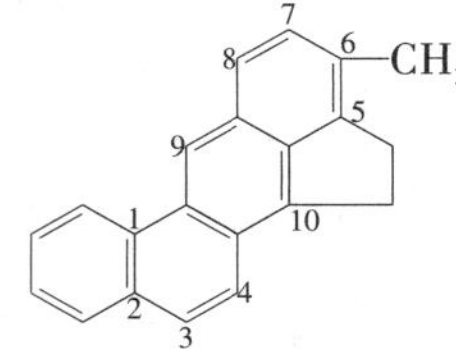

6-甲基-1,2-苯并-5,10-亚乙基蒽

3,4-苯并芘是黄色针状或片状晶体，熔点179 ℃。它是公认的强致癌物质，在一些含碳化合物不完全燃烧或热解时产生。烃类化合物热解的烟尘，汽车及柴油机排放的废气，以及纸烟的烟气中，都含有3,4-苯并芘。3,4-苯并芘在大气中的含量是检测大气污染的重要指标之一。

生活中可能接触苯并芘的途径：

1. 煎炸熏烤的食物

研究证明，食物的煎炸熏烤等烹调方式所造成的污染都可使食品产生苯并芘。焦糊的食品中其含量比普通食物的要增加10～20倍。熏烤食品也是苯并芘的一大来源。一方面与熏烤所用的燃料木炭有关，因为木炭中本来就含有少量的苯并芘，在高温下它们便有可能伴随着烟雾进入食品中。另一方面，则与熏烤的鱼或肉等自身的化学成分有关——糖和脂肪不完全燃烧也会产生苯并芘以及其他多环芳烃。

2. 炒菜油烟

炒菜前一般都要把食用油烧热，而食用油加热到一定温度会产生油烟，这种烟雾中可能含有具有致癌作用的稠环芳烃。据测定，食用油加热到270 ℃时产生的油烟中可能含有苯并芘等化合物，吸入人体可诱发肿瘤和导致细胞染色体的损伤；而油温不到240 ℃时其损害作用较小。所以日常炒菜时尽量不要使油长时间处于烧开状态，注意控制油烟（例如使用抽油烟机）。另一方面，炒完一道菜后，一定要刷锅，以除去锅四周产生的一些可能含有苯并芘的黑色锅垢。

3. 沥青制品

沥青是石油或煤焦油加工后剩下的黑色胶状物质，含有大量的多环芳烃。因此，在沥青马路上晒粮食，经过汽车一再碾压，一些粮食上可能会粘上苯并芘，这样晾晒

阅读材料2 消炎镇痛药——联苯羰基丙酸

粮食不好。不要用沥青铺火炕。

4. 汽车尾气

早晨不要到马路上锻炼或散步，因为汽车尾气中可能含有一些苯并芘。

5. 香烟

一包香烟中约含有0.32 μg的苯并芘，不要忽视小数目的日积月累，尽量少抽烟，最好是不抽烟。

学习指导

1. 芳烃的命名

苯环上连有简单烷基时，以苯环为母体；苯环上连的烷基复杂时或是不饱和烃基时，以烃基为母体，苯环作为取代基；苯环连有不同烷基时以苯环为母体，取代基的位次可用阿拉伯数字表示，有的也可以用邻、间、对、连、偏、均汉字表示。

2. 苯的结构

苯分子内十二个原子共平面，碳原子采用 sp^2 杂化成键，分子内的键角均为120°，六个碳原子构成一个正六边形，分子内有一个闭合的、电子云密度完全平均化的共轭大 π 键 π_6^6，体系能量低、分子稳定，表现出易取代而不易加成的芳香性。

3. 芳烃的化学性质

(1) 卤代

$$C_6H_6 + Cl_2 \xrightarrow[55\sim60\ ℃]{FeCl_3} C_6H_5Cl$$

$$C_6H_5CH_3 \xrightarrow[]{Cl_2,\ 光照} C_6H_5CH_2Cl \xrightarrow[Cl_2]{光照} C_6H_5CHCl_2 \xrightarrow[Cl_2]{光照} C_6H_5CCl_3$$

$$C_6H_5CH_3 \xrightarrow[]{Cl_2,\ FeCl_3} o\text{-}CH_3C_6H_4Cl + p\text{-}CH_3C_6H_4Cl$$

(2) 硝化

$$C_6H_6 \xrightarrow[50\sim60\ ℃]{HNO_3,H_2SO_4} C_6H_5NO_2 \xrightarrow[约100\ ℃]{HNO_3(发烟),H_2SO_4} m\text{-}C_6H_4(NO_2)_2$$

(3) 磺化

$$C_6H_6 \underset{70\sim80\ ℃}{\overset{浓H_2SO_4}{\rightleftharpoons}} C_6H_5SO_3H + H_2O$$

(4) 傅－克反应

$$\text{C}_6\text{H}_6 \xrightarrow{AlCl_3} \begin{cases} \xrightarrow{CH_3Cl} \text{C}_6\text{H}_5\text{—}CH_3 \xrightarrow[AlCl_3]{CH_3Cl} \text{邻-}CH_3C_6H_4CH_3 + \text{对-}CH_3C_6H_4CH_3 \\ \xrightarrow{CH_3CH_2CH_2Cl} \text{C}_6\text{H}_5\text{—}CH(CH_3)\text{—}CH_3 + HCl \\ \xrightarrow{R\text{—}\overset{O}{\overset{\|}{C}}\text{—}Cl} \text{C}_6\text{H}_5\text{—}\overset{O}{\overset{\|}{C}}\text{—}R + HCl \end{cases}$$

(5) 含 α－H 的侧链的氧化

$$\text{C}_6\text{H}_5\text{—}\underset{H}{\overset{R'(H)}{C}}\text{—}R(H) \xrightarrow{KMnO_4} \text{C}_6\text{H}_5\text{—}COOH$$

(6) 萘的卤代、磺化和氧化

$$\text{萘} \xrightarrow[\triangle]{FeCl_3, Cl_2} \text{1-氯萘（主要）}$$

$$\text{萘} \begin{cases} \xrightleftharpoons{80\ ℃, 浓\ H_2SO_4} \text{1-萘磺酸}\ (SO_3H) \quad (>95\%) \\ \qquad\qquad \downarrow 165\ ℃ \\ \xrightleftharpoons{165\ ℃, 浓\ H_2SO_4} \text{2-萘磺酸}\ (\text{—}SO_3H) \quad (>85\%) \end{cases}$$

$$2\ \text{萘} + 9O_2 \xrightarrow[\triangle]{V_2O_5} 2\ \text{邻苯二甲酸酐} + 4CO_2 + 2H_2O$$

4. 单环芳烃亲电取代反应的定位规律与应用

(1) 邻对位定位基能使苯环活化(—X 及氯甲基除外),间位定位基都使苯环钝化。

(2) 当苯环已有两个取代基时,第三个取代基进入的位置依据是原有两个取代基的定位效应,原有两个取代基同类时取决于定位效应强的取代基,不同类时取决于邻对位定位基。

5. 侧链含 α－H 的芳烃的鉴别

若芳烃含有 α－H 时,无论侧链的结构如何,遇到酸性的 $KMnO_4$ 溶液时,侧链均被氧化成羧基,$KMnO_4$ 溶液的紫红色褪去,可用于区别含有 α－H 侧链的芳烃与其他不与酸性 $KMnO_4$ 溶液反应的烷烃、环烷烃、苯、叔丁苯等有机化合物。

6. 结构推导举例

利用芳烃氧化的性质可以推测芳烃的结构，例如：分子组成均为 C_9H_{12} 的三种化合物 A、B、C，经酸性 $KMnO_4$ 溶液氧化后，A 生成一元羧酸，B 生成二元羧酸，C 生成三元羧酸；经混酸硝化后 A 主要得到两种一元硝化产物，B 得到两种一元硝化产物，而 C 得到的是一种一元硝化产物，推测它们是什么物质。

解题思路如下：

(1) 分子组成 C_9H_{12} 符合 C_nH_{2n-6}，初步判断分子中含有苯环；又因可以发生硝化取代反应，可确定 A、B、C 分子中都含有一个苯环，为苯的烷基衍生物，即苯的同系物。

(2) 因 A 被酸性 $KMnO_4$ 溶液氧化后得一元羧酸（产物分子中有一个羧基）说明 A 为苯的一烷基取代物，且含 $\alpha-H$ 原子，所以 A 可能为

$C_6H_5-CH_2CH_2CH_3$ 或 $C_6H_5-CH(CH_3)-CH_3$

正丙苯　　异丙苯

(3) 因 B 被酸性 $KMnO_4$ 溶液氧化后得二元羧酸，说明 B 是苯的二烷基衍生物，又因为侧链碳原子共有三个，分为两个侧链，一定是一个甲基一个乙基；由于一元硝化产物是两种，所以 B 为

$CH_3-C_6H_4-CH_2CH_3$

对甲基乙苯

(4) 因 C 经酸性 $KMnO_4$ 溶液氧化后得到三元羧酸，说明 C 为苯的三烷基衍生物，即三甲苯。三甲苯有如下三种同分异构体：

连三甲苯（1,2,3-三甲苯）　偏三甲苯（1,2,4-三甲苯）　均三甲苯（1,3,5-三甲苯）

三种同分异构体中，只有均三甲苯硝化时才能得到一种一元硝化产物。故 C 为均三甲苯。

解题格式（参考）如下。

解：依题意推知 A 为正丙苯（异丙苯），B 为对甲基乙苯，C 为均三甲苯。推导过程用化学反应方程式表示为

$$C_6H_5-CH_2CH_2CH_3 \text{ 或 } C_6H_5-CH(CH_3)-CH_3 \xrightarrow[H^+]{KMnO_4} C_6H_5-COOH$$

$$CH_3CH_2-C_6H_4-CH_3 \xrightarrow[H^+]{KMnO_4} HOOC-C_6H_4-COOH$$

$$\text{1,3,5-}(CH_3)_3C_6H_3 \xrightarrow[H^+]{KMnO_4} \text{1,3,5-}C_6H_3(COOH)_3$$

$$C_6H_5CH_2CH_2CH_3 \xrightarrow[H_2SO_4]{HNO_3} o\text{-}O_2NC_6H_4CH_2CH_2CH_3 + p\text{-}O_2NC_6H_4CH_2CH_2CH_3 + H_2O$$

$$C_6H_5CH(CH_3)_2 \xrightarrow[H_2SO_4]{HNO_3} o\text{-}O_2NC_6H_4CH(CH_3)_2 + p\text{-}O_2NC_6H_4CH(CH_3)_2 + H_2O$$

$$p\text{-}CH_3C_6H_4CH_2CH_3 \xrightarrow[H_2SO_4]{HNO_3} \text{(1-}CH_2CH_3\text{, 2-}NO_2\text{, 4-}CH_3\text{)} + \text{(1-}CH_2CH_3\text{, 3-}NO_2\text{, 4-}CH_3\text{)} + H_2O$$

$$\text{1,3,5-}(CH_3)_3C_6H_3 \xrightarrow[H_2SO_4]{HNO_3} \text{2,4,6-}(CH_3)_3C_6H_2NO_2 + H_2O$$

习　　题

1. 命名下列化合物：

（1） $CH_3-C_6H_4-CH_2-CH=CH_2$（对位）　　（2） $C_6H_5-CH(CH_3)-C_6H_5$

（3） $C_6H_5-CH(C_2H_5)-CH(CH_3)_2$　　（4） $(CH_3)_3C(Ph)C=C(CH_3)CH_2CH_3$

2. 写出下列化合物的构造式：

（1）1-苯基-1,3-丁二烯　　（2）反-5-甲基-1-苯基-2-庚烯

（3）1,5-二溴萘　　（4）8-硝基-1-萘磺酸

3. 完成下列反应式：

（1） $C_6H_5CH_2CH_3 \xrightarrow[H_2SO_4]{HNO_3}$ (　　　) + (　　　)

（2） $C_6H_5CH_3 \xrightarrow{(\qquad)} C_6H_5CH_2Cl \xrightarrow{(\qquad)} C_6H_5-CH_2-C_6H_5$

文本

第七章习题参考答案

(3) 对甲基苯酚 + $(CH_3)_2C=CH_2$ $\xrightarrow{H_2SO_4}$ (　　　)(提示:烷基化反应)

(4) 甲苯 $\xrightarrow{(\quad)}$ 对甲苯磺酸（CH_3、SO_3H） $\xrightarrow{(\quad)}$ 2-溴-4-磺酸基甲苯（CH_3、Br、SO_3H） $\xrightarrow{(\quad)}$ 邻溴甲苯（CH_3、Br）

(5) 苯 + $(CH_3)_2C=CH_2$ $\xrightarrow{AlCl_3}$ (　　　) $\xrightarrow[AlCl_3]{CH_3-\overset{O}{\overset{\|}{C}}-Cl}$ (　　　)

(6) $C_6H_5-CH_2-C_6H_4-NO_2$ + $CH_3-\overset{O}{\overset{\|}{C}}-Cl$ $\xrightarrow{AlCl_3}$(　　　)

4. 比较下列各组化合物硝化时的活性大小:

(1) 苯、甲苯、氯苯和硝基苯　　　　(2) 甲苯、对二甲苯

5. 写出下列化合物一元硝化时生成的主要产物:

(1) $C_6H_5-\overset{+}{N}(CH_3)_3Cl^-$　　　　(2) $C_6H_5-C_6H_{11}$（苯基环己烷）

(3) $CH_3-C_6H_4-\overset{O}{\overset{\|}{C}}-C_6H_5$　　　　(4) $N\equiv C-C_6H_4-OCH_3$

(5) $CH_3-\overset{O}{\overset{\|}{C}}-O-C_6H_4-\overset{O}{\overset{\|}{C}}-OCH_3$

6. 用化学方法鉴别下列两组化合物:

(1) 乙苯和苯乙烯　　　　(2) 环己烯、环己烷和甲苯

7. 以甲苯为原料,合成下列化合物:

(1) 间硝基三氯甲苯（CCl_3、NO_2）　　(2) 4-溴-3-硝基苯甲酸（Br、COOH、NO_2）

8. 化合物 A(C_9H_{10})在室温下能迅速使 Br_2-CCl_4 溶液和稀 $KMnO_4$ 溶液褪色,催化氢化可吸收 4 mol H_2,强烈氧化可生成邻苯二甲酸(邻位 COOH、COOH 苯环),试推测化合物 A 的构造式,并写出有关的反应式。(提示:A 为苯乙烯的衍生物。)

* 第八章　对映异构

学习目标

1. 了解旋光仪的工作原理；
2. 理解 D/L 相对构型标记方法；
3. 理解分子结构中的对称因素；
4. 掌握比旋光度的含义与应用；
5. 掌握 R/S 构型标记方法；
6. 掌握手性分子的表示方法。

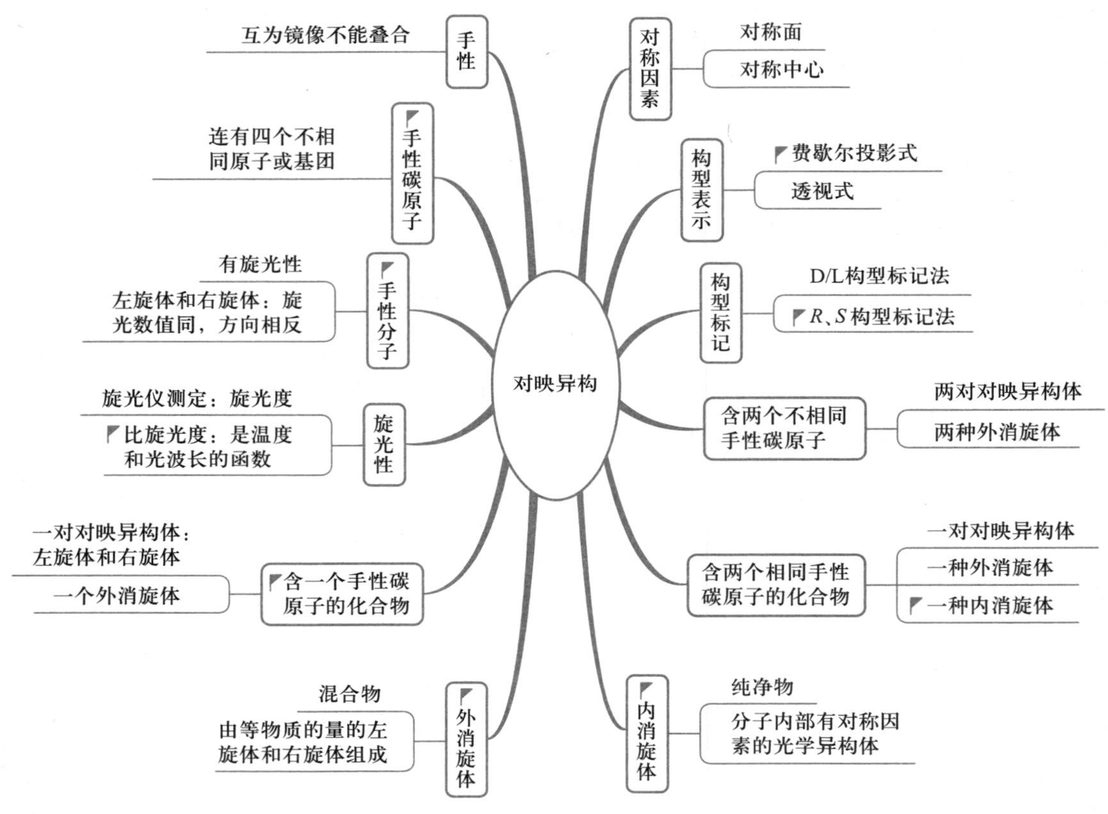
对映异构
手性
互为镜像不能叠合
手性碳原子
连有四个不相同原子或基团
手性分子
有旋光性
左旋体和右旋体：旋光数值同，方向相反
旋光性
旋光仪测定：旋光度
比旋光度：是温度和光波长的函数
含一个手性碳原子的化合物
一对对映异构体：左旋体和右旋体
一个外消旋体
外消旋体
混合物
由等物质的量的左旋体和右旋体组成
对称因素
对称面
对称中心
构型表示
费歇尔投影式
透视式
构型标记
D/L构型标记法
R、S构型标记法
含两个不相同手性碳原子
两对对映异构体
两种外消旋体
含两个相同手性碳原子的化合物
一对对映异构体
一种外消旋体
一种内消旋体
内消旋体
纯净物
分子内部有对称因素的光学异构体

第一节　偏振光与物质的旋光性

一、偏振光

光是一种电磁波，光振动方向与前进方向垂直。光振动方向与传播方向构成一个振动面，自然光有无数个振动方向，所以它有无数个振动面。图 8-1(a) 表示光在纸面的平面内振动振幅的周期性变化；图 8-1(b) 表示在光前进的方向正视光源，光在纸面内振动振幅（用双箭头表示）也为其振动方向；图 8-1(c) 是这束光在其他平面内振动振幅。

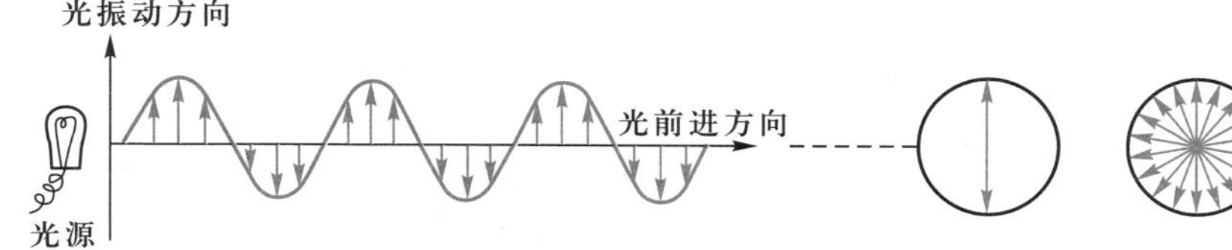

(a) 光在纸面的平面内振动振幅的周期性变化　(b) 光在纸面内振动方向　(c) 光在其他平面内振动振幅

图 8-1　普通光的振动情况

如果将普通光通过一个尼科尔（Nicol）棱镜，棱镜的作用好似一个栅栏，它只允许与棱镜晶轴平行振动的光线通过，而在其他方向上振动的光线则被阻拦，于是，透过偏振片后射出的光就只在一个平面内振动了。这种只在一个平面内振动的光，叫作平面偏振光，简称偏振光或偏光。这个平面叫作偏光振动平面，如图 8-2 所示。

动画

偏振光

动画

物质的旋光性

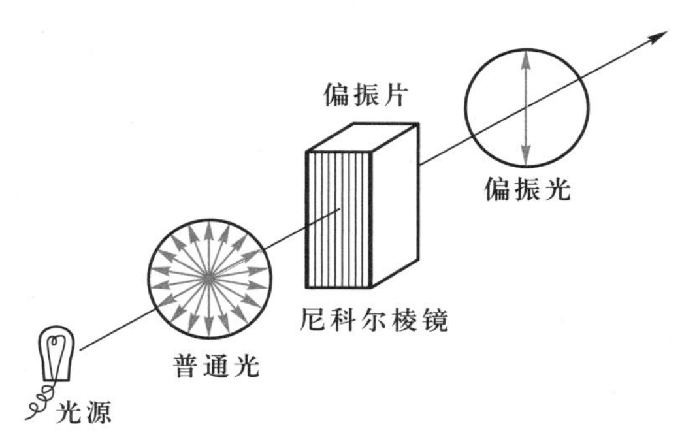

图 8-2　偏振光

二、旋光物质和非旋光物质

实验发现，当偏光通过某些天然有机物（如糖、酒石酸等）的溶液时，这些有机物能使偏光振动平面转动一个角度，这个角度叫旋光度。这种性质叫作物质的旋光性或光学活性。这种物质叫作旋光物质或光学活性物质。从自然界得到的葡萄糖可使偏光振动平面向右转动（顺时针方向），叫作右旋葡萄糖，用(+)－葡萄糖表示。从自然界得到的果糖可使偏光振动平面向左转动（逆时针方向），叫作左旋果糖，用(-)-果糖表示。甲醇、乙醇、甲酸、乙酸等有机物不能使偏光振动平面转动，这些物质称为非旋光物质或非光学活性物质。

三、旋光度和比旋光度

1. 旋光仪

旋光物质的旋光度和旋光方向，可用旋光仪测定。旋光仪主要由光源、两个尼科尔棱镜（起偏镜和检偏镜）和盛装样品的盛液管组成。图 8-3 为旋光仪示意图。

微课

圆盘旋光仪的使用与校正

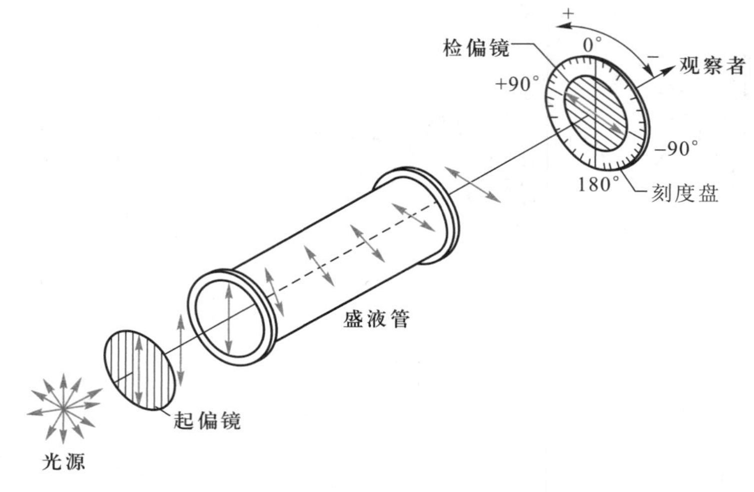

图 8-3　旋光仪示意图

动画

旋光仪工作原理

当起偏镜和检偏镜的晶轴平行时，如果盛液管内放入非旋光物质（例如水或乙醇），偏光可以全部通过检偏镜，观察者可观察到明亮的视野，这时读数为 0。如果盛液管盛放旋光物质，偏光经过盛液管时，它的振动平面就要转动一定的角度，而不能通过检偏镜，观察者只有将检偏镜按顺时针方向或逆时针方向转动一定的角度后，才能找到一个最明亮的视野。这表明偏光又可通过检偏镜，这时刻度盘的读数，就是这种旋光物质的旋光度。

若检偏镜按顺时针方向（向右）转动一定角度，才能观察到明亮视野，这种旋光物质就是右旋体，用“+”表示；若检偏镜按逆时针方向（向左）转动一定角度，才能观察到明亮视野，这种旋光物质就是左旋体，用“-”表示。

2. 旋光度与比旋光度

偏光通过旋光物质时，偏光的振动平面被转动的角度称为**旋光角**（亦称旋光度），通常用 α 表示。测定旋光物质的旋光度时，盛液管的长度、溶液的浓度、光源的波长、测定时的温度及所用的溶剂都会影响旋光度的数值，甚至改变旋光的方向，因此物质的旋光性通常用比旋光本领（亦称比旋光度）来表示。比旋光本领的单位为$° \cdot m^2 \cdot kg^{-1}$，本书仍使用的比旋光度单位为$° \cdot cm^2 \cdot g^{-1}$。

1 mL 中含有 1 g 溶质的溶液放在 1 dm 长的盛液管中所测得的旋光度，称为**比旋光度**。比旋光度可用下式表示：

$$[\alpha]_{\lambda}^{t}=\frac{\alpha}{\rho_B \times l}$$

式中：$[\alpha]$——比旋光度(单位为$° \cdot cm^2 \cdot g^{-1}$)；

t——测定时的温度；

λ——所用光源的波长；

α——旋光仪中测出的旋光度数；

ρ_B——溶液的质量浓度(单位为 $g \cdot mL^{-1}$)；

l——盛液管的长度(单位为 dm)。

比旋光度不受测定时所用盛液管长度和溶液浓度的影响。在测量温度及光源波长一定的情况下，它是旋光物质的一个物理常数，表示旋光物质的旋光性。

例如，在 20 ℃时，用钠光($\lambda=589.3$ nm，可用 D 表示)作光源，测定天然葡萄糖水溶液，它使偏光右旋，其比旋光度为 $52.5° \cdot cm^2 \cdot g^{-1}$，可表示为

$$[\alpha]_{D}^{20}=+52.5° \cdot cm^2 \cdot g^{-1}(\text{水})$$

若旋光物质是纯液体，可直接测定。但在计算比旋光度时，需将上式中的 ρ_B 改换成该液体的密度 ρ。

根据实际测出的旋光物质旋光度 α 和盛液管长度 l，以及从手册中查得的比旋光度 $[\alpha]_{\lambda}^{t}$，通过上面的公式，便可计算出该旋光物质溶液的质量浓度 ρ_B。制糖工业就是利用测定旋光度的方法来确定糖溶液的质量浓度。

【应用示例】 某葡萄糖的水溶液，在 20 ℃，用钠光灯作光源在 1 dm 长的盛液管内，测得其旋光度是+3.4°，它的比旋光度从手册中查得的是$[\alpha]_{D}^{20}=+52.5° \cdot cm^2 \cdot g^{-1}$，求该溶液的质量浓度。

解：已知 $\alpha=+3.4°$，$l=1$ dm，$t=20$ ℃，$[\alpha]_{D}^{20}=+52.5° \cdot cm^2 \cdot g^{-1}$，根据公式

$$[\alpha]_{D}^{20}=\frac{\alpha}{\rho_B \times l}$$

知

$$\rho_B=\frac{\alpha}{l \cdot [\alpha]_{D}^{20}}=\frac{3.4°}{1\ dm \times 52.5° \cdot cm^2 \cdot g^{-1}}=0.0648(g \cdot mL^{-1})$$

第二节　手性和手性分子

一、手性的概念

如果把左手放在一面镜子前，可以观察到镜子里的镜像与右手一样。所以，左手和右手具有互为实物与镜像的关系，两者不能重合(见图 8-4 和图 8-5)。因此，把这种物体与其镜像不能重合的性质称为手性。

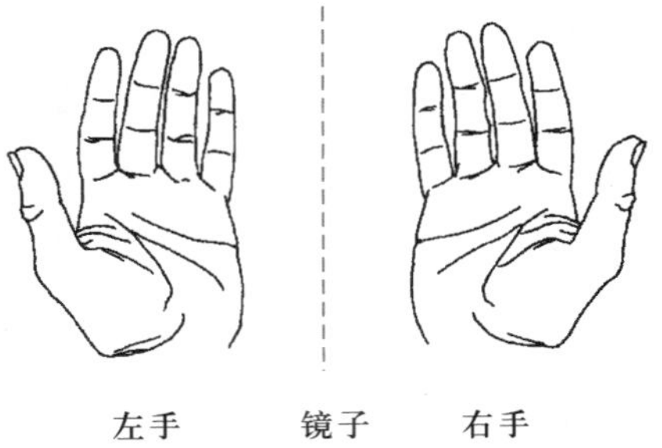

左手　　镜子　　右手

图 8－4　左手的镜像是右手

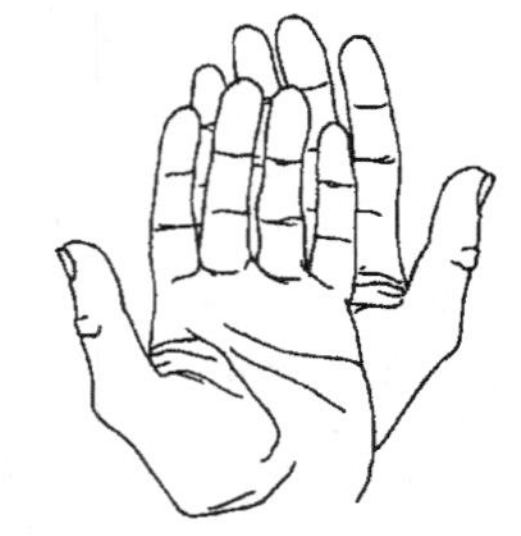

图 8－5　左手和右手不能重合

二、手性分子和对映异构体

1. 手性分子

手性不仅是一些宏观物质的特征，有些分子也具有手性。凡不能与其镜像重合的分子均具有手性，称为手性分子。手性分子都有旋光性。具有旋光性的分子都是手性分子。

判断分子是否具有手性，就是看分子与其镜像能否重合。不能重合的为手性分子，具有旋光性；能重合的为非手性分子，没有旋光性。

在有机物分子中，sp^3 杂化的碳原子是四面体结构。如果碳原子与四个不同的原子或基团相连接时，这种化合物在空间的排列（构型）就有两种。例如，乳酸（$CH_3—CHOH—COOH$）分子中的第二个 C 原子连接四个不同的原子或基团，它在空间的排列就有两种（见图 8－6）。这两种乳酸分子彼此是不能重合的（见图 8－7），它们不是同一种化合物。

动画

乳酸的手性

分子（Ⅰ）是从肌肉中得来的右旋乳酸，比旋光度是

$$[\alpha]_D^{20}=+3.82°\cdot cm^2\cdot g^{-1}(水)$$

分子（Ⅱ）是发酵产生的左旋乳酸，比旋光度是

$$[\alpha]_D^{20}=-3.82°\cdot cm^2\cdot g^{-1}(水)$$

动画

乳酸左旋体与右旋体之间的关系

这两种乳酸分子是实物和镜像关系，相对映而不能重合，即乳酸分子具有手性，是手性分子。

乳酸分子的中心碳原子连有四个不同的原子或基团（—H、—CH_3、—OH、—COOH），这样的碳原子称为手性碳原子，标以“ * ”号，即 $CH_3C^*HOHCOOH$。

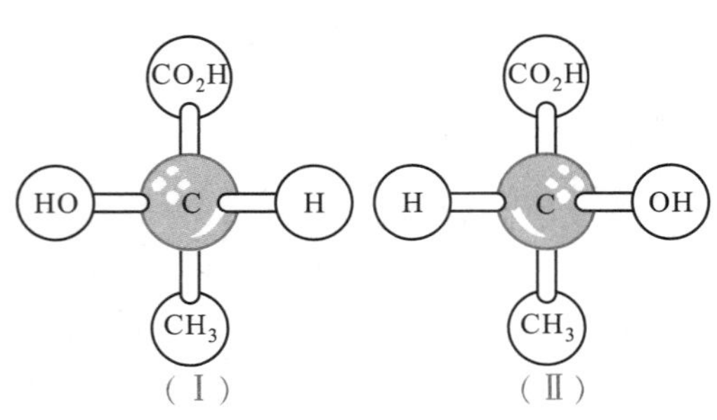

图 8－6　两种不同构型的乳酸球棒模型示意图

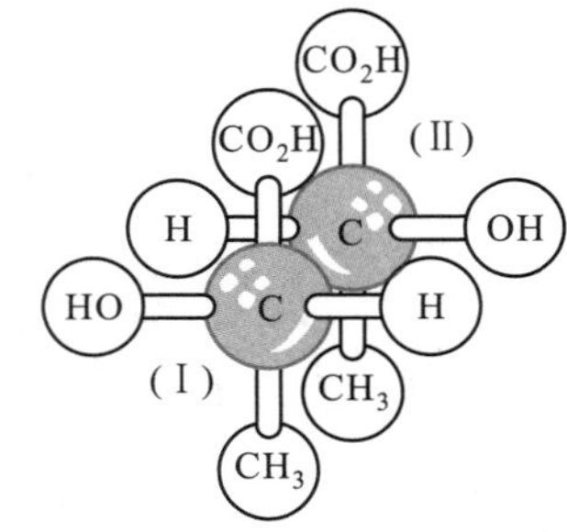

图 8－7　两种不同构型的乳酸彼此不能重合

2. 对映异构体

像乳酸这样，构造相同，构型不同，互为实物和镜像关系而不能重合的立体异构体，叫作**对映异构体**，简称对映体。

(+)-乳酸和(-)-乳酸就是一对对映体，它们的旋光能力相同，但旋光方向相反。由等物质的量的左旋体和右旋体组成的物质，无旋光性，称为**外消旋体**。例如，从酸牛奶中得到的乳酸是由等物质的量的(+)-乳酸和(-)-乳酸组成的，无旋光性，是外消旋乳酸，用(±)-乳酸表示。可以把它拆分成等物质的量的(+)-乳酸和(-)-乳酸。

对映体是实物和镜像的关系。在非手性环境中，对映体的性质没有区别。例如，熔点、沸点、在非手性溶剂中的溶解度、与非手性试剂的反应速率等都相同。而在手性环境中，则呈现出不同的性质。例如，与手性试剂的反应速率不同，在手性催化剂或手性溶剂中的反应速率也不同，等等。

在非手性条件下合成手性化合物时，得到的都是外消旋产物。

三、对称因素

分子是否有手性取决于分子结构中是否有对称因素，常考虑的对称因素有两种：对称面和对称中心。

1. 对称面

设想分子中有一平面，它可以把分子分成互为实物和镜像的两半，则此平面即为对称面。

Cabcc 类型的分子(如 CH_2ClBr、CH_3CH_2OH 等)具有对称面(见图 8-8)，是非手性分子，无旋光性。

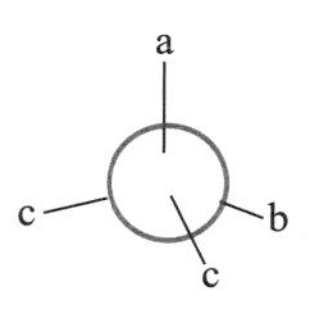

(a) 模型

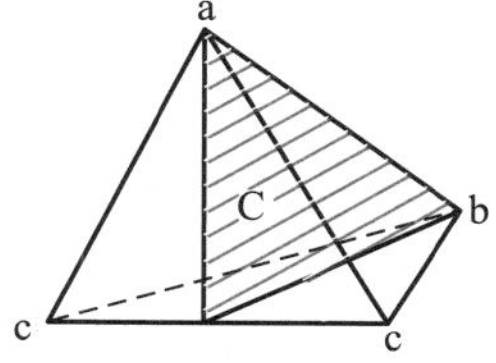

(b) 对称面

图 8-8　Cabcc 分子的模型和对称面

2. 对称中心

设想分子中有一个点，从分子中任何一个原子出发，向此点作一直线，在其延长线等距离处可以遇到一个同样的原子，则此点即为对称中心。

反-1,3-二氟-反-2,4-二氯环丁烷分子没有对称面，但有对称中心(见图 8-9)，也是非手性分子，无旋光性。

既没有对称面又没有对称中心的分子通常是手性分子，有旋光性。C^*abcd 类型的分子(例如$C^*HFClBr$、$CH_3C^*HOHCO_2H$ 等)既没有对称面，也没有对称中心(见图 8-10)，是手性分子，有旋光性。

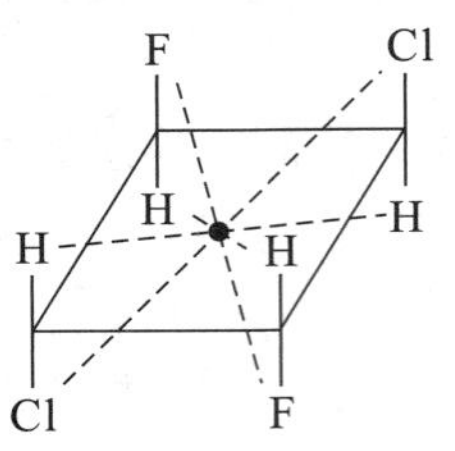

图 8-9　反-1,3-二氟-反-2,4-二氯环丁烷的对称中心

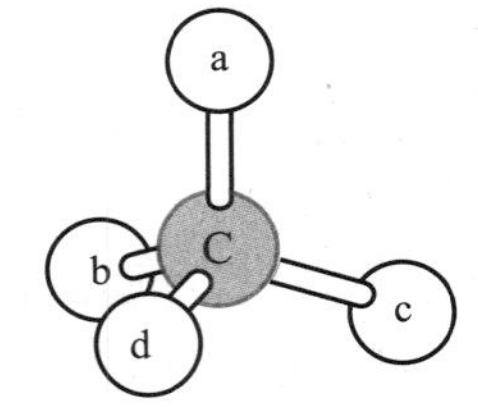

图 8-10　C^*abcd 类型分子的球棒模型

动画

对称中心

具有对称面或对称中心的分子是非手性分子,无旋光性。

练一练 1

你所熟悉劳动保护手套和分左右手的手套,谁有手性,为什么?

练一练 2

下列分子中有无手性碳原子?若有,用 * 号标出。

(1) $CH_3CH_2CH_2CH_3$　　(2) $CH_3CH_2CHClCH_3$

(3) $CH_3CHClCH_2CH_2Cl$　　(4) $CH_2ClCH_2CH_2CH_2Cl$

(5) $CH_3CHClCHClCH_3$　　(6) $CH_3CHClCHClCH_2Cl$

文本

练一练 1 和 2 参考答案

第三节　含有一个手性碳原子化合物的对映异构

含有一个手性碳原子的开链化合物必定是手性的分子,有两种构型异构体,即有一对对映体:左旋体和右旋体。

一、构型的表示

分子的构型是三维的(立体的),而纸面则是二维的(平面的)。在二维的纸面上表示三维的分子构型,通常是用透视式或费歇尔投影式。

1. 透视式

图 8-11 是乳酸分子的模型。图 8-12 是乳酸分子两种构型的透视式。在这种表示法中,手性碳原子是在纸面上,用实线相连的原子或基团表示处在纸面上,用楔形线(━)相连的原子或基团表示处在纸面的前面,用虚线(---)相连的原子或基团表示处在纸面的后面。这种表示式清晰、直观,但书写仍较麻烦。

2. 费歇尔投影式

费歇尔(Fischer E)投影式是采用投影的方法将分子的构型表示在纸面上。投影的规则如下:

(1) 手性碳原子置于纸面内,用横竖两线的交点代表这个手性碳原子。

(2) 横向的两个原子或基团指向纸面的前面。

(3) 竖向的两个原子或基团指向纸面的后面。

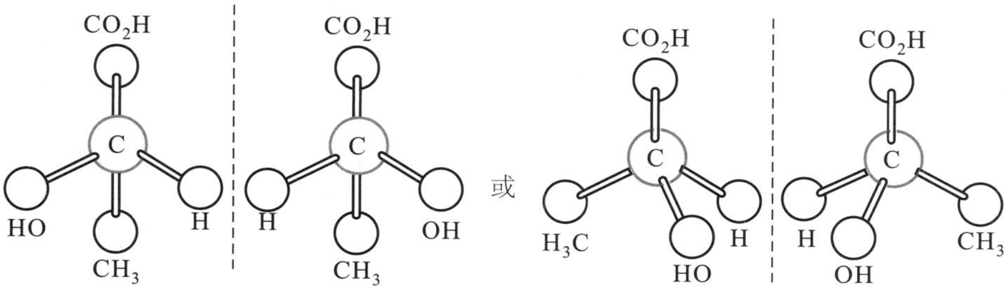

(+)-乳酸　(-)-乳酸　或　(+)-乳酸　(-)-乳酸

图 8-11　乳酸分子的模型

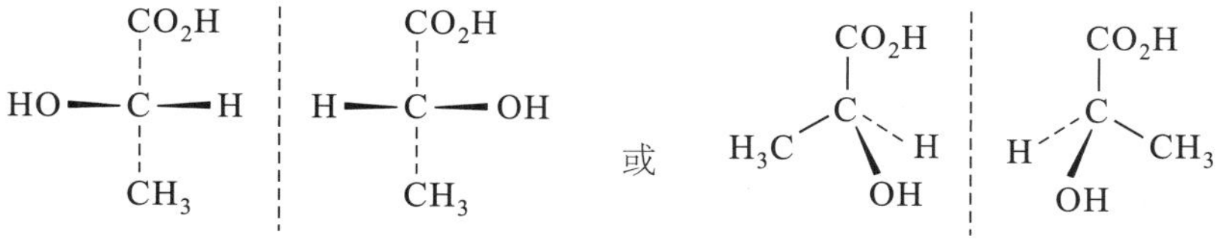

(+)-乳酸　(-)-乳酸　或　(+)-乳酸　(-)-乳酸

图 8-12　乳酸分子两种构型的透视式

投影时，常把含手性碳原子的主链放在竖向方向，通常把编号最小的碳原子放在上端（见图 8-13）。

使用费歇尔投影式时，要注意投影式不能离开纸面翻转，可以在纸面上旋转 180°，但不能旋转 90°或 270°。

动画

乳酸的对映异构体的投影式

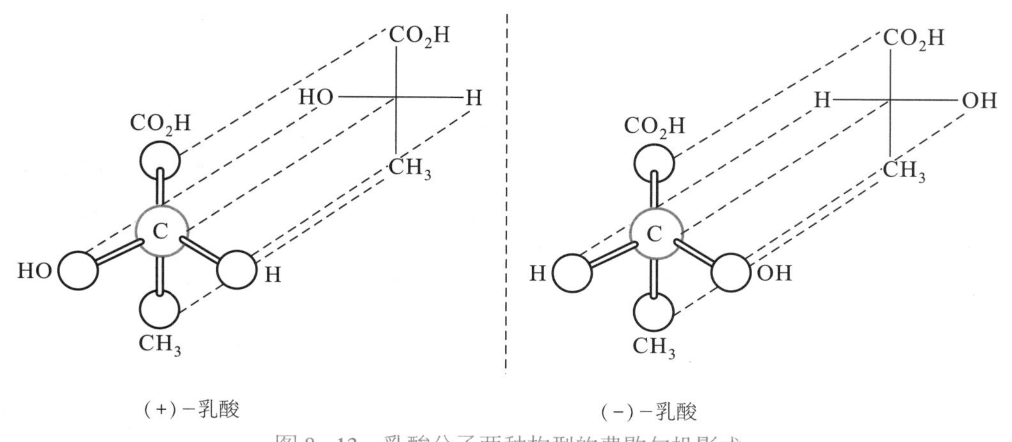

(+)-乳酸　(-)-乳酸

图 8-13　乳酸分子两种构型的费歇尔投影式

练一练 3

（1）是 2-氯丁烷的一种立体异构体，指出（2）（3）（4）是和（1）相同，还是（1）的对映体。

（1）上 CH_3，左 H，右 Cl，下 C_2H_5　（2）上 C_2H_5，左 H，右 Cl，下 CH_3　（3）上 Cl，左 CH_3，右 H，下 C_2H_5　（4）上 H，左 Cl，右 CH_3，下 C_2H_5

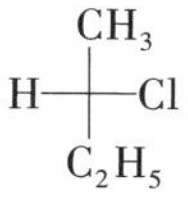

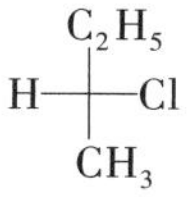

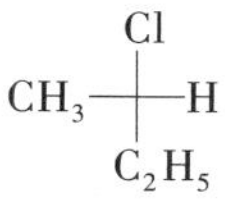

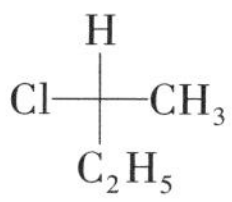

练一练 4

下列三对化合物中，指出哪几对是对映体。

(1) Fischer 投影式：上 CH_3，左 Br，右 F，下 Cl　和　上 F，左 CH_3，右 Cl，下 Br

(2) 上 H，C，Br（虚线），F，Cl（楔形）　和　上 Cl，C，F（虚线），Br，H（楔形）

(3) 上 H，F，Br，下 Cl　和　上 H，F，Cl，下 Br

文本
练一练 3~5
参考答案

练一练 5

写出下列化合物的费歇尔投影式。

(1) 上 F，C，H_3C（虚线），Cl，C_2H_5（楔形）

(2) 上 COOH（虚线），H（楔形），C，CH_3（楔形），下 Cl（虚线）

二、构型的标记

手性分子构型的标记有相对构型和绝对构型两种标记方法。

1. D/L 构型标记法

早期，不能测定分子中的基团在空间中的排布情况，为了研究方便和避免混乱，对手性碳原子的构型，人为地规定以甘油醛(2,3－二羟基丙醛)为标准，将醛基和羟甲基分别置于手性碳原子的上、下方，羟基在竖直碳链右侧的右旋甘油醛定为 D－(+)－甘油醛；反之，羟基在竖直碳链左侧的左旋甘油醛则标为 L－(－)－甘油醛。对其他旋光活性物质中手性碳原子构型的标记，则在不涉及手性碳原子变化的前提下，通过化学反应与甘油醛相关联。例如：

CHO / H—┼—OH / CH_2OH $\xrightarrow{[O]}$ COOH / H—┼—OH / CH_2OH $\xrightarrow{[H]}$ COOH / H—┼—OH / CH_3

D－(+)－甘油醛　　D－(－)－甘油酸　　D－(－)－乳酸

由于这样确定的构型是相对于标准物而言的，所以称为**相对构型**。需要注意的是，手性碳原子的 D/L 构型是人为规定的，D 型不一定是右旋的，L 型也不一定是左旋的，旋光方向必须通过实验确定。

2. *R*/*S* 构型标记法

由于有些化合物不易与甘油醛相关联，因此 D/L 法有一定的局限性，除氨基酸和糖类仍采用这种标记方法外，其他手性化合物一般采用 *R*/*S* 标记法。*R*/*S* 标记法是根据与手性碳原子所连的四个不同的原子或基团在空间的排列顺序来标记的。其方法是：首先将手性碳原子连接的四个不同的原子或基团 a、b、c、d 按次序规则由大到小排列。假设它们的优先顺序为：a>b>c>d（“>”表示“优先于”）。然后将排在最后的原子或基团 d 放在离观察者最远的位置，观察其余三个原子或基团。如果 a→b→c 为顺时针方向，其构型用 *R* 表示，称为 *R* 型；如果 a→b→c 为逆时针方向，其构型用 *S* 表示，称为 *S* 型（如图 8－14所示）。

动画
R 构型

现在用 *R/S* 构型标记法标记如模型所示的 2－氯丁烷的构型（见图 8－15）。将手性碳原子所连接的四个原子或基团排列成序：$Cl>C_2H_5>CH_3>H$。从离氢原子最远处观察，$Cl \rightarrow C_2H_5 \rightarrow CH_3$ 为逆时针方向，所以为 *S* 型。

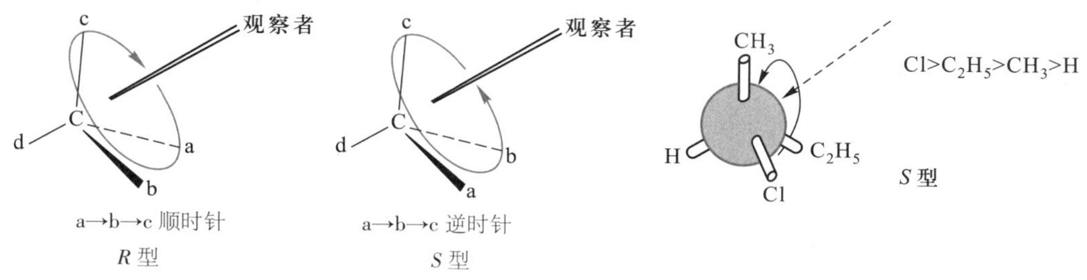

图 8－14　*R/S* 构型标记法

图 8－15　标记 2－氯丁烷的构型

动画
S 构型

对于一个给定的费歇尔投影式，可以按下述“小窍门”标记其构型，即“小上下，同 I 向；小左右，反 I 向”（I 指 IUPAC 命名规则）。

具体如下：按次序规则中最小的原子或基团 d 位于投影式的竖线上，而其余三个原子或基团 a→b→c 为顺时针方向，则此投影式代表的构型为 *R* 型；反之，a→b→c 为逆时针方向，则为 *S* 型。如果 d 在横线上，其余三个原子或基团 a→b→c 为顺时针方向，则此投影式代表的构型为 *S* 型；反之，a→b→c为逆时针方向，则为 *R* 型（图 8－16）。

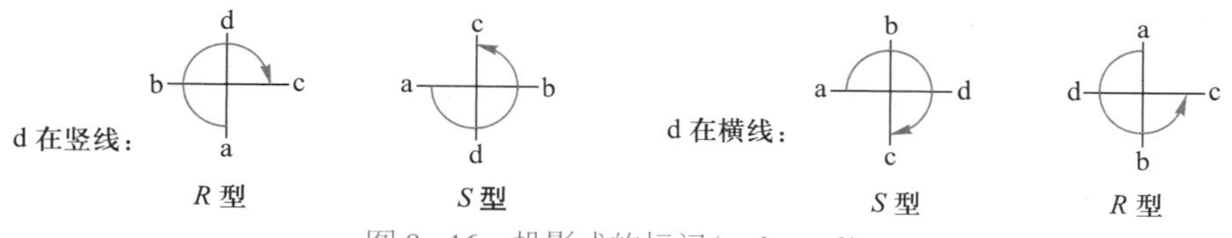

图 8－16　投影式的标记（a>b>c>d）

例如：

$OH>COOH>CH_3>H$　d＝H，在横线

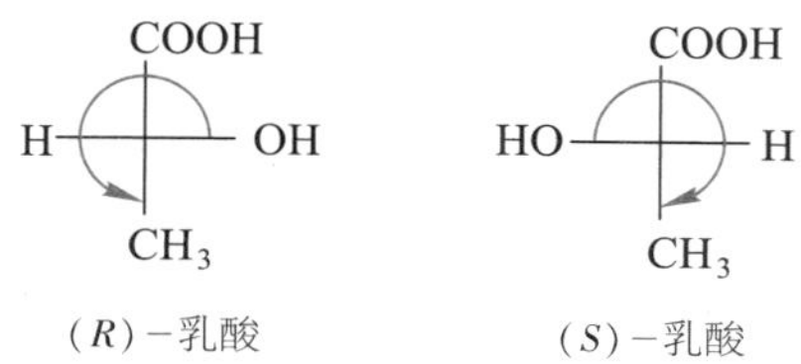

按 *R/S* 构型标记法确定的构型不依赖于任何标准物，所以又称为**绝对构型**。

应该指出，构型与旋光方向之间无必然联系。也就是说，*R* 构型的化合物可能是右旋的,也可能是左旋的;S 构型的化合物可能是左旋的,也可能是右旋的。

旋光化合物的完整系统命名,应该标出构型和旋光方向。例如,右旋 S 型乳酸应写作(S)-(+)-2-羟基丙酸;左旋 R 型乳酸应写作(R)-(-)-2-羟基丙酸;外消旋体应写作(±)-2-羟基丙酸。

文本

练一练 6 和 7 参考答案

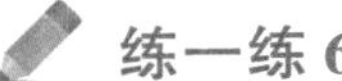

练一练 6

用 R/S 构型标记法标记下列手性分子的构型。

(1)
$$\begin{array}{c} CH_3 \\ HO-\!\!\!+\!\!\!-H \\ CH_2CH_3 \end{array}$$
(2)
$$\begin{array}{c} CH_3 \\ Cl-\!\!\!+\!\!\!-F \\ H \end{array}$$
(3)
$$\begin{array}{c} CH_3 \\ H-C-OH \\ CH_2CH_3 \end{array}$$
(4)
$$\begin{array}{c} CH_3 \\ F-C-Cl \\ H \end{array}$$

练一练 7

写出下列化合物的费歇尔投影式。

(1) (R)-$CH_3CH_2CHClCH_3$　(2) (S)-$CH_3CH_2CHOHCH_3$

(3) (R)-$CH_3CHClBr$　(4) (S)-$CH_3CHClCOOH$

第四节　含有两个手性碳原子化合物的对映异构

根据化合物中两个手性碳原子所连接的四个原子或基团是否相同,可分为下列两种情况。

一、含有两个不相同的手性碳原子的化合物

含有一个手性碳原子的化合物有两种对映异构体(一对对映体)。含有两个不相同的手性碳原子的化合物就有四种立体异构体(两对对映体)。例如,2-羟基-3-氯丁二酸(氯代苹果酸),就有四种立体异构体(两对对映体)。

$$\begin{array}{c} COOH \\ HO-\!\!\!+\!\!\!-H \\ Cl-\!\!\!+\!\!\!-H \\ COOH \end{array}$$
($2R,3R$)-(-)-2-羟基-3-氯丁二酸 (1)

$$\begin{array}{c} COOH \\ H-\!\!\!+\!\!\!-OH \\ H-\!\!\!+\!\!\!-Cl \\ COOH \end{array}$$
($2S,3S$)-(+)-2-羟基-3-氯丁二酸 (2)

$$\begin{array}{c} COOH \\ HO-\!\!\!+\!\!\!-H \\ H-\!\!\!+\!\!\!-Cl \\ COOH \end{array}$$
($2R,3S$)-(-)-2-羟基-3-氯丁二酸 (3)

$$\begin{array}{c} COOH \\ H-\!\!\!+\!\!\!-OH \\ Cl-\!\!\!+\!\!\!-H \\ COOH \end{array}$$
($2S,3R$)-(+)-2-羟基-3-氯丁二酸 (4)

(1)和(2)、(3)和(4)互为对映体;等物质的量的(1)和(2)、(3)和(4)分别组成两种外消旋体;(1)和(3)或(4)、(2)和(3)或(4)之间,不互为实物和镜像关系,称之为非对映异构体(两种不是对映体的光学异构体称为非对映异构体,简称非对映体)。

在一般情况下,对映体除旋光方向相反外,其他物理性质相同。但非对映体的旋光方向可能相同,也可能不同,比旋光度不相同;其他物理性质如熔点等也不同。

分子中所含手性碳原子数越多,立体异构体的数目也越多,其数目与手性碳原子数

有如下关系（n 为不相同的手性碳原子数）：

$$立体异构体数=2^n$$

二、含有两个相同的手性碳原子的化合物

2,3-二羟基丁二酸（酒石酸）分子中的两个手性碳原子是相同的，也就是每个手性碳原子所连接的四个原子或基团都是—OH、—COOH、—CHOHCOOH、—H。它似乎也有两对对映体：

COOH H—┼—OH HO—┼—H COOH	COOH HO—┼—H H—┼—OH COOH	COOH H—┼—OH H—┼—OH COOH	≡	COOH HO—┼—H HO—┼—H COOH
(2*R*,3*R*)-(+)- 2,3-二羟基丁二酸 (1)	(2*S*,3*S*)-(-)- 2,3-二羟基丁二酸 (2)	(2*R*,3*S*) (*m*)-2,3-二羟基丁二酸 (3)		(2*S*,3*R*) (4)

(1)和(2)互为对映体，等物质的量的(1)和(2)组成外消旋体。(3)和(4)似乎也是一对对映体，但是，将(3)在纸面上转动180°以后，正好和(4)完全重合，说明(3)和(4)是同一种分子（同一种化合物）。在这个分子中有一个对称面（见图8-17）。它没有旋光性，称为**内消旋体**，用 m 表示。因此，分子中含有两个相同的手性碳原子的酒石酸，仅有三种立体异构体——左旋体、右旋体和内消旋体。内消旋体和左旋体或右旋体为非对映异构体。

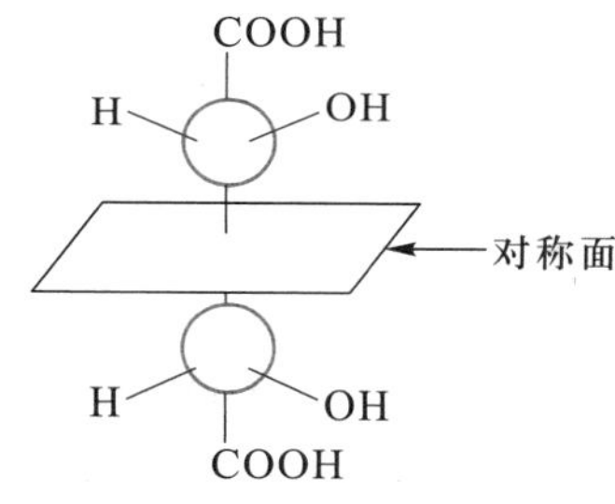

图8-17　内消旋体酒石酸分子中的对称面

凡分子中含有相同的手性碳原子的化合物，其立体异构体数目都小于 2^n（n 是手性碳原子数）。

外消旋体和内消旋体都没有旋光性①，但有本质上的区别。外消旋体是混合物，可以采用一定的方法把它拆分成左旋体和右旋体；而内消旋体则是一种纯净物质。

从内消旋酒石酸这个例子中可以看出，化合物分子中含有不止一个手性碳原子时，该分子有可能不是手性分子。所以，分子中是否含有手性碳原子并不是分子是否具有手性的必要和充分条件。

练一练 8

A、B、C 三种化合物在下述哪种情况下可以测出是旋光的？

① 外消旋体是左旋体和右旋体的旋光能力相互抵消的结果，内消旋体则是分子内部手性碳原子的旋光能力相互抵消的结果。

文本

练一练 8 参考答案

$$\begin{array}{ccc}
\begin{array}{c} CH_3 \\ HO-\!\!\!-\!\!\!+\!\!\!-\!\!\!-H \\ H-\!\!\!-\!\!\!+\!\!\!-\!\!\!-OH \\ CH_3 \\ \text{A} \end{array} &
\begin{array}{c} CH_3 \\ H-\!\!\!-\!\!\!+\!\!\!-\!\!\!-OH \\ HO-\!\!\!-\!\!\!+\!\!\!-\!\!\!-H \\ CH_3 \\ \text{B} \end{array} &
\begin{array}{c} CH_3 \\ H-\!\!\!-\!\!\!+\!\!\!-\!\!\!-OH \\ H-\!\!\!-\!\!\!+\!\!\!-\!\!\!-OH \\ CH_3 \\ \text{C} \end{array}
\end{array}$$

(1) A 单独存在　　(2) B 单独存在

(3) C 单独存在　　(4) A 和 B 等物质的量混合

(5) A 和 C 等物质的量混合　　(6) A 和 B 不等物质的量混合

阅读材料　催化不对称合成——2001 年诺贝尔化学奖

不少的药物都具有手性，其两种对映异构体通常会表现出不同的生物活性。药物能起作用的仅是其中一种光学异构体，另一种光学异构体则不具有药效，甚至会产生毒性。例如，20 世纪 50 年代，联邦德国一家制药公司开发出一种镇静催眠药反应停（沙利度胺），妊娠妇女因服用没有经过拆分的外消旋体药物作为镇痛药或止咳药，从而导致大量胚胎畸形的“反应停”惨剧。后来经过研究发现，“反应停”是包含一对对映异构体的外消旋药物，它的一种构型（*R*）－（+）－对映体有镇静作用，另一种构型（*S*）－（－）－对映体才是真正的罪魁祸首——对胚胎有很强的致畸作用。

2001 年诺贝尔化学奖授予美国科学家威廉·诺尔斯、日本科学家野依良治和美国科学家巴里·夏普雷斯，以表彰他们在不对称合成方面做出的重要贡献。1968 年，诺尔斯发现了用过渡金属进行手性催化氢化的新方法，并最终获得了目标产物。他的研究成果很快便转化至工业生产。后来，野依良治进一步发展了手性氢化催化剂。野依良治在诺尔斯的基础上进行了深入而广泛的研究，开发出了性能更为优异的手性催化剂。这些催化剂用于氢化反应，能使反应过程更经济，同时大大减少了有害废物的产生，有利于环境保护。这些工作对手性氢化催化剂在工业上的应用起到极大的推动作用。目前，很多化学制品、药物和新材料的制造，都得益于这项研究成果。在催化不对称氢化反应研究如火如荼的时候，夏普雷斯却独辟蹊径，在催化不对称氧化反应方面做出了卓越贡献并因而获诺贝尔化学奖。

三位诺贝尔化学奖获得者的发现开拓了手性分子合成的新领域，其成果已被应用到心血管药、抗生素、激素、抗癌药及中枢神经系统类药物的研制上。手性药物的疗效一般是原来药物的几倍甚至几十倍。

学习指导

1. 同分异构的类型

到本章为止关于同分异构已学习了构造异构（包含碳链异构、官能团位置异构、官能

团异构)和构型异构(包含顺反异构、构象异构和对映异构),举例如下:

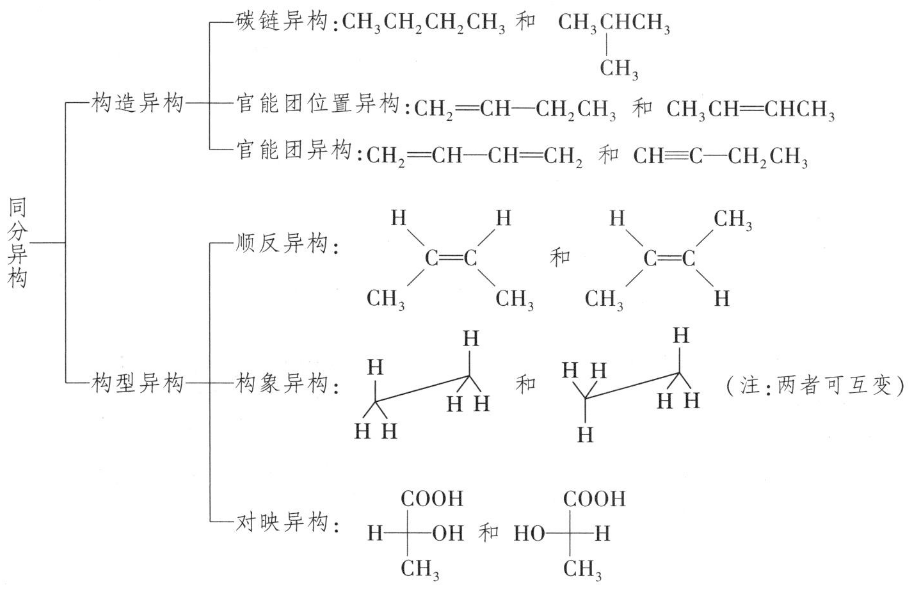

2. 费歇尔投影式表示法

手性分子用费歇尔投影式表示时,要注意用“+”交叉的交点表示手性碳原子。费歇尔投影式不能离开纸面旋转(翻转);在纸面上可旋转 180°,不能旋转 90°、270°。

3. 根据费歇尔投影式判断手性碳原子构型的小窍门

根据费歇尔投影式快速判断手性碳原子的构型有一个小窍门:“小上下,同 I 向;小左右,反I 向”。

小窍门的内容是:把手性碳原子所连的四个原子或基团按次序规则排序。例如:

$$\begin{array}{ccc} & a & \\ d & + & b \\ & c & \end{array} \qquad a>b>c>d$$

d 最不优先是指的“小”,d 在费歇尔的投影式的上或下侧时,a、b、c 在纸面上顺时针排列,此手性碳原子为 *R* 型。例如:

$$\begin{array}{ccc} & a & \\ c & + & b \\ & d & \end{array}、\begin{array}{ccc} & c & \\ b & + & a \\ & d & \end{array}、\begin{array}{ccc} & b & \\ a & + & c \\ & d & \end{array}、\begin{array}{ccc} & d & \\ b & + & c \\ & a & \end{array}、\begin{array}{ccc} & d & \\ c & + & a \\ & b & \end{array}$$

等均为 *R* 型。

若 d 在费歇尔投影式的左或右侧时,a、b、c 顺时针排列,此手性碳原子为 *S* 型。例如:

$$\begin{array}{ccc} & a & \\ c & + & d \\ & b & \end{array}、\begin{array}{ccc} & b & \\ a & + & d \\ & c & \end{array}、\begin{array}{ccc} & c & \\ b & + & d \\ & a & \end{array}、\begin{array}{ccc} & a & \\ d & + & b \\ & c & \end{array}、\begin{array}{ccc} & b & \\ d & + & c \\ & a & \end{array}$$

等均为 *S* 型。

4. 手性及异构体数目的判断

含有手性碳原子的化合物不一定有手性(如内消旋体),含有一个手性碳原子的化合物一定有手性。含有 n 个不相同手性碳原子的化合物有 2^n 种光学异构体,有 2^{n-1} 对对映体,可以形成 2^{n-1} 种外消旋体。

习　题

1. 解释下列名词:

(1) 旋光性　　(2) 比旋光度　　(3) 手性碳原子

(4) 手性分子　　(5) 外消旋体　　(6) 内消旋体

2. 下列化合物分子中,如有手性碳原子,请用 * 标出。

(1) $CH_3CH_2CHCH_3CH_2CH_2CH_3$　　(2) $CH_3CH_2CHCH_3CHCH_3CH_2OH$

(3) $CH_3CHClCOOH$　　(4) $CH_3CH_2CHBrCH_2CHBrCH_2CH_3$

(5) CH_2BrCH_2COOH　　(6) $CH_3CHDCHCH_3CH_2CH_3$

(7) $C_2H_5CH{=}CHCHCH_3CH{=}CHC_2H_5$　　(8) $CH_3CHOHCH_2CHClCH_3$

3. 用 *R/S* 构型标记法标记下列化合物分子中每一个手性碳原子的构型。

(1)
Cl
H—┼—Br
CH_3

(2)
Cl
$ClCH_2$—┼—$CH(CH_3)_2$
CH_3

(3)
$CH{=}CH_2$
H—┼—CH_2CH_3
$C{\equiv}CH$

(4)
H
$CH_2{=}CH$—┼—CH_2CH_3
Br

(5)
NH_2
H—┼—COOH
$COOCH_2CH_3$

(6)
CH_3
H—┼—Cl
H—┼—Cl
CH_2CH_3

(7)
CH_3
H—┼—I
H—┼—H
H—┼—I
CH_3

(8)
CH_3
Br—┼—H
H—┼—Br
CH_2CH_3

4. 下列化合物,哪些是相同的?哪些是对映体?

(1)
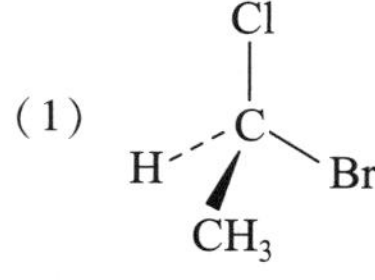

(2) CH_3 在上,Br、Cl、H 连于 C

(3) Br 在上,H、CH_3、Cl 连于 C

(4) CH_3 在上,H、Cl、Br 连于 C

5. 下列化合物,哪些是相同的?哪些是对映体?

(1)
CHO
HO—┼—H
CH_2OH

(2)
OH
H—┼—CHO
CH_2OH

(3)
CHO
HO—┼—CH_2OH
H

(4)
CHO
$HOCH_2$—┼—H
OH

文本

第八章习题参考答案

6. 写出下列化合物的所有立体异构体的费歇尔投影式,并指出哪些是对映体,哪些是内消旋体。

(1) $CH_3CH_2CHBrCH_2CH_2CH_3$　　(2) $CH_3CHBrCHOHCH_3$

(3) $PhCH(CH_3)—CH(CH_3)Ph$　　(4) $CH_3CHOHCHOHCH_3$

7. 写出分子组成最简单的有旋光性的烷烃的构造式。

8. 旋光化合物 A(C_6H_{10}),能与硝酸银氨溶液生成白色沉淀 B(C_6H_9Ag)。将 A 催化加氢生成 C(C_6H_{14}),C 没有旋光性。试推测 A、B 和 C 的构造式。

第九章　卤代烃

学习目标

1. 了解卤代烃的物理性质及其制备方法；
2. 了解卤代烃的分类；
3. 了解卤代烃亲核取代反应机理；
4. 理解双键的位置对卤原子活性的影响；
5. 掌握卤代烃的分类及命名；
6. 掌握卤代烃的化学性质及其应用。

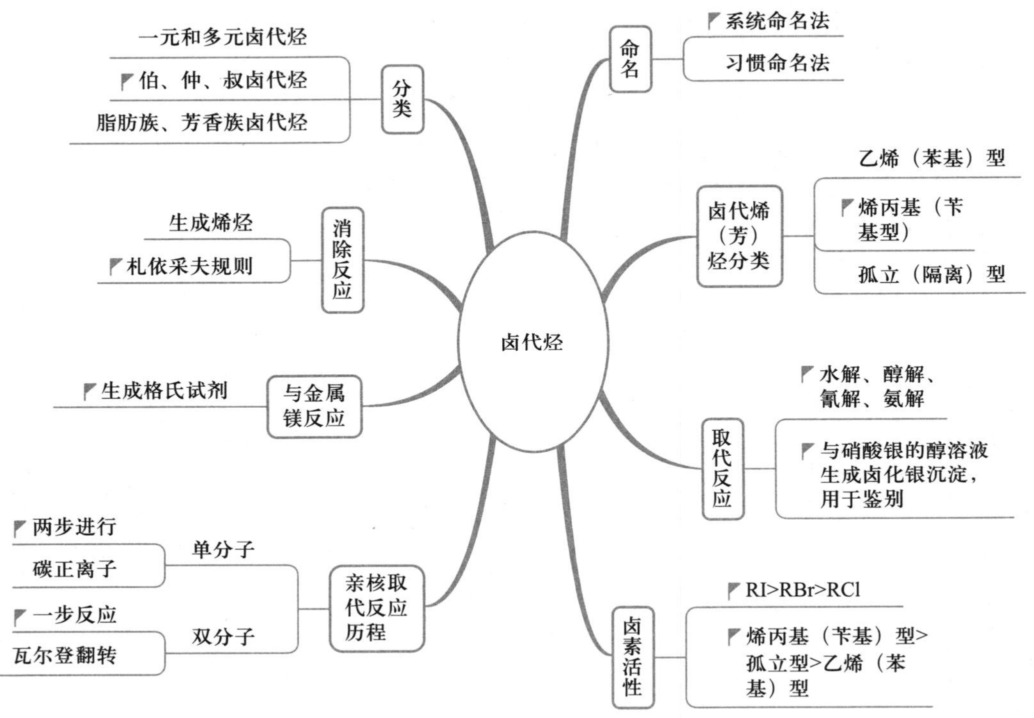

卤代烃
分类
一元和多元卤代烃
伯、仲、叔卤代烃
脂肪族、芳香族卤代烃
消除反应
生成烯烃
札依采夫规则
与金属镁反应
生成格氏试剂
亲核取代反应历程
单分子
两步进行
碳正离子
双分子
一步反应
瓦尔登翻转
命名
系统命名法
习惯命名法
卤代烯（芳）烃分类
乙烯（苯基）型
烯丙基（苄基型）
孤立（隔离）型
取代反应
水解、醇解、氰解、氨解
与硝酸银的醇溶液生成卤化银沉淀，用于鉴别
卤素活性
RI>RBr>RCl
烯丙基（苄基）型>孤立型>乙烯（苯基）型

烃分子中一个或几个氢原子被卤素原子取代生成的化合物,称为卤代烃,简称卤烃。

在卤(氟、氯、溴、碘)代烃中,氟代烃的制备和性质与其他卤代烃有所不同。本章中所讲述的卤代烃的制法和性质,指的仅仅是氯、溴和碘代烃。

由于碘太贵,碘代烃在工业上没有什么重要意义。在工业上最重要的、大规模生产的是氯代烃。凡是用氯代烃可以满足需要的,就不用溴代烃,更不用碘代烃。

在实验室中,溴代烃有它的重要性。由于 C—Br 键的活性比 C—Cl 键大,因此,为了使反应较易进行,实验室中常用溴代烃来合成有机化合物。

第一节　卤代烃的分类和命名

一、卤代烃的分类

1. 根据分子中烃基的不同分类

根据卤代烃分子中烃基结构的不同,可分为以下三种。

(1) 饱和卤代烃　例如:

$(CH_3)_3CCl$　　CH_2BrCH_2Br

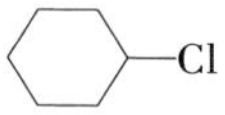

(2) 不饱和卤代烃　例如:

$CH_2{=}CHCl$　　$CH_2{=}CHCH_2Br$　　$CCl_2{=}CCl_2$

(3) 芳香卤代烃　例如:

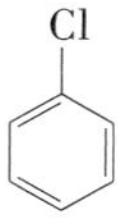

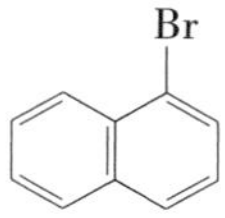

2. 根据分子中与卤原子直接相连的碳原子(即 α-C)的种类不同分类

一元卤代烃分子中与官能团卤原子直接相连的 α-碳原子有三类,由此可把卤代烃分类如下:

(1) 伯(一级,1°)卤代烃　例如 $CH_3CH_2CH_2Cl$。

(2) 仲(二级,2°)卤代烃　例如$(CH_3)_2CHBr$。

(3) 叔(三级,3°)卤代烃　例如$(CH_3)_3CCl$。

3. 根据分子中所含卤原子的数目不同分类

根据分子中所含卤原子的数目分为一卤代烃和多卤代烃。

(1) 一卤代烷　例如 RCH_2X,C_6H_5X 等。一卤代烷通常用 RX 表示。

(2) 多卤代烷　例如 XCH_2CH_2X,$RCHX_2$,CHX_3 等。

二、卤代烃的命名

1. 习惯命名法

简单的卤代烃可根据与卤原子相连的烃基来命名。例如:

C_6H_5—CH_2Br　　$(CH_3)_2CH$—Br　　$(CH_3)_3C$—Cl　　CH_2=CH—CH_2Cl

苄基溴　　异丙基溴　　叔丁基氯　　烯丙基氯

2. 系统命名法

(1) **饱和卤代烃**　饱和卤代烃(卤代烷)以烷烃为母体,卤原子作为取代基;选择包含卤原子所连碳在内的最长碳链作为主链;先按"最低系列"原则将主链编号,然后按次序规则中"较优基团后列出"来命名。例如:

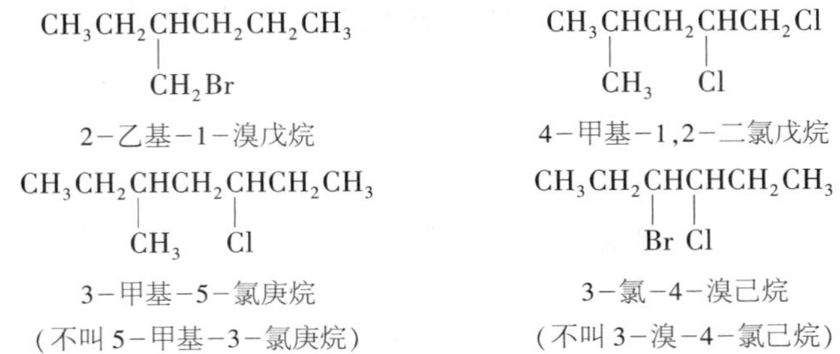

(2) **不饱和卤代烃**　不饱和卤代烃应选择含有不饱和键和与卤原子相连碳原子都在内的最长碳链作为主链,从靠近不饱和键的一端开始将主链编号,以烯或炔为母体来命名。例如:

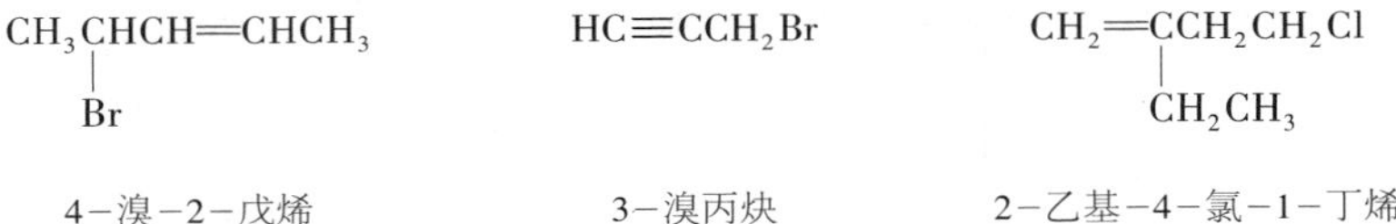

(3) **卤代芳烃**　当卤原子直接连在芳环上时,以芳烃为母体,卤原子作为取代基来命名。例如:

当卤原子连在芳环侧链上时,则以脂肪烃为母体,芳基和卤原子都作为取代基来命名。例如:

$C_6H_5CH_2Cl$　　$CH_3CH(C_6H_5)CH_2CH_2Br$

苯(基)氯甲烷　　3-苯基-1-溴丁烷

(苄基氯)

练一练 1

命名下列化合物：

(1) $(CH_3)_3CCH_2Br$　　(2) $CH_3CCl_2CH_2CH_2CH_3$

(3) $CH_3(CH_2)_3CHBrCHClCHF_2$　　(4) $CH_3CH_2C(CH_3)_2Cl$

(5)  $BrCH_2CH_2CHClC(CH_3)_3$　　(6)

练一练 2

写出下列化合物的构造式：

(1) 1-间乙苯基-3-溴戊烷　　(2) 1-苯基-4-溴-1-丁烯

(3) 1-苯基-1-溴乙烷　　(4) 1-对甲苯基-2-氯丁烷

文本

练一练 1 和 2 参考答案

*第二节　卤代烃的制备

一、烃的卤代

1. 烷烃的卤代

在光照或加热条件下，烷烃可以和卤素（Cl_2 或 Br_2）发生取代反应，生成卤代烷。例如：

$$\underset{(过量)}{CH_4+4Cl_2} \xrightarrow{350\sim400\ ℃} \underset{(96\%)}{CCl_4+4HCl}$$

2. 烯烃 α-H 被卤原子取代

烯丙基型的化合物，在高温下可发生 α-H 的卤代反应，是制备不饱和卤代烃的重要方法。例如：

$$CH_2{=}CH{-}CH_3 + Cl_2 \xrightarrow{500\ ℃} CH_2{=}CH{-}CH_2Cl + HCl$$

$$环己烯 + Cl_2 \xrightarrow{高温} 3-氯环己烯(—Cl) + HCl$$

3. 芳烃的卤代

在不同的反应条件下，可在芳烃的芳环或侧链上引入卤原子。例如：

$$2\ 甲苯(CH_3) + 2Cl_2 \xrightarrow{FeCl_3} 邻氯甲苯(CH_3,\ Cl) + 对氯甲苯(CH_3,\ Cl) + 2HCl$$

$$\text{C}_6\text{H}_5\text{CH}_2\text{CH}_3 + Cl_2 \xrightarrow{\text{光}} \text{C}_6\text{H}_5\text{CHClCH}_3 + HCl$$

二、不饱和烃与卤素或卤化氢加成

烯烃或炔烃与卤素或卤化氢加成,可以制得一卤代烃或多卤代烃。例如:

$$CH_2{=}CH{-}CH_3 + Cl_2 \xrightarrow{CCl_4} CH_2Cl{-}CHCl{-}CH_3$$

$$CH_2{=}CH{-}CH_3 + HBr \longrightarrow CH_3{-}CHBr{-}CH_3$$

三、芳环上的氯甲基化

在催化剂无水氯化锌的作用下,芳烃与干燥的甲醛[通常用三聚甲醛$(CH_2O)_3$代替]和干燥的氯化氢反应,结果是苯环上的氢原子被氯甲基($-CH_2Cl$)取代——**氯甲基化**。例如:

$$\text{C}_6\text{H}_6 + \frac{1}{3}(CH_2O)_3 + HCl \xrightarrow[\text{约 60 ℃}]{\text{无水 }ZnCl_2} \underset{(79\%)}{\text{C}_6\text{H}_5CH_2Cl} + H_2O$$

这个反应与傅-克烷基化反应相似,也是苯环上的亲电取代。

苯、甲苯、乙苯、二甲苯等都可以发生这个反应。但是,当苯环上带有强的钝化苯环的取代基(例如硝基)时,则不能发生氯甲基化反应。

$Ar{-}CH_2{-}Cl$ 容易发生水解、醇解、氰解和氨解等反应,所以芳烃的氯甲基化对于在苯环侧链 α-碳原子上引入官能团具有重要的意义。

四、以醇为原料制备

醇(ROH)与氢卤酸、三卤化磷、亚硫酰氯反应生成卤代烃(RX)(详见第十章)。这是实验室中制备卤代烃常用的一种方法。

文本

练一练 3
参考答案

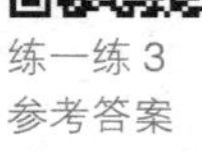

练一练 3

从指定原料合成指定化合物:

(1) 从丙烯合成 1,2,3-三氯丙烷

(2) 从苯和丙烯合成 2-苯基-2-氯丙烷

第三节　卤代烃的物理性质

在室温下,只有少数低级卤代烃是气体,例如氯甲烷、溴甲烷、氯乙烷、氯乙烯等。其

它常见的卤代烃大多是液体。纯净的卤代烷多数是无色的。溴代烷和碘代烷对光较敏感,光照下能缓慢地分解出游离卤素而分别带棕黄色和紫色。

卤代烃不溶于水。但是,它们彼此可以相互混溶,也能溶于醇、醚、烃类等有机溶剂中。有些卤代烃本身就是有机溶剂。多氯代烷和多氯代烯可用作干洗剂。

卤代烃的沸点随相对分子质量的增加而升高。烃基相同而卤素原子不同的卤代烃中,碘代烃的沸点最高,溴代烃、氯代烃、氟代烃依次降低。直链卤代烃的沸点高于含相同碳原子数的支链卤代烃同分异构体的沸点。这与烷烃类似。此外,氯代烷、溴代烷、碘代烷与相对分子质量相近的烷烃的沸点相近。一氟代烷和一氯代烷的相对密度小于 1,一溴代烷和一碘代烷以及多卤代烷和卤代芳烃的相对密度都大于 1。此物理性质常用于卤代烃的分离、提纯。表 9-1 给出常见卤代烃的一些物理常数。

表 9-1 卤代烃的一些物理常数

R—	—F		—Cl		—Br		—I	
	沸点/℃	相对密度	沸点/℃	相对密度	沸点/℃	相对密度	沸点/℃	相对密度
CH_3—	-78.4	0.84^{-60}	-23.8	0.92^{20}	36	1.73^{0}	42.5	2.28^{20}
CH_3CH_2—	-37.7	0.72^{20}	13.1	0.91^{15}	38.4	1.46^{20}	72	1.95^{20}
$CH_3CH_2CH_2$—	+2.5	0.78^{-3}	46.6	0.89^{20}	70.8	1.35^{20}	102	1.74^{20}
$(CH_3)_2CH$—	-9.4	0.72^{20}	34	0.86^{20}	59.4	1.31^{20}	89.4	1.70^{20}
$CH_3(CH_2)_3$—	32	0.78^{20}	78.4	0.89^{20}	101	1.27^{20}	130	1.61^{20}
$CH_3CH_2CH(CH_3)$—			68	0.87^{20}	91.2	1.26^{20}	120	1.60^{20}
$(CH_3)_2CHCH_2$—			69	0.87^{20}	91	1.26^{20}	119	1.60^{20}
$(CH_3)_3C$—	12	0.75^{12}	51	0.84^{20}	73.3	1.22^{20}	100(分解)	1.57^{0}
$CH_3(CH_2)_4$—	62	0.79^{20}	108.2	0.88^{20}	129.6	1.22^{20}	150^{740}	1.52^{20}
$(CH_3)_3CCH_2$—			84.4	0.87^{20}	105	1.20^{20}	127(分解)	1.53^{13}
$CH_2{=}CH$—	-72	0.68^{26}	-13.9	0.91^{20}	16	1.52^{14}	56	2.04^{20}
$CH_2{=}CHCH_2$—	-3		45	0.94^{20}	70	1.40^{20}	102~103	1.84^{22}
C_6H_5—	85	1.02^{20}	132	1.10^{20}	155	1.52^{20}	189	1.82^{20}
$C_6H_5CH_2$—	140	1.02^{-5}	179	1.10^{25}	201	1.44^{20}	93^{10}	1.73^{25}

在有机分子中引入氯原子或溴原子可减弱其可燃性,增强其不燃性,这是一般规律。某些含氯、含溴的有机化合物是很好的灭火剂和阻燃剂。例如,二氟二溴甲烷、三氟一溴甲烷可用作灭火剂,它们比四氯化碳安全。氯化石蜡(C_{10}~C_{30}直链烷烃氯代衍生物的统

称，一般产品含氯量为 40% ~ 70%）是树脂和橡胶的阻燃剂。六溴苯、十溴二苯醚等是高分子材料的阻燃剂。卤代烷有毒，使用时需注意安全。

文本

练一练 4
参考答案

> **练一练 4**
>
> 下列各对化合物，哪一种沸点较高？
>
> （1）正丙基溴和异丙基溴　　（2）正丁基溴和叔丁基溴
>
> （3）正丁基溴和异丁基溴　　（4）正戊基碘和正戊基氯

第四节　卤代烷的化学性质

卤原子是卤代烷的官能团。由于卤原子的电负性较大，C—X 为极性共价键，电子云分布为 $\overset{\delta+}{C}—\overset{\delta-}{X}$。又由于 $X^{\delta-}$ 比 $C^{\delta+}$ 更为稳定，在与其他物质发生反应时，往往是 $C^{\delta+}$ 被亲核试剂进攻而发生亲核取代反应。

反应时，卤代烷的活性顺序是碘代烷>溴代烷>氯代烷。

一、取代反应

1. 水解（生成醇）

卤代烷不溶或微溶于水，水解很慢，为了加速水解反应，通常采用强碱水溶液。例如，伯卤代烷与稀氢氧化钠水溶液反应时，主要发生取代反应生成醇。

$$CH_3CH_2CH_2CH_2—Br+NaOH \xrightarrow[\text{回流}]{H_2O} \underset{\text{正丁醇}}{CH_3CH_2CH_2CH_2—OH}+NaBr$$

2. 醇解（生成醚）

卤代烷与醇钠在相应的醇中反应，卤原子被烷氧基（RO—）取代生成醚，此反应称为卤代烷的醇解。例如：

$$CH_3CH_2CH_2CH_2—Br+\underset{\text{乙醇钠}}{CH_3CH_2ONa} \xrightarrow[\text{回流}]{CH_3CH_2OH} \underset{\text{乙（基）正丁（基）醚}}{CH_3CH_2CH_2CH_2—O—CH_2CH_3}+NaBr$$

这是制备醚，特别是制备 R—O—R′类型的醚最常用的一种方法。

3. 氰解（生成腈）

伯卤代烷与氰化钠主要发生取代反应生成腈，称为卤代烷的氰解。例如：

$$CH_3CH_2CH_2CH_2—Br+NaCN \xrightarrow[\text{回流}]{\text{水－乙醇}} \underset{\text{正戊腈}}{CH_3CH_2CH_2CH_2—CN}+NaBr$$

由卤代烷转变成为腈时，分子中增加了一个碳原子。在有机合成上，这是增长碳链常用的一种方法。此外，这也是制备腈的一种方法。由于—CN 水解生成—COOH、还原生成—CH_2NH_2，所以，这也是从伯卤代烷制备羧酸 RCOOH 和胺 RCH_2NH_2 的一种方法。但氰化钠剧毒，故用时应按规定要求做。

4. 氨解（生成胺）

伯卤代烷与氨主要发生取代反应生成胺，称为卤代烷的氨解。伯卤代烷与过量的氨反应生成伯胺。例如：

$$\underset{}{CH_3CH_2CH_2CH_2—Br} + \underset{\text{(过量)}}{2NH_3} \longrightarrow \underset{\text{正丁胺(伯胺)}}{CH_3CH_2CH_2CH_2—NH_2} + NH_4Br$$

工业上用这个反应制备伯胺。

如果不是伯卤代烷，而是叔卤代烷分别与上述试剂 NaOH、RONa、NaCN 和 NH_3 反应，发生的主要反应则不是取代，而是消除——消除一分子卤化氢生成烯烃。例如：

$$\underset{\text{叔丁基氯}}{(CH_3)_3C—Cl} \xrightarrow[\text{或 NaCN 或 }NH_3]{\text{NaOH 或 RONa}} \underset{\text{异丁烯}}{CH_3—\overset{\displaystyle CH_3}{\overset{|}{C}}{=}CH_2} + HCl$$

如果是仲卤代烷，一般也生成较多的消除产物烯烃。

5. 与硝酸银－乙醇溶液反应（检验卤代烷）

卤代烷与硝酸银－乙醇溶液反应生成卤化银沉淀。

$$R—X + AgNO_3 \xrightarrow{\text{乙醇}} \underset{\text{硝酸烷基酯}}{R—O—NO_2} + AgX\downarrow \qquad (X=Cl、Br 或 I)$$

微课

卤代烃与硝酸银的反应

微视频

卤代烷活性比较

此反应中卤代烷的活性顺序是

叔卤代烷 > 仲卤代烷 > 伯卤代烷

叔卤代烷生成卤化银沉淀最快，一般是立即反应；而伯卤代烷最慢，常常需要加热。这个反应在有机分析上常用来**检验卤代烷**。

6. 与碘化钠－丙酮溶液反应（检验氯代烷和溴代烷）

碘化钠易溶于丙酮，而氯化钠和溴化钠不溶于丙酮，因此在丙酮中氯代烷或溴代烷可与碘化钠反应生成碘代烷和氯化钠或溴化钠沉淀，以利于反应进行。

$$R—X + NaI \xrightarrow{\text{丙酮}} R—I + NaX\downarrow \qquad (X=Cl 或 Br)$$

此反应中卤代烷（氯代烷和溴代烷）的活性顺序是

伯卤代烷 > 仲卤代烷 > 叔卤代烷

此顺序与卤代烷和硝酸银－乙醇溶液的反应的活性顺序正好相反。这个反应除了在实验室中用来制备碘代烷外，在有机分析上还可用来**检验氯代烷和溴代烷**。

二、消除反应

伯卤代烷与强碱的稀水溶液（常用氢氧化钠稀水溶液）共热时，主要发生取代反应生成醇(如前所述)。

而与浓的强碱醇溶液(常用浓氢氧化钾的乙醇溶液,氢氧化钠在乙醇中的溶解度较小)共热时,则主要发生消除反应,消除一分子卤化氢生成烯烃。例如:

$$CH_3CH_2CH_2CH_2—Br + \underset{(浓乙醇溶液)}{KOH} \xrightarrow{\triangle} CH_3CH_2CH═CH_2 + KBr + H_2O$$

这是制备烯烃的一种方法。此反应中卤代烷的活性顺序是

叔卤代烷 > 仲卤代烷 > 伯卤代烷

仲卤代烷或叔卤代烷进行消除时,就可能生成几种不同的烯烃。例如:

$$CH_3—CH_2—\underset{\underset{Br}{|}}{CH}—CH_3 \xrightarrow[\triangle]{KOH,乙醇} \underset{2-丁烯(81\%)}{CH_3—CH═CH—CH_3} + \underset{1-丁烯(19\%)}{CH_3—CH_2—CH═CH_2}$$

$$CH_3—CH_2—\overset{\overset{CH_3}{|}}{\underset{\underset{Br}{|}}{C}}—CH_3 \xrightarrow[\triangle]{KOH,乙醇} \underset{2-甲基-2-丁烯(71\%)}{CH_3—CH═\overset{\overset{CH_3}{|}}{C}—CH_3} + \underset{2-甲基-1-丁烯(29\%)}{CH_3—CH_2—\overset{\overset{CH_3}{|}}{C}═CH_2}$$

通过大量实验证明:卤代烷消除卤化氢时,主要是从含氢较少的β-碳原子上消除氢原子形成烯烃,生成双键碳上连接较多烃基的烯烃,这是一条经验规律,称为**札依采夫**(Saytzeff A M)规则。

知识拓展

卤代烷水解和消除反应的竞争

卤代烷的水解和消除反应都是在碱性条件下进行的,当卤代烷水解时不可避免地会有消除产物生成,而当卤代烷发生消除反应时不可避免地会有水解产物生成,消除和水解(取代)两种反应相互竞争。实验证明:强极性溶剂有利于取代反应,弱极性溶剂有利于消除反应,所以卤代烷在碱性水溶液中主要是水解(取代)反应,在碱性醇溶液中主要是消除反应。

文本

练一练 5
参考答案

练一练 5

写出下列卤代烷与浓 $KOH-C_2H_5OH$ 加热时生成的主要产物。

(1) $(CH_3)_2CHCH_2CH_2Br$　　(2) $CH_3CH_2CHBrCH(CH_3)_2$

三、与金属镁反应(格氏试剂的生成)

卤代烷可以与某些金属(例如锂、镁等)反应,生成金属原子与碳原子直接相连的一类化

合物,称为金属有机化合物。卤代烷与镁反应生成烷基卤化镁,被称为格利雅(Grignard)试剂,简称**格氏试剂**。

$$R—X+Mg \xrightarrow[\text{回流}]{\text{干醚}} \underset{\text{烷基卤化镁}}{R—Mg—X}$$

制备格氏试剂时,卤代烷的活性顺序是

碘代烷>溴代烷>氯代烷

碘代烷太贵,氯代烷的活性较小,所以,实验室中一般是用溴代烷来制备格氏试剂。反应产率很高。例如:

$$CH_3CH_2Br+Mg \xrightarrow[\text{回流}]{\text{干醚}} \underset{\text{乙基溴化镁(97\%)}}{CH_3CH_2MgBr}$$

除乙醚以外,四氢呋喃及其他干醚也可作为反应溶剂,得到的格氏试剂不用分离即可以用于各种合成反应。

格氏试剂中 C—Mg 键是强的极性共价键,很容易与含活泼氢的化合物作用生成相应的烷烃,易被空气中的氧气氧化,因此,制备格氏试剂时要用干醚,最好在氮气保护下进行。

$$RMgX \begin{cases} \xrightarrow{H—OH} R—H+Mg(OH)X \\ \xrightarrow{H—OR} R—H+Mg(OR)X \\ \xrightarrow{H—NH_2} R—H+Mg(NH_2)X \\ \xrightarrow{HX} R—H+MgX_2 \end{cases}$$

$$R—MgX+O_2 \longrightarrow R—O—O—MgX$$

$$R—O—O—MgX+R—MgX \longrightarrow 2R—O—MgX$$

格氏试剂作为亲核试剂,在有机合成上有突出的重要性,这些反应将在以后相应的章节中介绍。

练一练 6

下列化合物可否用来制备格氏试剂?为什么?

(1) $HOCH_2CH_2Br$　　(2) $CH_3OCH_2CH_2Br$

文本

练一练 6 参考答案

*第五节　亲核取代反应机理

卤代烷的取代:水解、醇解、氰解和氨解等都是亲核取代。例如,溴乙烷的碱性水解:

$$H\bar{O}:CH_3\overset{\delta+}{C}H_2:\overset{\delta-}{Br} \longrightarrow CH_3CH_2:OH+:Br^-$$

在溴乙烷分子中，碳溴键是极性键。$:OH^-$是亲核试剂，反应时用它的孤对电子进攻溴乙烷分子中带有部分正电荷的 α-C 原子，结果是—OH 基取代了—Br 生成 $CH_3CH_2:OH$，—Br 则带着 C:Br 间的共有电子对离去，生成$:Br^-$。所以，这类由亲核试剂进攻而发生的取代反应叫作亲核取代。亲核取代通常用 S_N 表示，S(substitution)表示“取代”，N(nucleophilic)表示“亲核的”。

微课

双分子亲核取代反应

不同结构的卤代烷，其亲核取代反应的难易与反应历程有关。大量的实验表明，S_N 反应有两种不同的反应机理：双分子亲核取代机理 S_N2 和单分子亲核取代机理 S_N1。

一、双分子亲核取代机理(S_N2)

1. S_N2 反应的历程

在乙醇-水溶液(80%乙醇-20%水，体积比)中[①]，溴甲烷与 $HO:^-$(NaOH 或 KOH)的反应是 S_N2 机理。

$$HO:^- + CH_3—Br \longrightarrow HO—CH_3 + :Br^-$$

图 9-1 表示溴甲烷碱性水解的 S_N2 机理。

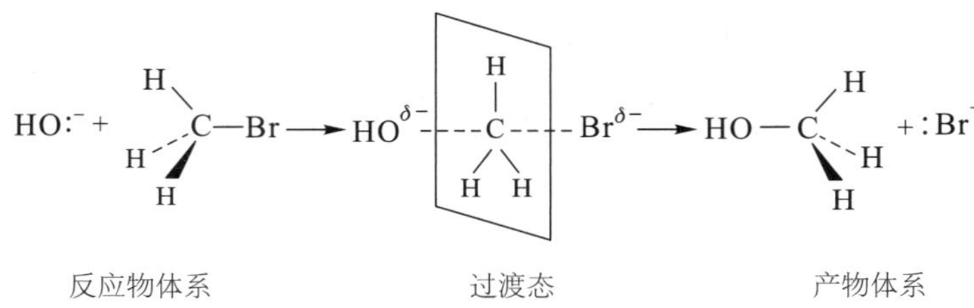

图 9-1 溴甲烷碱性水解的 S_N2 机理

动画

S_N2 反应的历程

在反应中，由于 Br 原子带微量的负电荷，因此进攻基团 $HO:^-$ 从 Br 原子的背面沿着 C—Br 键的轴进攻 α-碳原子，在逐渐接近的过程中，HO—C 间的共价键部分地形成，C—Br 共价键逐渐拉长和变弱，但并没有完全断开。当体系处于碳氧键尚未完全形成，碳溴键也未完全断裂的状态时，称为“过渡态”(过渡态的碳氧键和碳卤键均以虚线表示)，此时体系能量最高，不稳定，也不能分离出来。随着反应继续进行，碳溴键断裂的同时碳氧键形成。

动画

瓦尔登翻转

2. S_N2 反应的特点

这类反应的特点是旧键的断裂和新键的形成几乎是同时进行的，反应是一步完成的，反应的速率取决于卤代烷与碱两种反应物的浓度，因此叫双分子亲核取代反应。反应过程中能量最高的是过渡态，α-C 原子的杂化状态是 sp^2，卤原子相同的不同卤代烷反应活性的大小取决于其过渡态是否容易形成，取决于过渡态能量的高低，即取决于与 α-C 直接相连的原子或基团的空间位阻等因素，因此，不同结构的卤代烷按 S_N2 历程进行取代反应时，活性次序为

卤代甲烷>伯卤代烷>仲卤代烷>叔卤代烷

---

① 水中加入大量乙醇是为了使溴甲烷溶解。

同时，由于 S_N2 机理是亲核试剂 HO^- 沿着 CH_3Br 分子中 C—Br 键键轴的延长线，从 C—Br 键的背面进攻碳原子，这就必然导致构型翻转，就像伞被大风吹翻转一样，这种转化过程，称为**瓦尔登翻转**。

二、单分子亲核取代机理（S_N1）

1. S_N1 反应的历程

在乙醇－水溶液（80%乙醇－20%水，体积比）中，叔丁基溴与 $:OH^-$ 的反应是 S_N1 机理。

$$\underset{\text{叔丁基溴}}{(CH_3)_3C—Br} + :OH^- \longrightarrow \underset{\text{叔丁醇}}{(CH_3)_3C—OH} + :Br^-$$

与 S_N2 不同，S_N1 是分步进行的反应：

$$\text{第一步}\quad (CH_3)_3C—Br \xrightleftharpoons{\text{慢}} \underset{\text{叔丁基正离子}}{(CH_3)_3C^+} + :Br^-$$

$$\text{第二步}\quad (CH_3)_3C^+ + :OH^- \xrightleftharpoons{\text{快}} (CH_3)_3C—OH$$

第一步是叔丁基溴解离为叔丁基碳正离子和溴负离子。碳正离子性质活泼，一旦生成即进行第二步反应，碳正离子与 $:OH^-$ 结合生成产物。

由于第一步是将极性 C—Br 键异裂为离子，既需要能量高反应速率也慢，是决定整个反应速率的一步。由于这一步的反应物只有卤代烷一种，因此整个反应的速率只与卤代烷的浓度有关，与亲核试剂的浓度无关，称单分子亲核取代反应，简写为 S_N1 反应。

2. S_N1 反应的特点

S_N1 反应的特点是反应分两步进行，第一步生成碳正离子，是定速步骤；反应的速率只与卤代烷有关。卤原子相同不同烷基的卤代烷反应的速率取决于其形成的碳正离子的稳定性，因此不同烷烃的活性次序为

叔卤代烷>仲卤代烷>伯卤代烷>甲基卤代烷

知识拓展

S_N1 与 S_N2 同时发生相互竞争

通常情况下，S_N1 和 S_N2 机理总是同时存在并且相互竞争，只是伯卤代烷主要按 S_N2 机理进行，叔卤代烷主要按 S_N1 机理进行，仲卤代烷既按 S_N1 又按 S_N2 两种机理进行反应。

练一练 7

$CH_3CH_2CH_2Cl$ 和 $CH_3CH_2CH_2I$ 的碱性水解，哪一个反应较快？为什么？

微课

单分子亲核取代

动画

S_N1 反应的历程

文本

练一练 7 参考答案

第六节　卤代烯烃和卤代芳烃

一、卤代烯烃与卤代芳烃的分类

根据卤原子和双键(或芳环)的相对位置,可把卤代烯烃和卤代芳烃分为下列三类。

1. 乙烯基型和苯基型卤代烃

卤原子直接连在双键碳上(或芳环上)的卤代烃属于乙烯基型或苯基型卤代烃。例如:

$CH_2{=}CH{-}Cl$　　氯乙烯或乙烯基氯

$C_6H_5{-}Cl$　　氯苯或苯基氯

在乙烯基型和苯基型卤代烃中,以氯乙烯、氯苯为例,氯原子 p 轨道上的未共用电子对与氯乙烯分子中的 π 键或氯苯分子中的大 π 键发生共轭,形成包括氯原子在内的 p−π 共轭体系。如图 9−2 所示。

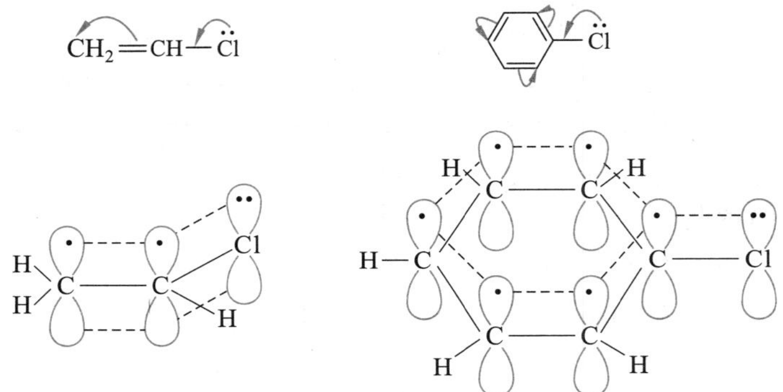

图 9−2　氯乙烯与氯苯分子中的 σ 键和共轭 π 键

p−π 共轭的结果,使氯原子上的电子云向双键或苯环移动,由于 C—Cl 键之间的电子云密度增大,使 C—Cl 键缩短,键能增加,因此氯乙烯或氯苯中的氯原子活泼性较低。例如,它们不与 $AgNO_3$ 的乙醇溶液反应,也不与 NaI 的丙酮溶液反应。

2. 烯丙基型和苄基型卤代烃

卤原子与碳碳双键(或芳环)相隔一个饱和碳原子的卤代烃属于烯丙基型或苄基型卤代烃。例如:

$CH_2{=}CH{-}CH_2{-}Cl$　　烯丙基氯

$C_6H_5{-}CH_2{-}Cl$　　苄基氯

烯丙基型卤代烃中的卤原子非常活泼,很容易发生亲核取代反应,一般比叔卤代烃中卤原子的活性还要高。在室温下即能与 NaOH、NaOR、NaCN、NH_3 及 $AgNO_3$ 的醇溶液等试剂发生反应。例如：

$$CH_2{=}CHCH_2Cl + AgNO_3 \xrightarrow{醇} AgCl\downarrow + CH_2{=}CHCH_2ONO_2$$

硝酸烯丙酯

烯丙基氯中氯原子的这种活泼性是由于失去 Cl^- 后，生成了稳定的烯丙基正离子。该正离子中带正电荷的碳原子是 sp^2 杂化，它的空 p 轨道与 C═C 双键的 π 轨道形成缺电子共轭体系 π_3^2，使得正电荷不再集中在原来与氯相连的碳原子上，而是得到共轭体系的分散。如图 9－3所示。

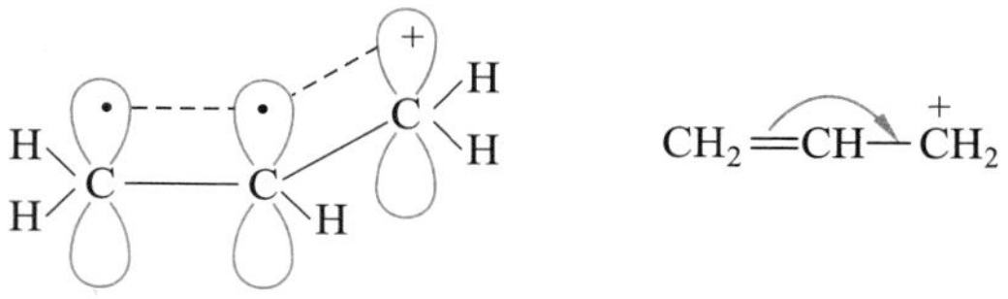

图 9－3　烯丙基正离子中的 σ 键和共轭 π 键

从而降低了烯丙基正离子的内能，稳定性增强，越稳定的碳正离子越容易生成，这是烯丙基型卤代烃中氯原子比较活泼的原因。

苄基氯中的氯原子与烯丙基氯中的氯原子相似，也比较活泼。例如：

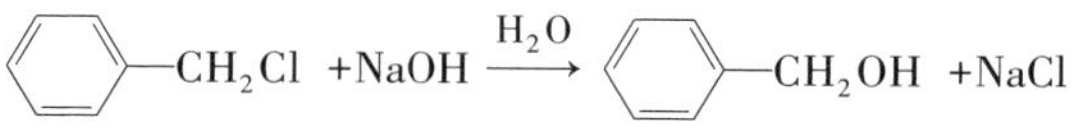

$$C_6H_5{-}CH_2Cl + NaOH \xrightarrow{H_2O} C_6H_5{-}CH_2OH + NaCl$$

苄基氯中的氯原子活泼是由于氯原子离去后生成了稳定的苄基正离子。由于碳正离子的空 p 轨道与苯环的 π 轨道形成了 p－π 共轭，使正电荷在 π_7^6 上得以分散，从而降低了苄基正离子的内能，使苄基正离子稳定性增强。如图 9－4 所示。

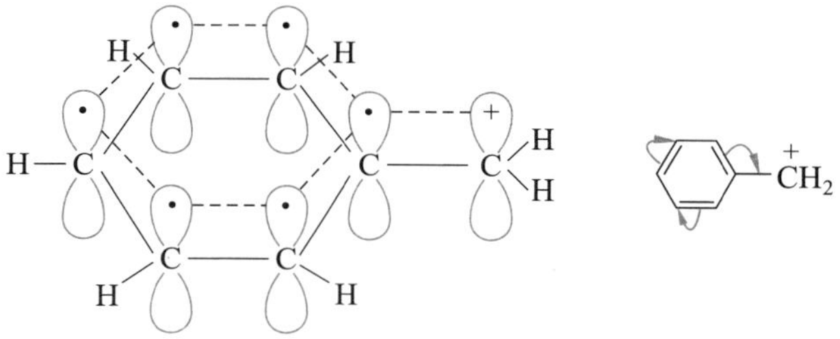

图 9－4　苄基正离子的共轭 π 键

3. 孤立型卤代烯烃

卤原子与双键（或芳环）上的碳相隔两个或两个以上的碳原子，称为孤立型卤代烯烃。例如：

$CH_2{=}CH{-}CH_2CH_2Cl$　　4－氯－1－丁烯

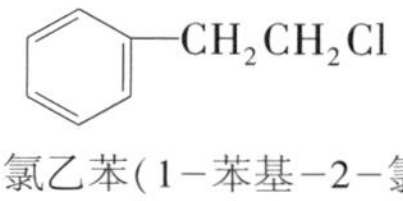

$C_6H_5{-}CH_2CH_2Cl$　　β－氯乙苯（1－苯基－2－氯乙烷）

由于两个官能团相距较远，两者之间的相互影响较弱；所以孤立型卤代烃中卤原子的活性与卤代烷中的卤原子相似。

常温下，卤代烯烃中，氯乙烯、溴乙烯为气体，其余多为液体，高级的为固体。

卤代芳烃大多为有香味的液体，苄基卤有催泪性。卤代芳烃相对密度都大于 1，不溶于水，易溶于有机溶剂。

二、卤代烯烃或卤代芳烃中卤原子的活性比较

由以上分析可知各类卤代烃中卤原子的反应活性差别很大。烯丙基型和苄基型卤代烃最活泼，在室温下，它们与硝酸银的醇溶液迅速生成卤化银沉淀；孤立型卤代烃与卤代烷反应活性相似；而乙烯型和苯型卤代烃最不活泼，与硝酸银醇溶液作用时，即使加热也不能生成卤代银沉淀。

各种卤代烃反应活性如下：

$$CH_2{=}CHCH_2X > CH_2{=}CH(CH_2)_nCH_2X > CH_2{=}CHX$$

$$C_6H_5{-}CH_2X > C_6H_5{-}(CH_2)_nCH_2X > C_6H_5{-}X$$

练一练 8

对于亲核取代反应，$C_6H_5{-}Cl$ 的活性比 $C_6H_{11}{-}Cl$ 小，为什么？

练一练 9

对于亲核取代反应，$C_6H_5{-}CH_2{-}Cl$ 的活性比 $C_6H_{11}{-}CH_2{-}Cl$ 大，为什么？

练一练 10

用简单的化学方法区别下列各组化合物：

（1）$C_6H_5{-}Br$ 和 $C_6H_5{-}CH_2Br$

（2）$CH_3(CH_2)_3CH{=}CH{-}Cl$ 和 $C_6H_5{-}Cl$

阅读材料

塑料之王——聚四氟乙烯

聚四氟乙烯是白色或淡灰色固体，平均相对分子质量可达 400 万到 1 000 万。具有优良的耐热和耐冷性能，可以在 -200~+300 ℃温度范围内使用。化学稳定性超过其他塑料，无论强酸、强碱、强氧化剂，甚至“王水”，都不与聚四氟乙烯发生反应。聚四氟乙烯也不溶于任何溶剂，摩擦系数小，机械强度高，又有良好的电绝缘性，故有“塑料王”之称，商品名称为“特氟隆”。近年来，随着原子能、超音速飞机、火箭、导弹等技术发展的需要，聚四氟乙烯的产量在不断地增加。

“塑料王”可由四氟乙烯聚合制得。

四氟乙烯是无色无臭的气体，沸点 -76.3 ℃，不溶于水，而溶于有机溶剂。目前广泛采用二氟氯甲烷高温裂解生产四氟乙烯。

$$2CHClF_2 \xrightarrow{600\sim800\ ℃} CF_2{=}CF_2 + 2HCl$$

二氟氯甲烷可由氯仿与干燥的氟化氢在五氯化锑催化剂作用下生成。

$$CHCl_3+2HF \xrightarrow{SbCl_5} CHClF_2+2HCl$$

四氟乙烯可以聚合成聚四氟乙烯。

$$nF_2C{=}CF_2 \xrightarrow[\text{加压}]{(NH_4)_2S_2O_8} \left[F_2C{-}CF_2\right]_n$$

聚四氟乙烯

学习指导

1. 卤代烷的命名

习惯命名法是根据烷基的名称加上卤素的名称而命名。系统命名法把它看作是烷烃的卤代衍生物命名。

2. 不饱和卤代烃的命名

不饱和脂肪族卤代烃的命名是选择含有不饱和键和与卤原子直接相连碳原子在内的最长碳链为主链,从靠近不饱和键的一侧开始对主链碳原子进行编号;卤代芳烃一般以芳烃为母体,卤原子为取代基命名,若芳烃侧链较为复杂,则以侧链烃基为母体,芳环及卤原子作为取代基命名。

3. 卤代烃的性质

(1) 水解(生成醇)

$$R{-}CH_2{-}X+H_2O \xrightarrow{NaOH} R{-}CH_2{-}OH+NaX$$

(2) 醇解(生成醚)

$$R{-}CH_2{-}X+R'ONa \longrightarrow R{-}CH_2{-}O{-}R'+NaX$$

(3) 氰解(生成腈)

$$R{-}CH_2{-}X+NaCN \longrightarrow R{-}CH_2{-}CN+NaX$$

(4) 氨解(生成胺)

$$R{-}CH_2{-}X+NH_3 \longrightarrow R{-}CH_2{-}NH_2+HX$$

(5) 与硝酸银-乙醇溶液反应(检验卤代烷)生成硝酸酯和卤化银

$$R{-}X+AgONO_2 \xrightarrow{\text{乙醇}} R{-}ONO_2+AgX\downarrow$$

卤代烷的活性顺序是

叔卤代烷>仲卤代烷>伯卤代烷

(6) 与碘化钠-丙酮溶液反应(检验氯代烷和溴代烷)

$$R{-}X+NaI \xrightarrow{\text{丙酮}} R{-}I+NaX\downarrow\ (X=Cl、Br)$$

(7) 消除反应(生成烯烃)

$$RCH_2\underset{\displaystyle X}{\underset{|}{C}}HCH_3 \xrightarrow[\triangle]{KOH/乙醇} RCH=CHCH_3+HX$$

(8) 与金属镁反应(生成格氏试剂)

$$RX+Mg \xrightarrow{干醚} RMgX$$

4. 卤代烃的制备

(1) 不饱和烃加成

$$R—CH=CH_2+X_2 \longrightarrow R—\underset{\displaystyle X}{\underset{|}{C}}H—\underset{\displaystyle X}{\underset{|}{C}}H_2$$

$$R—CH=CH_2 \xrightarrow{+HBr} R—\underset{\displaystyle Br}{\underset{|}{C}}H—CH_3$$

$$R—CH=CH_2 \xrightarrow[过氧化物]{+HBr} R—CH_2—CH_2—Br$$

$$CH\equiv CH + X_2 \longrightarrow CHX_2—CHX_2$$

(2) 芳烃的卤化

$$C_6H_6 + X_2 \xrightarrow{FeX_3} C_6H_5X + HX$$

$$C_6H_5CH_3 \xrightarrow[FeCl_3]{Cl_2} o\text{-}ClC_6H_4CH_3 + p\text{-}ClC_6H_4CH_3$$

$$C_6H_5CH_3 \xrightarrow[光照]{Cl_2} C_6H_5CH_2Cl \xrightarrow[光照]{Cl_2} C_6H_5CHCl_2 \xrightarrow[光照]{Cl_2} C_6H_5CCl_3$$

(3) 烯烃 α-H 被卤原子取代

$$CH_3—CH=CH_2 \xrightarrow[500\ ℃]{Cl_2} CH_2Cl—CH=CH_2+HCl$$

5. 卤代烃的鉴别

卤代烃与 $AgNO_3$ 的乙醇溶液作用,生成硝酸酯和卤化银沉淀,叔卤代烷、烯丙基型、苄基型卤代烃很快有沉淀生成,仲卤代烷次之,伯卤代烷需加热才能有沉淀生成,乙烯基型和苯基型卤代烃加热也无沉淀生成。

6. 卤代烯烃或卤代芳烃中卤原子的活性比较

不同卤代烃卤原子的反应活性为

$$\begin{matrix} RCH=CH—CH_2X \\ PhCH_2X \end{matrix} > \begin{matrix} RCH=CH(CH_2)_nCH_2X \\ C_6H_5(CH_2)_nCH_2X \end{matrix} > \begin{matrix} RCH=CHX \\ C_6H_5X \end{matrix}$$

7. 卤代烷的反应活性比较

$$RI>RBr>RCl$$

习　　题

1. 命名下列化合物：

(1) $(CH_3)_2CHCH_2CH_2Cl$

(2) $(CH_3)_2CHCH_2CCl_2CHBr_2$

(3) $CH_3CH{=}CHCH_2CHBrCH_3$

(4) $(Ph)(Cl)C{=}C(Cl)(Ph)$

(5) $CH_3C{\equiv}CCH(CH_3)CH_2Cl$

(6) CH_3—C_5H_6—Br

(7) C_6H_5—CCl_3

(8) C_6H_5—CH_2CH_2Br

2. 写出下列化合物的构造式：

(1) 烯丙基氯

(2) 叔丁基溴

(3) 仲丁基碘

(4) 氯仿

(5) 4,6,7-三甲基-1-氟萘

(6) 1-溴-1,4-环己二烯

3. 完成下列反应：

(1) $CH_3CH{=}CH_2 \xrightarrow[\text{过氧化物}]{HBr} ? \xrightarrow[\text{干醚}]{Mg} ? \xrightarrow{CH_3CH_2OH} ? + ?$

(2) $CH_3CH_2CH{=}CH_2 \xrightarrow[\text{过氧化物}]{HBr} ? \xrightarrow[\text{乙醇}]{NaCN} ?$

(3) $CH_3{-}CH{=}CH_2 \xrightarrow{Cl_2,>500\ ℃} ? \xrightarrow[\text{丙酮}]{NaI} ?$

(4) $CH_3CH(CH_3){-}CH(Cl)CH_3 \xrightarrow[\triangle]{\text{浓 KOH/乙醇}} ? \xrightarrow{Br_2} ?$

(5) $C_6H_5{-}CH_2{-}CH(Br){-}CH_3 \xrightarrow[\triangle]{\text{浓 KOH/乙醇}} ?$

(6) $ClCH_2CH_2CH_2I+(1\ mol)KCN \xrightarrow[\triangle]{\text{乙醇}} ?$

(7) $C_6H_4(CH{=}CH_2)(CH_2Cl)$ $+KCN \xrightarrow[\triangle]{\text{乙醇}} ?$

(8) $C_6H_5{-}Br + Mg \xrightarrow[\triangle]{\text{干醚}} ?$

(9) $CH_3CH_2CH_2CH_2Br+CH_3CH_2ONa \xrightarrow{\text{无水乙醇}} ?$

4. 比较下列各组化合物的 S_N1 反应活性(按照活性从大到小排列)：

(1) $CH_3CH_2C(CH_3)(Br)CH_3$ (A)，$CH_3CH_2CH_2CH(Br)CH_3$ (B)，$CH_3CH_2CH_2CH_2CH_2Br$ (C)

(2) Cl, CH_3 (A), CH_2Cl (B), CH_2Cl (C)

5. 按照 S_N2 反应活性从大到小的次序,排列下列各组化合物:

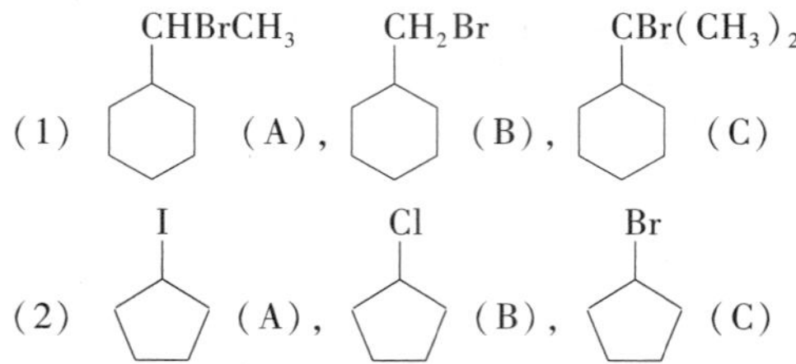

6. 用化学方法区别下列两组化合物:

(1) 正丁基溴,叔丁基溴,仲丁基溴

(2) $CH_3CH=CHCl$, $CH_2=CHCH_2Cl$, $(CH_3)_2CHCl$, $CH_3(CH_2)_4CH_3$

7. 完成下列转变:

(1) $CH_3—CH=CH_2 \longrightarrow CH_2Cl—CHCl—CH_2Cl$

(2) CH_3 $\longrightarrow$ CCl_3, Cl

8. 卤代烃 $A(C_3H_7Br)$ 与热浓 KOH 乙醇溶液作用生成烯烃 $B(C_3H_6)$。氧化 B 得两个碳的酸 C 和 CO_2。B 与 HBr 作用生成 A 的异构体 D。试写出 A、B、C 和 D 的构造式。

9. 某烃 $A(C_4H_8)$,在常温下与 Cl_2 作用生成 $B(C_4H_8Cl_2)$,在高温下则生成 $C(C_4H_7Cl)$。C 与稀 NaOH 水溶液作用生成 $D(C_4H_7OH)$,C 与热浓 KOH 乙醇溶液作用生成 $E(C_4H_6)$。E 能与 H, CO, O, H, CO 反应生成$F(C_8H_8O_3)$。推导 A~F 的构造式。

10. 卤化物 A 的分子式为 $C_6H_{13}I$。用热浓 KOH 乙醇溶液处理后得产物 B。经 $KMnO_4$ 氧化生成 $(CH_3)_2CHCOOH$ 和 CH_3COOH。推测 A、B 的构造式。

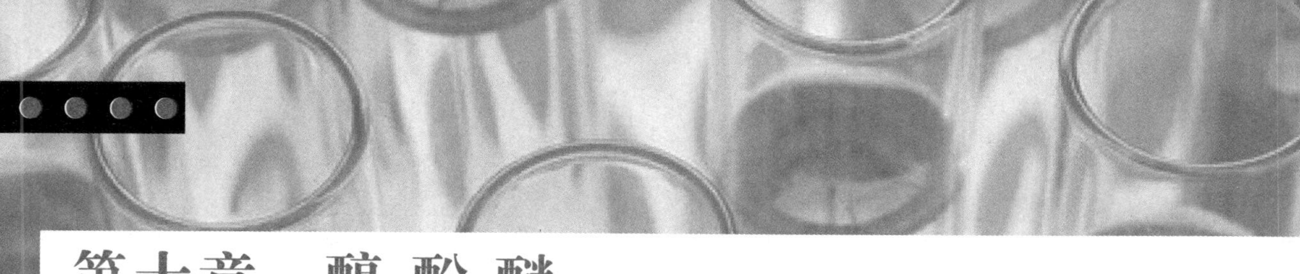

第十章　醇 酚 醚

学习目标

1. 了解醇、酚、醚的物理性质及其制备方法；
2. 了解醇分子间氢键对其物理性质的影响；
3. 理解醇、酚、醚的结构特点及对其性质的影响；
4. 掌握醇、酚、醚的命名；
5. 掌握醇、酚、醚的化学性质及其应用。

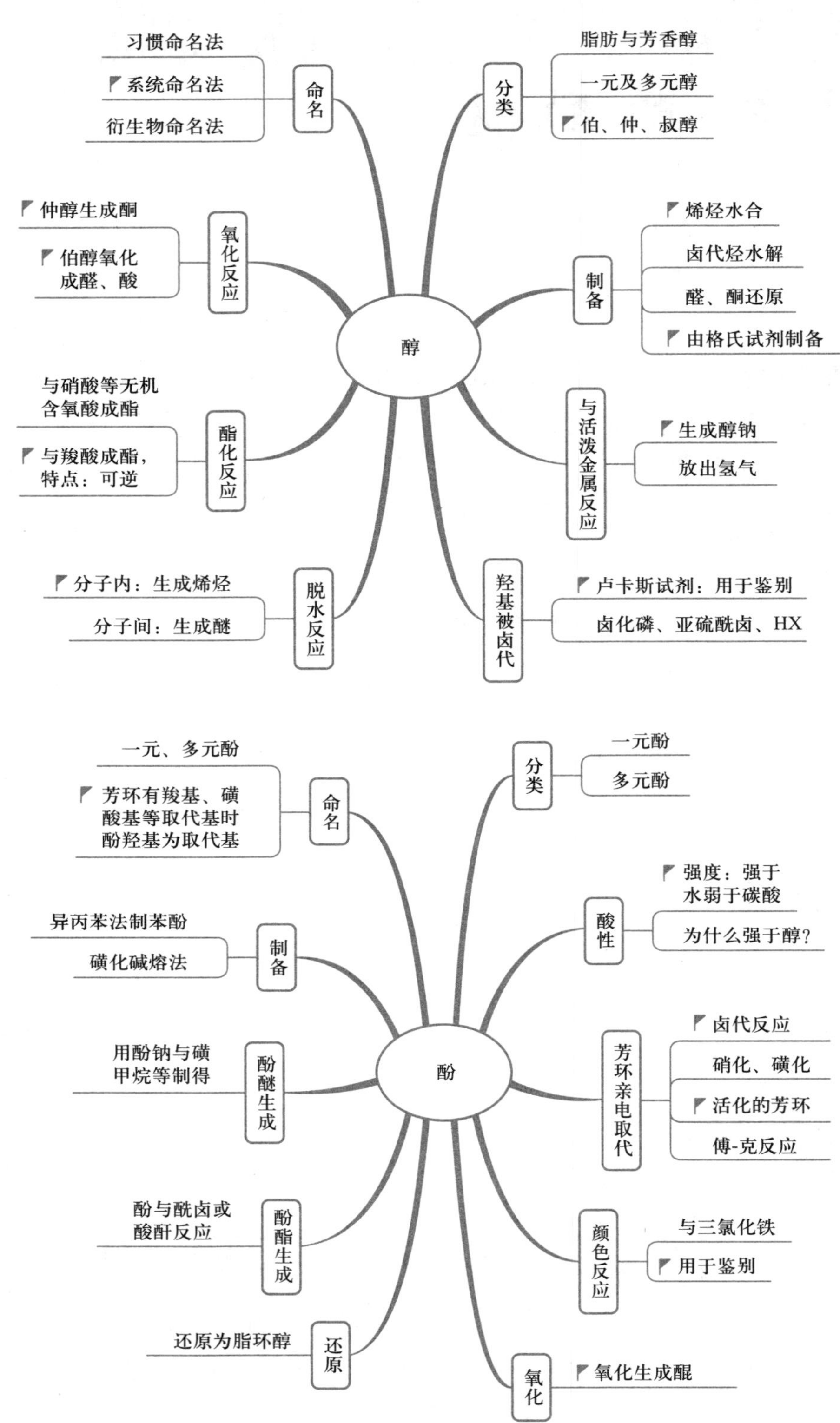
醇
命名
习惯命名法
系统命名法
衍生物命名法
分类
脂肪与芳香醇
一元及多元醇
伯、仲、叔醇
氧化反应
仲醇生成酮
伯醇氧化成醛、酸
制备
烯烃水合
卤代烃水解
醛、酮还原
由格氏试剂制备
酯化反应
与硝酸等无机含氧酸成酯
与羧酸成酯，特点：可逆
与活泼金属反应
生成醇钠
放出氢气
脱水反应
分子内：生成烯烃
分子间：生成醚
羟基被卤代
卢卡斯试剂：用于鉴别
卤化磷、亚硫酰卤、HX
酚
命名
一元、多元酚
芳环有羧基、磺酸基等取代基时酚羟基为取代基
分类
一元酚
多元酚
制备
异丙苯法制苯酚
磺化碱熔法
酸性
强度：强于水弱于碳酸
为什么强于醇？
酚醚生成
用酚钠与磺甲烷等制得
芳环亲电取代
卤代反应
硝化、磺化
活化的芳环
傅-克反应
酚酯生成
酚与酰卤或酸酐反应
颜色反应
与三氯化铁
用于鉴别
还原
还原为脂环醇
氧化
氧化生成醌

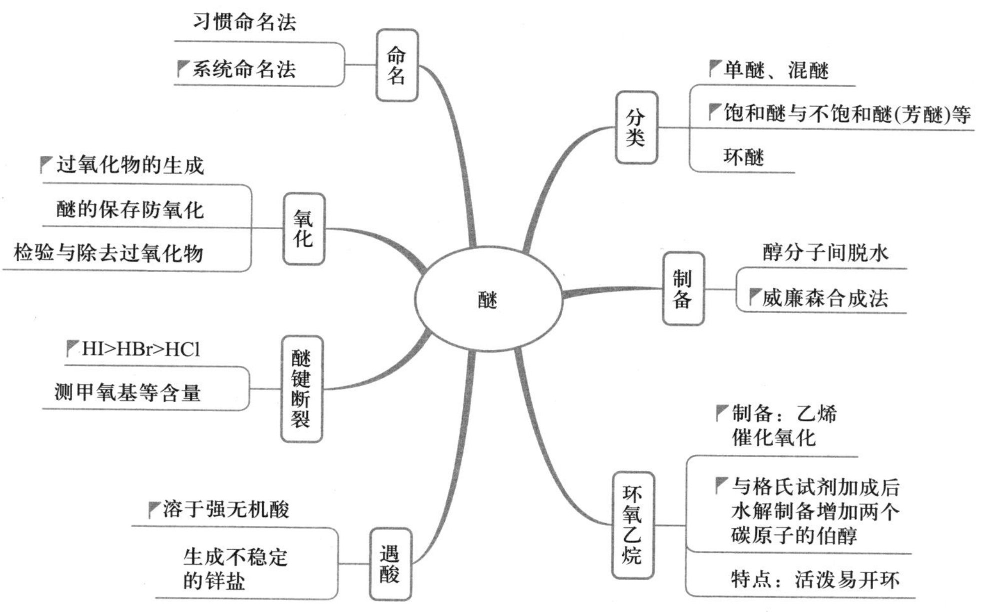
醚
命名
习惯命名法
系统命名法
氧化
过氧化物的生成
醚的保存防氧化
检验与除去过氧化物
醚键断裂
HI>HBr>HCl
测甲氧基等含量
遇酸
溶于强无机酸
生成不稳定
的锌盐
分类
单醚、混醚
饱和醚与不饱和醚(芳醚)等
环醚
制备
醇分子间脱水
威廉森合成法
环氧乙烷
制备：乙烯
催化氧化
与格氏试剂加成后
水解制备增加两个
碳原子的伯醇
特点：活泼易开环

第一节 醇

醇可以看成是烃分子中一个或几个氢原子被羟基(—OH)取代的生成物。一元醇也可以看作是水分子中的一个氢原子被烃基取代的生成物。羟基是醇的官能团。

一、醇的分类与命名

1. 醇的分类

(1) 按分子中烃基的不同,分为脂肪醇、脂环醇和芳醇。又可根据烃基的不饱和程度分为饱和醇和不饱和醇。例如:

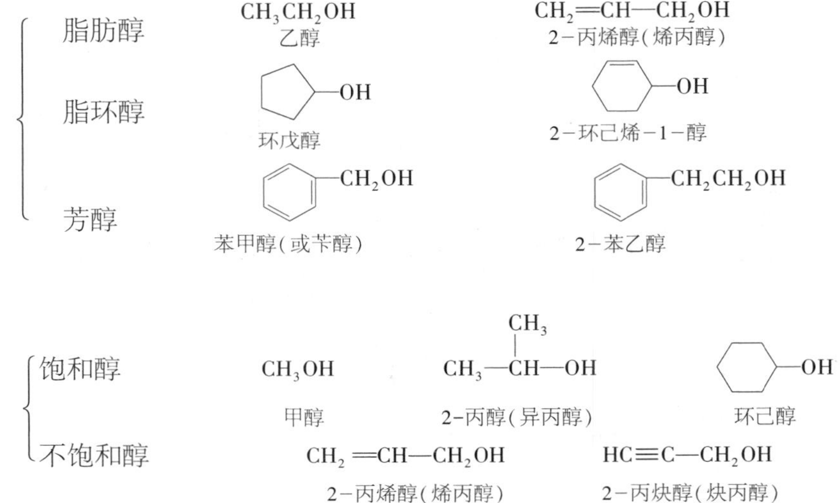

(2) 按羟基所连的碳原子类型的不同,醇分为伯醇、仲醇和叔醇。

一元醇羟基与伯(1°)碳原子相连的醇($RCH_2{-}OH$),是伯(1°)醇;与仲(2°)碳原子相连的醇($R_2CH{-}OH$),是仲(2°)醇;与叔(3°)碳原子相连的醇($R_3C{-}OH$),是叔(3°)醇。

(3) 按分子中所含羟基的数目,醇分为一元醇和多元醇(二元或二元以上的醇)。例如:

$CH_3{-}CH_2{-}OH$ 乙醇

$\underset{\large OH}{CH_2}{-}\underset{\large OH}{CH_2}$ 乙二醇(甘醇)

$\underset{\large OH}{CH_2}{-}\underset{\large OH}{CH}{-}\underset{\large OH}{CH_2}$ 丙三醇(甘油)

$HOH_2C{-}\overset{\large CH_2OH}{\underset{\large CH_2OH}{C}}{-}CH_2OH$ 新戊四醇(季戊四醇)

2. 醇的命名法

(1) 习惯命名法

习惯命名法适用于含碳原子数少的一元醇。命名时,是将与羟基相连的烃基名称放在"醇"的前面。例如:

$CH_3CH_2CH_2CH_2OH$　正丁醇

$CH_3CH(CH_3)CH_2OH$　异丁醇

$CH_3CH(OH)CH_2CH_3$　仲丁醇

$(CH_3)_3C—OH$　叔丁醇

(2) 衍生命名法

衍生命名法是以甲醇为母体,把其他醇看作是甲醇的烃基衍生物。例如:

$(CH_3)_3C—CH_2OH$　叔丁基甲醇

$(C_6H_5)_3C—OH$　三苯基甲醇

衍生命名法常用于构造不太复杂的醇的命名。

(3) 系统命名法

羟基为官能团,以醇为母体命名,其命名分选主键确定母体、编号及写出全称三步进行。

① 选择含有羟基所连碳在内的最长碳链作为主链,支链为取代基;

② 主链碳原子的编号从靠近羟基的一端开始,以主链碳原子的数目称为某醇;

③ 醇名前按次序规则规定的顺序冠以取代基的位次、数目、名称及羟基的位次、数目。

例如:

$\overset{7}{C}H_3—\overset{6}{C}H_2—\overset{5}{C}H(CH_3)—\overset{4}{C}H(CH_2CH_3)—\overset{3}{C}H(Cl)—\overset{2}{C}H(OH)—\overset{1}{C}H_3$

5-甲基-4-乙基-3-氯-2-庚醇

$C_6H_5—\overset{\beta\,2}{C}H_2\overset{\alpha\,1}{C}H_2OH$

2-苯乙醇(β-苯乙醇)

不饱和醇应选择同时含连有羟基碳原子和不饱和键在内的最长碳链作为主链再编号、写出全称。例如:

$CH_3CH_2CH_2\overset{4}{C}H(\overset{5}{C}H{=}\overset{6}{C}H_2)\overset{3}{C}H_2\overset{2}{C}H_2\overset{1}{C}H_2OH$

4-丙基-5-己烯-1-醇

脂环醇则从连有羟基的环碳原子开始编号。例如:

(环己烯环,1 位连 OH,6 位连 CH_2CH_3,2、3 位为双键)

6-乙基-2-环己烯-1-醇

文本

练一练 1
参考答案

练一练 1

写出下列醇的构造式：

(1) 1－苯乙醇(α－苯乙醇)　　(2) 4－甲基－1－己醇

(3) 异丁基仲丁基甲醇　　(4) 2－丁烯－1－醇

*二、醇的制备

1. 烯烃酸催化水合

工业上以烯烃为原料，通过直接或间接水合法可制低级醇。除了乙烯水合可制得伯醇(乙醇)以外，其他烯烃水合的产物是仲醇或叔醇。例如：

$$CH_2{=}CH_2+H_2O \xrightarrow[\text{约 300 ℃，约 7 MPa}]{\text{磷酸－硅藻土}} CH_3CH_2OH$$

$$CH_3CH{=}CH_2+H_2O \xrightarrow[\text{约 250 ℃，4 MPa}]{\text{磷酸－硅藻土}} CH_3\underset{\displaystyle OH}{\underset{|}{C}H}CH_3$$

2. 卤代烃水解

$$R{-}X+H_2O \xrightarrow{OH^-} R{-}OH+HX$$

伯和仲卤代烃水解时常需要碱溶液，叔卤代烃用水就可以水解。水解的主要副反应是消除反应，尤其是叔卤代烃更易发生消除反应。此法应用范围有限，只有在相应的卤代烃容易得到时才有制备意义。例如，从烯丙基氯或苄氯合成烯丙醇或苄醇。

$$CH_2{=}CH{-}CH_2Cl+H_2O \xrightarrow{Na_2CO_3} CH_2{=}CH{-}CH_2OH+HCl$$

$$C_6H_5{-}CH_2Cl + H_2O \xrightarrow[105\ ℃]{12\%\ Na_2CO_3} C_6H_5{-}CH_2OH + HCl$$

3. 醛、酮、羧酸、酯的还原

醛、酮、羧酸和酯分子中都含有羰基，在一定条件下可以还原为醇，醛、酮还原成伯醇和仲醇，羧酸、酯还原为伯醇。既可用催化加氢法(Ni、Pt、Pd 等催化剂)，也可用化学还原剂($NaBH_4$，$LiAlH_4$)还原(具体见醛、酮和羧酸及其衍生物)。

4. 格氏试剂合成

格氏试剂与醛、酮反应的产物再水解，生成伯、仲、叔醇(见醛酮的化学性质)。

文本

练一练 2
参考答案

练一练 2

完成下列反应：

(1) $CH_3CH_2CH_2CH{=}CH_2 \xrightarrow[H_3^+O]{H_2O}$?

(2) CH_3–C_5H_7 $\xrightarrow[H_3O^+]{H_2O}$?

(3) $CH_3CH_2CH_2CH{=}CH_2 \xrightarrow[\text{过氧化物}]{HBr}$? $\xrightarrow[H_2O]{NaOH}$?

三、醇的物理性质

直链饱和一元醇中，C_4 以下的醇为有酒精气味的液体，C_5～C_{11} 的醇为具有不愉快气味的油状液体，C_{12} 以上的醇为无臭无味的蜡状固体。

醇分子中含有羟基，分子间能形成氢键。氢键比一般分子间作用力强得多，它明显地影响醇的物理性质。一些醇的物理常数见表 10-1。

表 10-1　醇的物理常数

名称	熔点/ ℃	沸点/ ℃	d_4^{20}	n_D^{20}	$\frac{溶解度}{g\cdot(100\ g\ 水)^{-1}}$(25 ℃)
甲醇	-97	64.96	0.791 4	1.328 8	∞
乙醇	-114.3	78.5	0.789 3	1.361 1	∞
1-丙醇	-126.5	97.4	0.803 5	1.385 0	∞
1-丁醇	-89.53	117.25	0.809 8	1.399 3	8.00
1-戊醇	-79	137.3	0.817	1.410 1	2.70
1-癸醇	7	231	0.829	—	—
2-丙醇	-89.5	82.4	0.785 5	1.377 6	∞
2-丁醇	-114.7	99.5	0.808	1.397 8	12.5
2-甲基-1-丙醇	-108	108.39	0.802	1.396 8	11.1
2-甲基-2-丙醇	25.5	82.2	0.789	1.387 8	∞
2-戊醇	—	118.9	0.810 3	1.405 3	4.9
2-甲基-1-丁醇	—	128	0.819 3	1.410 2	
2-甲基-2-丁醇	-12	102	0.809	1.405 2	12.15
3-甲基-1-丁醇	-117	131.5	0.812	1.405 3	3
2-丙烯-1-醇	-129	97	0.855		∞
环已醇	25.15	161.5	0.962 4	1.404 1	3.6
苯甲醇	-15.3	205.35	1.041 9	1.539 6	4
乙二醇	-16.5	198	1.13	1.431 8	∞
丙三醇	20	290(分解)	1.261 3	1.474 6	∞

低级醇的沸点比相对分子质量相近的烷烃和卤代烃高得多。例如：

	相对分子质量	沸点/ ℃	
CH_3OH	32	64.95	
CH_3CH_3	30	-88.5	低 153.45 ℃
CH_3CH_2OH	46	78.5	
$CH_3CH_2CH_3$	44	-42	低 120.5 ℃
CH_3Cl	50	-23.8	低 102.3 ℃
$CH_3CH_2CH_2OH$	60	97.4	
$CH_3(CH_2)_2CH_3$	58	0	低 97.4 ℃
CH_3CH_2Cl	64	13.1	低 84.3 ℃

醇分子间通过氢键(用虚线表示)而缔合:

醇分子间的氢键

要使醇达到沸点,除提供克服分子间的范德华力所需能量以外,还需提供破坏氢键所需的能量(氢键键能为 $16\sim33\ kJ\cdot mol^{-1}$)。因此醇的沸点比相应的烷烃和卤代烃都高。形成氢键能力越大,沸点越高,所以多元醇的沸点高于一元醇。然而,醇分子中的烃基对缔合有阻碍作用,烃基越大,位阻越大,故直链饱和一元醇的沸点随相对分子质量增加越来越接近于相应烷烃的沸点(见图 10-1)。碳原子数相同的醇,含支链越多其沸点越低(见表 10-1)。

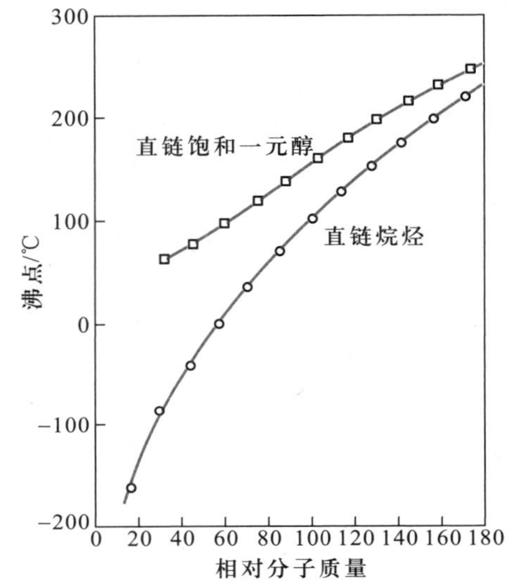

图 10-1　直链烷烃和直链饱和一元醇的沸点曲线

醇在水中的溶解度随分子中碳原子数的增多而下降。$C_1\sim C_3$ 醇能与水混溶,从丁醇开始在水中的溶解度显著降低,C_{10} 以上的醇不溶于水。因为低级醇能与水形成氢键,故能与水混溶。烃基越大,与水形成氢键的能力越弱,使它更类似于烃的性质,在水中的溶解度也就越小,甚至不溶。高级醇不溶于水而溶于烃。相反,低级醇不易溶于烃,如甲醇仅部分溶于正辛烷。多元醇在水中溶解度比一元醇更大。乙二醇、丙三醇等有强烈的吸水性,常用作吸湿剂和助溶剂。

低级醇与水类似,能与某些无机盐类如 $MgCl_2$、$CaCl_2$、$CuSO_4$ 等形成结晶醇络合物,如 $MgCl_2\cdot6CH_3OH$、$CaCl_2\cdot3C_2H_5OH$、$CaCl_2\cdot4CH_3OH$ 等,它们不溶于有机溶剂而溶于水。利用这一性质可使醇与其他化合物分离,或从反应产物中除去醇。也由于这个性质,实验室中干燥低级醇时不能使用无水 $CaCl_2$ 等作为干燥剂。

醇和水分子间的氢键

练一练 3

比较下列各组化合物的沸点：

(1) CH_3CH_2OH， CH_3Cl

(2) CH_3CH_2OH， $CH_2OHCH_2CH_2OH$， $CH_2OHCHOHCH_2OH$

练一练 4

比较下列各组化合物的水溶性：

(1) CH_3CH_2OH， $CH_3(CH_2)_3OH$， CH_3CH_2Cl

(2) $CH_3CH_2CH_2OH$， $CH_3(CH_2)_3CH_3$， CH_3CH_2Br

文本

练一练 3 和 4 参考答案

四、醇的化学性质

醇的化学性质主要由官能团羟基决定。醇分子中 C—O 键与 O—H 键易受试剂进攻而发生反应。α-C 原子上的 H，受羟基的影响也具有一定的活性。因此，醇可以发生三种类型的反应：

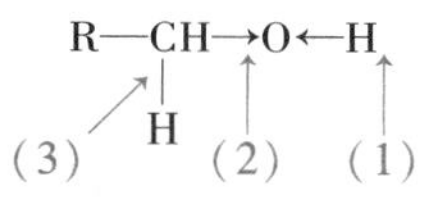

(1) O—H 键断裂，氢原子被取代

(2) C—O 键断裂，羟基被取代

(3) α-H 具有一定的活泼性

微课

乙醇的结构与性质

1. 与活泼金属的反应

醇与水相似，羟基上的氢原子比较活泼，能与活泼金属如钾、钠、镁或铝反应生成氢气和醇金属，但醇的反应要缓和得多。例如：

$$(CH_3)_3COH+K \longrightarrow (CH_3)_3CO^-K^++\frac{1}{2}H_2$$

$$CH_3CH_2OH+Na \longrightarrow CH_3CH_2O^-Na^++\frac{1}{2}H_2$$

醇钠为白色的固体，是离子化合物，化学性质活泼，在有机合成中常被用作碱性催化剂和烷基化试剂。

文本

练一练 5 和 6 参考答案

练一练 5

完成反应：$CH_3OH+Na \longrightarrow ? + ?$

练一练 6

比较 CF_3CH_2OH 和 CH_3CH_2OH 的酸性强弱。

2. 羟基被卤原子取代的反应

(1) 醇与氢卤酸反应

醇与氢卤酸反应是实验室中制备卤代烃的一种方法。

$$R—OH+HX \underset{}{\overset{S_N}{\rightleftharpoons}} R—X+H_2O$$

这个反应是可逆的。如果使一种反应物过量和/或移去一种生成物,可使平衡向右移动,从而提高卤代烃的产量。

氢卤酸的反应活性为:HI>HBr>HCl(HF 通常不起反应);

醇的活性为:烯丙醇、苄醇>叔醇>仲醇>伯醇。

加热醇与浓氢碘酸就可生成碘代烷。溴代烷则要用浓 $HBr+H_2SO_4$(或 $NaBr+H_2SO_4$)加热制得。例如:

$$CH_3CH_2CH_2CH_2OH \xrightarrow[\text{回流}]{NaBr-H_2SO_4} CH_3CH_2CH_2CH_2Br$$

醇与盐酸反应较困难,只有活泼的醇才能起反应,如叔丁醇与过量浓盐酸,室温下在分液漏斗中振摇,即可得到高产率(94%)的叔丁基氯。当与溶有无水氯化锌的浓盐酸加热时,活性较低的伯醇也能反应,生成相应的氯代烷。

浓盐酸与无水氯化锌($ZnCl_2$)配成的溶液称为**卢卡斯(Lucas)试剂**。常温下卢卡斯试剂分别与伯、仲、叔醇作用,叔醇很快发生反应,仲醇反应较慢、伯醇则无变化,需加热后才反应。例如:

微视频

乙醇的溴代反应

$$(CH_3)_3C—OH+HCl \xrightarrow[20\ ℃]{ZnCl_2} (CH_3)_3C—Cl+H_2O \quad (\text{立即反应})$$

$$\underset{\displaystyle\qquad\quad |\atop \displaystyle\qquad\quad OH}{CH_3CHCH_2CH_3}+HCl \xrightarrow[20\ ℃]{ZnCl_2} \underset{\displaystyle\qquad\quad |\atop \displaystyle\qquad\quad Cl}{CH_3CHCH_2CH_3}+H_2O \quad (10\ \text{min 后反应})$$

$$CH_3CH_2CH_2CH_2OH+HCl \xrightarrow[>20\ ℃]{ZnCl_2} CH_3CH_2CH_2CH_2Cl+H_2O \quad (\text{加热后才反应})$$

微视频

卢卡斯实验

因为生成的卤代烷不溶于水,使溶液发生浑浊继而分层,观察此现象的快慢,就可以**鉴别伯、仲、叔醇**。

练一练 7

下列醇中哪一种与盐酸反应活性最大?

(1) $CH_3CH_2CH_2CH_2CH_2OH$　　(2) $CH_2{=}CH—\underset{\displaystyle CH_3}{\overset{\displaystyle CH_3}{\underset{|}{\overset{|}{C}}}}—OH$

(3) $\underset{\displaystyle\qquad\qquad\quad |\atop \displaystyle\qquad\qquad\quad OH}{CH_3CH_2CH_2CHCH_3}$

文本

练一练 7 参考答案

(2) 醇与 PX_3、$SOCl_2$ 反应

醇与 PX_3、$SOCl_2$ 反应也是实验室中制备卤代烃的一种方法。

$$3R—OH+PX_3 \longrightarrow 3R—X+\underset{\text{亚磷酸}}{H_3PO_3} \qquad (X=Cl,Br)$$

例如：

$$3(CH_3)_2CHCH_2OH+PBr_3 \xrightarrow[4\ h]{-10\sim0\ ℃} 3(CH_3)_2CHCH_2Br+H_3PO_3$$

（55%~60%）

$$R—OH+SOCl_2 \xrightarrow[\triangle]{吡啶} R—Cl+SO_2+HCl$$

用亚硫酰氯（二氯亚砜）$SOCl_2$ 与醇反应制备氯代烷，此反应有两个优点。

首先 $SOCl_2$ 是一种沸点相当低的液体（沸点 79 ℃），通过蒸馏容易除去过量的 $SOCl_2$。

其次生成的 SO_2 和 HCl 是气体，在反应过程中逸出，使反应向有利于生成物方向进行。此反应不仅速率大，产量高，而且产品较纯。例如：

$$CH_3CH_2CH_2CH_2CH_2OH+SOCl_2 \xrightarrow[回流]{吡啶} CH_3CH_2CH_2CH_2CH_2Cl+SO_2\uparrow+HCl\uparrow$$

（80%）　　（与吡啶成盐）

此法是由伯醇、仲醇制备相应氯代烷的比较好的方法，但不适于制备与 $SOCl_2$ 沸点相近的氯代烷。

3. 脱水反应

在一定的条件下醇脱水包括：分子内脱水生成烯烃、分子间脱水生成醚两种方式。

（1）分子内脱水

① 醇与强酸共热。常用的酸是 H_2SO_4 或 H_3PO_4。脱水所需要的温度和酸的浓度与醇的构造有关。例如：

$$\underset{\boxed{H\quad HO}}{\overset{\beta\qquad\ \alpha}{CH_2—CH_2}} \xrightarrow[175\ ℃]{浓\ H_2SO_4} CH_2=CH_2+H_2O$$

$$CH_3CH_2CH_2CH_2—OH \xrightarrow[150\ ℃]{75\%H_2SO_4} CH_3CH_2CH=CH_2\ （次要产物）$$

$$CH_3CH_2\underset{OH}{\underset{|}{C}}HCH_3 \xrightarrow[95\ ℃]{60\%H_2SO_4} CH_3CH=CHCH_3\ （顺和反）主要产物\quad +H_2O$$

$$CH_3—\underset{OH}{\underset{|}{\overset{CH_3}{\overset{|}{C}}}}—CH_3 \xrightarrow[90\ ℃]{20\%H_2SO_4} CH_3—\overset{CH_3}{\overset{|}{C}}=CH_2\ +H_2O$$

某些醇的脱水产物取决于它们反应过程中所生成的碳正离子的稳定性，如果生成较不稳定的碳正离子，则可重排成更稳定的碳正离子，然后按札依采夫规则消除 β-氢原子。因此某些醇脱水过程中常发生碳骨架的变化或双键重排。例如：

$$CH_3—\underset{CH_3}{\underset{|}{\overset{CH_3}{\overset{|}{C}}}}—\underset{OH}{\underset{|}{C}}H—CH_3 \xrightarrow[80\ ℃]{85\%H_3PO_4} \underset{(80\%)}{CH_3—\overset{CH_3}{\overset{|}{C}}=\overset{CH_3}{\overset{|}{C}}—CH_3} + \underset{(20\%)}{CH_3—\underset{CH_3}{\underset{|}{\overset{CH_3}{\overset{|}{C}}}}—CH=CH_2}\ +H_2O$$

醇的反应活性是:叔醇>仲醇>伯醇。反应取向与卤代烃消除卤化氢相似,符合札依采夫规则。脱去的是羟基和含氢较少的β-氢原子,即反应主要趋于生成碳碳双键上烃基较多的较稳定的烯烃。

② 醇蒸气高温下通过催化剂(通常用氧化铝)脱水生成烯烃。气相醇脱水反应的温度要求较高(~360 ℃),反应过程中很少有重排现象发生,催化剂经再生可重复使用。例如:

$$CH_3CH_2CH_2CH_2OH \xrightarrow[350\sim400\ ℃]{Al_2O_3} CH_3CH_2CH{=}CH_2+H_2O$$

以 $POCl_3$ 为脱水剂,吡啶为溶剂,0 ℃时即可使仲醇和叔醇脱水生成烯烃,脱水在温和的碱性条件下进行。例如:

1-甲基环己醇(含 CH_3、OH) $\xrightarrow[\text{吡啶},0\ ℃]{POCl_3}$ 1-甲基环己烯(含 CH_3)(96%) $+H_2O$

(2) 分子间脱水

醇与浓硫酸反应也可发生分子间脱水生成醚。

$$R-OH+H-O-R \xrightarrow[\triangle]{H_2SO_4} R-O-R+H_2O$$

一般而言,在较高温度下有利于分子内脱水生成烯烃;在较低温度下,有利于分子间脱水生成醚。例如:

$$CH_3CH_2OH \xrightarrow[180°]{浓\ H_2SO_4} CH_2{=}CH_2+H_2O \quad \text{消除反应}$$

$$CH_3CH_2OH \xrightarrow[140\ ℃]{浓\ H_2SO_4} CH_3CH_2OCH_2CH_3+H_2O \quad \text{取代反应}$$

醇脱水的方式不仅与反应条件有关,还与醇的构造有关。仲醇易发生分子内脱水,烯烃为主要产物;叔醇则只能得到烯烃;只有伯醇与浓硫酸共热才能得到醚。例如,工业上乙醚是由乙醇与浓硫酸共热制得,也可由乙醇与氧化铝高温气相催化脱水制得。

4. 酯化反应

醇与含氧无机酸或有机酸反应,发生分子间脱水生成酯。

(1) 硫酸酯的生成

$$ROH+HOSO_2OH \rightleftharpoons \underset{\text{硫酸氢酯}}{ROSO_2OH}+H_2O$$

这是一个可逆反应,生成的酸性硫酸氢酯用碱中和后,得到烷基硫酸钠 $ROSO_2ONa$。当 R 为$C_{12}\sim C_{16}$时,烷基硫酸钠常用作洗涤剂、乳化剂。这类表面活性剂的缺点是高温易水解。

酸性硫酸氢酯经减压蒸馏,可得中性硫酸酯。

$$2ROSO_2OH \xrightarrow{\text{减压蒸馏}} ROSO_2OR+H_2SO_4$$

最重要的中性硫酸酯是硫酸二甲酯$(CH_3O)_2SO_2$、硫酸二乙酯$(CH_3CH_2O)_2SO_2$。它们是重要的甲基化和乙基化试剂，用于工业上和实验室中。硫酸二甲酯具有较大的毒性，对呼吸器官及皮肤有强烈刺激性，使用时应注意。

（2）**硝酸酯的生成**

醇与硝酸作用生成硝酸酯。多元醇的硝酸酯是烈性炸药。例如，用浓硫酸和浓硝酸处理甘油得三硝酸甘油酯。它受热或撞击立即引起爆炸。将它与木屑、硅藻土混合制成甘油炸药，对震动较稳定，只有在起爆剂引发下才会爆炸，是常用的炸药。在医药上，硝化甘油可用作扩张心血管药物。

$$\begin{matrix} CH_2OH \\ | \\ CHOH \\ | \\ CH_2OH \end{matrix} + 3HONO_2 \xrightarrow[10\ ℃]{H_2SO_4} \begin{matrix} CH_2ONO_2 \\ | \\ CHONO_2 \\ | \\ CH_2ONO_2 \end{matrix} + 3H_2O$$

三硝酸甘油酯
（硝化甘油）

（3）**磷酸酯的生成**

磷酸是三元酸，有三种类型的磷酸酯：

$$RO—\overset{\overset{\displaystyle O}{\|}}{\underset{\underset{\displaystyle OH}{|}}{P}}—OH \qquad RO—\overset{\overset{\displaystyle O}{\|}}{\underset{\underset{\displaystyle OH}{|}}{P}}—OR \qquad RO—\overset{\overset{\displaystyle O}{\|}}{\underset{\underset{\displaystyle OR}{|}}{P}}—OR$$

磷酸酯大多是由醇与磷酰氯反应制得：

$$3ROH + POCl_3 \longrightarrow (RO)_3P{=}O + 3HCl$$

一些脂肪醇的磷酸三酯常用作织物阻燃剂、塑料增塑剂。较高级的脂肪醇的单或双磷酸酯则常作为合成纤维上油剂用的一类表面活性剂。例如，$C_{16}H_{33}O\overset{\overset{\displaystyle O}{\|}}{P}(OCH_2CH_2OH)_2$ 是腈纶抗静电剂和柔软剂。

（4）**羧酸酯的生成**

醇与有机酸（或酰氯、酸酐）反应生成羧酸酯。这个反应将在羧酸一章中进一步讨论。

$$R—\overset{\overset{\displaystyle O}{\|}}{C}—OH + R'OH \overset{H^+}{\rightleftharpoons} R—\overset{\overset{\displaystyle O}{\|}}{C}—OR' + H_2O$$

5. 脱氢和氧化

醇分子中与羟基直接相连的 $\alpha-C$ 原子上若有 H 原子，由于羟基的影响，$\alpha-H$ 较活泼，较易脱氢或氧化生成醛或酮。

伯醇、仲醇的蒸气在高温下通过高活性铜（或银）催化剂发生脱氢反应，分别生成醛和酮。

$$RCH_2—OH \overset{Cu,约\ 300\ ℃}{\rightleftharpoons} R—\overset{\overset{\displaystyle O}{\|}}{C}—H + H_2$$

$$\begin{matrix}R\\R'\end{matrix}\!\!>\!CH-OH \xrightleftharpoons{Cu,约300\ ℃} \begin{matrix}R\\R'\end{matrix}\!\!>\!C=O\ +H_2$$

微课

乙醇的还原性

例如：

$$CH_3-\underset{}{\overset{OH}{\overset{|}{C}}}H-CH_3 \xrightarrow[400\sim480\ ℃]{Cu} CH_3-\overset{O}{\overset{\|}{C}}-CH_3\ +H_2$$

这是丙酮的一种工业制法。若同时通入空气，则氢被氧化成水，反应可进行到底：氧化脱氢。例如：

$$CH_3CH_2OH+O_2 \xrightarrow[550\ ℃]{Cu 或 Ag} CH_3CHO+H_2O$$

叔醇分子中没有 α－H，不能脱氢。将其蒸气于 300 ℃下通过铜，只能脱水生成烯烃。

醇的催化脱氢或催化氧化脱氢一般多用于工业生产上。在实验室中通常使用氧化剂使醇氧化。常用的氧化剂有 $K_2Cr_2O_7$－稀 H_2SO_4、CrO_3－冰醋酸、$KMnO_4$ 碱溶液，以及三氧化铬－吡啶络合物等。

微视频

乙醇催化脱氢

伯醇氧化首先生成醛，由于醛容易继续被氧化生成羧酸，所以由伯醇制备醛时一定要将生成的醛立即蒸出。或使用特殊氧化剂——三氧化铬－吡啶络合物 $CrO_3\cdot2$（吡啶）（将 CrO_3 小心地加到过量吡啶中所形成的络合物），将醇氧化成醛。例如：

$$C_6H_5-CH=CH-CH_2OH \xrightarrow[CH_2Cl_2,25\ ℃]{三氧化铬-吡啶络合物} C_6H_5-CH=CH-CHO$$

（81%）

这类氧化剂对碳碳双键、三键也无影响。

仲醇易被 $K_2Cr_2O_7$－稀 H_2SO_4 氧化生成酮，酮较难进一步氧化。因此，仲醇的氧化较易控制在生成酮这一步。由于这个原因，只要仲醇易得，这是实验室中制备酮常用的方法。例如：

$$\text{环己醇}(C_6H_{11}-OH) \xrightarrow[60\ ℃]{K_2Cr_2O_7-稀H_2SO_4} \text{环己酮}(C_6H_{10}=O)$$

（85%）

文本

练一练 8 参考答案

叔醇分子中无 α－H，在碱性条件下不能氧化，在酸性条件下脱水生成烯烃，然后氧化断链生成小分子化合物。

练一练 8

完成下列转变：

（1）$CH_3CH_2CH_2CH_2OH \longrightarrow CH_3-\overset{O}{\overset{\|}{C}}-CH_2CH_3$

（2）$CH_3CH_2CH=CH_2 \longrightarrow CH_3CH_2CH_2CHO$

五、重要的醇

1. 甲醇

甲醇最初由木材干馏得到，故俗称木醇。它是一种无色透明有特殊气味的挥发性易燃液体，沸点 64.9 ℃，在空气中爆炸极限为 6%～36.5%（体积分数），能与水及多种有机溶剂如乙醇、乙醚等混溶。甲醇与水不形成恒沸混合物，可用分馏方法从水溶液中分离甲醇。甲醇毒性很强，饮入少量（1～10 mL）即可造成眼睛失明，再多导致死亡。

目前主要以合成气（$CO+H_2$）为原料，在高压下通过适当催化剂合成甲醇。

$$CO+2H_2 \xrightarrow[300\ ℃,20\ MPa]{CuO,ZnO,Cr_2O_3①} CH_3OH$$

甲醇是优良的有机溶剂，也是重要的化工原料。大量用于生产甲醛、乙酸，也用于制备羧酸甲酯、氯甲烷、甲胺、硫酸二甲酯等。甲醇也是合成有机玻璃和许多医药等产品的原料，还可用作无公害燃料加入汽油中或单独用作汽车的燃料。

2. 乙醇

俗名酒精，它是无色透明易燃液体，沸点 78.5 ℃，在空气中的爆炸极限为 3.28%～18.95%（体积分数）。它能与水及大多数有机溶剂混溶。

工业上从乙烯直接或间接水合生产乙醇。除此之外，发酵法生产乙醇现仍然在应用。

$$\text{淀粉(甘薯、谷物等)} \xrightarrow[H_2O]{\text{淀粉酶}} \text{麦芽糖} \xrightarrow[H_2O]{\text{麦芽糖酶}} \text{葡萄糖} \xrightarrow{\text{酒化酶}} C_2H_5OH+CO_2$$

发酵所得乙醇的浓度约为 12%，利用高效分馏可制得浓度为 92%～95%的乙醇。发酵法副产物是二氧化碳②。

由于乙醇与水形成恒沸混合物（质量分数为 95.6%乙醇与 4.4%水），因此不能用分馏法得到无水乙醇。工业上常用 95%的乙醇加入一定量的苯进行蒸馏，在 64.9 ℃时，蒸出的是苯－水－乙醇三元恒沸混合物，然后升温至 68.3 ℃馏出苯－乙醇二元恒沸混合物，待所有的苯都蒸出后，最后在 78.3 ℃时蒸出的是市售无水乙醇（质量分数为 99.5%）。实验室一般用生石灰与工业乙醇共热回流去水，蒸馏得到质量分数为 99.5%的乙醇，再用镁处理可得质量分数为 99.95%的乙醇。

目前我国采用的新工艺是将 95%乙醇在 60 ℃左右通过磺酸钾型阳离子交换树脂，树脂吸去水分，流出来的就是无水乙醇。吸水后的树脂经减压、干燥（约 150 ℃）后可重复使用。无水乙醇在空气中能逐渐吸收水分，贮存时必须严格密封。

乙醇是重要的有机溶剂，也是有机合成的重要原料。医药上用作消毒剂和防腐剂，还可用作燃料。

3. 乙二醇

俗名甘醇。它是具有甜味的黏稠液体，沸点 198 ℃，相对密度 1.13，能与水、低级醇、

---

① 近年来，以活化的 CuO 为催化剂，则可在 250 ℃，5～10 MPa 条件下反应，更为经济。

② 将副产物二氧化碳降温，压缩装入钢瓶中，使之成为固体，叫作干冰，在常压下即成为二氧化碳气体。

甘油、丙酮、乙酸、吡啶等混溶,微溶于乙醚,几乎不溶于石油醚、苯、卤代烃。

微视频

乙二醇凝固点的下降

工业上主要由乙烯通过银催化剂经空气氧化生成环氧乙烷,然后水合生成乙二醇。

$$CH_2=CH_2 \xrightarrow[250\sim280\ ℃]{O_2,Ag} \underset{\diagdown O \diagup}{CH_2-CH_2} \xrightarrow[190\sim220\ ℃,约\ 1.5\ MPa]{H_2O,H^+} \underset{OH\quad OH}{\overset{CH_2-CH_2}{|\qquad |}}$$

乙二醇是重要的有机化工原料,可用于制造树脂、增塑剂、合成纤维(涤纶),以及常用的高沸点溶剂二甘醇(一缩二乙二醇)、三甘醇(二缩三乙二醇)。60%的乙二醇水溶液的凝固点为-49 ℃,是很好的抗冻剂。

4. 丙三醇

俗名甘油,是无色无臭有甜味的黏稠液体,沸点 290 ℃,相对密度 1.261,可与水混溶,也能溶于乙醇,但不溶于乙醚、氯仿等溶剂。甘油吸湿性强,能吸收空气中的水分。

丙三醇以酯的形式广泛地存在于自然界中,油脂的主要成分是丙三醇的高级脂肪酸酯。丙三醇最初是油脂水解制肥皂时的副产物。近代工业上以丙烯为原料合成。

$$CH_3-CH=CH_2 \xrightarrow[500\ ℃]{Cl_2} ClCH_2-CH=CH_2 \xrightarrow[25\sim35\ ℃]{Cl_2,H_2O} \left\{\begin{matrix} \underset{Cl}{CH_2}-\underset{OH}{CH}-\underset{Cl}{CH_2} \\ \underset{Cl}{CH_2}-\underset{Cl}{CH}-\underset{OH}{CH_2} \end{matrix}\right\}$$

$$\xrightarrow[\triangle,-HCl]{20\%NaOH} \underset{Cl}{CH_2}-\underset{\diagdown O \diagup}{CH-CH_2} \xrightarrow[H_2O,\triangle]{10\%NaOH} \underset{OH}{CH_2}-\underset{OH}{CH}-\underset{OH}{CH_2}$$

甘油是重要的有机原料,广泛用于军工、化工和食品工业中。它可用于生产多种类型的树脂,例如醇酸树脂及甘油环氧树脂等。它有强吸湿性,常用于印刷工业、烟草工业。在医药工业上用作软膏调配剂及皮肤润滑剂。它也是制备硝化甘油炸药的原料。

知识拓展

硫　醇

醇分子中的氧原子被硫原子代替所得到的化合物称为硫醇(R—SH)。—SH 称为巯基,是硫醇的官能团。

硫醇的命名和醇相似,只要把“醇”字改为“硫醇”即可。

硫的电负性比氧小,硫醇分子间不形成氢键,不缔合,故其沸点和在水中溶解度都比相应的醇要低得多。例如,乙硫醇沸点 37 ℃,水中溶解度为 1.5 g/100 g 水;乙醇沸点 78.5 ℃,能与水混溶。硫醇的一个特点是低级硫醇有恶臭。例如,空气中乙硫醇的质量浓度达到 $1\times10^{-11}\ g\cdot L^{-1}$ 时即可被人嗅到。因此将微量的硫醇加入有毒气体(例如煤气)中,以便检查管道和贮罐是否漏气。硫醇分子中碳原子数增加,臭味随之减弱。

硫醇的化学性质也与醇有较大的差别。硫醇的酸性比醇大。例如,乙硫醇的 pK_a 为 10.5(和酚相似),而乙醇的 pK_a 接近 18。硫醇和氢氧化钠能生成硫醇钠而溶于稀氢氧化钠溶液中。

$$RSH+NaOH \longrightarrow RSNa+H_2O$$

石油加工的产品中常含有微量的硫醇，用稀氢氧化钠溶液洗涤产品，可除去硫醇。在硫醇钠溶液中通入 CO_2 又可重新将硫醇游离出来。

硫醇很容易被氧化剂氧化为二硫化物，甚至许多弱氧化剂也能将其氧化。常用的氧化剂有 H_2O_2、I_2、NaOI 等。例如：

$$2CH_3CH_2SH+H_2O_2 \longrightarrow CH_3CH_2SSCH_2CH_3+2H_2O$$

硫醇可以和重金属盐如汞、铅、锑、铜、银盐作用，生成不溶于水的重金属的硫醇盐沉淀。例如：

$$2C_2H_5SH+Hg(CH_3COO)_2 \longrightarrow \underset{\text{乙硫醇汞(白色)}}{Hg(SC_2H_5)_2}\downarrow +2CH_3COOH$$

$$2C_2H_5SH+Pb(CH_3COO)_2 \longrightarrow \underset{\text{乙硫醇铅(黄色)}}{Pb(SC_2H_5)_2}\downarrow +2CH_3COOH$$

利用这个反应可以鉴定硫醇。由于它们极难溶解，在医药中还可作为重金属的解毒剂。例如，2,3-二巯基-1-丙醇和 Hg^{2+} 可生成极稳定的沉淀（$CH_2(OH)-CH(S)-CH_2(S)$，两个 S 与 Hg 成环）而解毒。

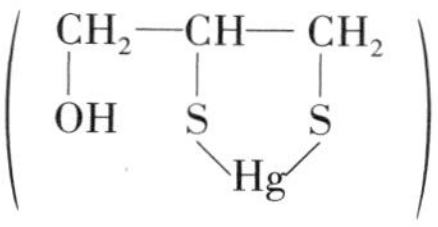

硫醇是合成农药的原料，例如乙硫醇可以合成杀虫剂 1059 和 3911 等。

第二节　酚

一、酚的命名

羟基直接连在芳环上的化合物称为酚，其通式为 Ar—OH。最简单的酚为苯酚（C_6H_5—OH）。

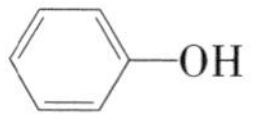

酚的命名一般是在“酚”字前加上芳烃的名称作为母体，按最低系列原则和立体化学中次序规则再冠以其他取代基的位次、数目和名称。当芳环上连有—COOH、—SO_3H、—C(=O)— 等基团时，则把羟基作为取代基来命名。例如：

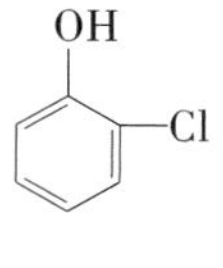

邻氯苯酚 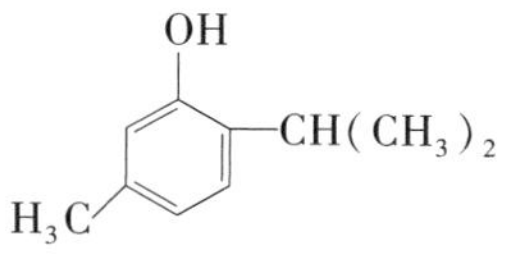　　5-甲基-2-异丙基苯酚（俗称百里酚）　　2-萘酚（β-萘酚） 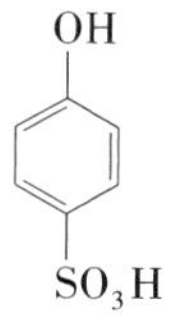　　对羟基苯磺酸

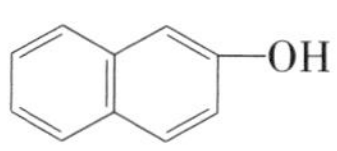

多元酚则需要表示出羟基的位次和数目。例如：

对苯二酚（氢醌）　　1,2,3-苯三酚（连苯三酚）　　1,2,4-苯三酚（偏苯三酚）　　4,4′-联苯二酚

文本

练一练 9 和 10 参考答案

练一练 9

命名下列化合物：

(1)　　(2)

练一练 10

写出下列化合物的构造式：

(1) 对羟基苯甲醇　　(2) 邻苯二酚（儿茶酚）

二、酚的物理性质

除少数烷基酚为高沸点液体外，大多数的酚都为无色晶体。但酚类在空气中易被氧化而呈粉红色或红色。

由于分子间能形成氢键，酚有较高的沸点，其熔点也比相应的烃高。酚虽然含有羟基，但仅微溶或不溶于水，这是因为芳基在分子中占有较大的比例。酚类在水中的溶解度随羟基数目增加而增大。常见酚的物理常数见表 10-2。

表 10-2　酚的物理常数

名称	熔点/℃	沸点/℃	n_D^{20}	$\frac{溶解度}{g\cdot(100\ g\ 水)^{-1}}$(25 ℃)	pK_a
苯酚	43	181	$1.550\,9^{21}$	9.3	9.89
邻甲苯酚	30	191	1.536 1	2.5	10.20
间甲苯酚	11	201	1.543 8	2.3	10.17
对甲苯酚	35.5	201	1.531 2	2.6	10.01
邻硝基苯酚	44.5	214	$1.572\,3^{50}$	0.2	7.23
间硝基苯酚	96	194(9333 Pa)		1.4	8.40
对硝基苯酚	114	279(分解升华)		1.6	7.15
2,4-二硝基苯酚	113			0.56	4.0

续表

名称	熔点/℃	沸点/℃	n_D^{20}	溶解度/[g·(100 g 水)$^{-1}$](25 ℃)	pK_a
2,4,6-三硝基苯酚	122			1.4	0.71
邻苯二酚	105	245	1.604	45.1	9.48
间苯二酚	110	281		123	9.44
对苯二酚	170	286		8	9.96
1,2,3-苯三酚	133	309	1.561^{134}	62	7.0
α-萘酚	94	279	1.6624^{99}	难	9.31
β-萘酚	123	286		0.1	9.55

由表 10-2 可知,在硝基苯酚的三个异构体中,邻位异构体的熔点、沸点和在水中的溶解度都比间位、对位异构体低得多。由于间位、对位异构体分子间形成氢键而缔合,故沸点较高,它们与水分子也可形成氢键,在水中也有一定的溶解度。邻位异构体则不然,由于相邻的羟基和硝基之间通过分子内氢键螯合成环,难以形成分子间的氢键而缔合,同时也降低了它与水分子形成氢键的能力,因此其熔点、沸点和水中溶解度都较低。在三个异构体中唯有邻位异构体可随水蒸气蒸馏出来。

对硝基苯酚分子间氢键　　对硝基苯酚与水分子形成氢键　　邻硝基苯酚分子内氢键

凡是异构体之间有的分子存在分子内氢键、而有的分子只能形成分子间氢键的情况,都可以利用它们沸点的不同采用不同的蒸馏方法实现分离的目的。

练一练 11

指出下列化合物中哪些能形成分子内氢键:

邻硝基苯酚,邻甲苯酚,邻氯苯酚

文本

练一练 11 参考答案

三、酚的化学性质

酚与醇分子中都有极性的 C—O 键和 O—H 键,它们能发生相似的反应。但由于酚羟基参与芳环共轭①，使 O—H 键极性增大，C—O 键加强，因此，酚一方面酸性比醇大，另一方面较难发生羟基被取代的反应。酚羟基使芳环活化，容易发生环上的亲电取代。

1. 酚羟基的反应

（1）酸性

微课

苯酚的结构与性质

酚具有酸性，其酸性（例如苯酚的 $pK_a \approx 10$，水溶液能使石蕊变红）比醇（$pK_a \approx 18$）、水（$pK_a = 15.7$）强，但比碳酸（$pK_{a1} = 6.38$）弱。因此酚能溶于氢氧化钠水溶液生成酚钠，但不能与碳酸氢钠反应。相反，将二氧化碳通入酚钠水溶液，酚即游离出来。

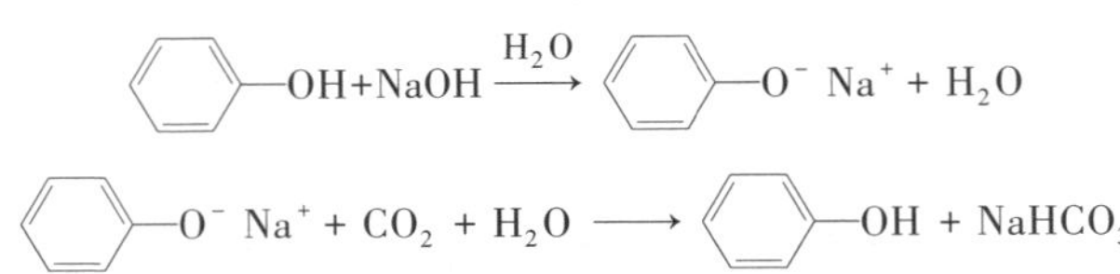

由于酚羟基氧原子上孤对电子与苯环 π 电子共轭，电子离域使氧原子上电子云密度降低，有利于氢以质子形式解离，解离后生成苯氧负离子，其负电荷能更好地离域而分散到整个共轭体系，苯氧负离子比 $R—O^-$ 稳定，因此**酚的酸性比醇强**。

微视频

苯酚的弱酸性

当苯酚环上连有给电子基时，因不利于负电荷分散，取代苯氧负离子的稳定性降低，酸性减弱。当苯酚环上连有吸电子基时，因有利于负电荷离域，取代苯氧负离子的稳定性更高，因而酸性增强②。例如，邻硝基苯酚或对硝基苯酚，由于硝基的吸电子的诱导效应（$-I$ 效应）和共轭效应（$-C$ 效应），使苯氧负离子上的负电荷离域到硝基上，从而使硝基苯氧负离子更加稳定，所以邻硝基苯酚或对硝基苯酚的酸性比苯酚强。苯酚的邻、对位上硝基越多，酸性越强。对于间硝基苯酚，由于共轭效应不能直接传递到间位，只有硝基的 $-I$ 效应，故间硝基苯酚的酸性虽比苯酚强，但比邻位、对位硝基苯酚弱。例如：

	苯酚	邻硝基苯酚	间硝基苯酚	对硝基苯酚	2,4-二硝基苯酚	2,4,6-三硝基苯酚
pK_a	9.89	7.23	8.40	7.15	4	0.71

（2）酚醚的生成

与醇相似，酚也可以生成醚。但酚醚不能通过酚分子之间脱水制得。通常是通过酚钠与比较强的烃基化试剂如碘甲烷或硫酸二甲酯反应制得。例如：

$$C_6H_5—O^-\ Na^+ + CH_3OSO_2OCH_3 \longrightarrow C_6H_5—OCH_3 + CH_3OSO_2ONa$$

硫酸二甲酯　　（72%～75%）

① 酚羟基中的氧原子呈 sp^2 杂化状态，两个 sp^2 轨道分别与氢原子和碳原子成键，两对孤对电子分别占据一个 sp^2 轨道和一个未杂化的 p 轨道，后者与苯环 π 轨道形成 $p-\pi$ 共轭。

② 一些酚的酸性强度见表 10-2。

二芳基醚可用酚钠与芳卤制得,因芳环上卤原子不活泼,故需催化加热。

$$C_6H_5-O^-\ Na^+ + Br-C_6H_5 \xrightarrow[210\ ℃]{Cu} C_6H_5-O-C_6H_5 + NaBr$$

酚醚的化学性质较稳定,但与氢碘酸作用可分解为原来的酚。

$$C_6H_5-OCH_3 + HI \xrightarrow{\triangle} C_6H_5-OH + CH_3I$$

在有机合成上,常用酚醚来“保护酚羟基”,以免羟基在反应中被破坏,待反应终了后,再将醚分解为相应的酚。

(3) **酚酯的生成**

酚与羧酸直接酯化比较困难,一般是与酰氯或酸酐作用来制备酚酯。例如:

$$C_6H_5-OH + C_6H_5-COCl \xrightarrow[40\sim45\ ℃]{10\%\ NaOH} C_6H_5-COO-C_6H_5 + HCl$$

苯甲酰氯　　苯甲酸苯酯(75%~80%)

$$C_6H_5-OH + CH_3-\overset{O}{\overset{\|}{C}}-O-\overset{O}{\overset{\|}{C}}-CH_3 \xrightarrow[30\sim40\ ℃]{15\%\ NaOH} C_6H_5-O-\overset{\|}{\underset{O}{C}}-CH_3 + CH_3COOH$$

乙酸酐　　乙酸苯酯(>90%)

(4) **与氯化铁的显色反应**

大多数酚可与氯化铁溶液作用生成有色络离子。

$$6ArOH + FeCl_3 \longrightarrow [Fe(OAr)_6]^{3-} + 6H^+ + 3Cl^-$$

不同的酚显示不同的颜色。苯酚和均苯三酚显蓝紫色和紫色,邻和对苯二酚及β-萘酚显绿色,甲苯酚显蓝色等。这种特殊的显色反应,可用来检验酚羟基和烯醇的存在(烯醇显红褐色和红紫色)。

微视频

苯酚的显色反应

练一练 12

比较下列氧负离子的稳定性,从而比较它们各自的共轭酸的酸性。

(1) 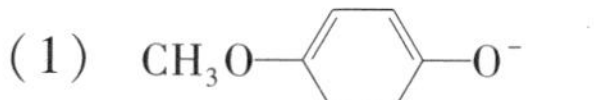　(2) 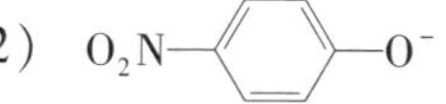　(3) 

练一练 13

完成反应:

$$CH_3-C_6H_4-OH + CH_3-\overset{O}{\overset{\|}{C}}-O-\overset{O}{\overset{\|}{C}}-CH_3 \longrightarrow ? + ?$$

文本

练一练 12 和 13 参考答案

2. 芳环上的取代反应

羟基是一个较强的邻对位定位基，酚的芳环上比苯更容易发生卤代、硝化、磺化等亲电取代反应。

（1）卤代反应

苯酚的卤代反应不需要用路易斯酸催化，却需要仔细地选择反应条件，以便获得一、二或三卤代产物。

苯酚在没有溶剂存在下或在非极性溶剂中卤化，可得到邻和对卤代苯酚的混合物。在酸性溶液中卤化则可得到2,4-二卤代苯酚。例如：

$$\text{邻溴苯酚}\,(33\%) + \text{对溴苯酚}\,(67\%) \xleftarrow[0\ ℃]{Br_2,\,CCl_4} \text{苯酚} \xrightarrow[30\ ℃,\,H_2O]{Br_2,\,HBr} \text{2,4-二溴苯酚}\,(87\%)$$

$$\text{苯酚} \xrightarrow[CH_3COOH,\,H_2O]{Br_2,\,25\ ℃} \text{对溴苯酚}\,(100\%)$$

苯酚与溴水在室温下迅速反应生成2,4,6-三溴苯酚的白色沉淀。

$$\text{苯酚} + Br_2 \xrightarrow{H_2O} \text{2,4,6-三溴苯酚}\,(\text{约}\,100\%)$$

这个反应很灵敏，而且是定量完成的，常用于酚的定量、定性试验，可检出10 $\mu g\cdot g^{-1}$的酚含量。

（2）磺化反应

浓硫酸易使苯酚磺化。如果反应在室温下进行，生成几乎等量的邻位和对位取代产物；如果反应在较高温度下进行，则对位异构体为主要产物，如果进一步磺化可得到4-羟基苯-1,3-二磺酸。

$$\text{苯酚} \xrightarrow{98\%H_2SO_4} \text{邻羟基苯磺酸} + \text{对羟基苯磺酸} \xrightarrow[100\ ℃]{98\%H_2SO_4} \text{4-羟基苯-1,3-二磺酸}$$

	邻位	对位
20 ℃	49%	51%
100 ℃	10%	90%

磺化是一个可逆反应。

(3) **硝化反应**

在室温下,用稀硝酸就可使苯酚硝化,生成邻和对硝基苯酚的混合物。反应产生大量焦油状酚的氧化副产物,产率相当低,无制备意义。

$$\text{C}_6\text{H}_5\text{OH} \xrightarrow[25\ ^\circ\text{C}]{20\%\ \text{HNO}_3} o\text{-}O_2N\text{C}_6\text{H}_4\text{OH}\ (30\%\sim40\%) + p\text{-}O_2N\text{C}_6\text{H}_4\text{OH}\ (15\%)$$

当用较浓的硝酸进行硝化时,酚更易发生氧化,所以多硝基酚不能用酚的直接硝化法制备。如2,4-二硝基苯酚通常是由2,4-二硝基氯苯水解制得。2,4,6-三硝基苯酚(苦味酸)可通过先磺化后硝化的方法制备。

$$\text{C}_6\text{H}_5\text{OH} \xrightarrow[100\ ^\circ\text{C}]{H_2SO_4} 2,4\text{-}(HO_3S)_2\text{C}_6\text{H}_3\text{OH} \xrightarrow[\triangle]{HNO_3} 2,4,6\text{-}(O_2N)_3\text{C}_6\text{H}_2\text{OH}\ (90\%)$$

(4) **傅瑞德尔-克拉夫茨反应**

酚的傅瑞德尔-克拉夫茨烷基化反应常常是以烯烃或醇为烷基化试剂,以浓硫酸、磷酸或酸性离子交换树脂作为催化剂,反应迅速生成二烷基化和三烷基化产物。例如:

$$p\text{-}CH_3\text{C}_6\text{H}_4\text{OH} + (CH_3)_2C{=}CH_2 \xrightarrow{\text{浓 } H_2SO_4} 2,6\text{-}[C(CH_3)_3]_2\text{-}4\text{-}CH_3\text{C}_6\text{H}_2\text{OH}$$

4-甲基-2,6-二叔丁基苯酚

(俗称二四六抗氧剂,简称 BHT)

4-甲基-2,6-二叔丁基苯酚是无色晶体,熔点 70 ℃,可用作有机物的抗氧剂,也可用作食物防腐剂。

练一练 14

完成反应:

$$\text{C}_6\text{H}_5\text{OH} \xrightarrow{?} 2,4\text{-}Br_2\text{C}_6\text{H}_3\text{OH}$$

练一练 14~16 参考答案

练一练 15

试以苯酚为原料设计一种制备邻溴苯酚的较好方法。

练一练 16

用什么物理的方法从 邻羟基苯乙酮（OH、—C(=O)—CH$_3$）和 HO—C$_6$H$_4$—C(=O)—CH$_3$ 混合物中分离出邻位异构体?

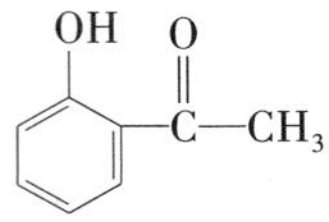

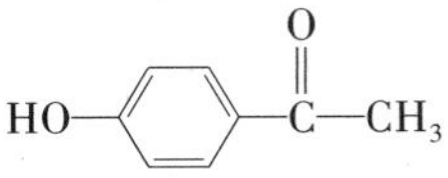

3. 氧化和加氢反应

(1) 氧化反应

酚易被氧化。苯酚置于空气中,随氧化作用的深化,颜色由无色逐渐变为粉红色、红色甚至暗红色。

氧化剂 CrO_3+CH_3COOH,0 ℃时,可将苯酚氧化成对苯醌。

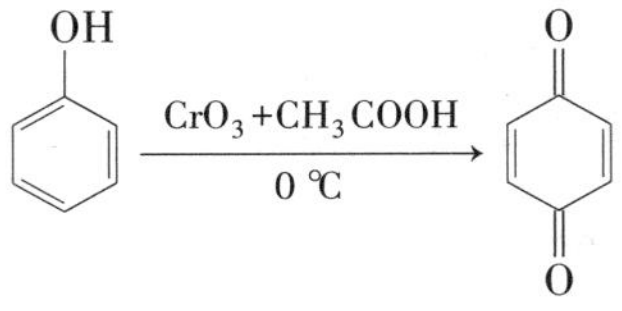

$$C_6H_5OH \xrightarrow[0\ ℃]{CrO_3+CH_3COOH} O{=}C_6H_4{=}O$$

对苯醌

二元酚更易被氧化。例如,邻或对苯二酚在室温时即可被弱氧化剂如氧化银或氯化铁氧化为邻或对苯醌。

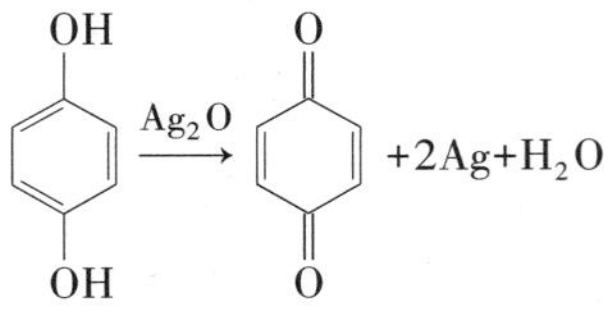

$$HO{-}C_6H_4{-}OH \xrightarrow{Ag_2O} O{=}C_6H_4{=}O + 2Ag + H_2O$$

对苯二酚的水溶液因易被氧化而呈褐色,它在碱性溶液中更易被氧化。它是一个强的还原剂。对苯二酚广泛用作显影剂、阻聚剂、橡胶防老剂,氮肥工业中用作催化脱硫剂以及自由基链反应的抑制剂。

(2) 加氢反应

酚可通过催化加氢生成环烷基醇。例如,在工业生产中,苯酚在雷尼镍催化下于140~160 ℃通入氢气可生成环己醇。

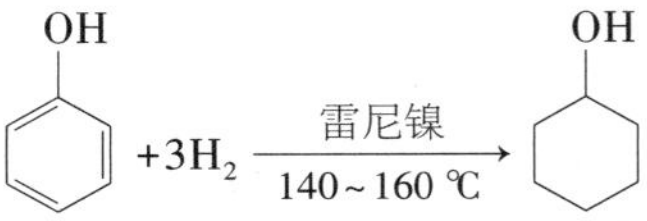

$$C_6H_5OH + 3H_2 \xrightarrow[140\sim160\ ℃]{雷尼镍} C_6H_{11}OH$$

环己醇是制备聚酰胺类合成纤维的原料。

四、重要的酚

1. 苯酚

苯酚俗名石炭酸，纯净苯酚为无色透明针状晶体，熔点 43 ℃，有特殊气味，在光照下易被空气氧化，故要避光保存。0～65 ℃与水部分互溶，65 ℃以上能与水混溶，易溶于乙醇、乙醚、苯等。苯酚有毒，能灼烧皮肤。

工业上大量生产苯酚的方法是异丙苯法。以丙烯、苯为原料，首先制得异丙苯；然后在100～120 ℃时通入空气，使异丙苯氧化生成氢过氧化异丙苯；最后与硫酸反应，分解为两种重要的化工原料苯酚和丙酮。

$$C_6H_6 + CH_3CH{=}CH_2 \xrightarrow[80\sim90\ ℃]{无水\ AlCl_3} C_6H_5{-}CH(CH_3)_2 \xrightarrow[0.3\sim0.4\ MPa]{O_2,\ 100\sim120\ ℃} \underset{氢过氧化异丙苯}{C_6H_5{-}C(CH_3)_2OOH}$$

$$\xrightarrow[60\ ℃]{H_2SO_4} C_6H_5{-}OH + CH_3{-}\overset{\overset{\Large O}{\|}}{C}{-}CH_3$$

苯酚是重要的有机化工原料，大量用于制造酚醛树脂、环氧树脂、聚碳酸酯，以及己内酰胺和己二酸、香料、染料、药物的中间体，还可直接用作杀菌剂、消毒剂等。

2. 萘酚

α－萘酚（1－萘酚）　α－萘酚为无色细针状晶体，在空气中和光照下逐渐变为玫瑰色，能升华，熔点 94 ℃，难溶于水，易溶于乙醇、乙醚、氯仿、苯和碱溶液中，微溶于四氯化碳。

α－萘酚粉末与空气能形成爆炸性混合物。α－萘酚有毒，其毒性比 β－萘酚大 3 倍。

工业上以 α－萘胺为原料，在 15%～20%硫酸中加压水解，制得 α－萘酚。

$$\alpha\text{-}C_{10}H_7NH_2 + H_2O \xrightarrow[200\ ℃,\ 1.4\ MPa]{稀\ H_2SO_4} \alpha\text{-}C_{10}H_7OH$$

α－萘酚可用作抗氧剂、橡胶防老剂，也可用来合成香料、农药、染料等。

β－萘酚（2－萘酚）　β－萘酚为无色或稍带黄色的片状晶体，在空气中和光照下颜色逐渐变深。熔点 122～123 ℃，溶解性能与 α－萘酚相似，也能升华。

β－萘酚由萘高温磺化碱熔（即磺化碱熔法）制得。

$$C_{10}H_8 + H_2SO_4 \xrightarrow{162\sim164\ ℃} \beta\text{-}C_{10}H_7{-}SO_3H \xrightarrow[中和]{Na_2SO_3} \beta\text{-}C_{10}H_7{-}SO_3Na$$

$$\xrightarrow[320\sim330\ ℃]{NaOH\ 熔融} \beta\text{-}C_{10}H_7{-}ONa \xrightarrow[酸化]{SO_2+H_2O} \beta\text{-}C_{10}H_7{-}OH + Na_2SO_3$$

生产过程中亚硫酸钠可循环使用。

萘酚的化学性质与苯酚相似，呈弱酸性而溶于 NaOH。与苯酚相比，萘酚的羟基容易生成酚醚和酚酯。例如：

$$\beta\text{-萘酚}\xrightarrow[H_2O]{NaOH}\beta\text{-萘酚钠}(ONa)\xrightarrow{CH_3I}\beta\text{-萘甲醚}(OCH_3)$$

β-萘甲醚

β-萘甲醚是一种香料。

第三节　醚

一、醚的分类与命名

1. 醚的分类

醚是两个烃基通过氧原子结合起来的化合物。它可以看作是水分子中的两个氢原子被烃基取代的生成物。C—O—C 键称为醚键，是醚的官能团。

氧原子连接两个相同烃基的醚称为**单醚**，连接两个不同烃基的醚则称为**混醚**。两个烃基都是饱和的称为饱和醚，两个烃基中有一个是不饱和的或是芳基的则称为不饱和醚或芳醚。如果烃基与氧原子连接成环则称为环醚$\left[(CH_2)_nO, n\geqslant 2\right]$。

2. 醚的命名法

简单的醚一般都用习惯命名法，即在“醚”字前冠以两个烃基的名称。单醚在烃基名称前加“二”字（一般可省略，但芳醚和某些不饱和醚除外）；混醚则将次序规则中较优的烃基放在后面；芳醚则是芳基放在前面。例如：

$CH_3CH_2OCH_2CH_3$　（二）乙醚

$C_6H_5-O-C_6H_5$　二苯醚

$CH_3OCH_2CH=CH_2$　甲基烯丙基醚

$C_6H_5-OCH_3$　苯甲醚（茴香醚）

结构比较复杂的醚，可用系统命名法命名：把醚看作是烃的 RO—（烃氧基）衍生物来命名。烃氧基的命名，只要将相应的烃基名称后加“氧”字即可。

$\overset{6}{C}H_3\overset{5}{C}H_2\overset{4}{C}H_2\overset{3}{C}H_2\overset{2}{C}H(OCH_3)\overset{1}{C}H_3$　2-甲氧基己烷

$HO\overset{1}{C}H_2\overset{2}{C}H_2\overset{3}{C}H_2\overset{4}{C}H_2OCH(CH_3)CH_3$　4-异丙氧基-1-丁醇

4-烯丙基-2-甲氧基苯酚（丁子香酚）（$HO-C_6H_3(OCH_3)-CH_2CH=CH_2$）

4-羟基-3-甲氧基苯甲醛（香草醛）（$HO-C_6H_3(OCH_3)-CHO$）

环醚多用俗名，一般称环氧某烃或按杂环化合物命名。例如：

$\underset{\diagdown O \diagup}{CH_2—CH_2}$　环氧乙烷

$ClCH_2—\underset{\diagdown O \diagup}{CH—CH_2}$　3-氯-1,2-环氧丙烷（环氧氯丙烷）

$CH_2—CH_2$，CH_2　CH_2，O（五元环）　1,4-环氧丁烷（四氢呋喃）

$O(CH_2—CH_2)_2O$（六元环）　1,4-二氧六环（二噁烷）

练一练 17

写出下列化合物的构造式：

(1) 2-甲氧基苯酚(愈疮木酚)　　(2) 4-甲氧基苯甲醇(茴香醇)

(3) 1-丙烯基-4-甲氧基苯(茴香脑)

*二、醚的制备

1. 醇分子间脱水

在酸(如浓硫酸、芳磺酸或三氟化硼)催化下，醇分子间脱水生成醚。

$$\mathrm{R{-}OH+HO{-}R \xrightarrow[\triangle]{浓\ H_2SO_4} R{-}O{-}R+H_2O}$$

这是制备低级单醚的方法，例如乙醚、正丁醚。这种方法只限于伯醇和含活泼羟基的醇，例如，苯甲醇只需与稀酸共热即脱水生成二苄醚。工业上常用氧化铝、ZSM 分子筛等作为催化剂。

2. 威廉森合成法

醇钠或酚钠与卤代烃反应生成醚是制备醚的一种重要方法，称为**威廉森(Williamson)合成法**。

$$\mathrm{R{-}O^-Na^+ + R'{-}X \xrightarrow{亲核取代} R{-}O{-}R' + NaX}$$

$$\mathrm{Ar{-}O^-Na^+ + R'{-}X \xrightarrow{亲核取代} Ar{-}O{-}R' + NaX}$$

例如：

$$\mathrm{CH_3CH_2CH_2CH_2Br+CH_3CH_2ONa \xrightarrow{C_2H_5OH\ 中回流} CH_3CH_2CH_2CH_2OCH_2CH_3+NaBr}$$

醚的威廉森合成法既可用于合成单醚，又可用于合成混醚。

由于芳卤代烃中卤原子不活泼，因此在制备芳基烷基醚时宜采用酚钠而不采用醇钠。

$$\mathrm{C_6H_5{-}O^-\ Na^+ + CH_3{-}I \xrightarrow{25\ ℃} C_6H_5{-}OCH_3 + NaI}$$

$$\mathrm{2,4\text{-}Cl_2C_6H_3{-}O^-\ Na^+ + ClCH_2{-}COONa \longrightarrow 2,4\text{-}Cl_2C_6H_3{-}OCH_2COONa + NaCl}$$

练一练 18

用威廉森合成法制备下列混醚：

(1) 甲基仲丁基醚　　(2) 苯基乙基醚

三、醚的物理性质

在常温下除了甲醚和甲乙醚为气体外，其余大多数醚为有香味的液体。醚分子中没有与强电负性氧原子相连的氢原子，因此分子间不能形成氢键。醚的沸点显著低于相对分子质量相同的醇，如甲醚和乙醇的沸点分别为-24.9 ℃和78.5 ℃。

乙醚的沸点为34.5 ℃，在常温下很易挥发，其蒸气密度大于空气。乙醚易燃，不能接近明火，使用时必须注意安全。乙醚在空气中的爆炸极限为2.34%～36.15%（体积分数）。实验时反应中逸出的乙醚应排出户外。

醚分子能与水分子形成氢键，使它在水中的溶解度与相对分子质量相同的醇相近，如甲醚能与水混溶，乙醚与正丁醇在水中溶解度都约为8 g/100 g。1,4-二氧六环分子中四个碳原子连有两个醚键氧原子，与水生成的氢键足以使它与水混溶。四氢呋喃分子中，虽然四个碳原子仅连一个醚键氧原子，但因氧原子在环上，使孤对电子暴露在外，与乙醚相比较，它更易与水形成氢键，故也可与水混溶。环醚的水溶液既能溶解离子化合物，又能溶解非离子化合物，为常用的优良溶剂。

R(R′)O┈┈H–O–H┈┈O(R)(R′)

醚和水分子间氢键

一些醚的物理常数列于表10-3中。

表10-3　醚的物理常数

名称	熔点/℃	沸点/℃	d_4^{20}	n_D^{20}
甲醚	-141.5	-24.9	0.661	
乙醚	-116.2	34.5	0.713 7	1.352 6
丙醚	-112	90.5	0.736	1.380 9
异丙醚	-85.89	68.7	0.724 1	1.367 9
丁醚	-95.3	142.4	0.768 9	1.399 2
乙烯基乙醚	-115.3	35.5	0.763 0	1.377 4
二乙烯基醚	-101	28	0.773	1.398 9
苯甲醚	-37.5	155	0.996 1	1.517 9
二苯醚	26.84	257.9	1.074 8	1.578 7^{25}
环氧乙烷	-110	10.73（101 325 Pa）	0.882 4^{10}	1.359 7^{7}
1,2-环氧丙烷	-104	33.9	0.859 0	1.305 7
1,4-环氧丁烷	-65	66	0.889 2	1.405 0
1,4-二氧六环	11.8	101（99 992 Pa）	1.033 7	1.422 4

四、醚的化学性质

除了某些环醚以外，醚对大多数试剂如碱、稀酸、氧化剂、还原剂都十分稳定。醚常作为许多反应的溶剂。醚在常温下不与金属钠反应，因而可用金属钠干燥醚。但这种稳定性是相对的，在一定条件下，醚可以发生特有的反应。

1. 鎓盐的生成

醚的氧原子上有孤对电子，能与强酸（如浓 H_2SO_4 或浓 HX）的质子结合生成鎓盐而溶于浓的强酸中。

$$R-\ddot{\underset{\cdot\cdot}{O}}-R'+H_2SO_4 \rightleftharpoons \left[\begin{array}{c} R-\ddot{\underset{\cdot\cdot}{O}}-R' \\ | \\ H \end{array}\right]^+ HSO_4^-$$

鎓盐是弱碱强酸的盐，不稳定，遇水很快分解为原来的醚。在此过程中，若冷却程度不够，则部分醚可水解生成醇。这一性质常用于将醚从烷烃或卤代烃等混合物中分离出来。

2. 醚键的断裂

当醚与浓氢卤酸共热时，醚键断裂。氢卤酸的反应活性：HI>HBr>HCl。通常使用 HI 或 HBr 来断裂醚键。

$$CH_3-O-R+HI \longrightarrow CH_3-I+R-OH$$

烷基醚与氢碘酸反应，首先生成碘代烷和醇，醇可以进一步与过量氢碘酸反应生成碘代烷。当两个烷基不相同时，往往是含碳原子较少的烷基断裂下来与碘结合，而且反应可定量完成。例如，含甲氧基或乙氧基的醚与氢碘酸反应可定量地生成碘甲烷或碘乙烷。若将生成物蒸出，通入硝酸银的乙醇溶液，按照生成碘化银的量就可计算出原来醚分子中甲氧基或乙氧基的含量。

3. 过氧化物的生成

醚对氧化剂较稳定，但长期置于空气中可被空气氧化为过氧化物。氧化通常发生在 C_α—H 键上。过氧化物不稳定，受热易爆炸，沸点又比醚高，因此**蒸馏醚时切勿蒸干**。尤其是异丙醚特别容易形成过氧化物，乙醚和四氢呋喃贮存时间过长时，蒸干也是危险的。

检测过氧化物存在的简单方法是：将少量醚、2%碘化钾溶液、几滴稀硫酸和 2 滴淀粉溶液一起振摇，如有过氧化物则碘离子被氧化为碘，遇淀粉呈蓝色。贮存过久含有过氧化物的醚一定要用 $FeSO_4-H_2SO_4$ 水溶液洗涤或 Na_2SO_3 等还原剂处理后方能蒸馏。为避免过氧化物生成，贮存时可在醚中加入少许金属钠。

练一练 19

完成反应：$CH_3CH_2\underset{\underset{OCH_3}{|}}{CH}CH_2CH_3 \xrightarrow[\triangle]{HBr} ? + ?$

文本

练一练 19 参考答案

五、环氧乙烷

最简单、最重要的环醚是环氧乙烷，又称氧化乙烯。它是无色有毒气体，易燃，沸点 10.73 ℃，易液化，可与水混溶，也可溶于乙醇、乙醚等有机溶剂。

环氧乙烷与空气能形成爆炸性混合物，爆炸极限为 3.6%～78%（体积分数），使用时注意安全。环氧乙烷一般保存在高压钢瓶中。

工业上环氧乙烷是通过乙烯空气催化氧化制得。

$$CH_2{=}CH_2+\frac{1}{2}O_2 \xrightarrow[250\sim280\ ℃,1\sim2\ MPa]{Ag} \underset{\diagdown O \diagup}{CH_2{-}CH_2}$$

环氧乙烷为三元环醚，有较大的角张力，因此具有高度的活泼性。氧环易破裂，化学性质非常活泼，与含活泼氢的试剂及格氏试剂均能发生反应，生成多种重要的有机化合物。所以环氧乙烷是一种重要的有机工业原料。

在酸催化下，环氧乙烷与水作用，开环生成乙二醇。

$$\underset{\diagdown O \diagup}{CH_2{-}CH_2} + H_2O \xrightarrow{H_2SO_4} \underset{OH\quad\ OH}{CH_2{-}CH_2}$$

这是工业上制备乙二醇的方法。

环氧乙烷与格氏试剂反应，再经水解，可制得比格氏试剂烃基**增加两个碳原子的伯醇**。

$$\diagdown\!\!\underset{O}{}\!\!\diagup \xrightarrow[干醚]{RMgX} RCH_2CH_2OMgX \xrightarrow[H_2O]{H^+} R{-}CH_2CH_2{-}OH + Mg\begin{matrix}\diagup OH\\ \diagdown X\end{matrix}$$

此反应在有机合成中可用来增长碳链，是制备伯醇的一种方法。

知识拓展

硫醚与二甲亚砜

硫醇分子中巯基上的氢原子被烃基取代的产物称为硫醚，例如 R—S—R、Ar—S—R 和 Ar—S—Ar。硫醚的命名和醚相似，只要在“醚”字的前面加一“硫”字即可。

低级的硫醚是无色有臭味的液体，与水不形成氢键，故不溶于水。硫醚的沸点比相应的醚高。例如，甲硫醚的沸点为 37.6 ℃，甲醚的沸点是 -24.9 ℃。

硫醚的化学性质与醚相似，比较稳定。在缓和条件下，硫醚可氧化为亚砜，常用的氧化剂有 30% 的过氧化氢、四氧化二氮、高碘酸钠、三氧化铬等。例如：

$$CH_3SCH_3 \xrightarrow[或\ NaIO_4]{H_2O_2} CH_3{-}\overset{\overset{O}{\|}}{S}{-}CH_3$$

二甲亚砜

二甲亚砜(dimethyl sulfoxide，简写为 DMSO)是无色透明液体，熔点 18.5 ℃，沸点 189 ℃，130 ℃以上开始分解。二甲亚砜既能与水混溶又能溶于有机溶剂，是一种优良的溶剂。它常用来萃取石油馏分中的芳烃以及石油裂解气中的乙炔。它能吸收 H_2S 和 SO_2 等有害气体，可清除废气中的污染物，还可作为丙烯腈聚合及聚丙烯腈抽丝的溶剂。二甲亚砜有毒，透过皮肤渗透危害神经系统和血液。使用时应小心，注意安全。

阅读材料 1　一种相转移剂——冠醚

20 世纪 60 年代末，合成了一系列多氧大环醚——冠醚。其结构特征是分子中具有$\leftarrow OCH_2CH_2 \rightarrow_n$重复单元，形似皇冠，故称冠醚。例如：

冠醚　　18－冠－6

这类化合物有其特有的命名法。“冠”字前一个数字代表环中原子数，后一个数字代表环中氧原子数。

冠醚的一个重要特点是大环结构中有空穴，而且氧原子上有孤对电子，因此可随空穴大小不同而与离子半径不同的金属正离子络合，即只有与空穴大小相当的金属离子才能进入空穴与之络合。例如，18－冠－6 空穴直径为 0.26~0.32 nm，它只能与离子半径为 0.133 nm 的 K^+络合，而 12－冠－4 的空穴直径为 0.12 nm，可与离子半径为 0.06 nm 的 Li^+络合。这类络合物都有一定的熔点，可用于分离金属正离子。

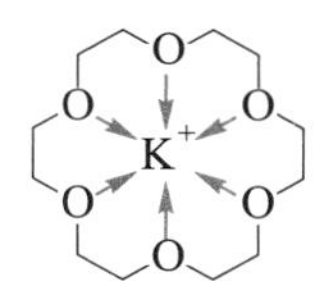

18－冠－6—K^+络合物　　12－冠－4—Li^+络合物

阅读材料 2 一种酯化反应催化剂——硫酸钙晶须

由于这类络离子的外部具有烃的性质，致使络离子能溶于非极性的有机溶剂中，可用作相转移剂，以加速非均相有机反应的速率。例如，固体氰化钾与卤代烃在有机溶剂中很难发生亲核取代反应，因为反应难以在固液两相中进行。当加入冠醚 18－冠－6 以后，反应迅速进行。这是因为 18－冠－6 与 K^+生成的络离子溶于非极性的有机溶剂中，并带着未溶剂化的 CN^-进入有机相，使反应在均相（有机相）中进行。有机相中的 CN^-则以完全游离的自由负离子作为亲核试剂进行反应，因此大大提高了反应速率。冠醚作为一个相转移剂应用于有机反应中，如亲核取代、消除、加成、氧化、还原、缩合等反应。例如：

$$C_6H_5-CH_2Cl + KCN \xrightarrow[25\ ℃,72\ h]{CH_3CN} C_6H_5-CH_2CN \quad (20\%)$$

$$C_6H_5-CH_2Cl + KCN \xrightarrow[25\ ℃,0.4\ h]{CH_3CN,18-冠-6} C_6H_5-CH_2CN \quad (100\%)$$

但冠醚价格昂贵，并且剧毒，必须谨慎使用。

学习指导

1. 醇的鉴别

醇可以和活泼金属如 Na、K 等作用，放出 H_2；醇的酸性比水弱，与金属反应的速率也比水与金属反应的速率慢。

卢卡斯试剂是无水 $ZnCl_2$ 的浓盐酸溶液，它与不同的醇反应速率不同，可以根据混浊或分层的快慢及是否需要加热判断不同类的醇，不同醇与卢卡斯试剂反应的速率为：

$$\left.\begin{array}{l} CH_2{=}CHCH_2OH \\ C_6H_5{-}CH_2OH \end{array}\right\} > \underset{\text{快}}{\text{叔醇}} > \underset{\text{慢}}{\text{仲醇}} > \underset{\text{需加热}}{\text{伯醇}}$$

2. 酚的鉴别

(1) 酚与 $FeCl_3$ 的水溶液发生颜色反应

酚与 $FeCl_3$ 的水溶液发生颜色反应，不同的酚生成的有色物质不同，呈现的颜色不同，可以鉴别不同的酚。

(2) 苯酚与溴水的反应

苯酚与溴水在常温下立即生成 2,4,6−三溴苯酚白色沉淀，反应迅速定量进行，也可用于定量分析。

3. 醚的鉴别

醚能溶于浓 HCl 或浓 H_2SO_4 中，因为醚与酸能生成𬭩盐，可以鉴别醚与不溶于酸的卤代烃等物质。

4. 醇、酚、醚的制备

(1) 烯烃的水合

$$\rangle C{=}C\langle \; + H{-}OH \xrightarrow{H^+} H{-}\overset{|}{\underset{|}{C}}{-}\overset{|}{\underset{|}{C}}{-}OH$$

(2) 卤代烃的水解

$$R{-}CH_2{-}X + H{-}OH \xrightarrow{OH^-} R{-}CH_2{-}OH + HX$$

(3) 醛、酮的还原

$$\rangle C{=}O + H_2 \xrightarrow{Ni} H{-}\overset{|}{\underset{|}{C}}{-}OH$$

(4) 格氏试剂与环氧乙烷加成、水解，制备增加两个碳原子的伯醇。

$$RMgX + \underset{O}{\triangle} \xrightarrow{\text{干醚}} R{-}CH_2CH_2{-}OMgX \xrightarrow[H_2O]{H^+} RCH_2CH_2OH$$

(5) 芳磺酸盐碱熔、水解

$$C_{10}H_7{-}SO_3Na \xrightarrow[320\sim330\ ^\circ C]{NaOH\ \text{熔融}} C_{10}H_7{-}ONa \xrightarrow[\text{酸化}]{SO_2+H_2O} C_{10}H_7{-}OH$$

（6）威廉森合成

$$RCH_2X+R'ONa \longrightarrow RCH_2OR'$$ （R 与 R′可以相同，也可以不同）

5. 醇、酚酸性的比较（强于用“>”表示）

$$H_2CO_3>Ar—OH>H_2O>R—OH$$

苯酚（环上带吸电子基）> 苯酚 > 苯酚（环上带给电子基）

习　题

1. 命名下列化合物：

（1）$(CH_3)_2CHCH_2OH$　　（2）$(CH_3)_2CHCH(OH)CH_3$

（3）环己烯-4-醇结构（环己烯环上连 —OH）　　（4）苯环上 1 位 CH_2OH、2 位 OH、4 位 OH

2. 写出下列化合物的结构式：

（1）4-异丙基-2,6-二溴苯酚　　（2）对甲氧基苯酚

（3）四氢呋喃　　（4）苯甲醚

（5）乙基烯丙基醚　　（6）二苄醚

（7）环氧乙烷　　（8）（*E*）-5-苯基-3-戊烯-1-醇

3. 完成下列反应：

（1）$(CH_3)_2CHCH(OH)CH_3 \xrightarrow{Na} ? \xrightarrow{?} (CH_3)_2CH—CH(CH_3)—OC_2H_5$

（2）$CH_3CH_2CH_2CH{=}CH_2 \xrightarrow[H_2O]{H^+} ?$

（3）$HO—C_6H_4—CH_2OH$（对位）$\xrightarrow{Br_2,H_2O} ?$；$\xrightarrow{PBr_3,\triangle} ?$

（4）邻甲苯酚 $\xrightarrow[H_2O]{NaOH} ? \xrightarrow{?}$ 邻甲基苯甲醚（OCH_3，CH_3）$\xrightarrow[H_2O,\triangle]{KMnO_4} ? \xrightarrow[\triangle]{浓\ HI} ? + ?$

（5）$C_6H_5—CH_2CH_3 \xrightarrow[h\nu,\triangle]{1\ mol\ Cl_2} ? \xrightarrow[干醚]{Mg} ? \xrightarrow{CH_2—CH_2(环氧乙烷)} ? \xrightarrow{H_3O^+} ?$

4. 邻甲苯酚和下列试剂有无反应？若有，写出其主要产物。

（1）Br_2,H_2O　　（2）$HBr,\triangle$

文本

第十章习题参考答案

(3) 98% H_2SO_4, 25 ℃　　　　　　　　(4) 冷稀 HNO_3

5. 用化学方法鉴别下组化合物：

苯甲醚、苯酚和 1－苯基乙醇

6. 将下列化合物按酸性由强至弱排列：

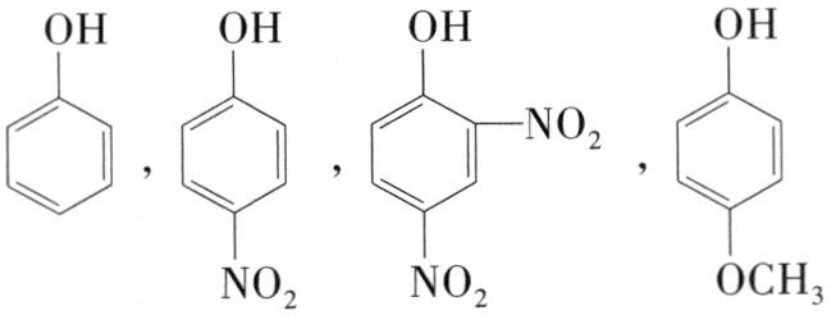

OH（苯环），OH（苯环）NO_2，OH（苯环）NO_2 NO_2，OH（苯环）OCH_3

7. 某醇的分子式为 $C_5H_{12}O$，经氧化后得酮，经浓硫酸加热脱水得烃，此烃经氧化生成另一种酮和一种羧酸。推测该醇的构造式。

8. 化合物 A 的分子式为 $C_7H_{14}O$。A 与金属钠反应放出氢气，A 与热的铬酸作用只能得到一种化合物 B，其分子式为 $C_7H_{12}O$。当 A 与浓硫酸共热，也只得到一种化合物（无异构体）C，其分子式为 C_7H_{12}。C 用碱性高锰酸钾溶液加热处理得化合物 $HOOCCH_2CH_2\underset{CH_3}{\underset{|}{C}}HCH_2COOH$。推测 A、B、C 的构造式。

9. 某芳香族化合物 A，分子式为 C_7H_8O。A 与钠不发生反应，与浓 HI 共热生成两种化合物 B 和 C。B 能溶于 NaOH 水溶液，并与 $FeCl_3$ 水溶液作用呈紫色；C 与 $AgNO_3$ 水溶液作用生成黄色 AgI。写出 A、B、C 的构造式及各步反应式。

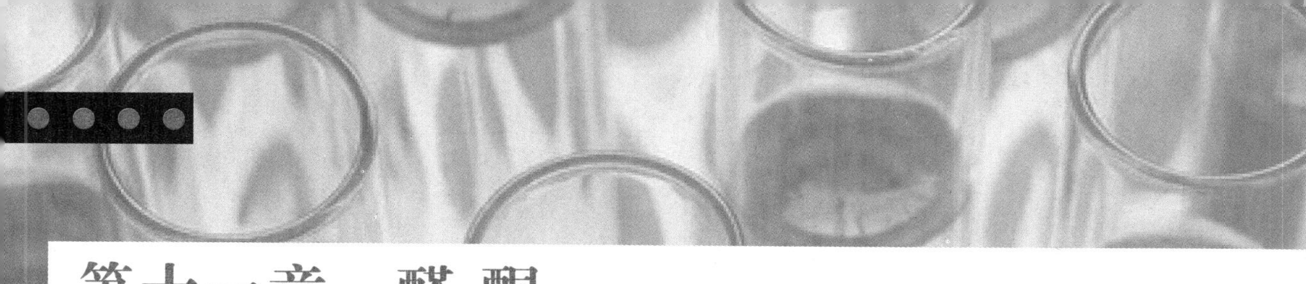

第十一章　醛 酮

学习目标

1. 了解醛、酮的物理性质及其制备方法；
2. 了解醛、酮亲核加成的反应机理；
3. 掌握醛酮的命名；
4. 掌握多官能团化合物的命名；
5. 掌握醛酮的化学性质及其应用。

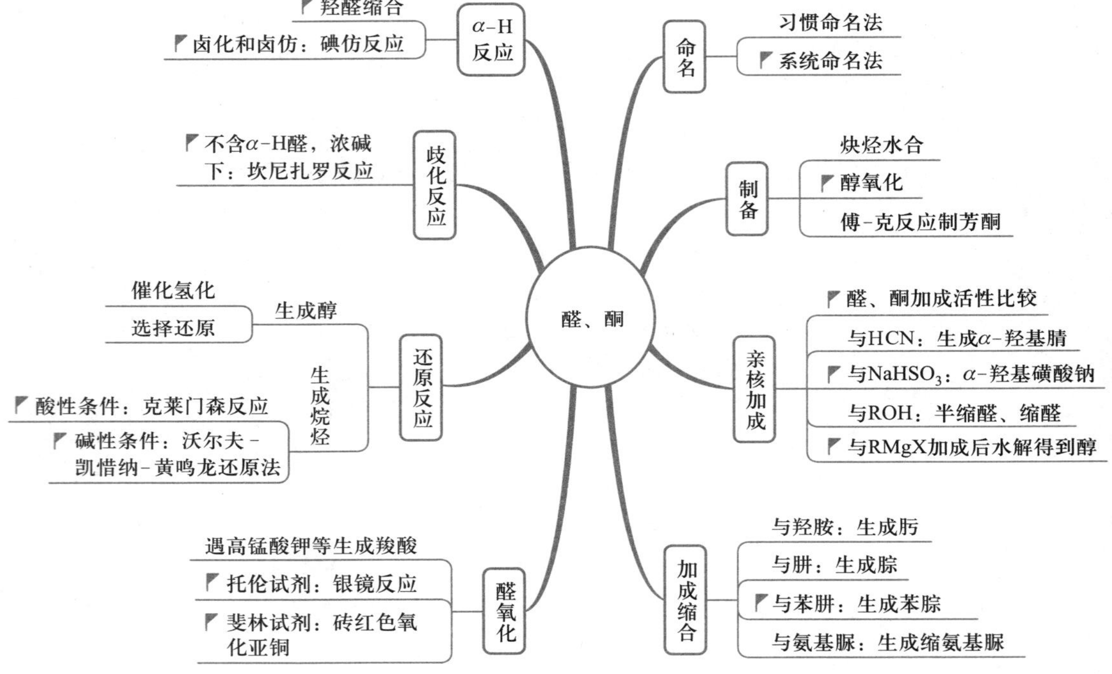
醛、酮
α-H反应
羟醛缩合
卤化和卤仿：碘仿反应
歧化反应
不含α-H醛，浓碱下：坎尼扎罗反应
还原反应
生成醇
催化氢化
选择还原
生成烷烃
酸性条件：克莱门森反应
碱性条件：沃尔夫-凯惜纳-黄鸣龙还原法
醛氧化
遇高锰酸钾等生成羧酸
托伦试剂：银镜反应
斐林试剂：砖红色氧化亚铜
命名
习惯命名法
系统命名法
制备
炔烃水合
醇氧化
傅-克反应制芳酮
亲核加成
醛、酮加成活性比较
与HCN：生成α-羟基腈
与NaHSO3：α-羟基磺酸钠
与ROH：半缩醛、缩醛
与RMgX加成后水解得到醇
加成缩合
与羟胺：生成肟
与肼：生成腙
与苯肼：生成苯腙
与氨基脲：生成缩氨基脲

第一节　醛和酮的分类和命名

醛、酮分子中都含有羰基（$>C=O$），统称为羰基化合物。羰基是羰基化合物的官能团。

羰基碳原子分别与氢原子和烃基相连接的化合物，称为醛，可用通式 $R-\overset{\overset{O}{\|}}{C}-H$ 表示。$-\overset{\overset{O}{\|}}{C}-H$ 叫作醛基，是醛的官能团。甲醛（$H-\overset{\overset{O}{\|}}{C}-H$）是最简单的醛，其羰基碳原子连有两个氢原子。

羰基碳原子连有两个烃基的化合物，称为酮，可用通式 $R-\overset{\overset{O}{\|}}{C}-R$ 表示。最简单的酮是丙酮（$CH_3-\overset{\overset{O}{\|}}{C}-CH_3$）。酮分子中的羰基也叫作酮基。

一、醛和酮的分类

根据羰基所连接的烃基不同，醛、酮可以分为脂肪醛、酮和芳香醛、酮；根据烃基是否含有不饱和键，分为饱和醛、酮和不饱和醛、酮；根据分子中含有羰基的数目，分为一元醛、酮和多元醛、酮。一元酮又可分为单酮和混酮。羰基连接两个相同烃基的酮，叫作单酮；羰基连接两个不同烃基的酮，叫作混酮。

二、醛和酮的命名

1. 习惯命名法

醛的习惯命名和伯醇相似，只要把“醇”字改为“醛”字便可。例如：

$CH_3CH_2CH_2CHO$
正丁醛（饱和醛）

$(CH_3)_2CHCHO$
异丁醛

命名酮时，则只需在羰基所连接的两个烃基名称后面加上“酮”字。脂肪混酮命名时，要把“次序规则”中较优的烃基写在后面；但芳基和脂基的混酮却要把芳基写在前面。例如：

$CH_3\overset{\overset{O}{\|}}{C}CH_3$
二甲酮（饱和酮）

$CH_3\overset{\overset{O}{\|}}{C}CH_2CH_3$
甲基乙基酮（甲乙酮）

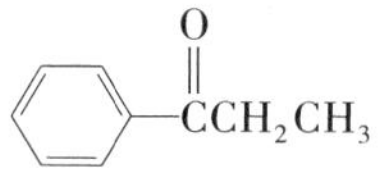

$C_6H_5-\overset{\overset{O}{\|}}{C}CH_2CH_3$
苯基乙基酮（芳香酮）
（不叫苯乙酮）

2. 系统命名法

选择含有羰基的最长碳链作为主链，从离羰基最近的一端开始，将主链碳原子编号，然后把取代基的位次、数目及名称写在醛、酮母体名称前面。此外，还需在酮名称前面标明羰基的位次。因醛基总在碳链一端，永远是1号，在命名醛时没有必要标出其位次。

主链碳原子位次除用阿拉伯数字表示外，也可用希腊字母表示，与羰基直接相连的碳原子为 α-碳原子，其余依次为 $\beta,\gamma,\delta,\cdots$。酮分子中有两个 α-碳原子，可分别用 α、α' 表示，其余依次为 β、β' 等。例如：

$CH_3CH(CH_3)CH_2CHO$
3-甲基丁醛（β-甲基丁醛）

邻-HO-C_6H_4-CHO
邻羟基苯甲醛（水杨醛）

C_6H_5-$CH_2CH_2COCH_3$
4-苯基-2-丁酮

不饱和醛、酮命名时，应选择同时含有羰基碳和不饱和键在内的最长碳链作为主链，主链编号时仍从靠近羰基的一端开始，称为某烯醛或某烯酮，并在名称中标明不饱和键的位次。例如：

$CH_3CH{=}CHCHO$
2-丁烯醛

$CH_3COCH_2CH{=}CH_2$
4-戊烯-2-酮

C_6H_5-$CH{=}CHCHO$
3-苯基丙烯醛

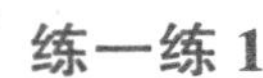
练一练 1

命名或写出下列化合物的结构式：

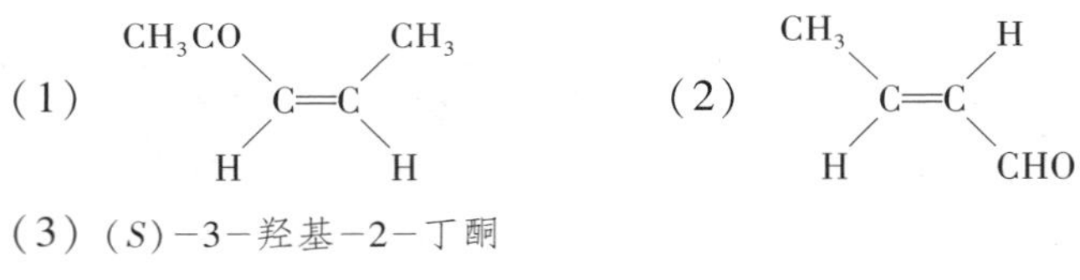

（3）(*S*)-3-羟基-2-丁酮

（4）CH_3O-C_6H_4-CHO（对位）

文本
练一练1参考答案

第二节 多官能团有机化合物的命名

多官能团化合物的命名通常是按照表11-1所列举的官能团优先次序来确定母体和取代基。在同一个分子中有多个官能团时，以表11-1中处于最前面的一个官能团为优先基团，由它决定母体名称，其他官能团都作为取代基来命名。命名时，按最低系列原则和立体化学中的次序规则在母体名称前冠以取代基的位次、数目和名称。例如：

$\overset{4}{C}H_2(Cl)$—$\overset{3}{C}H(Br)$—$\overset{2}{C}H(CH_3)$—$\overset{1}{C}HO$
2-甲基-4-氯-3-溴丁醛

CH_3（4位）、HO（5位）、Cl（2位）、SO_3H（1位）取代苯
4-甲基-5-羟基-2-氯苯磺酸

CH_3—C(=O)—CH_2—COOH
3-丁酮酸（或3-氧代丁酸）

表 11-1　一些重要官能团的优先次序*

官能团名称	官能团结构	官能团名称	官能团结构	官能团名称	官能团结构
羧基	—COOH	酮基	$>C=O$	三键	$-C\equiv C-$
磺(酸)基	$-SO_3H$	醇羟基	—OH	双键	$>C=C<$
酯基	—COOR	酚羟基	—OH	烷氧基	—O—R
卤代甲酰基	—COX	巯基	—SH	烷基	—R
氨基甲酰基	$-CONH_2$	氢过氧基	—O—O—H	卤原子	—X
腈基	$-C\equiv N$	氨基	$-NH_2$	硝基	$-NO_2$
醛基	—CH=O	亚氨基	$>NH$		

* 本次序是按照国际纯粹与应用化学联合会(IUPAC)1979 年公布的有机化合物命名法和我国目前化学界约定俗成的次序排列而成的。

练一练 2

命名下列化合物(手性化合物要标出手性碳原子的构型):

(1) $CH_3CH(OH)CH_2CHO$

(2) HO—⟨苯环⟩—COOH

(3) CH_3O、H 与 H、$\overset{O}{\|}CCH_3$ 分别连接在 C=C 两端的化合物（CH_3O 与 H 在左侧碳上，H 与 CCH_3(=O) 在右侧碳上）

(4) Fischer 投影式：CHO 在上；CH_3—C—H；H—C—OH；CH_2CH_3 在下

文本

练一练 2 参考答案

*第三节　醛和酮的制备

一、醇脱氢或氧化反应制备

伯醇脱氢或氧化反应生成醛,仲醇则生成酮。

$$R-CH_2OH \xrightarrow{-2[H]或[O]} R-CHO$$

$$R-\underset{OH}{\underset{|}{CH}}-R' \xrightarrow{-2[H]或[O]} R-\overset{O}{\overset{\|}{C}}-R'$$

工业上,在高温下将伯醇或仲醇的蒸气,通过铜、银等催化剂,分别脱氢生成醛或酮。若同时通入空气,则氢被氧化成水,反应可进行到底,即催化氧化脱氢。

伯醇、仲醇氧化剂氧化,常用的氧化剂有重铬酸钾和稀硫酸。伯醇反应时,需要把生成的醛从反应混合物中立即蒸馏出来，避免继续氧化。这种方法适用于制取沸点在 100 ℃以下的低级醛。仲醇氧化生成酮，由于酮不会进一步氧化，不需立即分离，故本法更适合于制备酮（详见上章醇的性质）。

二、羰基合成制备

在八羰基二钴$[Co(CO)_4]_2$的催化下，α－烯烃与一氧化碳和氢反应，生成比原料烯烃多一个碳原子的醛。这个反应称为羰基合成，是工业上制取醛的重要方法。

$$RCH{=}CH_2+CO+H_2 \xrightarrow[110\sim150\ ℃,20\ MPa]{[Co(CO)_4]_2} RCH_2CH_2CHO+\underset{\displaystyle CH_3}{\underset{|}{RCHCHO}}$$

羰基合成又称氢甲酰化反应，相当于氢原子与甲酰基（—CHO）加到 C═C 双键上。产物中通常以直链醛为主，是有机合成中使碳链增加一个碳原子的方法之一。例如：

$$CH_3CH{=}CH_2+CO+H_2 \xrightarrow[\text{约}170\ ℃,25\ MPa]{[Co(CO)_4]_2} \underset{(75\%)}{CH_3CH_2CH_2CHO}+\underset{(25\%)}{\underset{\displaystyle CH_3}{\underset{|}{CH_3CHCHO}}}$$

羰基合成得到的醛催化加氢可得到伯醇。这是工业生产低级伯醇的一种重要方法。

三、烷基苯氧化反应制备

工业上常用烷基苯氧化制得芳醛和芳酮。例如：

$$C_6H_5{-}CH_3+O_2(\text{空气}) \xrightarrow[400\ ℃]{V_2O_5} C_6H_5{-}CHO$$

$$C_6H_5{-}CH_2CH_3+O_2(\text{空气}) \xrightarrow[120\sim130\ ℃]{\text{硬脂酸钴}} C_6H_5{-}COCH_3$$

四、傅瑞德尔－克拉夫茨酰基化（傅－克酰基化）反应制备

$$ArH+\underset{\text{酰氯}}{\overset{\displaystyle O}{\overset{\|}{RCCl}}} \xrightarrow{\text{无水}AlCl_3} \underset{\text{芳基烷基酮}}{\overset{\displaystyle O}{\overset{\|}{ArCR}}}+HCl$$

$$ArH+\overset{\displaystyle O}{\overset{\|}{ArCCl}} \xrightarrow{\text{无水}AlCl_3} \underset{\text{二芳基酮}}{\overset{\displaystyle O}{\overset{\|}{ArCAr}}}+HCl$$

也可以用羧酸酐代替酰氯作酰化剂，这是合成芳香酮常用的方法（详见芳烃亲电取代反应）。

第四节　醛和酮的物理性质

常温下，只有甲醛是气体，低级醛、酮都是液体。低级醛具有强烈刺激气味，中级醛

有花果香味，含 8~13 个碳原子的醛常应用于香料工业中。高级醛、酮为固体。

羰基是极性基团，故醛、酮分子间的引力较大。与相对分子质量相近的烷烃和醚相比，醛、酮的沸点较高。又由于醛、酮分子间不能形成氢键，因而沸点低于相对分子质量相近的醇。从表11-2中可以看出上述规律。

表 11-2　相对分子质量相近的烷、醚、醛、酮及醇的沸点

化合物	$CH_3CH_2CH_2CH_3$	$CH_3OCH_2CH_3$	CH_3CH_2CHO	CH_3COCH_3	$CH_3CH_2CH_2OH$
名称	正丁烷	甲乙醚	丙醛	丙酮	正丙醇
相对分子质量	58	60	58	58	60
沸点/ ℃	0	10.8	49	56.1	97.4

对于高级醛、酮，随着羰基在分子中所占比例越来越小，与相对分子质量相近的烷烃的沸点差别也逐步减少。例如，相对分子质量同为 156 的癸酮和正十一烷，沸点分别是 210 ℃和196 ℃。

醛、酮分子之间虽不能形成氢键，但羰基氧原子却能和水分子形成氢键。所以，相对分子质量低的醛、酮可溶于水。例如，乙醛和丙酮能与水混溶。醛、酮的水溶性随相对分子质量增大逐渐降低，乃至不溶。醛、酮可溶于一般的有机溶剂。丙酮、丁酮能溶解许多有机化合物，故常用作有机溶剂。脂肪族醛、酮的相对密度小于 1，芳香族醛、酮的相对密度则大于 1。

表 11-3 列出一些醛、酮的物理常数。

表 11-3　一些重要醛、酮的物理常数

名称	构造式	熔点/ ℃	沸点/ ℃	相对密度	溶解度 $g\cdot(100\ g\ 水)^{-1}$
甲醛	HCHO	-92	-19.5	0.815	55
乙醛	CH_3CHO	-123	21	0.781	溶(∞)
丙醛	CH_3CH_2CHO	-80	48.8	0.807	20
丁醛	$CH_3(CH_2)_2CHO$	-97	74.7	0.817	4
乙二醛	OHCCHO	15	50.4	1.14	溶(∞)
丙烯醛	$CH_2=CHCHO$	-87.5	53	0.841	溶
苯甲醛	⌬—CHO	-26	179	1.046	0.33
丙酮	CH_3COCH_3	-95	56	0.792	溶(∞)
丁酮	$CH_3COCH_2CH_3$	-86	79.6	0.805	35.3
2-戊酮	$CH_3CO(CH_2)_2CH_3$	-77.8	102	0.812	微溶
3-戊酮	$C_2H_5COC_2H_5$	-42	102	0.814	4.7
环己酮	⬡=O	-16.4	156	0.942	微溶
丁二酮	$CH_3COCOCH_3$	-2.4	88	0.980	25
2,4-戊二酮	$CH_3COCH_2COCH_3$	-23	138	0.792	溶

续表

名称	构造式	熔点/℃	沸点/℃	相对密度	溶解度 g·(100 g 水)$^{-1}$
苯乙酮	C_6H_5—$COCH_3$	19.7	202	1.026	微溶
二苯甲酮	C_6H_5—CO—C_6H_5	48	306	1.098	不溶

第五节　醛和酮的化学性质

醛、酮的化学性质主要由官能团羰基($>$C=O)决定。羰基碳原子以 sp^2 杂化参与成键，碳和氧以双键相连(一个 σ 键和一个 π 键)。由于氧原子的电负性较大，使其明显地带有部分负电荷，而碳原子明显地带有部分正电荷(见图 11-1)，所以羰基是强极性基团。

由于氧原子具有较大的容纳负电荷的能力，带有部分正电荷的碳原子比带有部分负电荷的氧原子活性大，因此，羰基易受亲核试剂进攻而发生亲核加成反应；受羰基影响，α-H 具有活性；且醛基氢也具活性，易被氧化。因此，醛和酮可发生三种类型的反应：C=O的亲核加成，醛基 C—H 键断裂(醛基上的氢原子被氧化)、α-氢原子的反应。

$$\rangle C^{\delta+}=O^{\delta-}$$

图 11-1　羰基 π 电子或 π 电子云分布示意图

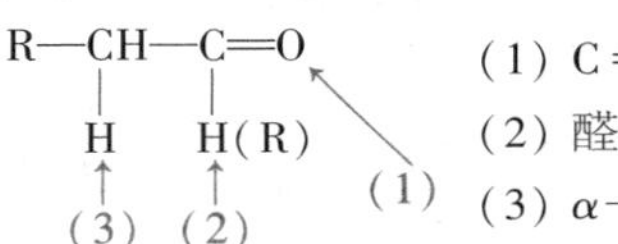

(1) C=O 的亲核加成反应
(2) 醛基上氢原子的反应
(3) α-氢原子的反应

一、羰基的亲核加成反应

亲核加成反应机理：

$$Nu^- + \underset{sp^2}{C^{\delta+}}=O^{\delta-} \underset{}{\overset{慢}{\rightleftharpoons}} Nu-\underset{sp^3}{C}-O^- \overset{H^+,快}{\rightleftharpoons} Nu-C-OH$$

氧负离子中间体(四面体结构)

亲核试剂 Nu^- 首先进攻带有部分正电荷的羰基碳原子，生成氧负离子中间体。此时，羰基碳原子由 sp^2 杂化变为 sp^3 杂化。然后氧负离子与试剂的亲电部分(通常是 H^+)结合生成产物。由于决定加成反应速率的一步是亲核试剂进攻，故称亲核加成反应。

醛和酮进行亲核加成的难易程度是不同的。酮羰基连有两个烃基，空间位阻及两个烃基的推电子的电子效应导致亲核加成反应活性酮比醛小。且羰基所连烃基的体积越大，立体阻碍越大，越不利于亲核加成。综上所述，亲核加成反应活性次序大致如下：

HCHO > RCHO > PhCHO > CH_3COCH_3 > $RCOCH_3$ > $PhCOCH_3$ > PhCOR > PhCOPh

1. 与氢氰酸的加成

醛、脂肪族的甲基酮和少于 8 个碳原子的环酮都可以与氢氰酸发生亲核加成反应，产物是α－羟基腈（氰醇）。

$$R-\underset{\displaystyle H(CH_3)}{\overset{}{C}}=O + HCN \rightleftharpoons R-\underset{\displaystyle CN}{\overset{\displaystyle H(CH_3)}{C}}-OH$$

α－羟基腈（氰醇）

α－羟基腈比原料醛或酮增加了一个碳原子。这是**使碳链增长一个碳原子**的一种方法。

由于氢氰酸剧毒，又易挥发（沸点 26 ℃），为了安全起见，可以将醛或酮与氰化钠或氰化钾水溶液混合，然后慢慢加入硫酸，使生成的氢氰酸立即和醛或酮反应。氰化钠或氰化钾的毒性虽然也很大，但不易挥发，容易控制。即使这样，实验仍需在通风橱中进行。

生成的 α－羟基腈根据不同的条件，可以转化为 α－羟基酸或 α，β－不饱和酸。例如：

$$CH_3-\overset{\displaystyle O}{\overset{\|}{C}}-CH_3 + NaCN \xrightarrow{H_2SO_4} CH_3-\underset{\displaystyle OH}{\overset{\displaystyle CH_3}{C}}-CN \begin{cases} \xrightarrow[\triangle]{HCl,\ H_2O} CH_3-\underset{\displaystyle OH}{\overset{\displaystyle CH_3}{C}}-COOH \\ \xrightarrow[\triangle]{H_2SO_4} CH_2=\overset{\displaystyle CH_3}{C}-COOH + H_2O \end{cases}$$

2. 与亚硫酸氢钠的加成

醛、脂肪族甲基酮和少于 8 个碳原子的环酮可以和饱和亚硫酸氢钠溶液（浓度约 40%）发生亲核加成反应。产物 α－羟基磺酸钠能溶于水，但不溶于饱和亚硫酸氢钠溶液中，而以无色晶体析出。

$$R-\overset{\displaystyle H(CH_3)}{C}=O + \overset{+\ -}{Na}O\overset{\displaystyle O}{\overset{\|}{S}}OH \rightleftharpoons R-\underset{\displaystyle SO_3H}{\overset{\displaystyle H(CH_3)}{C}}-ONa \rightleftharpoons R-\underset{\displaystyle SO_3Na}{\overset{\displaystyle H(CH_3)}{C}}-OH \downarrow$$

α－羟基磺酸钠

加成产物 α－羟基磺酸钠遇稀酸或稀碱都可以重新分解为原来的醛、酮。利用这个反应可以分离和提纯醛、酮。

$$R-\underset{\displaystyle H(CH_3)}{\overset{\displaystyle OH}{C}}-SO_3Na \begin{cases} \xrightarrow{稀\ HCl} R-\underset{\displaystyle H(CH_3)}{C}=O + SO_2\uparrow + NaCl + H_2O \\ \xrightarrow{稀\ Na_2CO_3} R-\underset{\displaystyle H(CH_3)}{C}=O + CO_2\uparrow + Na_2SO_3 + H_2O \end{cases}$$

3. 与格氏试剂的加成

格氏试剂 RMgX 的碳原子带有部分负电荷,具有强亲核性,能与醛、酮发生亲核加成反应。加成产物经水解,可以制得不同种类的醇,这是合成醇的一种好方法。

$$\overset{\delta-}{R}\overset{\delta+}{MgX}+\ -\overset{\delta+}{\underset{|}{C}}=\overset{\delta-}{O}\xrightarrow{\text{干醚}}R-\overset{|}{\underset{|}{C}}-OMgX\xrightarrow{H_3O^+}R-\overset{|}{\underset{|}{C}}-OH$$

(1) 格氏试剂与甲醛反应,可制伯醇。例如:

$$C_6H_5-MgBr+CH_2=O\xrightarrow{\text{干醚}}C_6H_5-CH_2OMgBr\xrightarrow{H_3O^+}C_6H_5-CH_2OH$$

苯甲醇(90%)

(2) 格氏试剂与其他醛反应,可制仲醇。例如:

$$CH_3CH_2MgBr+CH_3CHO\xrightarrow{\text{干醚}}CH_3CH_2\overset{CH_3}{\overset{|}{C}}HOMgBr\xrightarrow{H_3O^+}CH_3CH_2\overset{OH}{\overset{|}{C}}HCH_3$$

2-丁醇(80%)

(3) 格氏试剂与酮反应,可制叔醇。例如:

$$CH_3CH_2CH_2CH_2MgBr+(CH_3)_2C=O\xrightarrow{\text{干醚}}CH_3CH_2CH_2CH_2\overset{CH_3}{\underset{CH_3}{\overset{|}{\underset{|}{C}}}}OMgBr$$

$$\xrightarrow{H_3O^+}CH_3CH_2CH_2CH_2\overset{CH_3}{\underset{CH_3}{\overset{|}{\underset{|}{C}}}}OH$$

2-甲基-2-己醇(92%)

由此可见,只要选择适当的原料,除甲醇外,几乎是任何醇都可通过格氏试剂来合成。

4. 与醇的加成

在酸催化下,醛可以和醇发生亲核加成反应,生成的产物叫作**半缩醛**。半缩醛不稳定,再与一分子醇反应,失去一分子水,生成缩醛。反应是可逆的,需在无水的酸性条件下形成**缩醛**。

$$\begin{matrix}R\\ \quad\rangle C=O\\ H\end{matrix}+R'OH\underset{}{\overset{HCl(\text{气})}{\rightleftharpoons}}\begin{matrix}R & & OR'\\ & \rangle C\langle & \\ H & & OH\end{matrix}\xrightarrow{HOR',HCl(\text{气})}\begin{matrix}R & & OR'\\ & \rangle C\langle & \\ H & & OR'\end{matrix}+H_2O$$

半缩醛(不稳定)　　缩醛(稳定)

半缩醛通常是不稳定的,容易分解为原来的醛。半缩醛只能在溶液中存在,不能从溶液中分离出来。

与醛相比,酮形成半缩酮和缩酮要困难些。即便是在酸催化下,酮一般也不和一元醇反应,但可与某些二元醇(例如乙二醇)反应,生成环状缩酮。为使平衡向右边进行,需不断除去水。

$$\begin{matrix}R\\ \ \\ R\end{matrix}\!\!>C{=}O + \begin{matrix}HO{-}CH_2\\ |\\ HO{-}CH_2\end{matrix} \underset{}{\overset{H^+}{\rightleftharpoons}} \begin{matrix}R\\ \ \\ R\end{matrix}\!\!>C\begin{matrix}O{-}CH_2\\ |\\ O{-}CH_2\end{matrix} + H_2O$$

缩醛与环状缩酮在稀酸中都能水解生成原来的醛或酮；但对碱、氧化剂和还原剂却很稳定。根据这些特性，在有机合成中，可以利用形成缩醛或环状缩酮来**保护醛基和酮基**。例如，欲从 $OHC-C_6H_4-CH_2OH$ 合成 $OHC-C_6H_4-COOH$ 时，为了避免醛基被氧化，就需要保护醛基。

$$OHC-C_6H_4-CH_2OH \xrightarrow[HCl(干)]{CH_3OH} (CH_3O)_2CH-C_6H_4-CH_2OH \xrightarrow{冷稀\ KMnO_4}$$

$$(CH_3O)_2CH-C_6H_4-COOK \xrightarrow[\triangle]{稀\ HCl} OHC-C_6H_4-COOH$$

练一练 3

用简便合理的方法除去正丁醇中含有的少量的正丁醛。

练一练 4

完成下列反应：

（1）$CH_3CHOHCH_2CH_3 \xrightarrow{?} CH_3COCH_2CH_3 \xrightarrow{HCN} ?$

（2）$PhCHO+PhMgBr \xrightarrow{干醚} ? \xrightarrow{H_3O^+} ?$

练一练 5

以正丙醇为原料，其他无机试剂可任选合成 3－己酮，即合成 $CH_3CH_2COCH_2CH_2CH_3$。

练一练 3～5 参考答案

二、与氨的衍生物加成缩合反应

醛和酮可与一些氨的衍生物（$Y-NH_2$）发生缩合反应，脱去一分子水，生成含 C ═N 键的化合物。反应通式可表示如下：

$$>C{=}O + H_2N-M \longrightarrow \left[>\overset{OH}{\underset{|}{C}}-\overset{H}{\underset{|}{N}}-M \right] \xrightarrow{-H_2O} >C{=}N-M$$

（M：－OH、－NH_2、－NH—Ph、—NH—$C_6H_3(NO_2)_2$（2,4-二硝基苯基） 等）

反应举例如下：

$$\underset{丙酮}{(CH_3)_2C{=}O} + \underset{羟氨}{H_2N-OH} \longrightarrow \underset{丙酮肟}{(CH_3)_2C{=}N-OH} + H_2O$$

$$\underset{1-苯基-1-丙酮}{C_6H_5-COC_2H_5} + \underset{肼}{H_2N-NH_2} \longrightarrow \underset{1-苯基-1-丙酮腙}{C_6H_5-\underset{C_2H_5}{\underset{|}{C}}{=}N-NH_2} + H_2O$$

$$C_6H_5\text{—}CHO + H_2N\text{—}NH\text{—}C_6H_3(NO_2)_2 \longrightarrow C_6H_5\text{—}CH{=}N\text{—}NH\text{—}C_6H_3(NO_2)_2 + H_2O$$

苯甲醛　　2,4-二硝基苯肼　　苯甲醛-2,4-二硝基苯腙

$$C_6H_{10}{=}O + H_2N\text{—}NH\text{—}\overset{O}{\overset{\|}{C}}\text{—}NH_2 \longrightarrow C_6H_{10}{=}N\text{—}NH\text{—}\overset{O}{\overset{\|}{C}}\text{—}NH_2 + H_2O$$

环己酮　　氨基脲　　环己酮缩氨基脲

上述反应产物通常都是不溶于水的晶体，具有明确的熔点，在化学手册或文献上可以查到。因此，只要测定反应产物的熔点，与文献或手册上的数据相比较，就能确定原来是何种醛、酮。

当醛或酮滴加到2,4-二硝基苯肼溶液中时，即可得到2,4-二硝基苯腙黄色晶体，反应灵敏，常用于**醛、酮的定性分析**。

此外，上述反应产物在稀酸存在下能水解为原来的醛、酮，故又可用来分离和提纯醛、酮。

练一练 6

完成下列反应：

(1) $C_6H_{10}{=}O + HONH_2 \longrightarrow ?$

(2) $CH_3COCH_3 + NH_2\text{—}NH_2 \longrightarrow ?$

文本

练一练 6
参考答案

三、氧化还原反应

微课

乙醛的银镜反应

1. 氧化反应

醛容易氧化为羧酸。常用的氧化剂有活性 Ag_2O、H_2O_2、$KMnO_4$、$K_2Cr_2O_7$、HNO_3、CrO_3 和过氧酸等。例如：

$$CH_3(CH_2)_5CHO + CH_3\overset{O}{\overset{\|}{C}}OOH \longrightarrow CH_3(CH_2)_5COOH + CH_3COOH$$

过氧乙酸　　庚酸(88%)

空气中的氧也能将醛氧化，所以在存放时间较长的醛中常含有少量的羧酸。

酮与上述氧化剂不发生氧化。但环己酮在五氧化二钒催化下，用硝酸氧化，生成己二酸，是工业上生产己二酸(合成尼龙-66 的原料)的一种重要方法。

$$C_6H_{10}{=}O \xrightarrow[V_2O_5]{HNO_3} HOOCCH_2CH_2CH_2CH_2COOH$$

托伦(Tollens B C)试剂是氢氧化银氨溶液。其中含有银氨络离子 $Ag(NH_3)_2^+$，属于弱氧化剂。它能将醛氧化为羧酸，自身则还原为金属银。如果反应容器事先处理洁净，则金属银将沉积在容器内壁形成银镜，通常称此反应为**银镜反应**。

$$RCHO+2Ag(NH_3)_2OH \longrightarrow RCOONH_4+2Ag\downarrow+3NH_3+H_2O$$

酮不与托伦试剂反应，因此常用托伦试剂区别醛和酮。

费林(Fehling H von)**试剂**是由硫酸铜溶液和酒石酸钾钠碱溶液等量混合而成。酒石酸钾钠可以和 Cu^{2+} 形成络离子，从而避免生成 $Cu(OH)_2$ 沉淀。费林试剂也是一种弱氧化剂，所有脂肪醛都可被它氧化为羧酸，Cu^{2+} 则还原为砖红色的氧化亚铜沉淀。

微视频
乙醛的银镜反应

$$RCHO+2Cu^{2+}+OH^-+H_2O \longrightarrow RCOO^-+Cu_2O\downarrow+4H^+$$

芳香醛和酮(α-羟基酮除外)不与费林试剂反应。因此，**利用费林试剂既可以鉴别脂肪醛与酮，又可以区别脂肪醛和芳香醛。**

这两种弱氧化剂都不能氧化醛分子中的碳碳双键和碳碳三键，以及 β 位或比 β 位更远的羟基，所以是良好的选择性氧化剂。例如：

$$CH_3CH{=}CHCHO \xrightarrow{\text{托伦试剂或费林试剂}} CH_3CH{=}CHCOOH$$

$$HOCH_2CH_2CHO \xrightarrow{\text{托伦试剂或费林试剂}} HOCH_2CH_2COOH$$

2. 还原反应

(1) 还原为醇　醛和酮经催化氢化分别被还原为伯醇和仲醇。

$$R{-}CHO \xrightarrow{[H]} R{-}CH_2OH$$

$$R{-}\overset{\overset{\displaystyle O}{\|}}{C}{-}R' \xrightarrow{[H]} R{-}\overset{\overset{\displaystyle OH}{|}}{CH}{-}R'$$

铂、钯、雷尼镍、$CuO-Cr_2O_3$ 等是常用的催化剂。如果醛、酮分子中含有碳碳双键和三键、$-NO_2$、$-C{\equiv}N$ 等基团，这些不饱和基团也能被还原。例如：

$$CH_3CH{=}CHCHO \xrightarrow[\text{雷尼镍}]{H_2} CH_3CH_2CH_2CH_2OH$$

还原也可采用化学还原剂还原。硼氢化钠($NaBH_4$)是一种常用的络合金属氢化物还原剂，其活性较小，反应选择性较高，只能还原醛和酮，不能还原碳碳双键和三键、羧酸和酯。反应可在水或醇溶液中进行，例如：

$$CH_3CH{=}CHCHO \xrightarrow[H_2O]{NaBH_4} CH_3CH{=}CHCH_2OH$$

(2) 羰基还原为亚甲基　醛或酮与锌汞齐(金属锌与汞形成的合金)和盐酸加热回流，羰基直接还原为亚甲基。这个反应称为**克莱门森**(Clemmensen E Ch)**还原**。例如：

$$C_6H_5{-}\overset{\overset{\displaystyle O}{\|}}{C}CH_3 \xrightarrow[HCl,\ \triangle]{Zn-Hg} C_6H_5{-}CH_2CH_3 \quad (80\%)$$

克莱门森还原反应中间并不经过醇的阶段，反应的最后结果生成了亚甲基。对于酮，特别是芳香酮，这个还原反应具有重要的意义，在有机合成中，常用来合成直链烷基苯。

克莱门森反应是在强酸性条件下进行的，仅适合于对酸稳定的化合物。对酸不稳定而对碱稳定的醛、酮，可以使用**沃尔夫（Wolff L）-凯惜纳（Kishner N M）还原法**。该法是将醛或酮与无水肼反应生成腙，然后将腙在乙醇钠或氢氧化钾中，于高压下加热，使之分解，放出氮气，羰基还原为亚甲基。

$$\begin{matrix}R\\ \quad\rangle C{=}O\\ (H)R'\end{matrix} \xrightarrow{H_2NNH_2} \begin{matrix}R\\ \quad\rangle C{=}NNH_2\\ (H)R'\end{matrix} \xrightarrow[\text{加压}]{KOH,200\ ℃①} \begin{matrix}R\\ \quad\rangle CH_2\\ (H)R'\end{matrix} + N_2\uparrow$$

我国有机化学家黄鸣龙对这个方法进行了改进。他把醛或酮与氢氧化钠或氢氧化钾、85%水合肼（有时可用50%水合肼）以及一种高沸点的水溶性溶剂二甘醇或三甘醇一起回流加热生成腙，然后蒸出水和过量的肼，继续在200 ℃加热回流，使腙分解放出氮气，羰基变为亚甲基。这一改进，称为**沃尔夫-凯惜纳-黄鸣龙还原法**。它不需使用难以制备和价格昂贵的无水肼，可以在常压下反应，反应由几十小时缩短至约1 h便可完成，并且大幅度提高了产率（80%~95%）。其另一优点是反应一步完成，无需分离出腙，因而在有机合成上被广泛应用。例如：

$$C_6H_5{-}O{-}C_6H_4{-}COCH_2CH_2COOH \xrightarrow[\text{三甘醇},195\ ℃]{85\%\text{水合肼},KOH}, \xrightarrow{H_3O^+} C_6H_5{-}O{-}C_6H_4{-}CH_2CH_2CH_2COOH \quad (95\%)$$

3. 歧化反应

不含α-氢原子的醛，例如HCHO、R_3CCHO、ArCHO，在浓碱作用下，发生自身氧化还原反应。一分子醛被氧化，生成羧酸（在碱性条件下变为羧酸盐），另一分子醛被还原，生成醇。这种反应称为歧化反应，又称**坎尼扎罗（Cannizzaro S）反应**。例如：

$$2HCHO+NaOH \longrightarrow HCOONa+CH_3OH$$

两种不含α-氢原子的醛能发生交叉歧化反应，生成四种产物，不易分离，在合成上通常没有什么实际意义。但是，如果甲醛和另一种不含α-氢原子的醛进行交叉歧化反应，由于甲醛具有较强的还原性，总是被氧化为甲酸，另一种醛总是被还原为醇。这一反应在有机合成上把芳醛还原成芳醇。例如：

$$m\text{-}CH_3O{-}C_6H_4{-}CHO + HCHO \xrightarrow[H_2O,CH_3OH]{30\%NaOH} m\text{-}CH_3O{-}C_6H_4{-}CH_2OH \ (90\%) + HCOONa$$

练一练7

完成下列反应：

（1）$CH_3COCH_2CH_3 \longrightarrow CH_3CH_2CH_2CH_3$

① 当用二甲亚砜为溶剂时，反应可在接近室温条件下进行。

(2) $(CH_3)_3CCHO+HCHO \xrightarrow{浓\ HO^-} ?\ +?$

练一练 8

指出下列化合物哪些可以发生坎尼扎罗反应。

(1) CH_3CH_2CHO　　(2) C_6H_{11}—CHO（环己基）　　(3) $(CH_3)_3CCHO$

(4) C_6H_5—CH_2CHO（苯环）　　(5) C_6H_5—CHO（苯环）

练一练 9

用苯甲醛通过坎尼扎罗反应制备苯甲醇时，得到苯甲醇、苯甲酸以及少量未反应的苯甲醛的混合物。利用什么性质可以把它们分离开来？

练一练 10

把 2－丁烯醛($CH_3CH=CHCHO$)转变成为下列化合物：

(1) $CH_3CH_2CH_2CH_2OH$　　(2) $CH_3CH_2CH_2CHO$

(3) $CH_3CH=CHCH_2OH$　　(4) $CH_3CH=CHCOOH$

四、α－氢原子的反应

醛、酮分子中的 α－氢原子受羰基的吸电子诱导效应及吸电子超共轭效应影响，具有一定的酸性($pK_a=19\sim20$)，化学性质较活泼。含 α－氢原子的醛、酮能发生以下一些反应。

1. 卤化和卤仿反应

在酸、碱催化下，醛、酮分子中的 α－氢原子可以逐步地被卤素(氯、溴、碘)取代，生成 α－卤代醛、酮。

酸催化易控制在一元卤代。例如：

$$CH_3COCH_3+Br_2 \xrightarrow{H^+} CH_2BrCOCH_3+HBr$$

碱催化，卤化反应很快，具有 $-\overset{O}{\overset{\|}{C}}-CH_3$ 构造的醛(乙醛)、酮(甲基酮)一般不易控制生成一元、二元卤代物，而是生成三卤代物。例如：

$$RCOCH_3+3Cl_2+3OH^- \longrightarrow RCOCCl_3+3Cl^-+3H_2O$$

在三卤代物分子中，氧原子和三个卤原子强烈的吸电子效应，使碳碳键电子云密度大大下降而变得很弱，在碱作用下，极易发生断裂，生成卤仿和羧酸盐。

$$RCOCCl_3+OH^- \longrightarrow CCl_3^-+RCOOH \longrightarrow CHCl_3+RCOO^-$$

反应的最终结果是生成卤仿，故称**卤仿反应**。其通式表示如下：

$$RCOCH_3+3X_2+4OH^- \longrightarrow RCOO^-+CHX_3+3X^-+3H_2O$$

乙醇和含有 $CH_3—\underset{}{\overset{OH}{\overset{|}{CH}}}—$ 构造的醇可以被卤素的碱溶液(即次卤酸盐溶液)氧化成乙醛和甲基酮,故上述的醇也有卤仿反应。

如果使用碘的氢氧化钠溶液(即次碘酸钠溶液)进行反应,生成的是碘仿(CHI_3)。CHI_3 是不溶于水的亮黄色晶体,熔点 119 ℃,**常利用碘仿反应来鉴定乙醛和甲基酮以及含 $CH_3—\underset{OH}{\underset{|}{CH}}—$ 构造的醇**。

卤仿反应是缩短碳链的反应之一,也可用来制取某些羧酸。例如:

$$\triangleright—\overset{O}{\overset{\|}{C}}—CH_3 \xrightarrow[\text{② 酸化}]{\text{①}Br_2,OH^-,H_2O} \triangleright—COOH + CHBr_3$$

(85%)

$$(CH_3)_2C=CHCOCH_3 \xrightarrow[\text{② 酸化}]{\text{① }Cl_2,OH^-,H_2O,\text{二噁烷}} (CH_3)_2C=CHCOOH+CHCl_3$$

(49%~57%)

产物氯仿和溴仿都为液体,易从羧酸中分离出来。

2. 羟醛缩合反应

(1) 羟醛缩合　在稀碱作用下,两分子含有 α-氢原子的醛可以相互结合,生成 β-羟基醛的反应,称为羟醛缩合;生成的羟醛在加热下易失水生成 α,β-不饱和醛。在许多情况下甚至得不到羟醛,而直接得到 α,β-不饱和醛。例如,乙醛在室温或低于室温时,用 10%氢氧化钠溶液处理,生成 3-羟基丁醛,失水后得 2-丁烯醛。

$$CH_3\overset{O}{\overset{\|}{C}}H + HCH_2CHO \xrightarrow[5\ ℃,4\sim5\ h]{10\%NaOH} CH_3\overset{OH}{\overset{|}{C}}H—CH_2CHO \xrightarrow[\triangle]{-H_2O} CH_3CH=CHCHO$$

(约 50%)

羟醛缩合反应是制备 α,β-不饱和醛的一种方法。α,β-不饱和醛进一步催化加氢,则得到饱和醇。

$$CH_3CH=CHCHO \xrightarrow[Ni]{H_2} CH_3CH_2CH_2CH_2OH$$

通过羟醛缩合可以合成比原料醛增多一倍碳原子的醛或醇。例如,工业上从乙醛合成正丁醇。

除乙醛外,其他醛所得到的羟醛缩合产物都是在 α-碳原子上带有支链的羟醛、烯醛。烯醛进一步催化加氢,则得到 β-碳原子上带有支链的醇。其通式表示如下:

$$RCH_2\overset{O}{\overset{\|}{C}}H + H\underset{R}{\underset{|}{C}}HCHO \xrightarrow{\text{稀 }OH^-} RCH_2\overset{OH}{\overset{|}{C}}H—\underset{R}{\underset{|}{C}}HCHO \xrightarrow[\triangle]{-H_2O}$$

$$RCH_2CH=\underset{R}{\underset{|}{C}}CHO \xrightarrow[Ni]{H_2} RCH_2CH_2\underset{R}{\underset{|}{C}}HCH_2OH$$

(2) 交叉羟醛缩合　两种都含有 α-氢原子的不同醛之间发生的羟醛缩合反应,称为交叉羟醛缩合。产物为四种产物的混合物，在有机合成上没有多大的实际意义。

不含 α-氢原子的醛不能发生羟醛缩合反应，使用一种不含 α-氢原子的醛与另一种含有 α-氢原子的醛在一定的条件下可进行交叉羟醛缩合反应，在合成上有实际意义。例如：

$$C_6H_5-CHO + CH_3CH_2CHO \xrightarrow[10\ ℃]{OH^-} C_6H_5-CH{=}C(CH_3)CHO$$

2-甲基-3-苯基丙烯醛（68%）

【应用示例】 工业上以甲醛和乙醛为原料，制备季戊四醇。

首先进行交叉羟醛缩合：

$$3HCHO + CH_3CHO \xrightarrow[55\ ℃]{Ca(OH)_2} HOH_2C-C(CH_2OH)_2-CHO$$

三羟甲基乙醛

再进行交叉歧化反应：

$$HOH_2C-C(CH_2OH)_2-CHO + HCHO \xrightarrow[55\ ℃]{Ca(OH)_2} HOH_2C-C(CH_2OH)_2-CH_2OH + (HCOO)_2Ca$$

季戊四醇

季戊四醇是略有甜味的无色固体，熔点 260 ℃，在水中溶解度为 6 g/100 g（20 ℃），用于涂料工业。它的硝酸酯是优良的炸药，它的脂肪酸酯可用作聚氯乙烯树脂的增塑剂和稳定剂。

练一练 11

下列化合物哪些能发生碘仿反应？写出反应式。

（1）$(CH_3)_3CCOCH_3$　　（2）$C_6H_{11}-CH_2CHO$（环己基）

（3）$C_6H_{11}-CH_2CH(OH)CH_3$（环己基）　　（4）$C_6H_{11}-CH_2CH_2OH$（环己基）

（5）$CH_3CH_2CH(OH)CH_2CH_2CH_3$　　（6）$C_6H_5-COCH_3$

练一练 12

完成下列反应：

（1）$2\ C_6H_{11}-CH_2CHO \xrightarrow{稀\ OH^-} ? \xrightarrow[\triangle]{-H_2O} ?$（环己基）

（2）$C_6H_5-CHO + CH_3CHO \xrightarrow{稀\ OH^-} ?$

文本

练一练 11～14 参考答案

练一练 13

以乙醛为有机原料，无机试剂可任选，合成 2－乙基－1－己醇。（利用乙醛的羟醛缩合等性质先制得正丁醛）

练一练 14

用简便的化学方法鉴别下列化合物：

（1）甲醛、乙醛与 2－丁酮　（2）1－丁醇、2－丁醇、丁醛和丁酮　（3）甲醛与苯甲醛

第六节　重要的醛和酮

一、甲醛

甲醛又名蚁醛，沸点－19.5 ℃，是无色有刺激性气味的气体，在空气中的爆炸极限为 7%～73%（体积分数），能溶于水，在水溶液中存在下列平衡：

$$HCHO+H_2O \rightleftharpoons HOCH_2OH$$

（0.1%）　　甲醛水合物（99.9%）

微课

甲醛与家居环境安全

小心蒸发甲醛水溶液，可以生成白色固体多聚甲醛。

$$n\ HOCH_2OH \longrightarrow HO(CH_2O)_nH+(n-1)H_2O$$

多聚甲醛

微课

吊白块与食品安全

多聚甲醛的聚合度在 8～100，当加热至 180～200 ℃时，易解聚生成甲醛。因此，多聚甲醛是贮存甲醛的最好形式，也是气态甲醛的方便来源。

常温下，甲醛气体能自动聚合为三聚甲醛。60%～65%的甲醛水溶液在少量硫酸存在下煮沸，也可聚合为三聚甲醛。三聚甲醛是无色晶体，没有醛的性质，在中性和碱性条件下相当稳定，但在酸性环境中加热，容易解聚重新生成甲醛。

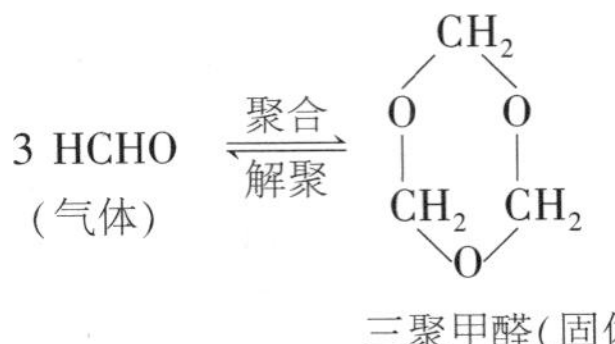

三聚甲醛（固体）

在 $(CH_3CH_2CH_2CH_2)_3N$ 催化下，纯甲醛可聚合成相对分子质量高达数万至数十万的线型高分子化合物——聚甲醛，聚甲醛是一种性能优良的工程塑料，化学稳定性好，机械强度也较高。

甲醛是一种非常重要的化工原料，大量用于制造酚醛、脲醛、聚甲醛和三聚氰胺等树脂以及各种黏合剂。甲醛还可用来生产季戊四醇、乌洛托品及其他药剂及染料。

乌洛托品由甲醛与氨水作用制得：

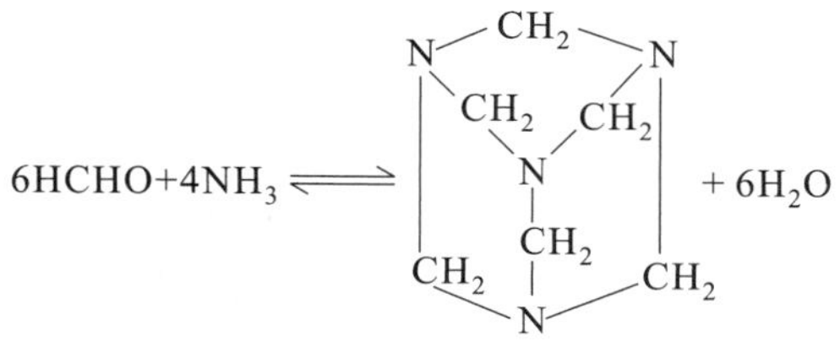

```
                      N— CH2 —N
                      |  CH2   CH2 |
6HCHO+4NH3 ⇌          |     N      |   + 6H2O
                      |     |      |
                      |    CH2     |
                     CH2    |     CH2
                        \   N   /
```

环六亚甲基四胺(乌洛托品)

乌洛托品是溶于水的无色晶体,熔点 263 ℃,具有甜味。主要用作酚醛塑料的固化剂、氨基塑料的催化剂、橡胶硫化的促进剂。在医药上用作利尿剂和尿道杀菌剂,乌洛托品与浓硝酸作用,可以制取强烈的炸药。

36%~40%的甲醛水溶液(通常含 6%~12%甲醇作稳定剂)称为“福尔马林”①。广泛地用作消毒剂和防腐剂,能保护动物标本。

二、乙醛

乙醛是无色液体,沸点 21 ℃,有辛辣刺激性的气味,能与水、乙醇、乙醚、氯仿等溶剂混溶。乙醛对眼及皮肤有刺激作用。乙醛蒸气与空气形成爆炸性混合物,爆炸极限 40%~57.0%(体积分数),厂房空气中乙醛最大允许质量浓度为 0.1 $mg \cdot L^{-1}$。

乙醛具有典型的醛的性质。室温时,在少量硫酸存在下,乙醛容易聚合成三聚乙醛。

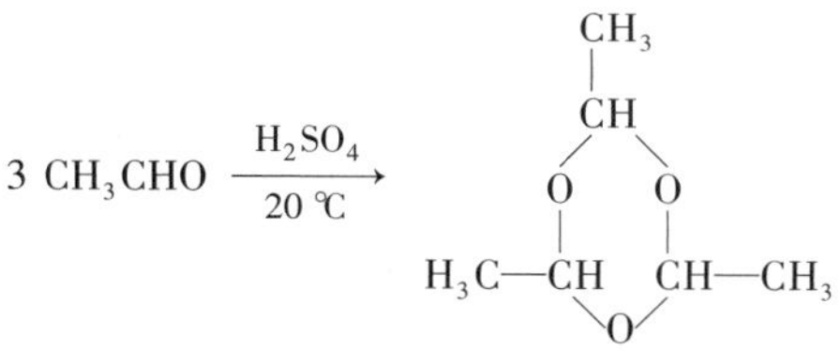

```
                                CH3
                                |
                                CH
               H2SO4          /    \
3 CH3CHO  ───────────→       O      O
               20 ℃          |      |
                      H3C—CH      CH—CH3
                            \    /
                              O
```

三聚乙醛

三聚乙醛是具有香味的无色液体,沸点 128 ℃,具有醚和缩醛的性质,很稳定,不易氧化。加酸蒸馏时,可以解聚成为乙醛。由于乙醛的沸点太低,故三聚乙醛是贮存乙醛的一种好形式。

乙醛是重要的有机化工原料,主要用于生产醋酸、醋酐、醋酸乙酯、正丁醇、季戊四醇等。

三、丙酮

丙酮是无色、易燃、易挥发的液体,沸点 56 ℃,能与水、甲醇、乙醚、氯仿、吡啶、二甲基甲酰胺等溶剂混溶。

丙酮是常用的有机溶剂,能溶解许多树脂、油脂、涂料、炸药、胶片、化学纤维等。丙酮也是各种维生素和激素生产过程中的萃取剂。

丙酮具有典型的酮的化学性质,是重要的有机化工原料,用来制造环氧树脂、有机玻

---

① 福尔马林即使在低温下,放置时间过久,也会因析出多聚甲醛而变混浊。

璃、二丙酮醇、氯仿、碘仿、乙烯酮等。

四、环己酮

环己酮是无色油状液体，有丙酮的气味，沸点 155.6 ℃，微溶于水，较易溶于乙醇、乙醚等溶剂。皮肤经常与之接触会引起皮炎，其蒸气对人的视网膜和上呼吸道黏膜有刺激性。

环己酮具有典型的酮的化学性质，它既是溶剂，又是合成己二酸和己内酰胺的原料。

知识拓展

醌

醌是一类特殊的环二酮。通常把含有共轭环己二烯二酮构造的一类有机化合物称为醌。一般是把醌作为芳香烃衍生物来命名。例如：

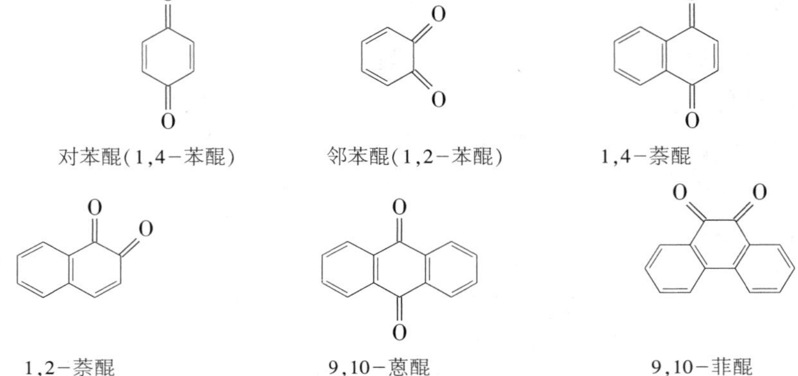

分子中的 或 为醌型构造。具有醌型构造的化合物，通常都有颜色。一般对位醌呈黄色，邻位醌呈红色或橙色。

阅读材料

甲醛与健康

甲醛已被世界卫生组织确定为致癌和致畸形物质。在大部分生物体内，新陈代谢能够产生痕量的甲醛。因此，没有必要对甲醛谈虎色变。但是，长期接触较高含量的甲醛或短期接触大剂量的甲醛会对健康造成非常大的危害。甲醛对人体健康的影响主要表现在嗅觉异常、刺激、过敏、肺功能异常、肝功能异常和免疫功能异常等几个方面。

甲醛对人体健康的危害表现在多个方面，直接原因是甲醛在食品、建材、纺织品等民生用品中的非法使用。甲醛独特的理化性质可以使添加后产品的机械、理化性能和外观得到显著改善。

食品工业中,在一些高蛋白食品中非法添加甲醛是利用甲醛中活泼的羰基与氨基或不饱和双键反应形成一定的聚合物而增加食品的韧性和口感;不法分子频繁在食品中添加甲醛的另外一个原因则是为了延长食品的保质期和外观上的新鲜度;甲醛还可与其他有机或无机物质形成结合物后被添加到食品中,起到显著的对食品保鲜和抗氧化的作用,其中的典型例子是“吊白块”。因此,在享受食品时,是不是要过分追求食品的口感和外观,应该引人深思。

在建筑装饰材料工业和纺织品行业,甲醛仍然允许使用,但是都有严格的标准。凡是大量使用黏合剂的地方,总会有甲醛释放。各种人造板材(刨花板、纤维板、胶合板等)中由于使用了黏合剂,可含有甲醛。此外,某些化纤地毯、油漆涂料中也含有一定量的甲醛。甲醛还可来自化妆品、清洁剂、杀虫剂、消毒剂、印刷油墨、纸张、纺织纤维等多种化工、轻工产品。即使一种产品本身的甲醛含量不超标,但是当许多同类产品聚集在一起时,则可能在相对狭小的空间内积累较多的甲醛,从而使局部空间内的总体甲醛含量超标。这种情况多发生于装饰后的新家及服装店、家具城等场所。研究表明,家具中含有的甲醛,其释放期长达3~15年。在选择家具时要考虑到这个因素。

生活中清除低含量的甲醛最简单有效的办法是加强通风,或者将廉价易得的原材料如活性炭或乌龙茶放置在居室的甲醛污染源附近,吸附除去甲醛。另外也可采用一些对甲醛具有良好清除效果的植物,对空气进行自然净化。常用的植物包括吊兰、虎尾兰、常春藤、芦荟和龙舌兰等。

学习指导

1. 醛、酮的鉴别

(1) 2,4-二硝基苯肼与醛、酮反应,生成2,4-二硝基苯腙黄色沉淀,是鉴别醛、酮常用的方法;不同的醛、酮生成的腙都有固定的熔点,腙用稀酸加热处理后可水解得到原来的醛和酮,此方法不仅可用于鉴别也可用于醛、酮的分离和提纯。

(2) 托伦试剂与醛作用有银镜生成,而酮不能。

(3) 斐林试剂与脂肪醛作用有砖红色氧化亚铜沉淀生成,而酮和芳香醛不反应。

(4) 具有 $CH_3{-}\overset{\displaystyle O}{\overset{\|}{C}}{-}$ 结构的醛或酮(以及具有 $CH_3{-}\underset{\displaystyle OH}{\underset{|}{CH}}{-}$ 的醇)能与碘的碱溶液($NaOI$)反应有黄色碘仿(CHI_3)沉淀生成。

(5) 醛、脂肪族甲基酮及8个碳原子以下的环酮与亚硫酸氢钠的饱和溶液($NaHSO_3$ 40%)发生加成有α-羟基磺酸钠沉淀生成;该沉淀遇酸或碱可以分解为原来的醛、酮,可用于分离或提纯醛、酮。

2. 醛、酮性质在合成上的应用

(1) 醛、酮还原制备醇、烷烃

① $$\underset{(R)H}{\overset{R}{}}\!\!>C{=}O + H_2 \xrightarrow{Ni} H-\underset{H(R)}{\overset{R}{\underset{|}{\overset{|}{C}}}}-OH$$

② $$R-\overset{O}{\overset{\|}{C}}-H(R) \xrightarrow{Zn-Hg,HCl} R-CH_2-H(R)$$

③ $$R-\overset{O}{\overset{\|}{C}}-H(R') \xrightarrow[\text{高沸点溶剂},\triangle]{NH_2-NH_2,NaOH} R-CH_2-H(R')$$

④ $$R-CH=CH-CHO \xrightarrow{NaBH_4} R-CH=CH-CH_2OH$$

(2) 醛氧化制备酸

$KMnO_4$ 等强氧化剂氧化：$R-\overset{O}{\overset{\|}{C}}-H \xrightarrow{[O]} R-\overset{O}{\overset{\|}{C}}-OH$

弱氧化剂选择氧化：$R-CH=CH-CHO \xrightarrow{\text{托伦试剂}} R-CH=CH-COOH$

(3) α-H 的羟醛缩合制备不饱和醛

$$2RCH_2CHO \xrightarrow{\text{稀碱}} RCH_2-\overset{OH}{\overset{|}{CH}}-\underset{R}{\underset{|}{CH}}-CHO \xrightarrow[\triangle]{-H_2O} RCH_2-CH=\underset{R}{\underset{|}{C}}-CHO$$

(4) 格氏试剂法制备不同醇

$$RMgX+HCHO \xrightarrow[\text{② } H_2O/H^+]{\text{① 干醚}} RCH_2OH$$

$$RMgX+\ R'-\overset{O}{\overset{\|}{C}}-H \xrightarrow[\text{② } H_2O/H^+]{\text{① 干醚}} R-\overset{OH}{\overset{|}{CH}}-R'$$

$$RMgX+\ R'-\overset{O}{\overset{\|}{C}}-R'' \xrightarrow[\text{② } H_2O/H^+]{\text{① 干醚}} R-\underset{R''}{\underset{|}{\overset{R'}{\overset{|}{C}}}}-OH$$

(5) 与 HCN 加成生成多一个碳原子的 α-羟基腈

$$R-\overset{O}{\overset{\|}{C}}-H(R') + HCN \rightleftharpoons \underset{(R')H\ \ \ \ CN}{\overset{R\ \ \ \ OH}{C}}$$

(6) 歧化反应制备酸和醇

$$HCHO+HCHO \xrightarrow[\triangle]{NaOH} HCOONa+CH_3OH$$

$$C_6H_5CHO + C_6H_5CHO \xrightarrow[\triangle]{NaOH} C_6H_5COONa + C_6H_5CH_2OH$$

$$C_6H_5CHO + HCHO \xrightarrow[\triangle]{NaOH} C_6H_5CH_2OH + HCOONa$$

习　题

1. 命名下列化合物：

（1）CH_3CHCH_2CHO（3 位 C 上连 CH_2CH_3）

（2）$CH_3CH_2\overset{O}{\overset{\|}{C}}CH(CH_3)_2$

（3）CH_3O—C_6H_4—CHO（间位）

（4）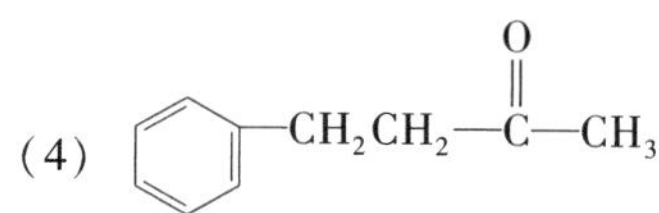

2. 写出下列化合物的结构式：

（1）（S）-2-甲基-5-溴-6-庚烯-3-酮　　（2）苯乙酮肟

（3）3-苯基丙烯醛　　（4）4-甲基-3-羟基苯磺酸

3. 完成下列反应式：

（1）$2CH_3CHO \xrightarrow{稀\ OH^-} ? \xrightarrow[\triangle]{-H_2O} ?$

（2）$2CH_3CH_2CHO \xrightarrow{稀\ OH^-} ? \xrightarrow[\triangle]{-H_2O} ?$

（3）$2\ C_6H_5CHO \xrightarrow[\triangle]{浓\ NaOH} ?\ +?$

（4）$C_6H_5CHO + C_6H_5MgBr \xrightarrow{干醚} ? \xrightarrow{H_3O^+} ?$

（5）$CH_3CH_2CH_2—\overset{O}{\overset{\|}{C}}—CH_3 + C_2H_5MgBr \longrightarrow ? \xrightarrow[H^+]{H_2O} ?$

4. 按照 HCN 对羰基进行亲核加成反应活性由大到小的次序，排列下列各化合物：

C_6H_5—CO—C_6H_5　　C_6H_5—$COCH_3$　　C_6H_5—CHO　　CH_3CHO

5. 用化学方法区别下列各组化合物：

（1）甲醛、乙醛、丙烯醛和烯丙醇　　（2）丙酮、丙醛、正丙醇、异丙醇和正丙醚

（3）乙醛、苯甲醛、苯乙酮和对甲苯酚

6. 由丙酮合成$(CH_3)_2CHC(CH_3)_2OH$，无机试剂可任选。

7. 化合物 A 的分子式为 $C_8H_{14}O$。A 可使溴水很快褪色，又能与苯肼反应。A 氧化后生成一分子丙酮和另一化合物 B。B 具有酸性，能与 NaOCl 的碱溶液作用，生成一分子氯仿和一分子丁二酸二钠盐。写出 A 和 B 的构造式。

8. 化合物 A 的分子式是 $C_9H_{10}O_2$，能溶于氢氧化钠溶液，既可与羟氨、氨基脲等反应，又能与 $FeCl_3$ 溶液发生显色反应。但不与托伦试剂反应。A 经 $LiAlH_4$ 还原则生成化合物 B，分子式为 $C_9H_{12}O_2$。A 和 B 均能起卤仿反应。将 A 用 Zn-Hg 齐在浓盐酸中还原，可以生成化合物 C，分子式为 $C_9H_{12}O$。将 C 与 NaOH 溶液作用，然后与碘甲烷煮沸，得到化合物 D，分子式为$C_{10}H_{14}O$。D 用 $KMnO_4$ 溶液氧化，最后得到对甲氧基苯甲酸。写出 A、B、C 和 D 的构造式。

第十二章　羧酸及其衍生物

学习目标

1. 了解羧酸及其衍生物的物理性质；
2. 了解羧酸及其衍生物的分类；
3. 理解诱导效应、共轭效应对羧酸酸性的影响；
4. 掌握羧酸的化学性质及其应用；
5. 掌握羧酸衍生物的化学性质及其应用。

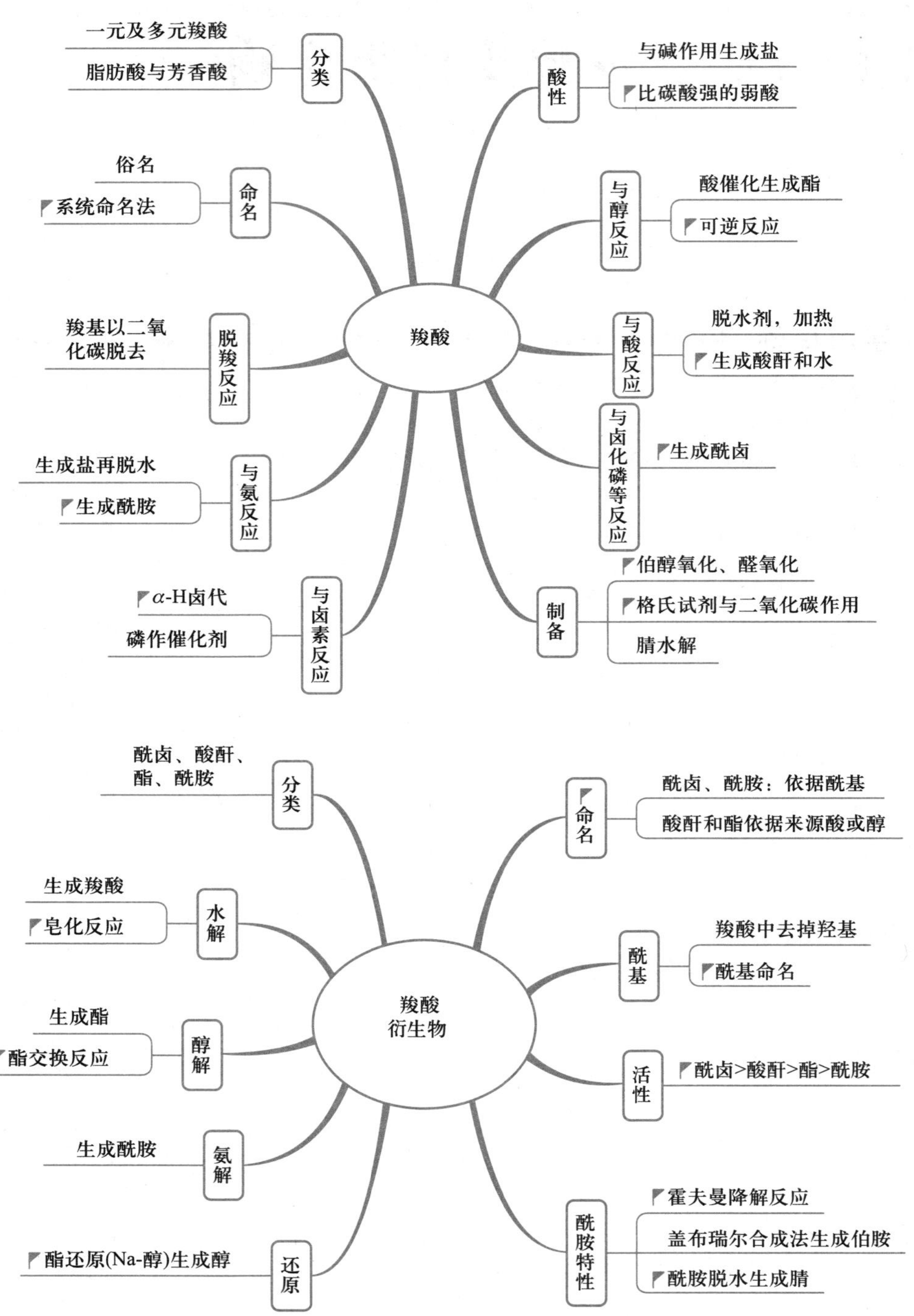
羧酸
分类
一元及多元羧酸
脂肪酸与芳香酸
命名
俗名
系统命名法
脱羧反应
羧基以二氧化碳脱去
与氨反应
生成盐再脱水
生成酰胺
与卤素反应
α-H卤代
磷作催化剂
酸性
与碱作用生成盐
比碳酸强的弱酸
与醇反应
酸催化生成酯
可逆反应
与酸反应
脱水剂，加热
生成酸酐和水
与卤化磷等反应
生成酰卤
制备
伯醇氧化、醛氧化
格氏试剂与二氧化碳作用
腈水解
羧酸衍生物
分类
酰卤、酸酐、酯、酰胺
水解
生成羧酸
皂化反应
醇解
生成酯
酯交换反应
氨解
生成酰胺
还原
酯还原(Na-醇)生成醇
命名
酰卤、酰胺：依据酰基
酸酐和酯依据来源酸或醇
酰基
羧酸中去掉羟基
酰基命名
活性
酰卤>酸酐>酯>酰胺
酰胺特性
霍夫曼降解反应
盖布瑞尔合成法生成伯胺
酰胺脱水生成腈

第一节 羧 酸

一、羧酸的分类和命名

1. 羧酸的分类

分子中含有羧基(—COOH)的化合物称为羧酸。羧酸可以用通式 RCOOH 和 ArCOOH表示。

按照与羧基所连的烃基不同,羧酸可分为脂肪酸与芳香酸,饱和羧酸与不饱和羧酸等。

按照分子中所含羧基的数目,羧酸可分为一元羧酸和多元羧酸。自然界存在的脂肪主要成分是高级一元羧酸的甘油酯,因此开链的一元羧酸又称脂肪酸。

2. 羧酸的命名

脂肪酸的系统命名原则是选择含有羧基的最长碳链作为主链,按主链碳原子的数目称为某酸,编号从羧基碳原子开始,用阿拉伯数字(或从羧基相邻的碳原子开始用希腊字母)标明取代基的位次,并将取代基的位次、数目、名称写于酸名称之前。对于不饱和酸,则选取含有不饱和键和羧基在内的最长碳链为主链称为某烯酸或某炔酸。例如:

$$\overset{\gamma}{\overset{4}{CH_3}}-\overset{\beta}{\overset{3}{CH}}(CH_3)-\overset{\alpha}{\overset{2}{CH_2}}-\overset{1}{COOH}$$

3-甲基丁酸
β-甲基丁酸

$$\overset{\delta}{\overset{5}{ClCH_2}}-\overset{\gamma}{\overset{4}{CH}}=\overset{\beta}{\overset{3}{CH}}-\overset{\alpha}{\overset{2}{CH_2}}-\overset{1}{COOH}$$

5-氯-3-戊烯酸
δ-氯-β-戊烯酸

脂肪二元羧酸的命名是选择含有两个羧基在内的最长碳链作为主链,称为某二酸。例如:

$$HOOC-CH(Cl)-CH_2-COOH$$

氯代丁二酸

芳香酸分为两类:一类是羧基连在芳环上,一类是羧基连在侧链上。前者以芳甲酸为母体,环上其他基团作为取代基来命名;后者以脂肪酸为母体,芳基作为取代基来命名。例如:

邻甲苯甲酸

1,4-苯二甲酸
(对苯二甲酸)

$C_6H_5-CH=CH-COOH$

3-苯丙烯酸
(肉桂酸)

β-萘乙酸

文本

练一练 1 和 2 参考答案

练一练 1

命名下列化合物：

(1) $BrCH_2CH_2COOH$

(2)
$$\begin{array}{ccc} Ph & & H \\ & C{=}C & \\ H & & COOH \end{array}$$

(3) CH_2COOH

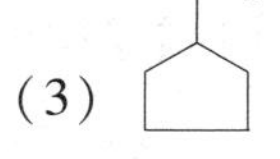

(4) COOH

Cl

(5)
$$\begin{array}{c} \quad\quad\quad\quad Cl \\ \quad\quad\quad\quad | \\ HOOCCH_2CHCOOH \end{array}$$

(6) HOOC—COOH

练一练 2

写出下列化合物的构造式或构型式：

(1) 2,2-二甲基戊酸　(2) 反丁烯二酸(富马酸)　(3) α-萘乙酸

*二、羧酸的制备

1. 伯醇或醛氧化

伯醇或醛氧化是制备羧酸的一种方法。常用的氧化剂有 $K_2Cr_2O_7$-稀 H_2SO_4、$KMnO_4$ 碱溶液等。例如：

$$CH_3CH_2CH_2OH \xrightarrow[\text{稀 } H_2SO_4]{K_2Cr_2O_7} \underset{(65\%)}{CH_3CH_2COOH}$$

$$\underset{\quad\quad\quad\quad |\,CH_2CH_3}{CH_3(CH_2)_3CHCHO} \xrightarrow[H_2O]{KMnO_4,\,OH^-} \underset{\quad\quad\quad\quad |\,CH_2CH_3}{CH_3(CH_2)_3CHCOONa} \xrightarrow{H_3O^+} \underset{\quad\quad\quad\quad |\,CH_2CH_3 \ (78\%)}{CH_3(CH_2)_3CHCOOH}$$

2. 腈水解

腈在酸或碱溶液中水解得相应的羧酸。腈常从卤代烃制得，故此法也可**制备比原来卤代烃多一个碳原子的羧酸**。例如：

$$HOCH_2CH_2Cl \xrightarrow{NaCN} HOCH_2CH_2CN \xrightarrow[\text{② } H_3O^+]{\text{① } OH^-,\,H_2O} HOCH_2CH_2COOH$$

$$C_6H_5\text{—}CH_2Cl \xrightarrow{NaCN} C_6H_5\text{—}CH_2CN \xrightarrow{H_3O^+} C_6H_5\text{—}CH_2COOH$$

此法仅限于由伯卤代烃、苄基型和烯丙基型卤代烃制备腈，其产率很高。仲、叔卤代烃因氰化钠碱性较强而发生消除反应易失水成烯，卤代芳烃一般不与氰化钠反应。

3. 格氏试剂与 CO_2 作用

格氏试剂与 CO_2 在干醚等溶剂中加成，酸性条件下水解可以制得羧酸。通式为

$$(Ar)R—MgX + O=C=O \xrightarrow{干醚} (Ar)R—\overset{O}{\overset{\|}{C}}—OMgX \xrightarrow{H_3O^+} (Ar)R—\overset{O}{\overset{\|}{C}}—OH$$

X=Cl,Br,I

制备时，一般是将格氏试剂的醚溶液倒入过量的干冰中，使格氏试剂与二氧化碳加成，再经水解即生成羧酸。此法可从卤代烃制备多一个碳原子的羧酸。

例如：

$$(CH_3)_3C—OH \xrightarrow{HCl} (CH_3)_3C—Cl \xrightarrow[干醚]{Mg} (CH_3)_3C—MgCl \xrightarrow[② H_3O^+]{① CO_2} (CH_3)_3C—COOH$$

(79%～80%)

$$H_3C-C_6H_2(CH_3)_2-Br \xrightarrow[干醚]{Mg} H_3C-C_6H_2(CH_3)_2-MgBr \xrightarrow[② H_3O^+]{① CO_2} H_3C-C_6H_2(CH_3)_2-COOH$$

(60%)

三、羧酸的物理性质

直链饱和脂肪酸中，C_1～C_3 酸为具有酸味的刺激性液体，C_4～C_6 酸为有腐败气味的油状液体，C_{10}以上的羧酸为石蜡状固体。芳香酸和二元酸都是晶体。固态羧酸基本上没有气味。

一些羧酸的物理常数见表 12-1。直链饱和脂肪酸的沸点随相对分子质量增大而升高，熔点则随碳原子数增加而呈锯齿状变化，含偶数碳原子酸的熔点比前、后两个相邻的奇数碳原子酸的熔点都高。

表 12-1　一些羧酸的物理常数

名称	熔点/ ℃	沸点/ ℃	溶解度 / g·(100 g 水)$^{-1}$ (25 ℃)	pK_a(25 ℃)	
				pK_a 或 pK_{a1}	pK_{a2}
甲酸(蚁酸)	8	100.5	∞	3.76	
乙酸(醋酸)	16.6	118	∞	4.76	
丙酸	-21	141	∞	4.87	
丁酸(酪酸)	-6	164	∞	4.81	
戊酸	-34	187	4.97	4.82	
己酸	-3	205	1.08	4.88	
十二酸(月桂酸)	44	179(2 399.8 Pa)	0.006		
十四酸(肉豆蔻酸)	54	200(2 666.4 Pa)	0.002		
十六酸(软脂酸)	63	219(2 266.5 Pa)	0.000 7		
十八酸(硬脂酸)	70	235(2 666.4 Pa)	0.000 3		
苯甲酸(安息香酸)	122	250	0.34	4.19	

续表

名称	熔点/℃	沸点/℃	溶解度 $g\cdot(100\ g\ 水)^{-1}$ (25 ℃)	pK_a(25 ℃)	
				pK_a 或 pK_{a1}	pK_{a2}
1-萘甲酸	160		不溶	3.70	
2-萘甲酸	185		不溶	4.17	
乙二酸(草酸)	189(分解)		10.2	1.23	4.19
丙二酸	136		138	2.85	5.70
丁二酸(琥珀酸)	182	235(脱水分解)	6.8	4.16	5.60
己二酸(肥酸)	153	330.5(分解)		4.43	5.62
顺丁烯二酸(马来酸)	131		78.8	1.85	6.07
反丁烯二酸(富马酸)	287		0.70	3.03	4.44
邻苯二甲酸	210~211(分解)		0.7	2.89	5.41
间苯二甲酸	345(330 升华)		0.01	3.54	4.60
对苯二甲酸	384~420 (300 升华)		0.003	3.51	4.82

羧酸分子间能形成较强的氢键,如图 12-1 所示。

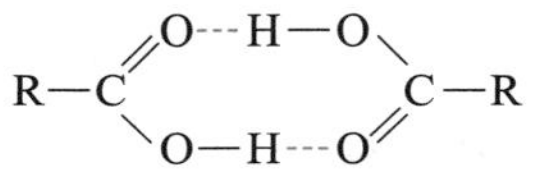

羧酸分子间的氢键(二聚体缔合)

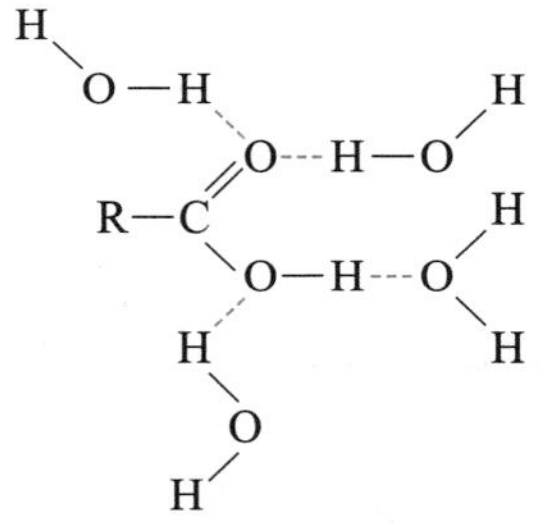

羧酸与水分子间的氢键

图 12-1 分子间氢键示意图

羧酸分子间的氢键比醇分子间的氢键更强些(例如,乙醇分子间氢键键能约 $26\ kJ\cdot mol^{-1}$,而甲酸分子间氢键键能约 $30.2\ kJ\cdot mol^{-1}$)。氢键的强度足以使羧酸作为二缔合体存在,相对分子质量低的羧酸如甲酸、乙酸即使在气态时,也以二缔合体形式存在。分子间的氢键缔合使羧酸的沸点比相对分子质量相当的醇还要高,如表 12-2 所示。

表 12-2 羧酸与相对分子质量相当的醇沸点比较

相对分子质量	羧酸	沸点/℃	醇	沸点/℃
46	甲酸	100.5	乙醇	78.5
60	乙酸	118	丙醇	97.4
74	丙酸	141	1-丁醇	117.3

羧酸也能与水形成较强的氢键（见图 12－1），因此在水中的溶解度也比相对分子质量相当的醇更大。例如，丙酸与 1－丁醇的相对分子质量相当，丙酸能与水混溶，1－丁醇在水中溶解度仅为 8 g/100 g。C_1～C_4 酸能与水混溶，从戊酸开始，随碳链增长水溶性迅速降低，C_{10}以上的羧酸不溶于水。羧酸一般都能溶于乙醇、乙醚、氯仿等有机溶剂中。

芳香酸一般具有升华特性，有些能随水蒸气挥发，这些特性可用来分离、精制芳香酸。

四、羧酸的化学性质

羧基是羧酸的官能团，羧基形式上是由羰基和羟基组成，它在一定程度上反映了羰基、羟基的某些性质，但又与醛、酮中的羰基和醇中的羟基有显著差别，这是羰基与羟基相互影响的结果。由于羟基氧原子上孤对电子与羰基的 π 电子发生离域，使羧酸具有明显的酸性，同时也使羧基中羰基碳原子的正电性降低，不利于发生亲核反应。羧酸不能与 HCN、HO—NH_2 等亲核试剂进行羰基上的加成反应。

羧基：$-\overset{\overset{\large O}{\|}}{C}-\ddot{O}-H$

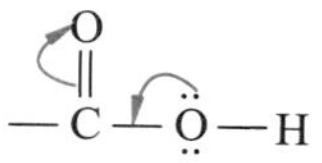

羧基对烃基的影响是使 α－H 活化；当羧基直接与芳环相连时，使芳环亲电取代反应钝化。

根据羧酸的构造，其化学反应可分为如下四类：O—H 键断裂、C—O 键断裂、C_α—H 键断裂和脱羧反应。

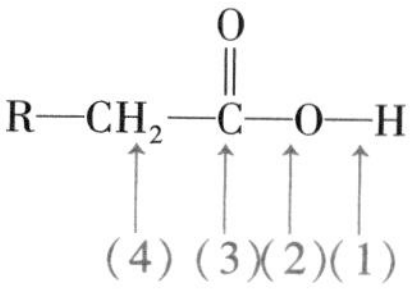

$R-CH_2-\overset{\overset{\large O}{\|}}{C}-O-H$

（4）（3）（2）（1）

（1）羧基中的氢原子的酸性和成盐反应

（2）羟基被取代的反应

（3）羰基的还原和脱羧反应

（4）α－H 的取代反应

1. 酸性

羧酸在水中可解离出质子而呈酸性，能使蓝色石蕊试纸变红。大多数一元羧酸的 pK_a 值在 3.5～5 范围内，比醇的酸性强 10^{10} 倍以上。这主要是因为羧酸解离后的负离子发生电荷离域，负电荷完全均等地分布在两个氧原子上，使羧酸根负离子比较稳定的缘故。这可以由物理方法测得的键长得以证明。例如，甲酸分子中 C—O 键的键长为 0.136 nm，比甲醇分子中的 C—O 键键长（0.143 nm）短；C ═O 键的键长为 0.123 nm，比甲醛分子中的 C ═O 键键长（0.120 nm）长。这显然是由于羧基中羟基氧原子上的孤对电子与碳氧双键的 π 电子发生共轭而离域，使键长平均化。甲酸根负离子中的两个C—O键的键长均为 0.127 nm，键长完全平均化，说明羧酸根负离子具有更大的共轭稳定作用。

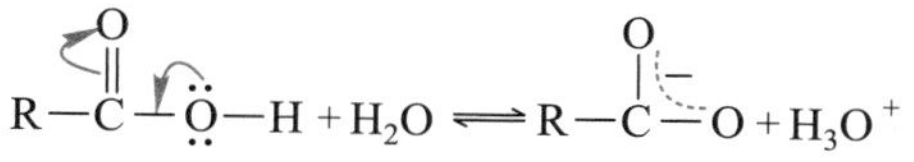

$$R-\overset{\overset{\large O}{\|}}{C}-\ddot{O}-H + H_2O \rightleftharpoons R-\overset{\overset{\large O}{|}}{C}\overset{-}{\cdots}O + H_3O^+$$

电子离域　　　　　　　负电荷离域

较小的共轭稳定作用　　较大的共轭稳定作用

一些羧酸的 pK_a 值列于表 12-1 中。羧酸与无机强酸相比为弱酸，但其酸性比碳酸（$pK_a=6.38$）和酚（$pK_a \approx 10$）强。羧酸能与碱中和生成羧酸盐和水，能分解碳酸盐或碳酸氢盐放出二氧化碳，这个性质常用于鉴别、分离和精制羧酸。

$$R—COOH+NaOH \longrightarrow R—COONa+H_2O$$
$$R—COOH+NaHCO_3 \longrightarrow R—COONa+CO_2\uparrow+H_2O$$
$$R—COONa+HCl \longrightarrow R—COOH+NaCl$$

羧酸盐是离子化合物，钠、钾盐在水中溶解度较大。例如，C_{10}以下的一元羧酸钠盐或钾盐溶于水，$C_{10}\sim C_{18}$的羧酸钠盐或钾盐在水中呈胶体溶液。某些羧酸盐有抑制细菌生长的作用，用于食品加工中作为防腐剂，常用的食品防腐剂有苯甲酸钠、乙酸钙和山梨酸钾（$CH_3CH=CHCH=CHCOOK$）等。

不同构造的羧酸的酸性强弱各不相同。虽然影响酸性的因素（如电子效应、立体效应、溶剂化效应等）十分复杂，但判断的依据是任何使羧酸根负离子趋向更稳定的因素都使酸性增强，任何使羧酸根负离子趋向不稳定的因素都使酸性减弱。以下主要讨论取代基的电子效应对羧酸酸性的影响。

电子效应对酸性的影响：

$$G\leftarrow C(=O)—O^-$$

G 吸电子，稳定负离子

酸性增强

$$G\rightarrow C(=O)—O^-$$

G 给电子，使负离子不稳定

酸性减弱

羧酸的酸性强弱，受分子中烃基的结构影响很大。一般地说，羧基分子中连有吸电子的基团时，能降低羧基中氧原子的电子云密度，从而增加了氢氧键的极性，氢原子易于解离而使其酸性增强。相反，若羧基分子中连有给电子基团时，酸性减弱。各种羧酸的酸性强弱规律如下：

① 饱和一元羧酸中，甲酸的酸性最强。例如：

	HCOOH	CH_3COOH	CH_3CH_2COOH
pK_a	3.77	4.76	4.88

这是由于烷基有给电子效应，而且这种给电子效应会沿着 σ 键传递，烷基越多，给电子效应越强，因而一般羧酸的酸性比甲酸弱。

② 饱和一元羧酸的烷基连有吸电子基团（如—X、$—NO_2$、—OH 等）时，由于吸电子效应，使羧基中 O—H 键极性增强，易解离出氢离子，因此酸性增强。同时，取代基的电负性越大，取代数目越多，离羧基越近，其酸性越强。例如：

	FCH_2COOH	$ClCH_2COOH$	$BrCH_2COOH$	ICH_2COOH
pK_a	2.59	2.85	2.89	3.17

$\longrightarrow$ 酸性减弱

	Cl_3CCOOH	$Cl_2CHCOOH$	$ClCH_2COOH$	CH_3COOH
pK_a	0.7	1.48	2.85	4.75

$\longrightarrow$

	$CH_3CH_2\underset{\underset{Cl}{\vert}}{CH}COOH$	$CH_3\underset{\underset{Cl}{\vert}}{CH}CH_2COOH$	$\underset{\underset{Cl}{\vert}}{CH_2}CH_2CH_2COOH$
pK_a	2.85	4.05	4.56

$\longrightarrow$

③ 低级的饱和二元羧酸的酸性比饱和一元羧酸的酸性强，特别是乙二酸。这是由于羧基的相互吸电子作用，使分子中两个氢原子都易于解离而使酸性显著增强。但二元羧酸的酸性随碳原子数的增加而相应减弱。

诱导效应的特点是沿着碳链由近到远传递下去，距离越远，受到的影响也越小，一般经过三个碳原子以上就微弱到可以忽略不计了。

从表 12−3 中所列出的 pK_a 值，可以看出取代脂肪酸的酸性的变化符合上述规律。

表 12−3　一些取代羧酸的 pK_a 值

取代羧酸	pK_a	取代羧酸	pK_a	取代羧酸	pK_a
CH_3COOH	4.75	ICH_2COOH	3.17	$\underset{\underset{Cl}{\vert}}{CH_2}CH_2CH_2COOH$	4.56
$\underset{\underset{NO_2}{\vert}}{CH_2}COOH$	1.68	CH_3CH_2COOH	4.87	$CH_3\underset{\underset{Cl}{\vert}}{CH}CH_2COOH$	4.05
$\underset{\underset{CN}{\vert}}{CH_2}COOH$	2.47	$CH_3\underset{\underset{CH_3}{\vert}}{CH}COOH$	4.84	$CH_3CH_2\underset{\underset{Cl}{\vert}}{CH}COOH$	2.85
FCH_2COOH	2.59	$CH_3\overset{\overset{CH_3}{\vert}}{\underset{\underset{CH_3}{\vert}}{C}}COOH$	5.03	Cl_3CCOOH	0.7
$ClCH_2COOH$	2.85	$Cl_2CHCOOH$	1.48	$CH_2{=}CHCH_2COOH$	4.35
$BrCH_2COOH$	2.89	$CH_3CH_2CH_2COOH$	4.82	$CH{\equiv}CCH_2COOH$	3.32

练一练 3

比较溴乙酸与乙酸的酸性强弱。

练一练 3~5
参考答案

练一练 4

比较下列各组化合物的酸性强弱：

(1) C_6H_5COOH，$p\text{-}CH_3OC_6H_4COOH$，$p\text{-}NCC_6H_4COOH$

(2) 苯甲醇（CH_2OH）, 苯甲酸（COOH）, 对硝基苯甲酸（COOH, NO_2）

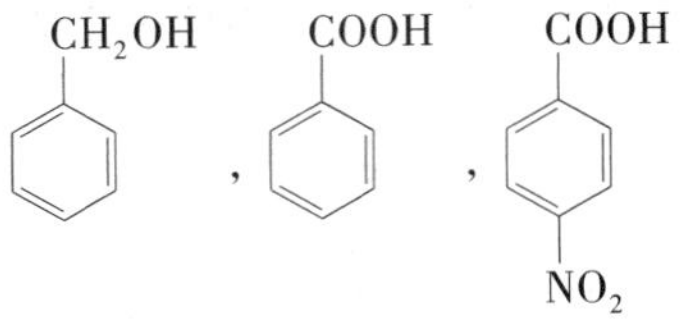

练一练 5

用简便合理的方法区别甲酸、乙酸、乙醇和乙醛。

2. 羟基被取代——羧酸衍生物的生成

羧酸分子中羧基中的羟基在一定的条件下可被其他原子或基团取代，生成羧酸衍生物。羧酸衍生物分别为酰卤、酸酐、酯和酰胺。

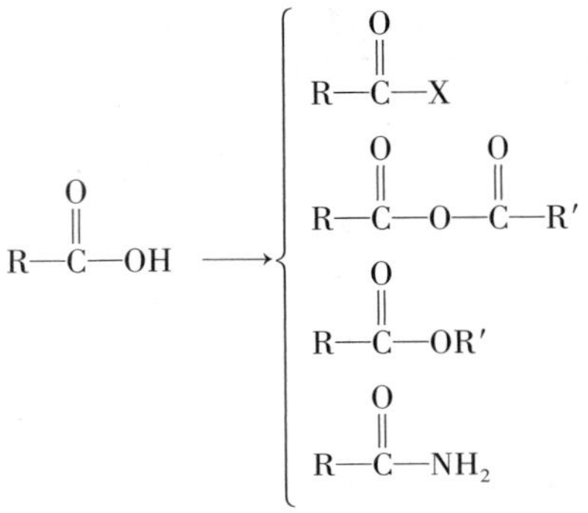

$$R-\overset{O}{\overset{\|}{C}}-OH \longrightarrow \begin{cases} R-\overset{O}{\overset{\|}{C}}-X & \text{酰卤} \\ R-\overset{O}{\overset{\|}{C}}-O-\overset{O}{\overset{\|}{C}}-R' & \text{酸酐} \\ R-\overset{O}{\overset{\|}{C}}-OR' & \text{酯} \\ R-\overset{O}{\overset{\|}{C}}-NH_2 & \text{酰胺} \end{cases}$$

(1) 酰氯的生成

羧酸(除甲酸外)与三氯化磷、五氯化磷、亚硫酰氯反应生成相应的酰氯。例如：

$$3CH_3COOH+PCl_3 \longrightarrow \underset{(70\%)}{3CH_3COCl}+\underset{\text{亚磷酸(200 ℃分解)}}{H_3PO_3}$$

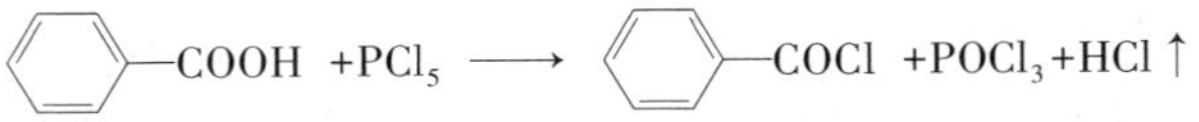

$$C_6H_5-COOH+PCl_5 \longrightarrow \underset{(90\%)}{C_6H_5-COCl}+\underset{\text{三氯氧化磷(沸点 107 ℃)}}{POCl_3}+HCl\uparrow$$

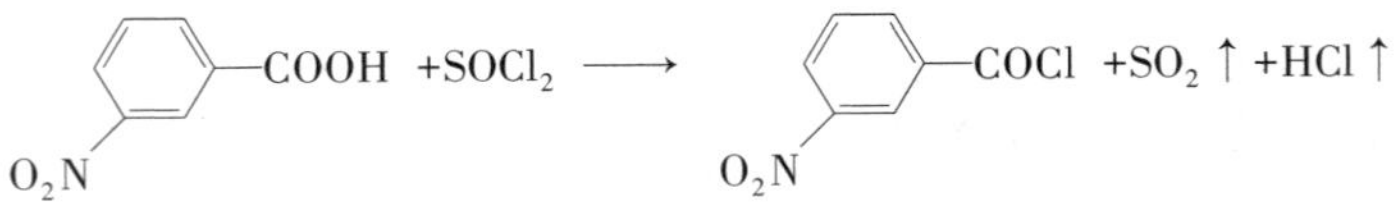

$$m\text{-}O_2N-C_6H_4-COOH+\underset{\text{亚硫酰氯}}{SOCl_2} \longrightarrow \underset{(90\%)}{m\text{-}O_2N-C_6H_4-COCl}+SO_2\uparrow+HCl\uparrow$$

酰氯很活泼，易水解，通常用蒸馏法将产物分离。PCl_3 适于制备低沸点酰氯如乙酰氯(沸点 52 ℃)。PCl_5 适于制备沸点较高的酰氯如苯甲酰氯(沸点 197 ℃)。虽然 $SOCl_2$ 活性比氯化磷低，但它是最常用的试剂，它是低沸点(沸点 79 ℃)的液体，在制备酰氯时，它既可作溶剂又可作试剂。制备酰氯时常将羧酸加到亚硫酰氯中，副产物 SO_2 和 HCl 作为气体释出，然后蒸出过量的试剂，所得到的酰氯纯度好、产率高。

酰氯是一类重要的酰基化试剂。甲酰氯极不稳定，不存在。由于酰溴、酰碘的制备条件难以控制并且价格昂贵，通常使用的是酰氯。

(2) 酸酐的生成

羧酸(除甲酸外)在脱水剂(如 P_2O_5)作用下，加热脱水生成酸酐。

$$2\,R-\overset{\overset{\displaystyle O}{\|}}{C}-OH \xrightarrow[\triangle]{P_2O_5} (R-\overset{\overset{\displaystyle O}{\|}}{C})_2O + H_2O$$

由于乙酸酐能较迅速地与水反应，价格又较低廉，且与水反应生成沸点较低的乙酸可通过分馏除去，因此常用乙酸酐作为制备其他酸酐时的脱水剂。例如：

$$2\,C_6H_5-COOH + (CH_3CO)_2O \longrightarrow C_6H_5-\overset{\overset{\displaystyle O}{\|}}{C}-O-\overset{\overset{\displaystyle O}{\|}}{C}-C_6H_5 + 2CH_3COOH$$

(熔点 122 ℃)　(沸点 140 ℃)　(熔点 42 ℃，沸点 360 ℃)　(沸点 118 ℃)(蒸出)

两个羧基相隔 2~3 个碳原子的二元酸，不需要任何脱水剂，加热就能脱水生成五元或六元环酐。例如：

$$\text{HC(COOH)=HC(COOH)} \xrightarrow{150\ ℃} \text{顺丁烯二酸酐} + H_2O$$

(95%)

$$\text{邻苯二甲酸} \xrightarrow{230\ ℃} \text{邻苯二甲酸酐} + H_2O$$

(约 100%)

用无水羧酸盐与酰氯在极性溶剂中加热，不仅可以制备对称酸酐也可制备混酐。例如：

$$H-\overset{\overset{\displaystyle O}{\|}}{C}-ONa + Cl-\overset{\overset{\displaystyle O}{\|}}{C}-CH_3 \xrightarrow[25\ ℃]{\text{醚}} H\overset{\overset{\displaystyle O}{\|}}{C}-O-\overset{\overset{\displaystyle O}{\|}}{C}-CH_3$$

(64%)

(3) 酯的生成

在强酸(如浓 H_2SO_4、干 HCl、$CH_3-C_6H_4-SO_3H$ 或强酸性离子交换树脂)的催化下，羧酸与醇作用生成酯和水的反应称酯化反应。

$$R-\overset{\displaystyle O}{\overset{\|}{C}}-OH + HOR' \xrightleftharpoons{H^+} R-\overset{\displaystyle O}{\overset{\|}{C}}-OR' + H_2O$$

酯化是可逆反应。为了提高酯的产率,一种方法是增加反应物的量,通常加过量的酸或醇,在大多数情况下,是加过量的醇,醇既作试剂又作溶剂;另一种方法是从反应体系中蒸出沸点较低的酯或水(或加入苯,通过蒸出苯-水恒沸混合物将水带出),使反应向生成酯的方向进行。例如:

$$H-\overset{\displaystyle O}{\overset{\|}{C}}-OH + \underset{(过量)}{HOCH_2CH_2CH_3} \xrightleftharpoons{H_2SO_4} \underset{\substack{(沸点\ 82\ ℃)\\(84\%)}}{H-\overset{\displaystyle O}{\overset{\|}{C}}-OCH_2CH_2CH_3} + H_2O$$

$$HO-\overset{\displaystyle O}{\overset{\|}{C}}(CH_2)_4\overset{\displaystyle O}{\overset{\|}{C}}-OH + \underset{\substack{(过量)\\(沸点\ 78\ ℃)}}{2C_2H_5OH} \xrightleftharpoons{H^+,甲苯(沸点\ 110\ ℃)} \underset{\substack{(沸点\ 245\ ℃)\\(97\%)}}{C_2H_5O-\overset{\displaystyle O}{\overset{\|}{C}}(CH_2)_4\overset{\displaystyle O}{\overset{\|}{C}}-OC_2H_5} + \underset{\substack{(沸点\ 75\ ℃,与甲苯、乙醇\\作为恒沸混合物蒸出)}}{2H_2O}$$

在工业生产中,酯化反应经典成熟、使用最多的催化剂是浓硫酸,但其存在对设备严重腐蚀和对环境严重污染等一系列问题,不符合绿色清洁生产的要求。目前酯化反应催化剂的研究方向主要集中在大比表面积的金属氧化物、硅的氧化物、杂多酸盐、无机盐晶须等方面,且均取得良好的效果,基本解决了用强酸作催化剂存在的问题。其中无机盐晶须国内外已大批量工业化生产,价格低廉。

(4) 酰胺的生成

羧酸与氨或胺反应,首先生成铵盐,然后高温(150 ℃以上)分解脱水得到酰胺。这是一个可逆反应,反应过程中不断蒸出所生成的水使平衡右移,产率很高。例如:

$$CH_3-\overset{\displaystyle O}{\overset{\|}{C}}-OH + NH_3 \rightleftharpoons CH_3-\overset{\displaystyle O}{\overset{\|}{C}}-\overset{-}{O}\overset{+}{N}H_4 \xrightarrow{150\ ℃} CH_3-\overset{\displaystyle O}{\overset{\|}{C}}-NH_2 + H_2O$$

$$C_6H_5-\overset{\displaystyle O}{\overset{\|}{C}}-OH + H_2N-C_6H_5 \xrightleftharpoons{180\sim190\ ℃} C_6H_5-\overset{\displaystyle O}{\overset{\|}{C}}-NH-C_6H_5 + H_2O$$

这类反应在工业上用于聚酰胺的制备。聚酰胺经熔融抽丝制成的聚酰胺纤维,其强度大,不腐烂,耐磨,宜制衣、袜、渔网等。定向抽成的丝强度更大,可制尼龙防弹衣。

3. 还原反应

羧基不被硼氢化钠($NaBH_4$)还原,实验室中常用强还原剂氢化铝锂($LiAlH_4$)还原羧酸为伯醇,常需要在 (四氢呋喃,环状结构式) 溶剂中加热才能完成反应。例如:

$$(CH_3)_3CCOOH + LiAlH_4 \xrightarrow[②\ H_2O/H^+]{①\ 干醚} \underset{(92\%)}{(CH_3)_3CCH_2OH}$$

$$CH_2{=}CH(CH_2)_4COOH + LiAlH_4 \xrightarrow[\text{② } H_2O/H^+]{\text{① 干醚}} CH_2{=}CH(CH_2)_4CH_2OH \quad (83\%)$$

氢化铝锂还原羧酸不仅可获得高产率的伯醇，而且分子中的碳碳不饱和键不受影响，但由于它价格昂贵，仅限于实验室使用。

4. 脱羧反应

羧酸脱去二氧化碳的反应称为脱羧反应。脂肪羧酸的羧基较稳定，不易脱羧。长链脂肪酸的脱羧要求高温，并常伴有大量的分解产物，产率低，在合成上没有什么价值。只有 α-碳原子上连有强吸电子基的羧酸或羧酸盐，当加热时可脱羧。例如：

$$Cl_3CCOOH \xrightarrow{100\sim150\ ℃} CHCl_3 + CO_2$$

$$Cl_3CCOONa \xrightarrow[H_2O]{50\ ℃} CHCl_3 + NaHCO_3$$

芳香酸苯环上若有吸电子基时，脱羧容易。例如：

$$2,4,6\text{-}(O_2N)_3C_6H_2COOH \xrightarrow[H_2O]{\text{约 }100\ ℃} 1,3,5\text{-}(O_2N)_3C_6H_3 + CO_2\uparrow$$

在实验室中利用乙酸钠与碱石灰共热，脱羧制得甲烷。

$$CH_3COONa + NaOH(CaO) \xrightarrow[\triangle]{} CH_4\uparrow + Na_2CO_3$$

二元羧酸也较易发生脱羧反应。例如：

$$HO{-}\overset{\overset{O}{\|}}{C}{-}CH_2{-}\overset{\overset{O}{\|}}{C}{-}OH \xrightarrow{120\sim140\ ℃} CH_3{-}\overset{\overset{O}{\|}}{C}{-}OH + CO_2\uparrow$$

5. 烃基上的反应

(1) α-H 卤代

羧基与羰基类似，能使 α-H 活化。但羧基的致活作用比羰基小得多，必须在碘、硫或红磷等催化剂存在下 α-H 才能被卤原子取代。

$$R{-}CH_2{-}COOH \xrightarrow[P]{X_2} R{-}\underset{\underset{X}{|}}{CH}{-}COOH \xrightarrow[P]{X_2} R{-}\underset{\underset{X}{|}}{\overset{\overset{X}{|}}{C}}{-}COOH \quad (X_2 = Cl_2, Br_2)$$

例如：

$$CH_3COOH \xrightarrow[P]{Cl_2} CH_2ClCOOH \xrightarrow[P]{Cl_2} CHCl_2COOH \xrightarrow[P]{Cl_2} CCl_3COOH$$

控制反应条件可使反应停留在一元或二元取代阶段。α-卤代酸可转变为其他的 α-取代酸和 α,β-不饱和酸。

$$\underset{\underset{X}{|}}{RCHCOOH}\xrightarrow{NaCN,OH^-}\underset{\underset{CN}{|}}{RCHCOONa}\xrightarrow{H_3O^+}\underset{\underset{CN}{|}}{RCHCOOH}$$

$$\underset{\underset{X}{|}}{RCHCOOH}\xrightarrow{OH^-}\underset{\underset{OH}{|}}{RCHCOO^-}\xrightarrow{H_3O^+}\underset{\underset{OH}{|}}{RCHCOOH}$$

$$\underset{\underset{X}{|}}{RCHCOOH}\xrightarrow[H_2O]{NH_3(过量)}\underset{\underset{NH_2}{|}}{RCHCO\overset{-}{O}\overset{+}{N}H_4}\xrightarrow{H_3O^+}\underset{\underset{NH_2}{|}}{RCHCOOH}$$

$$\underset{\underset{H}{|}}{RCH}-\underset{\underset{X}{|}}{CHCOOH}\xrightarrow[ROH]{KOH}RCH=CHCOOK\xrightarrow{H_3O^+}RCH=CHCOOH$$

(2) **芳香酸的环上取代反应**

羧基是间位定位基,芳香酸环上亲电取代较母体芳烃困难,且使取代基进入羧基的间位。例如:

$$C_6H_5COOH+Cl_2\xrightarrow[\triangle]{Fe}m\text{-}ClC_6H_4COOH+HCl$$

练一练 6

写出下列反应产物的可能构造。

(1) 邻苯二甲酸 $\xrightarrow[\triangle]{-H_2O}C_8H_4O_3$

(2) $CH_3CH_2COOH+CH_3CH_2OH\xrightarrow[\triangle]{H_2SO_4}C_5H_{10}O_2+H_2O$

文本

练一练 6 和 7 参考答案

练一练 7

完成下列反应:

(1) $CH_3COONa+Cl-\overset{\overset{O}{\|}}{C}-CH_2CH_3\longrightarrow ?$

(2) $C_6H_5-COOH+PCl_5\longrightarrow ?$

五、重要的羧酸

1. 甲酸

甲酸俗称蚁酸,为无色有强烈刺激性气味的液体,沸点 100.5 ℃,能与水、乙醇、乙醚混溶。甲酸酸性较强($pK_a=3.76$)，是饱和一元酸中酸性最强的。甲酸有腐蚀性，能刺激皮肤起泡。它存在于红蚂蚁体液中，也是蜂毒的主要成分。

甲酸的工业制法是将一氧化碳与氢氧化钠溶液在加热加压下反应生成甲酸钠，然后用浓硫酸处理，蒸出甲酸。

$$CO+NaOH \xrightarrow[0.6\sim1\ MPa]{约\ 210\ ℃} HCOONa \xrightarrow{H_2SO_4} HCOOH$$

甲酸的构造特殊，羧基与氢原子相连，既有羧基构造，又有醛基构造。

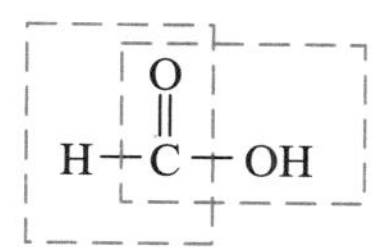

因此甲酸具有还原性，是一种还原剂。它能被托伦试剂和费林试剂氧化，也易被高锰酸钾氧化，使高锰酸钾溶液褪色。这些性质常用于**甲酸的定性鉴别**。

甲酸与浓硫酸共热分解生成一氧化碳和水，这是实验室制备纯一氧化碳的方法。

$$HCOOH \xrightarrow[60\sim80\ ℃]{浓\ H_2SO_4} CO+H_2O$$

甲酸在工业上用作酸性还原剂、媒染剂、防腐剂、橡胶凝聚剂。

2. 乙酸

乙酸俗称醋酸，常温时为无色透明具有刺激性气味的液体，沸点 118 ℃，熔点 16.6 ℃。低于熔点时无水乙酸凝固成冰状固体，俗称**冰醋酸**。乙酸能与水、乙醇、乙醚、四氯化碳等混溶。

乙酸是人类最早使用的有机酸，可用于调味(食醋中含 6%~8%乙酸)。乙酸在工业上应用很广，它是重要的有机化工原料，主要用于制取乙酸乙烯酯，也用于制造乙酐、氯乙酸及各种乙酸酯。乙酸不易被氧化，常用作氧化反应的溶剂。

3. 丙烯酸

丙烯酸为具有类似于醋酸的刺激性气味的无色液体，沸点为 141.6 ℃，溶于水、乙醇和乙醚等溶剂中。它的酸性较强，能腐蚀皮肤，其蒸气强烈刺激和腐蚀人体呼吸器官。

丙烯酸在光、热或过氧化物的影响下容易聚合，因此丙烯酸在贮存、运输时需加入阻聚剂，如对苯二酚或对苯二酚-甲醚(用量均约为 0.1%)，以防其自发聚合。

丙烯酸兼有羧酸和烯烃的性质，易发生氧化和聚合反应。控制反应条件可得到不同相对分子质量的、性质上不同的聚丙烯酸。丙烯酸树脂黏合剂广泛用于纺织工业。

4. 乙二酸

乙二酸俗称草酸，为无色透明单斜晶体，常含有两分子结晶水($HOOC—COOH\cdot2H_2O$)，熔点101.5 ℃；加热至 100 ℃可失去结晶水而得无水草酸，熔点 189 ℃(分解)，157 ℃时升华，易溶于水和乙醇，而不溶于乙醚。

草酸是最简单的饱和二元羧酸，在二元羧酸中它的酸性最强($pK_a=1.23$)。它除了具有羧酸的通性外，还有如下一些特殊性质。

草酸分子中两个羧基直接相连,碳碳键稳定性降低,易被氧化而断键生成二氧化碳和水,因此可用作还原剂。例如:

$$5HOOC—COOH+2KMnO_4+3H_2SO_4 \longrightarrow K_2SO_4+2MnSO_4+10CO_2+8H_2O$$

上述反应是定量进行的,常用来标定高锰酸钾溶液的浓度。

草酸能与多种金属离子形成水溶性络盐,例如,草酸能与 Fe^{3+} 生成易溶于水的三草酸络铁负离子 $[Fe(^-OOC—COO^-)_3]^{3-}$,因此草酸在纺织、印染、服装工业中广泛用作除铁迹用剂。

5. 邻羟基苯甲酸

邻羟基苯甲酸俗称水杨酸。它是无色晶体,有刺激性气味,熔点 159 ℃,迅速加热可升华,能随水蒸气挥发。微溶于水,能溶于乙醇、乙醚等有机溶剂。它具有羧酸和酚的性质。与醇反应生成羧酸酯;与酸酐(如乙酐)反应生成酚酯。例如:

$$o\text{-}HOC_6H_4COOH + CH_3OH \xrightarrow{H^+} o\text{-}HOC_6H_4COOCH_3$$

水杨酸甲酯(冬青油)

$$o\text{-}HOC_6H_4COOH + (CH_3CO)_2O \xrightarrow{\text{冰醋酸}} o\text{-}CH_3COOC_6H_4COOH$$

乙酰水杨酸(阿司匹林)

冬青油是无色液体,常用于外伤止痛剂,还可医治风湿病,并广泛用于香料中。阿司匹林是解热镇痛剂,也可用于医治心血管病、预防血栓等。

水杨酸是合成染料和医药的原料,医药上除药用外,还可用作防腐剂,并可配制杀菌、消毒膏。

第二节　羧酸衍生物

一、羧酸衍生物的分类和命名

1. 羧酸衍生物的分类

羧酸分子中羟基被其他原子或基团取代生成的化合物称为羧酸衍生物。羧酸分子中的羟基被卤原子、酰氧基、烷氧基、氨基取代后生成的化合物,分别称为酰氯、酸酐、酯和酰胺。

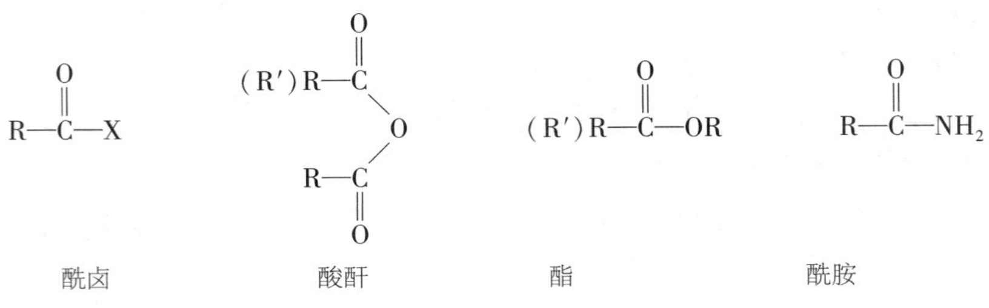

2. 羧酸衍生物的命名

羧酸分子中去掉羟基后剩余基团,称为酰基。酰基的名称为对应羧酸名称去掉“酸”后加上“酰基”。例如:

$$CH_3\overset{O}{\overset{\|}{C}}— \qquad CH_3CH_2\overset{O}{\overset{\|}{C}}— \qquad C_6H_5\overset{O}{\overset{\|}{C}}—$$

乙酰基　　丙酰基　　苯甲酰基

(1) **酰氯和酰胺的命名**

酰氯和酰胺都是以其相应的酰基命名。例如:

$$CH_3—\overset{O}{\overset{\|}{C}}—Cl \qquad C_6H_5—\overset{O}{\overset{\|}{C}}—Cl \qquad C_6H_5—\overset{O}{\overset{\|}{C}}—NH_2$$

乙酰氯　　苯甲酰氯　　苯甲酰胺　　邻苯二甲酰亚胺

酰胺分子中氮原子上的氢原子被烃基取代生成的取代酰胺命名时,在酰胺前冠以*N*-烃基。例如:

$$H—\overset{O}{\overset{\|}{C}}—N(CH_3)_2 \qquad CH_2{=}CH—\overset{O}{\overset{\|}{C}}—NHCH_2OH$$

N,*N*-二甲基甲酰胺(DMF)　　*N*-羟甲基丙烯酰胺

(2) **酸酐的命名**

酸酐是根据相应的酸命名,有时可将“酸”字省略。例如:

$$CH_3—\overset{O}{\overset{\|}{C}}—O—\overset{O}{\overset{\|}{C}}—CH_2CH_3 \qquad C_6H_5—\overset{O}{\overset{\|}{C}}—O—\overset{O}{\overset{\|}{C}}—C_6H_5$$

乙丙(酸)酐　　苯甲酸酐　　邻苯二甲酸酐

(3) **酯的命名**

酯的命名是按照形成它的酸和醇称为某酸某酯,多元醇酯也可把酸的名称放在后面。例如:

$$CH_3—\overset{O}{\overset{\|}{C}}—O—CH{=}CH_2 \qquad C_6H_5—\overset{O}{\overset{\|}{C}}—OCH_2CH_3 \qquad CH_3—\overset{O}{\overset{\|}{C}}—OCH_2CH_2O—\overset{O}{\overset{\|}{C}}—CH_3$$

乙酸乙烯酯　　苯甲酸乙酯　　乙二醇二乙酸酯

文本

练一练 8 和 9 参考答案

练一练 8

命名下列化合物：

(1) $(CH_3)_2CHCH_2COCl$　　(2) $PhCOOCH_2CH_3$　　(3) 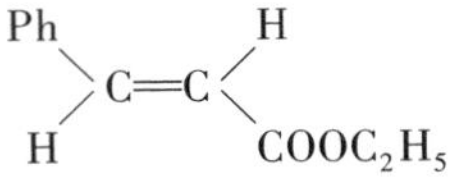 $\underset{H}{\overset{Ph}{>}}C=C\underset{COOC_2H_5}{\overset{H}{<}}$

练一练 9

写出下列化合物的构造式或构型式：

(1) 3-甲基丁酰氯　　(2) 乙酸异丙酯　　(3) 顺丁烯二酸酐(马来酸酐)

(4) *N*-苯基乙酰胺

二、羧酸衍生物的物理性质

低级酰氯和酸酐是有刺激性气味的液体。低级酯具有香味，存在于水果中，可用作香料(例如乙酸异戊酯等)。C_{14}以下的羧酸甲酯、乙酯均为液体。

除甲酰胺为高沸点液体以外，大多数酰胺和 *N*-取代酰胺在室温时是晶体。由于分子间的氢键缔合随氨基上氢原子逐步被取代而减少，故脂肪族 *N*,*N*-二取代酰胺常为液体。

酰胺由于分子间氢键缔合比羧酸强，故沸点比相应的羧酸高；而酰氯、酸酐和酯则因分子间没有氢键缔合，它们的沸点比相对分子质量相近的羧酸低得多。例如，乙酰胺的沸点为 222 ℃，比乙酸(沸点 118 ℃)高得多，而乙酰氯的沸点为 52 ℃，比乙酸低得多。图 12-2为酰胺分子间氢键示意图。

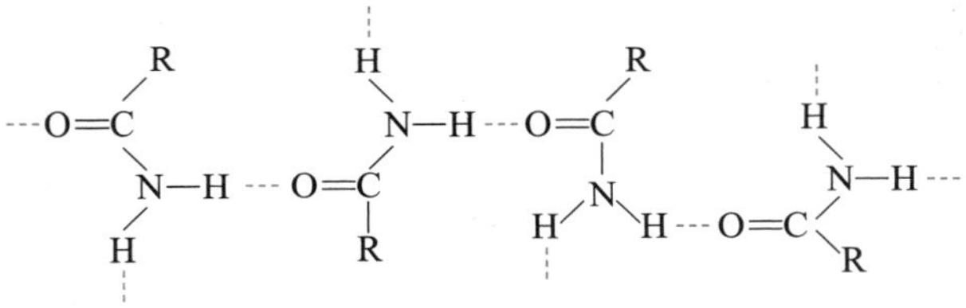

图 12-2　酰胺分子间氢键示意图

酰氯、酸酐的水溶性比相应的羧酸小，低级的遇水分解。C_4 及 C_4 以下的酯有一定的水溶性，但随碳原子数增加而大大降低。低级酰胺可溶于水。*N*,*N*-二甲基甲酰胺和 *N*,*N*-二甲基乙酰胺可与水混溶。羧酸衍生物都可溶于有机溶剂。一些羧酸衍生物的物理常数见表 12-4。

表 12-4　一些羧酸衍生物的物理常数

母体酸	酰氯		乙酯		酰胺		酸酐	
	熔点/℃	沸点/℃	熔点/℃	沸点/℃	熔点/℃	沸点/℃	熔点/℃	沸点/℃
甲酸	不存在		-80	54	2	193	不存在	
乙酸	-112	52	-84	77.1	82	222	-73	140

续表

母体酸	酰氯		乙酯		酰胺		酸酐	
	熔点/℃	沸点/℃	熔点/℃	沸点/℃	熔点/℃	沸点/℃	熔点/℃	沸点/℃
丙酸	−94	80	−74	99	80	213	−45	168
丁酸	−89	102	−93	121	116	216	−75	198
苯甲酸	−1	197	−35	213	130	290	42	360
邻甲苯甲酸		213	−10	221	147			
间甲苯甲酸	−25	218		226	97		70	
对甲苯甲酸	−2	226		235	155		98	
邻苯二甲酸*	11			296	219		131	284

* 指二酰氯、二酯和二酰胺。

三、羧酸衍生物的化学性质

1. 水解、醇解和氨解反应

羧酸衍生物在一定的条件下可以发生水解、醇解和氨解。羧酸衍生物反应活性为

$$\mathrm{R-\overset{\displaystyle O}{\overset{\|}{C}}-Cl} > \mathrm{R-\overset{\displaystyle O}{\overset{\|}{C}}-O-\overset{\displaystyle O}{\overset{\|}{C}}-R(R')} > \mathrm{R-\overset{\displaystyle O}{\overset{\|}{C}}-OR(R')} > \mathrm{R-\overset{\displaystyle O}{\overset{\|}{C}}-NH_2}$$

(1) 水解

$$\left.\begin{array}{l}\mathrm{R-\overset{\displaystyle O}{\overset{\|}{C}}-Cl}\\ \mathrm{R-\overset{\displaystyle O}{\overset{\|}{C}}-O-\overset{\displaystyle O}{\overset{\|}{C}}-R}\\ \mathrm{R-\overset{\displaystyle O}{\overset{\|}{C}}-OR'}\\ \mathrm{R-\overset{\displaystyle O}{\overset{\|}{C}}-NH_2}\end{array}\right\}+\mathrm{HOH}\longrightarrow \mathrm{R-\overset{\displaystyle O}{\overset{\|}{C}}-OH}+\left\{\begin{array}{l}\mathrm{HCl}\\ \mathrm{R-\overset{\displaystyle O}{\overset{\|}{C}}-OH}\\ \mathrm{R'OH}\\ \mathrm{NH_3}\end{array}\right.$$

酰氯、酸酐容易水解,低级酰氯、酸酐能较快地被空气中水汽水解,尤其是酰氯。因此在制备及贮存这两类化合物时,必须隔绝水汽。酯和酰胺水解都需酸或碱催化,还需加热。

酯在酸催化下水解是酯化反应的逆过程,水解不完全。在碱作用下水解完全,碱实际上不仅是催化剂而且是参与反应的试剂,产物为羧酸盐和相应的醇。

$$\mathrm{R-\overset{\displaystyle O}{\overset{\|}{C}}-OR'}+\mathrm{NaOH}\longrightarrow \mathrm{R-\overset{\displaystyle O}{\overset{\|}{C}}-ONa}+\mathrm{R'OH}$$

生成的羧酸盐可从平衡体系中除去，故在足量碱的存在下水解可进行到底。由于高级脂肪酸所形成的酯，如油脂，在碱性条件下水解得到高级脂肪酸的盐是肥皂的主要成分，所以酯在碱性溶液中水解又称皂化反应。

（2）醇解

$$\left.\begin{array}{l} R-\overset{O}{\overset{\|}{C}}-Cl \\ R-\overset{O}{\overset{\|}{C}}-O-\overset{O}{\overset{\|}{C}}-R(R'') \\ R-\overset{O}{\overset{\|}{C}}-OR(R'') \end{array}\right\} + HOR' \longrightarrow R-\overset{O}{\overset{\|}{C}}-OR' + \left\{\begin{array}{l} HCl \\ (R'')R-\overset{O}{\overset{\|}{C}}-OH \\ (R'')ROH \end{array}\right.$$

酯的醇解生成新的酯和新的醇的反应，又称**酯交换反应**。酯交换反应是可逆的，受酸、碱催化，要使反应趋于完成，需用过量的醇 R′OH 及蒸出低沸点的醇（R″）ROH 或酯 RCOOR′。例如：

$$CH_3CH_2COOCH_3+CH_3(CH_2)_3OH \xrightleftharpoons{CH_3-C_6H_4-SO_3H} CH_3CH_2COOCH_2CH_2CH_2CH_3+CH_3OH$$

（3）氨解

$$\left.\begin{array}{l} R-\overset{O}{\overset{\|}{C}}-Cl \\ R-\overset{O}{\overset{\|}{C}}-O-\overset{O}{\overset{\|}{C}}-R(R') \\ R-\overset{O}{\overset{\|}{C}}-OR(R') \end{array}\right\} + NH_3 \longrightarrow R-\overset{O}{\overset{\|}{C}}-NH_2 + \left\{\begin{array}{l} NH_4Cl \\ (R')R-\overset{O}{\overset{\|}{C}}-O^- \overset{+}{N}H_4 \\ (R')ROH \end{array}\right.$$

酰氯与浓氨水或胺（RNH_2，R_2NH）在室温或低于室温下反应是实验室制备酰胺或 *N*–取代酰胺的方法。反应迅速，并有高的产率。乙酰氯与浓氨水的反应太激烈，故常以乙酸酐代替乙酰氯，以便控制。酯与氨或胺（RNH_2，R_2NH）的反应虽较慢，但也常用于合成中。

酰氯、酸酐、酯的氨解是制备酰胺的常用方法。例如：

$$(CH_3)_2CH-\overset{O}{\overset{\|}{C}}-Cl \xrightarrow{NH_3,H_2O} \underset{(83\%)}{(CH_3)_2CH-\overset{O}{\overset{\|}{C}}-NH_2} + NH_4Cl$$

$$C_6H_{11}-\overset{O}{\overset{\|}{C}}-Cl + 2(CH_3)_2NH \xrightarrow{苯} \underset{(89\%)}{C_6H_{11}-\overset{O}{\overset{\|}{C}}-N(CH_3)_2} + (CH_3)_2NH_2^+Cl^-$$

2. 酰胺的特殊性质（酸碱性、霍夫曼降解、脱水反应）

（1）酰胺的弱碱性和弱酸性

氨呈碱性，当氨分子中的氢原子被酰基取代，生成的酰胺则是中性化合物，不能使石蕊变色。但在一定条件下酰胺还能表现出弱碱性和弱酸性。

如果氨分子中的两个氢原子都被酰基取代,生成的酰亚胺氮原子上的氢原子显示出明显的酸性(pK_a 为 9~10),能与氢氧化钠(或钾)的水溶液作用生成盐。

$$\text{邻苯二甲酰亚胺 (C}_6\text{H}_4\text{(CO)}_2\text{NH)} \xrightarrow{KOH} \text{C}_6\text{H}_4\text{(CO)}_2\text{NK}$$

邻苯二甲酰亚胺的盐与卤代烷作用得到 *N*-烷基邻苯二甲酰亚胺,后者被氢氧化钠溶液水解则生成伯胺。

$$C_6H_4(CO)_2NK \xrightarrow[DMF]{\text{伯 }RBr} C_6H_4(CO)_2N{-}R \xrightarrow[H_2O]{NaOH} C_6H_4(COONa)_2 + \underset{\text{伯胺}}{H_2N{-}R}$$

这是合成纯伯胺的一种方法,叫作**盖布瑞尔(Gabriel S)合成**。

(2) 霍夫曼降解反应

酰胺与次氯酸钠或次溴酸钠的碱溶液作用时脱去 $\rangle C{=}O$ 生成伯胺。这是由霍夫曼(Hofmann A W von)发现的制纯伯胺的一种好方法,在反应中碳链减少了一个碳原子,故称**霍夫曼降解反应**。

$$R{-}\overset{O}{\overset{\|}{C}}{-}NH_2 + Br_2 + 4NaOH \xrightarrow{H_2O} R{-}NH_2 + 2NaBr + Na_2CO_3 + 2H_2O$$

例如:

$$CH_3(CH_2)_4\overset{O}{\overset{\|}{C}}{-}NH_2 \xrightarrow[NaOH,H_2O]{Br_2} CH_3(CH_2)_3CH_2NH_2 \quad (88\%)$$

$$H_2N{-}\overset{O}{\overset{\|}{C}}{-}C_6H_4{-}\overset{O}{\overset{\|}{C}}{-}NH_2 \xrightarrow[H_2O]{Br_2,OH^-} H_2N{-}C_6H_4{-}NH_2$$

(3) 酰胺脱水反应

酰胺与强脱水剂共热则脱水生成腈。这是实验室制备腈的一种方法(尤其是对于那些用卤代烃和 NaCN 反应难以制备的腈)。通常采用 P_2O_5、PCl_5、$POCl_3$、$SOCl_2$ 或乙酸酐等为脱水剂。例如:

$$(CH_3)_2CH{-}\overset{O}{\overset{\|}{C}}{-}NH_2 \xrightarrow[200\ ^\circ C]{P_2O_5} (CH_3)_2CH{-}C{\equiv}N + H_2O \quad (86\%)$$

3. 酯的还原反应

催化氢化和化学还原可以把酯还原为伯醇，并释放出原有酯中的醇或酚。

(1) 催化氢化

酯的催化氢化比烯、炔及醛、酮困难，它需要高温(200～250 ℃)、高压(14～28 MPa)以及特殊的催化剂 $Cu_2O+Cr_2O_3$。例如：

$$C_6H_5-\overset{O}{\overset{\|}{C}}-OC_2H_5 + H_2 \xrightarrow[200\sim250\ ℃,\ 14\sim28\ MPa]{Cu_2O+Cr_2O_3} C_6H_5-CH_2OH + C_2H_5OH$$

(2) 化学还原

酯最常用的还原剂是金属钠和无水乙醇，也可采用氢化铝锂($LiAlH_4$)还原剂。这两种还原剂都不影响分子中的碳碳双键。例如：

$$CH_3(CH_2)_7CH{=}CH(CH_2)_7\overset{O}{\overset{\|}{C}}-OCH_3 \xrightarrow[②\ H_3O^+]{①\ LiAlH_4,干醚}$$

$$CH_3(CH_2)_7CH{=}CH(CH_2)_7CH_2OH+CH_3OH$$

$$\underset{月桂酸乙酯}{n-C_{11}H_{23}-\overset{O}{\overset{\|}{C}}-OC_2H_5} \xrightarrow{Na,无水\ C_2H_5OH} \underset{月桂醇(65\%\sim75\%)}{n-C_{11}H_{23}CH_2OH+C_2H_5OH}$$

文本

练一练 10～12 参考答案

练一练 10

完成反应：

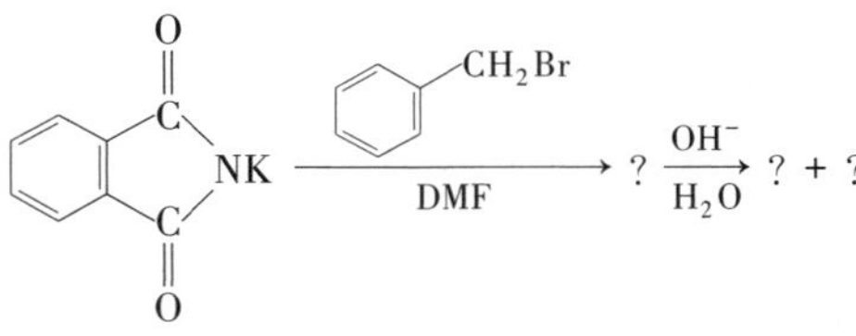

练一练 11

以丙烯为有机原料，无机试剂可任选，合成丙酸异丙酯。

练一练 12

以乙醇为唯一的有机原料，无机试剂可任选，制备丙酸乙酯。

四、重要的羧酸衍生物

1. 邻苯二甲酸酐

邻苯二甲酸酐为无色鳞片状晶体，熔点 131 ℃，沸点 284 ℃，易升华，难溶于冷水，可溶于热水、乙醇、乙醚、氯仿以及苯等。

邻苯二甲酸酐与多元醇作用生成高分子醇酸树脂，例如丙三醇－邻苯二甲酸酐树脂(甘酞树脂)。甘酞树脂用于制磁漆及义齿，用松香或脂肪酸改性后的甘酞树脂则广泛用于制造油漆。

2. ε−己内酰胺

ε−己内酰胺简称己内酰胺，为白色固体，熔点 69 ℃，带薄荷味，溶于水和许多有机溶剂中。己内酰胺有毒。

在高温（200~300 ℃）和微量水（活化剂）的作用下，己内酰胺发生开环聚合反应生成聚己内酰胺树脂，经抽丝等工艺制成聚酰胺−6（尼龙−6）纤维，其商品名称为锦纶。

$$n\ \text{(己内酰胺环状结构)} \xrightarrow[250\ ℃]{微量\ H_2O} \text{-}[\text{CO(CH}_2)_5\text{NH}]_n\text{-}$$

聚己内酰胺

3. 乙酸酐

乙酸酐是无色具有刺激性的液体，沸点 139.5 ℃，是优良的溶剂，它具有酸酐的通性，是重要的化工原料，在工业生产中它大量用于制造醋酸纤维、合成染料、香料、涂料等。

4. *N*,*N*−二甲基甲酰胺

N,*N*−二甲基甲酰胺为带有氨味的无色液体，沸点 153 ℃，其蒸气有毒，对皮肤、眼睛和黏膜有刺激作用。它与水及大多数有机溶剂混溶，它能溶解很多无机物和许多难溶的有机物，尤其是有机高聚物。它是聚丙烯腈抽丝的良好溶剂，又是丙烯酸纤维加工中使用的溶剂。在纺织品中某些成分检测时，*N*,*N*−二甲基甲酰胺是常用的溶剂，它有万能溶剂之称。

阅读材料 1　蜡、油脂和磷脂

1. 蜡

蜡是存在于自然界中动植物体内的蜡状物质。蜡的主要成分是含有偶数碳原子的高级脂肪酸和高级一元醇所形成的酯的混合物（同时还含有一些游离的高级羧酸、醇及烃类等）。例如，鲸蜡是从鲸油分离得到的软蜡，熔点范围 42~50 ℃，主要成分是棕榈酸鲸蜡酯（十六酸十六醇酯）$CH_3(CH_2)_{14}COO(CH_2)_{15}CH_3$，用于药膏及化妆品软化剂，也用于生产蜡烛等。

阅读材料 2
黄曲霉毒素

蜡的物态、物性与石蜡相似，它们在常温下多为固体，都不溶于水而易溶于乙醚、苯等有机溶剂中。但它们的化学组成完全不同，蜡是酯，而石蜡是二十个碳原子以上的高级烷烃（固体石蜡烃）的混合物，前者水解可得到相应的醇和酸。

2. 油脂

油脂存在于动植物体内，它是生物体维持正常生命活动不可缺少的物质。油脂的主要成分是含偶数碳原子（C_{12}~C_{20}）的直链高级脂肪酸的甘油酯。它的构造式可表示如下：

$$\begin{array}{l} RCOOCH_2 \\ \quad\quad\;| \\ R'COOCH \\ \quad\quad\;| \\ R''COOCH_2 \end{array}$$

若 $R=R'=R''$,则称为单纯甘油酯,若 $R\neq R'\neq R''$,则称为混合甘油酯。天然的油脂大都为混合甘油酯。

油脂的性质取决于脂肪酸组分的烃基构造。油脂的熔点随烃链中碳原子数的增加而升高;随烃链的不饱和程度增加而降低。含丰富的不饱和脂肪酸的植物油脂在常温下为液态,通常称为油,如花生油、豆油、桐油等。含丰富的饱和脂肪酸的动物油脂常温下为半固态或固态,通常称为脂肪,如牛油、猪油等。

油脂比水轻,相对密度为 0.9~0.95,不溶于水而溶于烃类、丙酮、氯仿和四氯化碳等有机溶剂。由于天然油脂都是混合物,故熔点范围较大。油脂属于酯类,除具有酯的性质外,有些油脂还具有双键的加成、氧化等性质。

3. 磷脂

磷脂有甘油磷脂和神经鞘磷脂两类,它们广泛存在于动物的脑、蛋黄、肝及植物的种子(如大豆等)中。甘油磷脂是二羧酸甘油磷酸二酯,是由甘油与两个脂肪酸(C_{12}~C_{20})、一个磷酸通过酯键相连,其中磷酸二酯的另一个醇组分有$(CH_3)_3\overset{+}{N}CH_2CH_2OH$、$H_2NCH_2CH_2OH$ 等。

学习指导

1. 羧酸的命名

脂肪族羧酸的系统命名法与醛相似;不饱和羧酸的命名则选取不饱和键及羧基在内的最长碳链为主链,注明不饱和键的位次。芳香酸的命名分两种情况:羧基与苯环直接相连时,以苯甲酸为母体,羧基连在芳环侧链时,以脂肪酸为母体,芳环作为取代基。

2. 羧酸衍生物的命名

酰卤和酰胺根据酰基命名,酸酐和酯根据来源的羧酸及醇命名。

3. 羧酸的鉴别

羧酸与 Na_2CO_3 或 $NaHCO_3$ 溶液反应,放出 CO_2 气体。

甲酸分子$\left(\text{H—}\overset{\overset{\text{O}}{\|}}{\text{C}}\text{—OH}\right)$中因含有醛基,甲酸可以发生银镜反应,也能与斐林试剂作用,还可以被 $KMnO_4$ 溶液氧化,使 $KMnO_4$ 溶液紫红色褪去。乙二酸与酸性 $KMnO_4$ 溶液的反应是定量进行的,不仅可用于鉴别还可以用于定量分析。

4. 羧酸的制备

(1) 腈水解

$$R—CN+H_2O \xrightarrow{H^+} R—COOH$$

（2）氧化法

$$R-\overset{O}{\overset{\|}{C}}-H \xrightarrow[H^+]{KMnO_4} R-COOH$$

$$R-CH_2OH \xrightarrow[H^+]{KMnO_4} R-COOH$$

$$C_6H_5-R \xrightarrow[H^+]{KMnO_4} C_6H_5-COOH$$ （—R 中含有 α-H 原子）

（3）格氏试剂法

$$RMgX+CO_2 \xrightarrow[② H_2O/H^+]{① 干醚} R-COOH$$ （增加一个碳原子）

（4）甲基酮的卤仿反应

$$CH_3-\overset{O}{\overset{\|}{C}}-R \xrightarrow{NaOX} R-COONa + CHX_3$$

$$R-COONa \xrightarrow{H^+} R-COOH$$（减少一个碳原子）

5. 羧酸的重要化学反应

（1）酰氯的生成

$$RCOOH \xrightarrow{SOCl_2} RCOCl$$

（2）酸酐的生成

$$2\,R-\overset{O}{\overset{\|}{C}}-OH \xrightarrow{P_2O_5} (R-\overset{O}{\overset{\|}{C}})_2O + H_2O$$

（3）酯的生成

$$R-\overset{O}{\overset{\|}{C}}-OH + HOR' \xrightarrow{H^+} R-\overset{O}{\overset{\|}{C}}-OR' + H_2O$$

（4）酰胺的生成

$$R-\overset{O}{\overset{\|}{C}}-OH \xrightarrow{NH_3} \overset{O}{\overset{\|}{RCONH_4}} \xrightarrow[-H_2O]{\triangle} R-\overset{O}{\overset{\|}{C}}-NH_2$$

（5）还原

$$R-\overset{O}{\overset{\|}{C}}-OH + LiAlH_4 \xrightarrow[② H_2O]{① 干醚} RCH_2OH$$

(6) α-H 卤代

$$R-CH_2-COOH \xrightarrow[P]{X_2} R-\underset{\underset{X}{|}}{CH}-COOH \xrightarrow[P]{X_2} R-\underset{\underset{X}{|}}{\overset{\overset{X}{|}}{C}}-COOH$$

6. 酰胺的特殊反应

(1) 酰胺脱水反应(生成腈)

$$(CH_3)_2CH-\overset{\overset{O}{\|}}{C}-NH_2 \xrightarrow[200\ ℃]{P_2O_5} (CH_3)_2CHC\equiv N + H_2O$$

(2) 酰胺的霍夫曼降解反应(生成减少一个碳原子的伯胺)

$$R-\overset{\overset{O}{\|}}{C}-NH_2 + X_2 + 4NaOH \xrightarrow{H_2O} R-NH_2 + 2NaX + Na_2CO_3 + 2H_2O \qquad (X = Cl, Br)$$

(3) 脱水反应

$$R-\overset{\overset{O}{\|}}{C}-NH_2 \xrightarrow[\triangle]{P_2O_5} R-C\equiv N + H_2O$$

习 题

1. 命名下列化合物:

(1) $C_6H_5-CH(CH_3)-CH_2COOH$ (2) $C_6H_5-COOC_2H_5$ (3) 3,5-二硝基苯甲酰氯结构($COCl$ 位于苯环上,两侧间位为 O_2N- 与 $-NO_2$)

(4) $CH_3CH_2-\overset{O}{\overset{\|}{C}}-O-\overset{O}{\overset{\|}{C}}-CH_3$ (5) $\begin{matrix} CH_3CH_2CH_2 & & H \\ & C{=}C & \\ Ph & & COOH \end{matrix}$

(6) $\begin{matrix} & CH_2COOH & \\ Cl- & + & -H \\ & Ph & \end{matrix}$

2. 写出下列化合物的结构式:

(1) β-苯基丙烯酸 (2) 邻羟基苯甲酸苄酯

(3) 对甲苯甲酰氯 (4) α-甲基丙烯酸甲酯

(5) N-甲基-N-乙基对异丙基苯甲酰胺 (6) (R)-4-甲基-2-羟基-4-戊烯酸

3. 完成下列反应式:

(1) 1-溴萘 $\xrightarrow[\text{干醚}]{Mg}$? $\xrightarrow[\text{② } H_3O^+]{\text{① } CO_2}$? $\xrightarrow{SOCl_2}$?

(2) $CH_3CH_2COOH \xrightarrow[P]{Br_2}$? $\xrightarrow[\text{醇溶液}]{NaCN}$? $\xrightarrow{?}$ $CH_3CH_2\underset{\underset{COOH}{|}}{CH}COOH$

(3) $CH_3CH_2COOC_2H_5 + NaOH \longrightarrow ?$

(4) 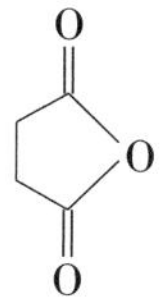 $\underset{O}{\overset{O}{\text{(丁二酸酐)}}}$ $\xrightarrow[(1\ mol)]{CH_3CH_2OH} ? \xrightarrow{PCl_3} ?$

(5) $CH_2{=}CHCH_2CH_2COOH \xrightarrow[②\ H_3O^+]{①\ LiAlH_4,干醚} ?$

(6) 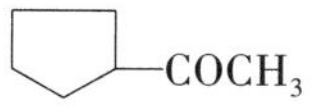 $C_5H_9{-}COCH_3 \xrightarrow[②\ H_3O^+]{①\ I_2,NaOH} ? \xrightarrow{SOCl_2} ? \xrightarrow{NH_3} ? \xrightarrow[NaOH,H_2O]{Br_2} ?$

4. 将下组化合物按其酸性由强至弱排列：

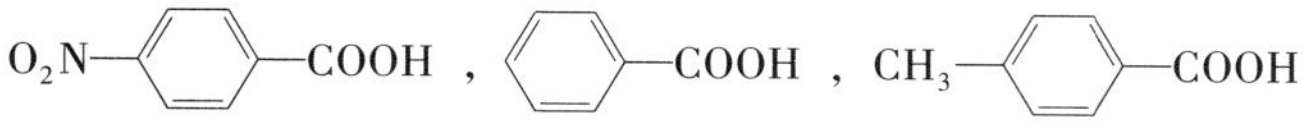

$O_2N{-}C_6H_4{-}COOH$ ， $C_6H_5{-}COOH$ ， $CH_3{-}C_6H_4{-}COOH$

5. 用化学方法鉴别下列各组化合物：

(1) 甲酸，乙酸，乙醛，丙酮

(2) 苯酚，苯甲醛，苯乙酮，苯甲酸

6. 化合物 A、B 的分子式都是 $C_4H_6O_2$，它们都不溶于 NaOH 溶液，也不与 Na_2CO_3 作用，但可使溴水褪色，有类似乙酸乙酯的香味。它们与 NaOH 共热后，A 生成 CH_3COONa 和 CH_3CHO，B 生成甲醇和羧酸钠盐。该钠盐用硫酸中和后蒸馏出的有机物可使溴水褪色。写出 A、B 的构造式及有关反应式。（提示：$CH_2{=}CH{-}OH$ 不稳定，生成立即重排为 CH_3CHO）

7. 化合物 A 的分子式为 $C_4H_8O_3$，A 具有光学活性，A 与 $NaHCO_3$ 作用放出 CO_2，用 $LiAlH_4$ 还原 A 得 B，B 是一个非手性分子，其分子式为 $C_4H_{10}O_2$。写出 A、B 的构造式。

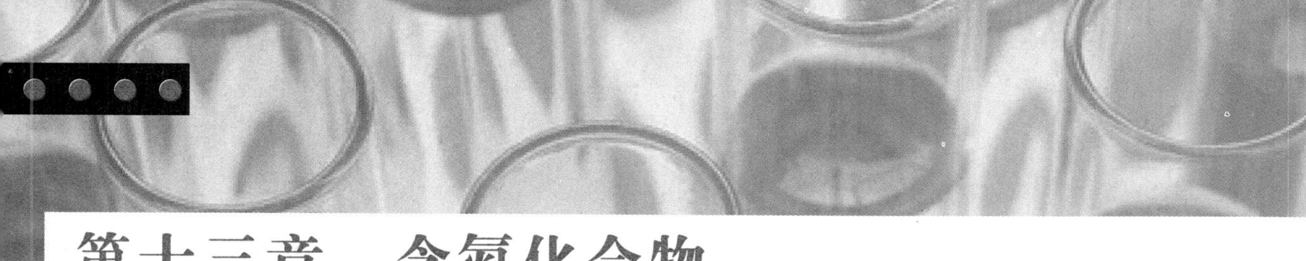

第十三章　含氮化合物

学习目标

1. 了解硝基化合物、胺的物理性质及其制备方法；
2. 了解重氮化合物、偶氮化合物的命名；
3. 理解硝基对苯环上邻对位基团的影响；
4. 掌握芳香族硝基化合物及胺的命名；
5. 掌握芳香族硝基化合物、胺的化学性质及其应用；
6. 掌握重氮盐性质及在合成上的应用。

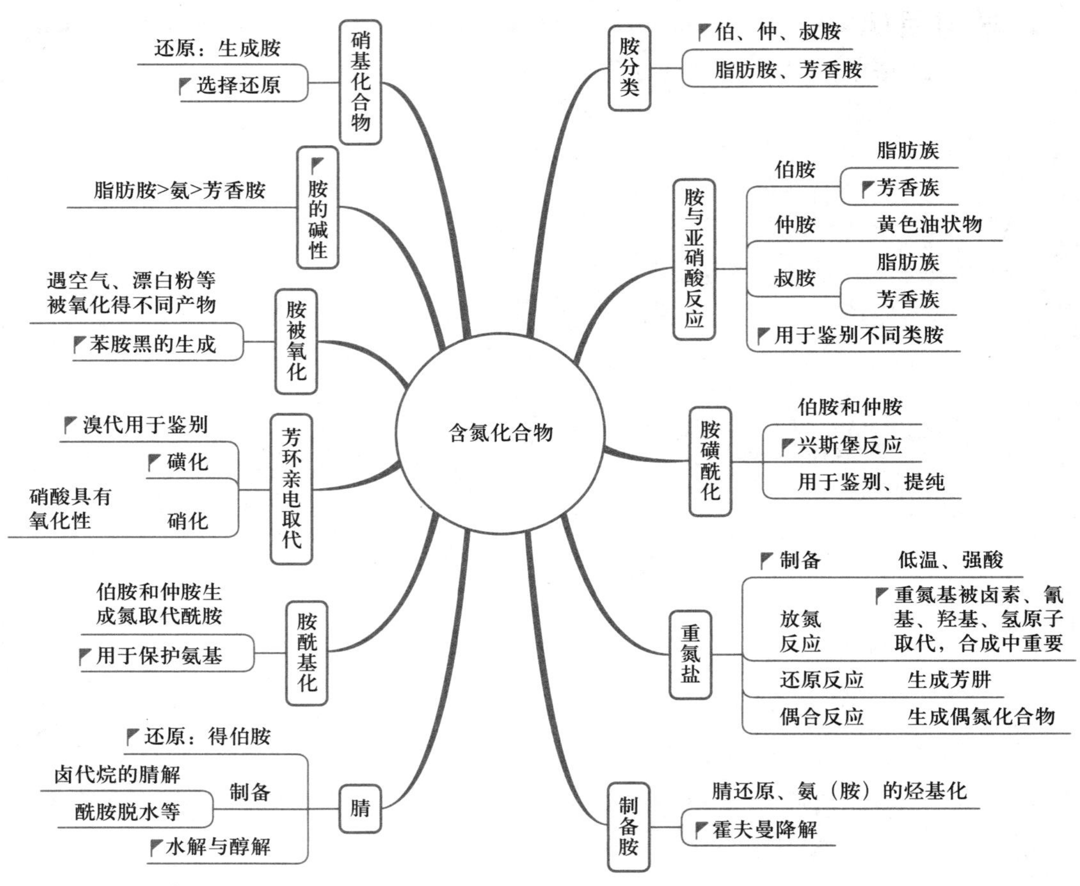
含氮化合物
胺分类
伯、仲、叔胺
脂肪胺、芳香胺
胺与亚硝酸反应
伯胺
脂肪族
芳香族
仲胺
黄色油状物
叔胺
脂肪族
芳香族
用于鉴别不同类胺
胺磺酰化
伯胺和仲胺
兴斯堡反应
用于鉴别、提纯
重氮盐
制备
低温、强酸
放氮反应
重氮基被卤素、氰基、羟基、氢原子取代，合成中重要
还原反应
生成芳肼
偶合反应
生成偶氮化合物
制备胺
腈还原、氨（胺）的烃基化
霍夫曼降解
硝基化合物
还原：生成胺
选择还原
胺的碱性
脂肪胺>氨>芳香胺
胺被氧化
遇空气、漂白粉等被氧化得不同产物
苯胺黑的生成
芳环亲电取代
溴代用于鉴别
磺化
硝酸具有氧化性
硝化
胺酰基化
伯胺和仲胺生成氮取代酰胺
用于保护氨基
腈
还原：得伯胺
制备
卤代烷的腈解
酰胺脱水等
水解与醇解

第一节　硝基化合物

一、硝基化合物的分类和命名

1. 硝基化合物的分类

烃分子中的氢原子被硝基（$—NO_2$）取代的化合物称为硝基化合物。一元硝基化合物可用通式 $R—NO_2$ 和 $Ar—NO_2$ 表示。按硝基所连的烃基不同，可分为脂肪族和芳香族硝基化合物。

2. 硝基化合物的命名

硝基化合物的命名与卤代烃相同，即以烃为母体，硝基为取代基。例如：

CH_3NO_2 硝基甲烷　　$CH_3—CH(NO_2)—CH_3$ 2-硝基丙烷 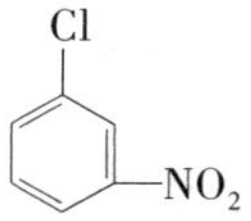　　间硝基氯苯

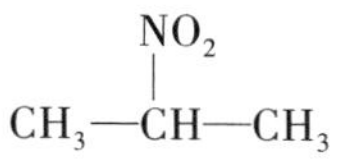

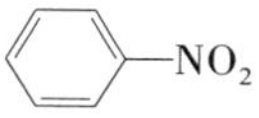

硝基苯 　　对硝基甲苯

二、硝基化合物的物理性质

低级的硝基烷是无色液体。硝基化合物有较大的偶极矩，例如，硝基甲烷 $\mu = 11.339 \times 10^{-30}\ C \cdot m$。因此，虽然它们的分子间不能形成氢键，但和相对分子质量相近的其他物质相比，却有较高的沸点。例如：

	CH_3NO_2	CH_3COCH_3	$CH_3CH_2CH_2OH$
相对分子质量	61	58	60
沸点/℃	101	56	97.4

低级硝基烷微溶于水，能溶解油脂、纤维素酯和许多合成树脂。

芳香族的一硝基化合物是无色或淡黄色的液体或固体。多硝基化合物则多为黄色固体，通常具有爆炸性，可作炸药，例如2,4,6-三硝基甲苯（TNT）。有的多硝基化合物具有香味，例如，二甲苯麝香、酮麝香等可用作香料。

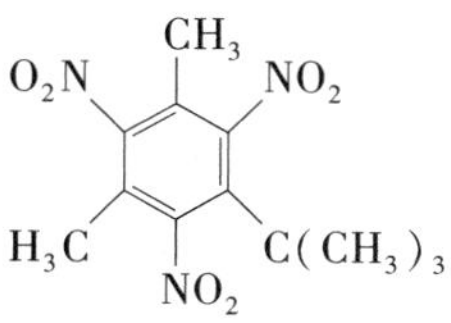

二甲苯麝香 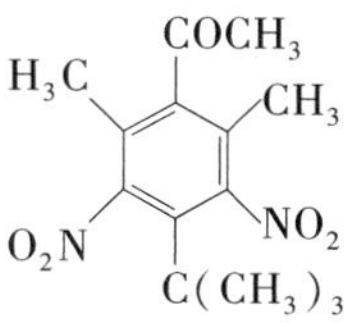　　酮麝香

硝基化合物的相对密度都大于 1。硝基化合物有毒，皮肤接触或吸入蒸气能和血液中的血红素作用而引起中毒。常见的硝基化合物的物理常数见表 13-1。

表 13-1　常见硝基化合物的物理常数

名称	熔点/℃	沸点/℃	相对密度(d_4^{20})
硝基甲烷	-28.6	101.2	1.135 4(22 ℃)
硝基乙烷	-90	114	1.044 8(25 ℃)
硝基苯	5.7	210.8	1.203
间二硝基苯	89.8	303	1.571
邻硝基甲苯	4	222	1.163
间硝基甲苯	16.1	232.6	1.157
对硝基甲苯	52	238.5	1.286
2,4,6-三硝基甲苯	80.6	分解	1.654
2,4,6-三硝基苯酚	121.8	—	1.763
α-硝基萘	61	304	1.332

三、硝基化合物的化学性质

测定硝基甲烷($CH_3—NO_2$)的分子结构时发现，硝基中的两个氮氧键是等同的，键长都是0.122 nm，键角 O—N—O 是 127°(接近 120°)。这表明在硝基中，N 原子是以 sp^2 轨道分别与两个 O 原子形成两个 σ 键，另外还有一个 4 个电子、3 个原子的共轭 π 键。硝基($—NO_2$)的结构可以表示为

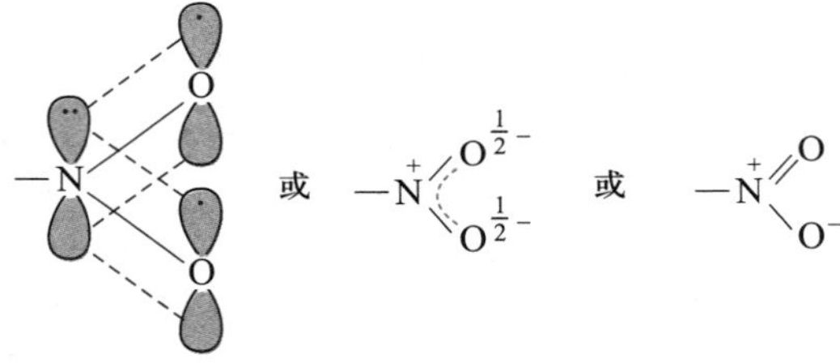

硝基的电子效应是吸电子的诱导效应($-I$)和共轭效应($-C$)。

1. 硝基化合物的还原反应

硝基化合物在一定的条件下发生还原反应，最终产物是相应的胺。

$$ArNO_2 \text{ 或 } RNO_2 \xrightarrow{\text{还原}} \underset{\text{芳香胺}}{ArNH_2} \text{ 或 } \underset{\text{脂肪胺}}{RNH_2}$$

(1) 催化加氢

在催化剂的作用下，硝基苯可液相或气相加氢，生成苯胺。例如：

$$C_6H_5NO_2 \xrightarrow[270\sim350\ ℃,0.2\sim1\ MPa]{H_2,Cu} \underset{(90\%\sim95\%)}{C_6H_5NH_2}$$

这是工业上生产苯胺的方法。

(2) 化学还原剂还原

当苯环上有其他易被还原的取代基时，用氯化亚锡($SnCl_2$)和盐酸还原较为适宜，因为它只还原硝基，而其他取代基(如羰基)不受影响。例如：

CHO　NO$_2$ $\xrightarrow[\text{② NaOH, } H_2O]{\text{① } SnCl_2 + HCl}$ CHO　NH$_2$ (90%)

使用金属与酸作还原剂，尤其是铁和盐酸时，虽然工艺简单，但污染严重。例如：

—NO$_2$ $\xrightarrow{Fe+HCl}$ —NH$_2$

氢化铝锂($LiAlH_4$)是很强的还原剂，它能还原羰基、羧基、酯、酰胺、硝基、氰基等，但不能还原 C═C 双键和 C≡C 三键。例如：

CH_2═CH—CH_2—⟨苯环⟩—NO_2 $\xrightarrow[\text{② } H_2O]{\text{① } LiAlH_4\text{，干醚}}$ CH_2═CH—CH_2—⟨苯环⟩—NH_2

若芳环上同时存在多个硝基时，用适量的硫化钠或硫氢化铵、多硫化铵作还原剂，可以选择还原其中一个硝基。例如：

NO$_2$　NO$_2$ $\xrightarrow[CH_3OH,\ \triangle]{NH_4HS}$ NH$_2$　NO$_2$

2. 苯环上的取代反应

由于硝基的强吸电子诱导效应和共轭效应，使苯环上的电子云密度大大下降，且邻、对位降低得更多，因而硝基是间位定位基。亲电取代比苯困难，以至于不能与较弱的亲电试剂发生反应，如硝基苯不发生傅瑞德尔-克拉夫茨反应，因此，它可以作为这类反应的溶剂。

NO$_2$ $\xrightarrow[Fe,\ 140\ ℃]{Br_2}$ NO$_2$　Br

NO$_2$ $\xrightarrow[\text{浓 } H_2SO_4,\ 110\ ℃]{\text{发烟 } HNO_3}$ NO$_2$　NO$_2$

NO$_2$ $\xrightarrow[110\ ℃]{\text{发烟 } H_2SO_4}$ NO$_2$　SO_3H

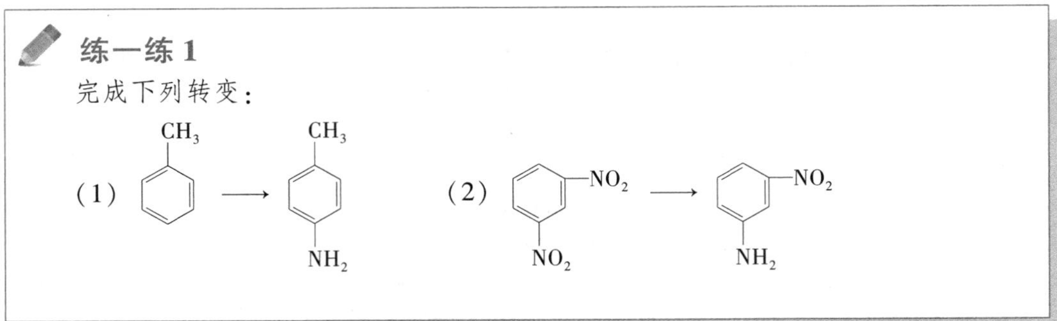

3. 硝基对苯环上其他基团的影响

以硝基氯苯为例。苯环上没有硝基时，氯苯很稳定，较难发生水解等亲核取代反应。然而，当氯原子的邻、对位有硝基存在时，由于硝基的吸电子效应，使苯环上的电子云密度降低（邻、对位降低得更多），与氯原子相连的碳原子显一定的电正性，有利于亲核试剂的进攻。C—Cl 键极性增强，氯原子的活性明显提高，使水解反应变得容易了。当有两个或三个硝基处于氯原子的邻、对位时，水解反应甚至在常压下便可完成。例如：

$$C_6H_5Cl \xrightarrow[\text{② } H_2O, H^+]{\text{① Cu, 10\% NaOH, 400 ℃, 20MPa}} C_6H_5OH$$

$$\text{2-}O_2NC_6H_4Cl \xrightarrow[\text{② } H_2O, H^+]{\text{① 10\% NaOH, 130～160 ℃, 0.2～0.6 MPa}} \text{2-}O_2NC_6H_4OH$$

$$\text{2,4-}(O_2N)_2C_6H_3Cl \xrightarrow[\text{② } H_2O, H^+]{\text{① 10\% NaOH, 90～105 ℃, 常压}} \text{2,4-}(O_2N)_2C_6H_3OH$$

$$\text{2,4,6-}(O_2N)_3C_6H_2Cl \xrightarrow[\text{② } H_2O, H^+]{\text{① } Na_2CO_3 \text{ 稀水溶液, 60 ℃}} \text{2,4,6-}(O_2N)_3C_6H_2OH$$

苦味酸

除水解外，类似的亲核取代反应如氨解、烷氧基化等，也同样变得容易了。这些反应在工业生产上有广泛的应用。

苯环上的硝基，除了使邻、对位上卤原子有活化作用外，还能增强环上邻、对位的羟基和羧基的酸性（参见第十章），也能降低相应位置的氨基的碱性。

第二节 胺

一、胺的分类和命名

1. 胺的分类

氨分子中的一个或几个氢原子被烃基取代的化合物称为胺。根据被取代氢原子的个数，可把胺分成伯胺（一个氢原子被取代）、仲胺（二个氢原子被取代）和叔胺（三个氢原子被取代）。伯胺、仲胺和叔胺也分别称为一级胺（1°胺）、二级胺（2°胺）和三级胺（3°胺）。

NH_3	RNH_2	R_2NH	R_3N
氨	伯胺（1°胺）	仲胺（2°胺）	叔胺（3°胺）

根据取代烃基类型的不同，胺可以分为脂肪胺、脂环胺和芳香胺等类型。取代烃基都为脂肪族烃基时称为脂肪胺，取代烃基中只要有一个是芳基的胺则称为芳香胺。根据分子中氨基的数目，又可把胺分为一元胺和多元胺。例如：

$C_2H_5NH_2$ 乙胺（一元胺）　$H_2NCH_2CH_2NH_2$ 乙二胺（二元胺）——脂肪胺

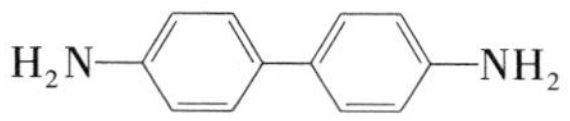

$H_2N-C_6H_4-C_6H_4-NH_2$ 联苯胺（二元胺） 芳香胺

2. 胺的命名

构造简单的胺一般用衍生命名法命名。此时，把氨看作母体，烃基看作取代基。其名称在烃基后加上“胺”字即可。当烃基相同时，应在其前面用数字表示烃基的数目，当烃基不同时，则按次序规则将较优的烃基放在后面。在命名时通常省去“基”字。例如：

$(CH_3)_3C-NH_2$ 叔丁胺　$C_6H_{11}-NH_2$ 环己胺　$CH_3NHC_2H_5$ 甲乙胺　$C_6H_5-CH_2NH_2$ 苄胺

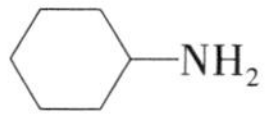

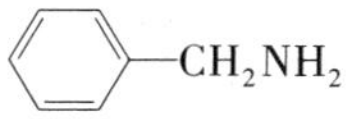

$C_6H_5-CH_2CH_2NH_2$ 2-苯乙胺　$(C_2H_5)_3N$ 三乙胺　$C_6H_5-NH-C_6H_5$ 二苯胺

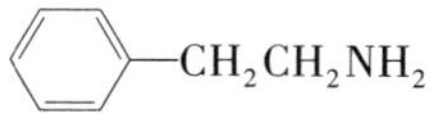

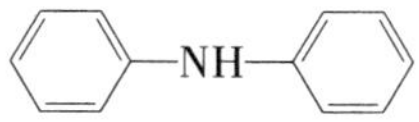

对于芳胺，如果苯环上有别的取代基，按照多官能团化合物的命名原则，以表 11-1 中处于最前面的一个官能团为优先基团，由它决定母体名称，其他官能团都作为取代基来命名，并应表示出取代基的相对位置。例如：

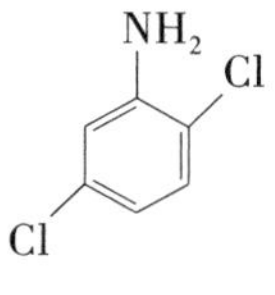

2,5-二氯苯胺（NH_2，Cl，Cl）　对氨基苯磺酸（SO_3H，NH_2）　邻氨基苯乙酮（$COCH_3$，NH_2）

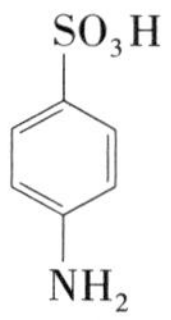

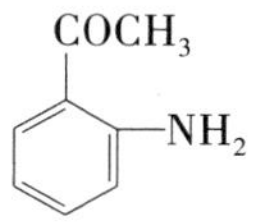

当氮上同时连有芳基和脂肪烃基时，应在芳胺名称前冠以“*N*”，以表示脂肪烃基是连

在氨基氮原子上。例如：

$C_6H_5-NHCH_3$　　$C_6H_5-N(CH_3)_2$　　$C_6H_5-N(CH_3)CH_2CH_3$

N-甲基苯胺　　*N*,*N*-二甲基苯胺　　*N*-甲基-*N*-乙基苯胺

对于构造比较复杂的胺常采用系统命名法。命名时，以烃为母体，以氨基或烷氨基作为取代基。有时也将胺作为母体，用阿拉伯数字标明氨基的位次来命名。例如：

$CH_3-CH(CH_3)-CH(NH_2)-CH_2-CH(CH_3)-CH_3$

2,5-二甲基-3-氨基己烷

（2,5-二甲基-3-己胺）

$CH_3-CH(NHCH_3)-CH_2-CH_2-CH_3$

2-甲氨基戊烷

（*N*-甲基-2-戊胺）

$C_6H_5-CH_2-CH(NH_2)-CH_3$

1-苯基-2-氨基丙烷

（1-苯基-2-丙胺）

练一练 2

命名下列化合物：

（1）环己基$-NHCH_3$　　（2）$H_2N-C_6H_4-OH$（对位）

（3）$Br-C_6H_3(Br)-NH_2$（2,4-二溴苯胺结构）　　（4）$C_2H_5-C_6H_4-NHCH_3$（对位）

（5）$H_2N-C_6H_4-COOH$（对位）　　（6）$(CH_3)_3N$

文本

练一练 2

参考答案

*二、胺的制备

1. 氨与卤代烃反应

氨与卤代烃反应，首先生成伯胺：

$$RX+2NH_3 \longrightarrow RNH_2+NH_4X$$

伯胺可以继续与卤代烃反应，生成仲胺；仲胺再反应生成叔胺；最后生成季铵盐。因此，反应的产物是伯、仲、叔胺以及季铵盐的混合物：

$$RNH_2+RX+NH_3 \longrightarrow R_2NH+NH_4X$$

$$R_2NH+RX+NH_3 \longrightarrow R_3N+NH_4X$$

$$R_3N+RX \longrightarrow R_4N^+X^-$$

当氨大大过量时，则可以得到伯胺为主的产物。例如：

$$C_6H_5-CH_2Cl \xrightarrow[\text{过量 40 倍}]{NH_3} C_6H_5-CH_2NH_2$$

（50%）

2. 氨与醇或酚反应

在工业生产中常用醇与氨反应制备胺。醇易得到，且在生产过程中对设备腐蚀不大。例如：

$$6CH_3OH+3NH_3 \xrightarrow[350\sim400\ ℃,5\ MPa]{Al_2O_3} CH_3NH_2+(CH_3)_2NH+(CH_3)_3N+6H_2O$$

改变反应物的配比和反应条件，可以调节产物的比例。生成的产物(混合物)通过精馏可以将它们分离。

这是工业上制甲胺、二甲胺、三甲胺及其他较低级的胺的方法。

在亚硫酸铵或亚硫酸氢铵的催化下，氨与萘酚反应生成相应的萘胺。

$$\text{(2-萘酚)}-OH + NH_3 \underset{150\ ℃,0.6\ MPa}{\overset{(NH_4)_2SO_3}{\rightleftharpoons}} \text{(2-萘基)}-NH_2 + H_2O$$

这是工业上生产β-萘胺的方法。

3. 硝基化合物的还原

这是制备芳胺常用的方法，例如：

$$C_6H_5-NO_2 \xrightarrow{HCl+Sn} C_6H_5-NH_2$$

4. 腈的还原

腈还原生成伯胺，这是制备伯胺的一种方法。常用的还原方法有两种，一种是催化氢化，另一种是用氢化铝锂还原。

腈催化氢化的催化剂工业上常用雷尼镍。例如：

$$C_6H_5-CH_2CN \xrightarrow[120\sim130\ ℃,13\ MPa]{H_2,\text{雷尼镍}} C_6H_5-CH_2CH_2NH_2$$

工业上，生产尼龙-66 的重要中间体己二胺就是由己二腈催化氢化制得的。

$$NCCH_2CH_2CH_2CH_2CN \xrightarrow[130\ ℃,13.6\ MPa]{H_2,\text{雷尼镍}} H_2NCH_2CH_2CH_2CH_2CH_2CH_2NH_2$$

用氢化铝锂($LiAlH_4$)还原腈成伯胺，收率较高。例如：

$$\text{邻-}CH_3C_6H_4-CN \xrightarrow{LiAlH_4,\text{干醚}} \text{邻-}CH_3C_6H_4-CH_2NH_2$$

(88%)

5. 霍夫曼降解反应

酰胺与次卤酸钠作用，脱去羰基，**生成少一个碳原子的伯胺**(见第十二章)。例如

$$CH_3CH_2\overset{O}{\overset{\|}{C}}-NH_2 \xrightarrow[NaOH]{Br_2} CH_3CH_2NH_2$$

文本

练一练 3~5 参考答案

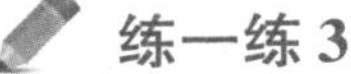

练一练 3

完成下列转变：

(1) $C_2H_5OH \longrightarrow CH_3NH_2$　　(2) $C_2H_5OH \longrightarrow H_2N(CH_2)_4NH_2$

(3) 己酸⟶戊胺

练一练 4

以苯及无机试剂为原料，制备间硝基苯胺。

NH_2

NO_2

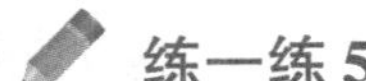

练一练 5

完成下列转变：

(1) $C_6H_5\text{—}NO_2 \longrightarrow C_6H_5\text{—}NH_2$

(2) $C_6H_5\text{—}CH_3 \longrightarrow C_6H_5\text{—}CH_2CH_2NH_2$

三、胺的物理性质

低级脂肪胺是气体或易挥发的液体。三甲胺有鱼腥味，某些二元胺有恶臭，例如 1,4-丁二胺(腐肉胺)、1,5-戊二胺(尸胺)。高级脂肪胺是固体，无臭。芳香胺是高沸点的液体或低熔点的固体，有特殊的气味。芳香胺有毒，吸入蒸气和皮肤接触都可能引起中毒。有些芳香胺，例如联苯胺、β-萘胺等还有强烈的致癌作用。

与氨相似，伯、仲胺可以通过分子间氢键而缔合。例如：

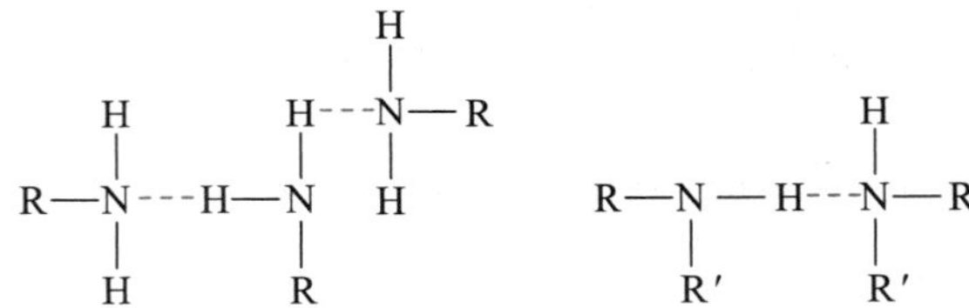

氢键的存在，使伯胺和仲胺的沸点比相对分子质量相近的醚的沸点高，但由于氮的电负性比氧小，形成的氢键比较弱，因此，比相对分子质量相近的醇或酸的沸点要低。例如：

	CH_3OCH_3	CH_3NHCH_3	$CH_3CH_2NH_2$	CH_3CH_2OH	HCOOH
相对分子质量	46	45	45	46	46
沸点/℃	-24.9	7.5	17	78.5	100.5

叔胺分子间不能形成氢键，因此沸点比相对分子质量相近的伯胺和仲胺低。伯、仲、叔胺都能与水形成氢键，因此，低级胺都可溶于水。胺也溶于醇、醚和苯。

常见胺的一些物理常数见表 13-2。

表 13-2　常见胺的物理常数

名称	熔点/ ℃	沸点/ ℃	溶解度/[g·(100 g 水)$^{-1}$]
甲胺	-92	-7.5	易溶
二甲胺	-96	7.5	易溶
三甲胺	-117	3	91
乙胺	-80	17	∞
二乙胺	-39	55	易溶
三乙胺	-115	89	14
正丙胺	-83	49	∞
异丙胺	-101	34	∞
正丁胺	-50	78	易溶
环己胺		134	微溶
苄胺		185	∞
乙二胺	8	117	溶
己二胺	42	204	易溶
苯胺	-6	184	3.7
N-甲基苯胺	-57	196	难溶
N,*N*-二甲基苯胺	3	194	1.4
二苯胺	53	302	不溶
三苯胺	127	365	不溶
邻苯二胺	104	252	3
间苯二胺	63	287	25
对苯二胺	142	267	3.8
联苯胺	127	401	0.05
α-萘胺	50	301	难溶
β-萘胺	110	306	不溶

四、胺的化学性质

胺的结构与氨相似,分子也呈棱锥形。氮原子也是 sp^3 不等性杂化。以三甲胺为例,其结构见图13-1,C—N—C 键角是 108°,氮碳键的键长为 0.147 nm。

苯胺的分子结构见图 13-2,H—N—H 键角为 113.9°,H—N—H 平面与苯环平面的夹角是 39.4°。在苯胺分子中,除了 σ 键以外,还有一个 8 个电子、7 个原子的共轭 π 键。共轭的结果,使 π 电子向苯环偏移[—NH_2 的给电子的共轭效应(+*C* 效应)],并超过了—NH_2 的吸电子的诱导效应(−*I* 效应)。净结果是,与苯环相连的氨基起着推电子的作用。

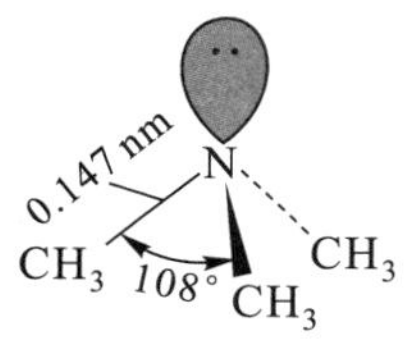

图 13-1　三甲胺的分子结构

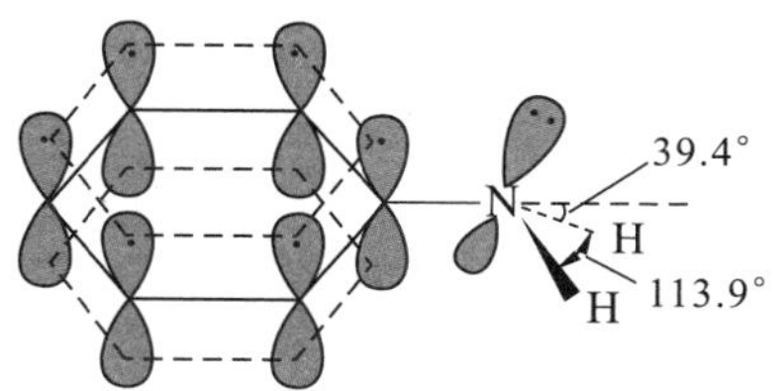

图 13-2　苯胺的分子结构

苯胺分子中,氮原子也是棱锥形结构,只是氮原子上的孤对电子所占据的 sp^3 轨道具有更多的 p 轨道性质(与氨分子中的氮原子相比),可与苯环 π 电子共轭。

胺的官能团是氨基($-NH_2$),它决定了胺类的化学性质。

1. 碱性

含有孤对电子的氮原子能接受质子,所以胺都具有碱性。

$$RNH_2 + H^+ \longrightarrow R\overset{+}{N}H_3$$

胺在水溶液中,存在下列平衡:

$$RNH_2 + H_2O \rightleftharpoons RNH_3^+ + OH^-$$

$$K_b = \frac{[RNH_3^+][OH^-]}{[RNH_2]}$$

一般脂肪胺的 $pK_b = 3 \sim 5$,芳香胺的 $pK_b = 7 \sim 10$(NH_3 的 $pK_b = 4.76$)。

胺类的碱性呈现以下的一般规律:

(1) 对于脂肪胺,在气态时,碱性强度通常是

叔胺>仲胺>伯胺>氨

但在水溶液中则有所不同,碱性强度是

	$(CH_3)_2NH$	>	CH_3NH_2	>	$(CH_3)_3N$	>	NH_3
pK_b	3.27		3.38		4.21		4.76

这是因为除了电子效应外,在水溶液中碱性强度还与水的溶剂化作用有关。在此不做讨论。

(2) 芳香胺碱性强度比脂肪胺弱的多,是因为氮原子上孤对电子参与了苯环的共轭而降低了氮原子的电子云密度,使芳香胺碱性显著减弱。对于不同的芳胺,其碱性的大小受取代基的性质及在苯环上位置等因素的影响;一般而言,给电子基使其碱性增强、吸电子基使其碱性减弱。例如:

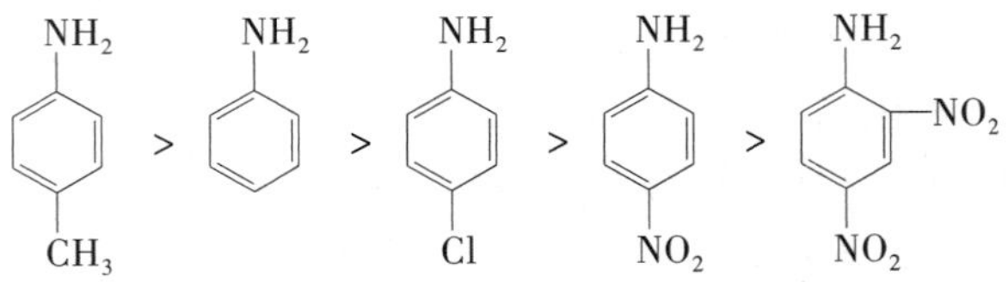

	对甲苯胺 (NH_2, CH_3)	>	苯胺 (NH_2)	>	对氯苯胺 (NH_2, Cl)	>	对硝基苯胺 (NH_2, NO_2)	>	2,4-二硝基苯胺 (NH_2, NO_2, NO_2)
pK_b	8.90		9.30		10.02		13.00		13.82

胺是一种弱碱,它同强无机酸反应,生成相应的盐。例如:

$$CH_3NH_2 + HCl \longrightarrow [CH_3NH_3]^+Cl^-$$

甲胺盐酸盐

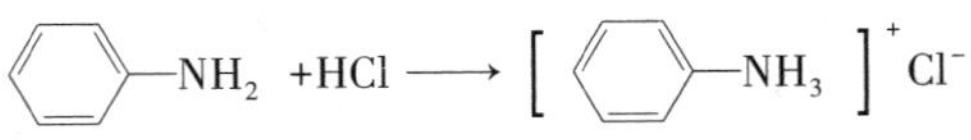

$$C_6H_5-NH_2 + HCl \longrightarrow [C_6H_5-NH_3]^+Cl^-$$

苯胺盐酸盐

它们是强酸弱碱盐，遇强碱时，又生成原来的胺。例如：

$$[C_6H_5-NH_3]^+Cl^- \xrightarrow[H_2O]{NaOH} C_6H_5-NH_2 + NaCl + H_2O$$

利用这个性质，可以把胺从其他非碱性物质中分离出来，也可定性地鉴别胺。

练一练 6

用化学方法分离苯胺和甲苯的混合物。

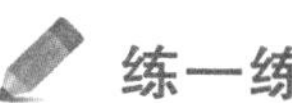

练一练 7

$C_6H_5-NH_2$ 的碱性比 $C_6H_{11}-NH_2$ 的小，为什么？

练一练 8

2,4-二硝基苯胺在稀酸中不溶解，为什么？

文本

练一练 6~8 参考答案

2. 氮原子上的烃基化反应

胺与卤代烃、醇、酚等反应能在氮原子上引入烃基，这个反应称为胺的烃基化反应，常用于仲胺、叔胺和季铵盐的制备。在胺的制备中已介绍。

3. 氮原子上的酰基化反应

伯胺、仲胺与酰氯、酸酐等反应，氨基上的氢原子会被酰基取代，生成 *N*-取代酰胺。这类反应称为胺的酰基化反应，简称酰化。叔胺的氮原子上没有可取代的氢原子，不能发生酰基化反应。例如：

$$C_6H_5-NHCH_3 + (CH_3CO)_2O \xrightarrow{\triangle} CH_3-N(C_6H_5)-COCH_3 + CH_3COOH$$

胺酰化后生成的 *N*-取代酰胺都是晶体。它们有确定的熔点。因此，酰化反应可用来鉴定胺。

胺的酰化产物在酸或碱的催化下，可以水解生成原来的胺。例如：

$$CH_3CONH-C_6H_5 + H_2O \xrightarrow{H^+或OH^-} CH_3COOH + C_6H_5-NH_2$$

芳胺酰化反应在有机合成中有广泛的应用。芳胺酰化后生成的酰氨基不易被氧化，常用于**氨基的保护**，防止氨基被氧化破坏。例如：

$$p\text{-}CH_3-C_6H_4-NH_2 \xrightarrow{CH_3COOH} p\text{-}CH_3-C_6H_4-NHCOCH_3 \xrightarrow{KMnO_4} p\text{-}HOOC-C_6H_4-NHCOCH_3 \xrightarrow[H_2O]{OH^-} p\text{-}HOOC-C_6H_4-NH_2$$

4. 胺的磺酰化反应

胺如与磺酰化试剂(如对甲苯磺酰氯)反应,则生成相应的磺酰胺。叔胺不反应,而伯胺生成的磺酰胺可溶于碱,因此可与仲胺分离。此反应常用于鉴定及分离胺,称**兴斯堡**(Hinsberg O)**反应**。

$$\left.\begin{matrix}RNH_2\\R_2NH\\R_3N\end{matrix}\right\} + CH_3-C_6H_4-SO_2Cl \longrightarrow \begin{cases} CH_3-C_6H_4-SO_2NHR \xrightarrow{NaOH} [CH_3-C_6H_4-SO_2NR]^-Na^+ \\ CH_3-C_6H_4-SO_2NR_2 \\ \text{不反应} \end{cases}$$

(碱中溶解,加酸又不溶)

(既不溶于碱,又不溶于酸)

(R_3N 可溶于酸)

伯、仲、叔胺混合物与对甲苯磺酰氯在碱溶液中反应,叔胺不反应,可经水蒸气蒸馏分离;析出的固体为仲胺的磺酰胺;溶液经酸化可得伯胺的磺酰胺。伯、仲胺的磺酰胺都可经酸性水解而分别得到原来的伯、仲胺。

5. 与亚硝酸反应

脂肪族伯胺与亚硝酸反应,生成不稳定的重氮盐。

$$RNH_2+NaNO_2+2HCl \longrightarrow [R-N\equiv N]^+Cl^-+NaCl+2H_2O$$

即使在低温下,重氮盐也易分解放出氮气,生成组成非常复杂的混合物,在合成上没有意义。但重氮盐的放氮反应是定量的,可用于某些脂肪族伯胺的定性或定量分析。

$$RNH_2 \xrightarrow{NaNO_2,H^+} RN_2^+ \longrightarrow R^++N_2\uparrow \quad (R^+\text{可生成多种产物})$$

芳香族伯胺与亚硝酸在低温下(<5 ℃)反应,生成的重氮盐较为稳定,通过它可以合成多种有机化合物。生成的重氮盐如加热,也会放出氮气。

仲胺与亚硝酸反应生成黄色油状或固体的 *N*-亚硝基化合物(亦称亚硝胺):

$$R_2NH \xrightarrow{NaNO_2,H^+} R_2N-N=O$$

N-亚硝胺是一种很强的致癌物,与稀酸共热,可分解生成仲胺:

$$R_2N-N=O+HCl+H_2O \xrightarrow{\triangle} [R_2NH_2]^+Cl^-+HNO_2 \xrightarrow{OH^-} R_2NH$$

芳香族仲胺生成的 *N*-亚硝胺,在酸性条件下容易重排,生成对亚硝基化合物:

$$C_6H_5-NHCH_3 \xrightarrow[0\sim10\ ℃]{NaNO_2,H^+} C_6H_5-N(CH_3)-N=O \xrightarrow[\triangle]{H^+} O=N-C_6H_4-NHCH_3$$

脂肪族叔胺在强酸性条件下,与亚硝酸不反应。芳香族叔胺与亚硝酸反应,生成氨基对位取代的亚硝基化合物。

$$C_6H_5N(CH_3)_2 \xrightarrow[8\ ℃]{NaNO_2,H^+} \xrightarrow{NaOH} O{=}N{-}C_6H_4{-}N(CH_3)_2$$

绿色固体(80%~89%)

根据上述的不同反应,可以用来区别脂肪族及芳香族的伯、仲、叔胺。

6. 芳胺环上的亲电取代反应

氨基是强的邻对位定位基,它使芳环活化,容易发生亲电取代反应。

微视频
苯胺与溴的反应

(1) 卤代反应

苯胺与氯和溴发生卤代反应,活性很高,不需催化剂常温下就能进行,并直接生成三卤苯胺。例如:

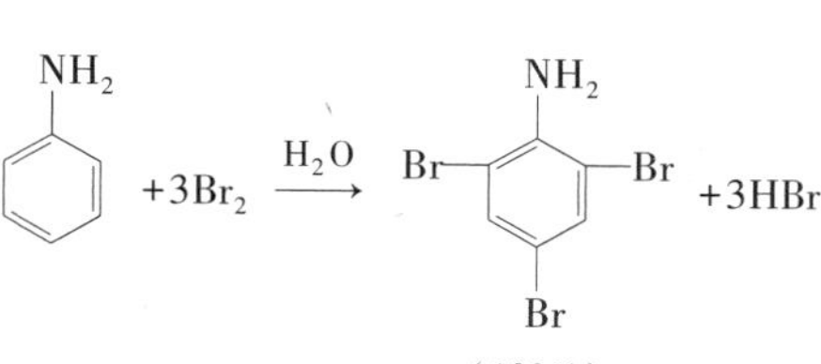

溴代反应生成的三溴苯胺是白色沉淀,反应很灵敏,并可定量完成,常用于苯胺的定性鉴别和定量分析。若要制备一取代的苯胺,可先将氨基酰化,降低它的反应活性,再卤化,然后水解。

$$C_6H_5NH_2 \xrightarrow{(CH_3CO)_2O} C_6H_5NHCOCH_3 \xrightarrow[CH_3COOH]{Br_2} p\text{-}Br{-}C_6H_4{-}NHCOCH_3 \xrightarrow[OH^-,\triangle]{或\ H^+,H_2O} p\text{-}Br{-}C_6H_4{-}NH_2$$

(2) 硝化反应

苯胺硝化时,很容易被硝酸氧化,生成焦油状物。因此,一般常将苯胺酰化后再硝化,以保护其不被氧化。硝化后,再水解,得到硝基取代的苯胺衍生物。例如:

$$C_6H_5NH_2 \xrightarrow{(CH_3CO)_2O} C_6H_5NHCOCH_3$$

$$C_6H_5NHCOCH_3 \xrightarrow[-20\ ℃]{90\%HNO_3} p\text{-}O_2N{-}C_6H_4{-}NHCOCH_3 \xrightarrow[或\ OH^-,\triangle]{H^+,H_2O} p\text{-}O_2N{-}C_6H_4{-}NH_2\ (77\%)$$

$$C_6H_5NHCOCH_3 \xrightarrow[20\ ℃]{HNO_3,(CH_3CO)_2O} o\text{-}O_2N{-}C_6H_4{-}NHCOCH_3 \xrightarrow[或\ OH^-,\triangle]{H^+,H_2O} o\text{-}O_2N{-}C_6H_4{-}NH_2\ (68\%)$$

在强酸性条件下,苯胺生成铵盐,硝化时不会被氧化。但成盐后形成的铵基($-NH_3^+$)为间位定位基,同时也钝化了苯环,硝化需在较强烈的条件下才能进行。例如:

$$C_6H_5NH_2 \xrightarrow{H_2SO_4} C_6H_5\overset{+}{N}H_3\ HSO_4^- \xrightarrow{发烟\ HNO_3,H_2SO_4} m\text{-}O_2N{-}C_6H_4{-}\overset{+}{N}H_3\ HSO_4^- \xrightarrow[H_2O]{OH^-} m\text{-}O_2N{-}C_6H_4{-}NH_2$$

(3) 磺化反应

苯胺直接磺化时，它首先与硫酸形成盐，得到的是间位氨基苯磺酸。要想使磺基进入氨基的邻、对位，须先乙酰化，然后再磺化。如果在约 180 ℃加热苯胺与硫酸生成的硫酸氢盐，也可得到对位取代产物对氨基苯磺酸：

$$C_6H_5NH_2 \xrightarrow{H_2SO_4} C_6H_5\overset{+}{N}H_3\ HSO_4^- \xrightarrow[-H_2O]{\triangle} C_6H_5NHSO_3H \xrightarrow[\text{重排}]{180\ ℃} p\text{-}H_2NC_6H_4SO_3H$$

这是工业上生产对氨基苯磺酸的方法。

对氨基苯磺酸的熔点很高(280~300 ℃分解)，不溶于冷水，也不溶于酸的水溶液，能溶于碱的水溶液，呈现出不同于一般芳胺或芳磺酸的特征性质。这是由于对氨基苯磺酸分子实际上是以内盐形式存在的。这种内盐是强酸弱碱型的盐，在强碱性溶液中可形成磺酸钠盐，内盐被破坏：

$$p\text{-}\overset{+}{N}H_3C_6H_4SO_3^- + NaOH \longrightarrow p\text{-}H_2NC_6H_4SO_3Na + H_2O$$

生成的对氨基苯磺酸钠能溶于水，因此，对氨基苯磺酸可溶于碱的水溶液。

7. 胺的氧化

胺易被氧化，芳胺则更易被氧化。例如，苯胺在放置时就会被空气氧化而颜色变深。苯胺被漂白粉氧化，会产生明显的紫色，这可用于**检验苯胺**。用适当的氧化剂如 $K_2Cr_2O_7+H^+$氧化苯胺，能得到苯胺黑染料。在酸性条件下，苯胺用二氧化锰低温氧化，则生成对苯醌。

$$C_6H_5NH_2 \xrightarrow[3\sim10\ ℃]{MnO_2,\text{稀}\ H_2SO_4} O\!=\!C_6H_4\!=\!O$$

这是实验室和工业上制备对苯醌的主要方法。

练一练 9

按照碱性降低顺序，排列下列各组化合物：

(1) 氨， 甲胺， 苯胺， 二苯胺， 三苯胺

(2) 苯胺， 对甲苯胺， 对硝基苯胺

练一练 10

用化学方法区别硝基苯和苯胺。

练一练 11

由指定原料合成指定化合物：

（1）由苯合成间硝基苯胺　　　　（2）由甲苯合成二苄胺

知识拓展

季铵盐和季铵碱

铵盐（NH_4X）分子中的四个氢原子被四个烃基取代后生成的化合物称季铵盐，氢氧化铵（NH_4OH）分子中的四个氢原子被四个烃基取代后生成的化合物称季铵碱。季铵盐由叔胺与卤代烷反应制得。

$$R_3N+RX \longrightarrow R_4N^+X^-$$

季铵盐是无色晶体，溶于水，不溶于非极性有机溶剂。季铵碱 $R_4N^+OH^-$ 是强碱，其碱性与氢氧化钠相近。季铵碱易溶于水，有很强的吸湿性。季铵盐用湿氧化银处理，会产生卤化银沉淀，滤去沉淀，滤液蒸干即得固体季铵碱。

$$2R_4N^+X^-+Ag_2O+H_2O \longrightarrow 2R_4N^+OH^-+2AgX\downarrow$$

具有一个长链烷基的季铵盐，如溴化三甲基十二烷基铵$[CH_3(CH_2)_{11}N(CH_3)_3]^+Br^-$为季铵盐型阳离子表面活性剂，具有较强的去污能力，且能杀菌。

第三节　重氮化合物和偶氮化合物

分子中含有—N═N—结构，它的两端直接与烃基碳原子相连，这类化合物叫作偶氮化合物。例如：

$CH_3—N═N—CH_3$　　　　—N═N—　　　　HO—　—N═N—

偶氮甲烷　　　　偶氮苯　　　　对羟基偶氮苯

如果—N═N—结构中只有一端直接与烃基碳原子相连，另一端不直接与烃基碳原子相连，这类化合物叫作重氮化合物。例如：

—N═N—NH—

苯重氮氨基苯

分子中含有重氮正离子（$—\overset{+}{N}\equiv N$）的盐叫做重氮盐。例如：

$[\ \ —N\equiv N]^+Cl^-$

氯化重氮苯

一、重氮盐的制备——重氮化反应

芳伯胺与亚硝酸在低温及过量无机强酸存在下生成重氮盐的反应，称为重氮化反应。

$$C_6H_5-NH_2 + 2HCl + NaNO_2 \xrightarrow{0\sim5\ ℃} [C_6H_5-N\equiv N]^+Cl^- + NaCl + 2H_2O$$

重氮化一般是把芳伯胺溶于过量酸中（HCl 和 H_2SO_4），控制在低温下（0～5 ℃，重氮盐大多不稳定，故应低温）滴加 $NaNO_2$ 溶液至反应完成。

重氮化反应的终点常用 KI－淀粉试纸测定。因为过量的 HNO_2 可以把 I^- 氧化成 I_2 使淀粉变蓝，表示反应已达终点。

文本
练一练 12
参考答案

练一练 12

写出下列反应产物：

（1） $CH_3-C_6H_4-NH_2 \xrightarrow[0\sim5\ ℃]{NaNO_2,HCl}$?　　（2） $Cl-C_6H_3(Cl)-NH_2 \xrightarrow[0\sim5\ ℃]{NaNO_2+H_2SO_4}$?

二、重氮盐的性质与应用

重氮盐具有盐的性质，易溶于水，不溶于乙醚，在水溶液中能解离出正离子和负离子，水溶液能导电，重氮盐的化学性质十分活泼，受热，光照，遇铜、铅等金属离子，或遇到氧化剂时，均能被分解破坏，放出氮气，生成芳基正离子或芳基自由基：

$$ArN_2^+X^- \begin{cases} \xrightarrow{\triangle} Ar^+ + N_2\uparrow + X^- \\ \xrightarrow{h\nu} Ar\cdot + N_2\uparrow + X\cdot \end{cases}$$

这些离子和自由基进一步反应，生成组成复杂的物质。

干燥的重氮盐受热或震动会剧烈分解，并能引起爆炸。所以重氮盐一般不制成固体，而制成溶液。重氮盐溶液一般也都是随用随制，不作长期贮存。

重氮盐的化学性质非常活泼，能发生许多化学反应，其反应可分为两大类：放出氮的反应和保留氮的反应。

1. 放出氮的反应

（1）重氮基被卤原子和氰基取代

重氮盐在亚铜盐催化下，重氮基被氯、溴原子或氰基取代的反应，称为**桑德迈尔**（Sandmeyer T）**反应**。

$$C_6H_5-N_2^+Cl^- \xrightarrow{CuCl,HCl} C_6H_5-Cl + N_2\uparrow$$

$$C_6H_5-N_2^+HSO_4^- \xrightarrow{CuBr,HBr} C_6H_5-Br + N_2\uparrow$$

$$C_6H_5-N_2^+Cl^- \xrightarrow{CuCN,KCN} C_6H_5-CN + N_2\uparrow$$

桑德迈尔反应是制备氯、溴或氰基取代的芳烃的一种方法，产物较纯，收率较高。

重氮盐转换成碘代芳烃的反应不需要催化剂，只要将碘化钾与重氮盐溶液共热，放出氮气，就可得到良好收率的产物。例如：

$$\text{C}_6\text{H}_5\text{NH}_2 \xrightarrow[0\sim5\ ℃]{NaNO_2, H_2SO_4} \text{C}_6\text{H}_5\text{N}_2^+HSO_4^- \xrightarrow[25\sim100\ ℃]{KI} \text{C}_6\text{H}_5\text{I}\ (74\%\sim76\%)$$

芳烃直接与碘发生环上亲电取代反应比较困难。因此，这是合成碘代芳烃的一种好方法。

（2）重氮基被羟基取代　重氮基被羟基取代的反应，又称为重氮盐的水解。例如：

$$\text{C}_6\text{H}_5\text{—N}_2^+HSO_4^- + H_2O \xrightarrow[\triangle]{40\%\sim50\%H_2SO_4} \text{C}_6\text{H}_5\text{—OH} + N_2\uparrow + H_2SO_4$$

这是把芳环上的氨基转变成为羟基的一种方法。

这种方法也适宜在实验室里制备酚。例如：

$$m\text{-}O_2N\text{C}_6\text{H}_4\text{NH}_2 \xrightarrow[0\sim5\ ℃]{NaNO_2, H_2SO_4} m\text{-}O_2N\text{C}_6\text{H}_4\text{N}_2^+HSO_4^- \xrightarrow[\triangle]{H_2O, H_2SO_4} m\text{-}O_2N\text{C}_6\text{H}_4\text{OH}\ (74\%\sim79\%)$$

在重氮盐水解时，为了防止氯原子取代重氮基而进入苯环，必须用硫酸作为重氮化时的无机酸，并要使水解在硫酸介质中进行。

在重氮盐的水解反应中，产物酚与原料重氮盐可能发生偶合反应，因此，要提高溶液的酸度，以降低酚的偶合能力。

（3）重氮基被氢原子取代　重氮盐与次磷酸（H_3PO_2）或乙醇等反应，重氮基能被氢原子取代。因此，通过重氮盐可将芳环上的氨基除掉。例如：

$$\text{2,6-二溴-4-甲基苯重氮硫酸氢盐}\ (N_2^+HSO_4^-,\ Br,\ Br,\ CH_3) \xrightarrow{H_3PO_2} \text{3,5-二溴甲苯}\ (Br,\ Br,\ CH_3)$$

重氮基被氢原子取代的反应，实质上是重氮盐的还原反应。反应用次磷酸的收率比用乙醇高，一般采用次磷酸还原法。

利用此反应在有机合成中可合成一些用常规方法难以制得的化合物。一般可在芳环上先引入氨基，利用它的定位作用，引进所需要的基团，最后再除去氨基。

【应用示例1】　以甲苯为原料合成间硝基甲苯。因为甲基是邻对位定位基，所以间硝基甲苯不能直接从甲苯硝化制取。可先将甲苯转化成对甲基苯胺，在氨基的邻位上引入硝基，然后脱氨基，则得到间硝基甲苯。

$$\text{C}_6\text{H}_5\text{CH}_3 \xrightarrow[H_2SO_4]{HNO_3} p\text{-}CH_3\text{C}_6\text{H}_4NO_2 \xrightarrow[\text{雷尼镍}]{H_2} p\text{-}CH_3\text{C}_6\text{H}_4NH_2 \xrightarrow{CH_3COOH} p\text{-}CH_3\text{C}_6\text{H}_4NHCOCH_3 \xrightarrow[H_2SO_4]{HNO_3} \text{4-}CH_3\text{-2-}NO_2\text{C}_6\text{H}_3NHCOCH_3$$

$$\xrightarrow[H_2O]{H^+}$$ 4-甲基-2-硝基苯胺 $$\xrightarrow[H_2SO_4,\ 0\sim5\ ℃]{NaNO_2}$$ 4-甲基-2-硝基苯重氮硫酸氢盐（$N_2^+HSO_4^-$） $$\xrightarrow{H_3PO_2}$$ 间硝基甲苯（CH_3、NO_2）

【应用示例 2】 以苯胺为原料合成 1,3,5-三溴苯(均三溴苯)。

$$C_6H_5NH_2 \xrightarrow[H_2O]{Br_2} 2,4,6\text{-}Br_3C_6H_2NH_2 \xrightarrow[0\sim5\ ℃]{NaNO_2,H_2SO_4} 2,4,6\text{-}Br_3C_6H_2N_2^+HSO_4^- \xrightarrow{H_3PO_2} 1,3,5\text{-}Br_3C_6H_3$$

(65%~72%)

上述取代反应,一般也适用于萘及其衍生物。

练一练 13

完成下列转变:

(1) $O_2N-C_6H_4-CH_3$（对位） $\longrightarrow$ 2-溴苯甲酸（COOH、Br 邻位） (2) 苯 $\longrightarrow$ 3,5-二溴苯胺（Br、Br、NH_2）

文本

练一练 13 参考答案

2. 保留氮的反应

(1) 还原成芳肼

这是制备芳肼及其衍生物的一种方法。所用的还原剂有氯化亚锡、锌粉、亚硫酸盐等。工业上一般采用亚硫酸盐(亚硫酸钠和亚硫酸氢钠混合物)还原。例如:

$$C_6H_5-N_2^+X^- \xrightarrow{NaHSO_3,Na_2SO_3} C_6H_5-NHNH_2$$

苯肼(80%~84%)

$$C_6H_5-N_2^+X^- \xrightarrow[0\ ℃]{SnCl_2+HCl} C_6H_5-NH\overset{+}{N}H_3\ Cl^- \xrightarrow{OH^-} C_6H_5-NHNH_2$$

苯肼毒性较强,使用时注意安全。苯环上带有卤原子、烷氧基、硝基、羧基和磺基等取代基的芳伯胺的重氮盐,都可采用亚硫酸盐还原法制得相应的芳肼衍生物。

(2) 偶合反应 芳香族重氮盐与酚、芳胺等作用生成偶氮化合物的反应,称为偶合反应,也叫偶联反应。通常把重氮盐称为重氮组分,把酚、芳胺等称为偶合组分。

$$C_6H_5-N_2^+Cl^- + C_6H_5-OH \longrightarrow C_6H_5-N{=}N-C_6H_4-OH + HCl$$

重氮组分　　偶合组分　　对羟基偶氮苯

重氮盐的偶合反应也是芳环上的亲电取代。反应中,芳基重氮正离子是亲电试剂,进攻芳胺或酚的芳环,生成偶氮化合物。由于芳基重氮正离子受芳环共轭的影响,正电荷被分散,因此,它的亲电能力不强,是较弱的亲电试剂。它只能与活性高的酚或芳胺等发生亲电取代。所以,偶合组分多为酚、芳胺及其衍生物。如果芳基重氮正离子的邻、对位上有吸电子基(例如硝基)时,重氮正离子的亲电能力将会得到增强。

微视频
重氮盐的偶联显色反应

知识拓展

偶氮化合物

重氮盐的偶合反应生成的偶氮化合物都有颜色。许多偶氮化合物是优良的染料,这类染料称为偶氮染料。偶氮染料是有机染料中品种、数量最多的一大类染料。选择不同的重氮组分和偶合组分,可以合成一系列不同颜色的染料。例如:

$C_6H_5-N=N-C_6H_3(NH_2)_2$

碱性菊橙

$C_6H_5-N=N-C_6H_4-N=N-$(OH, NaO_3S, SO_3Na 取代萘环)

酸性大红 GR

有的指示剂也是偶氮化合物,例如:

$(CH_3)_2N-C_6H_4-N=N-C_6H_4-SO_3H$

甲基橙

以对氨基苯磺酸作重氮组分,*N*,*N*-二甲基苯胺作偶合组分,可以生成甲基橙。甲基橙在 pH<3.1 时呈红色,在 pH>4.4 时呈黄色,其构造变化如下:

$$^{-}O_3S-C_6H_4-N=N-C_6H_4-N(CH_3)_2 \underset{+OH^-}{\overset{+H^+}{\rightleftharpoons}} {}^{-}O_3S-C_6H_4-NH-N=C_6H_4=\overset{+}{N}(CH_3)_2$$

pH>4.4,黄色　　　　pH<3.1,红色

文本
练一练 14~16 参考答案

练一练 14

完成下列反应式:

(1) 邻氨基苯甲酸(NH_2, COOH) $\xrightarrow[HCl,\ 0\sim5\ ℃]{NaNO_2}$? $\xrightarrow{C_6H_5-N(CH_3)_2}$?

(2) $C_6H_5-NH_2$ $\xrightarrow[NaNO_2,\ 0\sim5\ ℃]{HCl}$? $\xrightarrow{C_6H_5-OH}$?

练一练 15

指出在下列 0~5 ℃化合物中,哪组进行偶合反应速度较快。为什么?

氯化重氮苯或氯化对硝基重氮苯与 2-萘酚偶合。

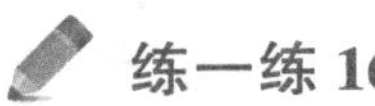

练一练 16

在下面偶氮化合物中，指出重氮组分和偶合组分。

$C_6H_5—N=N—C_6H_4—N(CH_3)_2$

*第四节　腈

一、腈的命名

烃分子中的氢原子被氰基(—C≡N)取代生成的化合物称为腈。通常是以碳原子的数目(包括氰基的碳原子)命名为某腈。例如：

CH_3CN	$CH_2=CH—CN$	$C_6H_5—CN$	$NCCH_2CH_2CH_2CH_2CN$
乙腈	丙烯腈	苯甲腈	1,6-己二腈

二、腈的制备

1. 伯、仲卤代烷与氰化钠(钾)反应生成腈

例如：

$$CH_3CH_2CH_2Br+NaCN \longrightarrow CH_3CH_2CH_2CN+NaBr$$

2. 由桑德迈尔反应制备芳甲腈

例如：

$$C_6H_5—N_2^+Cl^- \xrightarrow[KCN]{CuCN} C_6H_5—CN +N_2\uparrow$$

3. 催化氨氧化法

在适当催化条件下，丙烯等化合物与氨及氧气反应，发生氨氧化，生成相应的腈。

$$2CH_2=CH—CH_3+2NH_3+3O_2 \xrightarrow[470\ ℃]{磷钼酸铋} 2CH_2=CH—CN+6H_2O$$

这是工业上生产丙烯腈的方法。利用氨氧化反应也可以由甲苯制备苯甲腈。

$$2\ C_6H_5—CH_3\ +2NH_3+3O_2 \xrightarrow[350\ ℃]{钒铬催化剂} 2\ C_6H_5—CN\ +6H_2O$$

4. 酰胺脱水

酰胺在加热下与脱水剂反应，生成腈。常用的脱水剂有五氧化二磷和氯化亚砜。酰胺蒸气高温催化脱水也可生成腈。例如：

$$(CH_3)_2CH-\overset{\overset{O}{\|}}{C}-NH_2 \xrightarrow[200\ ℃]{P_2O_5} (CH_3)_2CH-C\equiv N + H_2O$$

(86%)

三、腈的性质

低级腈是无色液体，高级腈是固体。纯的腈没有毒性，但腈中常混有毒性较大的异腈（$R-N \rightleftarrows C$）。腈分子有较大的偶极矩，例如乙腈偶极矩 $\mu = 13.34\times10^{-30}$ C·m。由于偶极矩大，虽然腈分子间不能形成氢键，但腈与相对分子质量相近的酮、胺相比，沸点较高。例如：

	丙腈	正丙醇	丙酮	正丙胺
相对分子质量	55	60	58	59
沸点/ ℃	97.0	97.4	56.5	49

低级腈可溶于水，随着相对分子质量增大，腈在水中的溶解度下降。

氰基上的碳原子可以接受水、醇等亲核进攻，发生水解和醇解。

1. 水解反应

腈的水解在酸或碱的催化下进行，水解的中间产物是酰胺，最终产物是羧酸。

$$R-C\equiv N \xrightarrow[H_2O,\triangle]{H^+或OH^-} \left[R-\overset{\overset{OH}{|}}{C}=NH \right] \longrightarrow R-\overset{\overset{O}{\|}}{C}-NH_2 \xrightarrow[H_2O,\triangle]{H^+或OH^-} R-\overset{\overset{O}{\|}}{C}-OH$$

工业上用己二腈水解制备己二酸。

2. 醇解反应

腈的醇解反应在酸催化下进行，产物是酯。

$$R-C\equiv N+R'OH+H_2O \xrightarrow{浓H_2SO_4} R-\overset{\overset{O}{\|}}{C}-OR' + NH_3（实际以铵盐的形式存在）$$

腈的醇解反应可看成腈水解生成酸的同时再与醇进行酯化反应。工业上用丙酮生产 α－甲基丙烯酸甲酯的过程就是利用氰基的醇解反应。

$$CH_3-\overset{\overset{O}{\|}}{C}-CH_3 + HCN \longrightarrow CH_3-\underset{\underset{CH_3}{|}}{\overset{\overset{OH}{|}}{C}}-CN \xrightarrow[H^+,\triangle]{CH_3OH} CH_2=\underset{\underset{CH_3}{|}}{C}-COOCH_3$$

α－甲基丙烯酸甲酯是生产有机玻璃的单体。

3. 还原反应

腈催化氢化生成伯胺，这是伯胺的主要制法之一。

$$R-C\equiv N+2H_2 \xrightarrow{雷尼镍} RCH_2NH_2$$

腈也可用 $LiAlH_4$ 还原得伯胺，例如：

$$C_6H_5-C\equiv N \xrightarrow[②\ H_2O]{①\ LiAlH_4,干醚} C_6H_5-CH_2NH_2$$

(85%)

阅读材料　丙烯腈和丁腈橡胶

丙烯腈是无色液体，沸点 78 ℃，溶于水。有毒，空气中最大允许含量为 26 μg·L^{-1}，爆炸极限为 3.05%～17%(体积分数)。它是合成纤维、合成树脂、合成橡胶的重要原料，也是有机合成中的常用试剂。丙烯腈由丙烯在催化剂存在下，氨氧化制得。

丙烯腈控制水解得丙烯酰胺，后者的聚合物——聚丙烯酰胺——可用作絮凝剂和钻井泥浆调节剂。

丙烯腈能聚合生成聚丙烯腈。

$$n\mathrm{CH_2{=}CH{-}CN} \longrightarrow \left[\mathrm{CH_2{-}\underset{}{\overset{\displaystyle CN}{\overset{|}{C}H}}}\right]_n$$

聚丙烯腈纤维的商品名叫腈纶，是一种常见的合成纤维，它强度高、保暖性好、耐晒、不被虫蛀，被称为人造羊毛。

丙烯腈与 1,3－丁二烯共聚可得到丁腈橡胶。

$$n\mathrm{CH_2{=}CH{-}CH{=}CH_2} + n\mathrm{CH_2{=}CH{-}CN} \xrightarrow[\text{EDTA 钠盐，雕白粉，5～10 ℃}]{\text{氢过氧化二异丙苯，}\mathrm{FeSO_4}} \left[\mathrm{CH_2{-}CH{=}CH{-}CH_2{-}\underset{\displaystyle CN}{\underset{|}{C}H}{-}CH_2}\right]_n$$

丁腈橡胶的最大特点是耐油性和耐热性优于天然橡胶、丁苯橡胶和氯丁橡胶。丙烯腈含量越高，耐油性和耐热性越好。丁腈橡胶可在 120 ℃ 的空气中或 150 ℃ 的油中长期使用。它还具有良好的耐老化性、耐水性、气密性及黏结性，但耐低温性较差。

丁腈橡胶主要用于制造耐油橡胶制品，如耐油垫圈、垫片、套管、印染胶辊等。

ABS 树脂指的是丙烯腈、1,3－丁二烯和苯乙烯的共聚物。在共聚物中，丙烯腈占 20%～30%，1,3－丁二烯占 6%～35%，苯乙烯占 45%～70%。主要用作工程塑料，广泛应用于汽车、建材、电器制品、家具等工业(如冰箱衬里、电视机外壳、电器零件等)。

学习指导

1. 胺的鉴别、分离与提纯

(1) 磺酰化反应

伯胺与苯磺酰氯反应的产物溶于强碱而成盐；仲胺与苯磺酰氯反应的产物不溶于碱，而是呈固体状态析出；叔胺不发生反应。磺酰化反应不仅可用于鉴别也可用于分离提纯胺。

$$\left.\begin{array}{l}RNH_2\\R_2NH\\R_3N\end{array}\right\}+\ CH_3\text{—}C_6H_4\text{—}SO_2Cl\longrightarrow\begin{cases}CH_3\text{—}C_6H_4\text{—}SO_2NHR\xrightarrow{NaOH}[\ CH_3\text{—}C_6H_4\text{—}SO_2NR\ ]^-Na^+\ \text{(碱中溶解,加酸又不溶)}\\CH_3\text{—}C_6H_4\text{—}SO_2NR_2\ \text{(既不溶于碱,也不溶于酸)}\\\text{不反应}(R_3N\ \text{可溶于酸})\end{cases}$$

(2) 与亚硝酸反应

脂肪族伯胺与 HNO_2 反应,低温下亦可放出 N_2;芳香族伯胺与 HNO_2 反应,低于5 ℃生成重氮盐,反应温度高于5 ℃时,有 N_2 放出;脂肪族及芳香族仲胺与 HNO_2 作用生成不溶于水的黄色油状物 *N*-亚硝基胺;脂肪族叔胺与 HNO_2 不反应,无现象;芳香族叔胺与 HNO_2 能发生芳环上亲电取代反应生成有颜色的对亚硝基化合物。

(3) 苯胺与溴水的反应

苯胺与溴水反应立即生成不溶于水的2,4,6-三溴苯胺白色沉淀,该反应不仅可用于定性分析亦可以用于定量分析。

2. 胺的制备

(1) 霍夫曼降解反应

$$R\text{—}\overset{\overset{O}{\|}}{C}\text{—}NH_2\ +4NaOH+X_2\longrightarrow RNH_2+Na_2CO_3+2H_2O+2NaX$$

(2) 硝基化合物还原

$$C_6H_5\text{—}NO_2\xrightarrow{HCl+Sn}C_6H_5\text{—}NH_2$$

$$m\text{-}C_6H_4(NO_2)_2\xrightarrow[CH_3OH,\triangle]{NaSH}m\text{-}O_2N\text{—}C_6H_4\text{—}NH_2$$

(3) 腈还原

$$C_6H_5\text{—}CH_2CN\xrightarrow[140\ ℃]{H_2,Ni}C_6H_5\text{—}CH_2CH_2NH_2$$

(4) 氨的烃基化

$$CH_3CH_2Br+2NH_3\longrightarrow CH_3CH_2NH_2+NH_4Br$$

(5) 盖布瑞尔合成法

$$C_6H_4(CO)_2NH\xrightarrow{KOH}C_6H_4(CO)_2NK\xrightarrow[DMF]{R-X}C_6H_4(CO)_2N-R\xrightarrow[H_2O]{NaOH}R\text{—}NH_2+C_6H_4(COONa)_2$$

3. 碱性比较

脂肪胺>NH_3>芳香胺

4. 芳胺氨基的保护

芳伯胺、仲胺与酰氯或酸酐反应,氮原子上的氢原子可被酰基取代生成 *N*－取代酰胺;产物在酸或碱的催化下水解为原来的芳胺。芳胺酰基化后降低了芳环的活性,使其不再易被氧化;常用此性质保护氨基或取代氨基。

5. 重氮盐的性质在合成上的应用

$$C_6H_6 \xrightarrow[H_2SO_4]{HNO_3} C_6H_5-NO_2 \xrightarrow{HCl+Sn} C_6H_5-NH_2 \xrightarrow[0\sim5\,℃]{NaNO_2+HCl} C_6H_5-N_2^+Cl^-$$

$C_6H_5-N_2^+Cl^-$:
- ①$NaBF_4$ ②△ → C_6H_5-F
- $CuCl$, HCl → C_6H_5-Cl
- $CuBr$, HBr → C_6H_5-Br
- KI → C_6H_5-I
- $CuCN$, KCN → C_6H_5-CN
- H_2O, H_2SO_4 → C_6H_5-OH
- H_3PO_2 或 CH_3CH_2OH → C_6H_5-H

通过重氮盐的性质可以使—NO_2,—NH_2 被—F、—Cl、—Br、—I、—CN、—OH 取代;—NH_2 亦可以起到占位作用后通过重氮化再与乙醇或次磷酸反应而得以去掉。

习　题

1. 命名下列化合物:

(1) $CH_3CH_2CH_2NO_2$

(2) $CH_3CH(CH_3)CH_2CH_2CH(N(CH_3)_2)CH_2CH_3$

(3) $CH_3-C_6H_4-NHCH_2-C_6H_5$(对位)

(4) $C_6H_5-CH(CH_3)-NH_2$

(5) $C_6H_5-N(CH_3)CH_2CH_3$

(6) $(CH_3)(H)C{=}C(H)(CN)$

2. 比较下列化合物的酸性:

C_6H_5-COOH ,　C_6H_5-OH ,　$O_2N-C_6H_4-COOH$(对位) ,　$O_2N-C_6H_4-COOH$(间位)

3. 完成下列反应式:

(1) 邻硝基苯甲醚(OCH_3, NO_2 邻位) $+3Zn+H_2O \xrightarrow[\triangle]{NaOH}$?

(2) $CH_2{=}CH_2 \xrightarrow{?}$? $\xrightarrow{NaCN}$, $\xrightarrow{?}$ $\begin{matrix}CH_2-CH_2-NH_2\\ |\\ CH_2-CH_2-NH_2\end{matrix}$

(3) $CH_2{=}CH-CH_3 \xrightarrow{?} CH_3-CH_2-CH_2Br \xrightarrow{?}$? $\xrightarrow{?} CH_3CH_2CH_2COOH$

(4) $CH_3CH_2CH_2OH \xrightarrow{?} CH_3CH_2COOH \xrightarrow[?]{?} CH_3CH_2-\overset{O}{\overset{\|}{C}}-NH_2 \xrightarrow{?} CH_3CH_2NH_2$

(5) $CH_3-C_6H_4-N_2^+Cl^-$ + $C_6H_5-OH \longrightarrow ?$

(6) $O_2N-C_6H_4-NH_2 \xrightarrow{?} O_2N-C_6H_4-N_2^+HSO_4^- \xrightarrow[KCN,\triangle]{CuCN} ? \xrightarrow[H_2O]{H^+} ?$

4. 写出下列化合物与 $NaNO_2-HCl$ 溶液反应生成的主要产物。

(1) $CH_3-C_6H_4-NH_2$　　(2) $C_6H_5-N(C_2H_5)_2$

(3) $C_6H_5-NHCH_3$　　(4) $C_6H_5-CH_2NH_2$

5. 按照碱性从强到弱的顺序排列下列两组化合物:

(1) 苯胺、乙胺、氨和 *N*-甲基苯胺

(2) 甲胺、苯胺、对硝基苯胺、对甲氧基苯胺

6. 用化学方法区别下列各组化合物:

(1) $C_6H_5-NH_2$ 和 $C_6H_{11}-NH_2$

(2) $C_6H_5-NH_2$、$C_6H_5-NHCH_3$ 和 $C_6H_5-N(CH_3)_2$

7. 以苯为原料,无机试剂可任选合成下列化合物:

(1) 1,3,5-三溴苯（Br、Br、Br）　　(2) 间碘苯酚（I、OH）

8. 某芳香族化合物的分子式为 $C_6H_3ClBrNO_2$,根据下列反应,确定其构造式。

$$C_6H_3ClBrNO_2 \begin{cases} \xrightarrow{SnCl_2,HCl} \xrightarrow[0\sim5\ ℃]{NaNO_2,H_2SO_4} \xrightarrow[\triangle]{H_3PO_2} Cl-C_6H_4-Br \\ \xrightarrow[\triangle]{NaOH,H_2O} C_6H_3Br(OH)NO_2 \end{cases}$$

9. 化合物 A 为硝基甲苯三种异构体中的一种,分子组成为 $O_2NC_6H_4CH_3$。A 经过还原、重氮化、重氮基被氰基取代、水解、氧化、加热等一系列的过程得到邻苯二甲酸酐;反应过程表示如下:

$$A \xrightarrow{Fe+HCl}, \xrightarrow[0\sim5\ ℃]{NaNO_2+HCl}, \xrightarrow[CuCN]{NaCN}, \xrightarrow[H^+]{H_2O}, \xrightarrow[H^+]{KMnO_4}, \xrightarrow[\triangle]{-H_2O} \text{邻苯二甲酸酐}$$

试推断出化合物 A 的构造式,并写出各步的反应方程式。

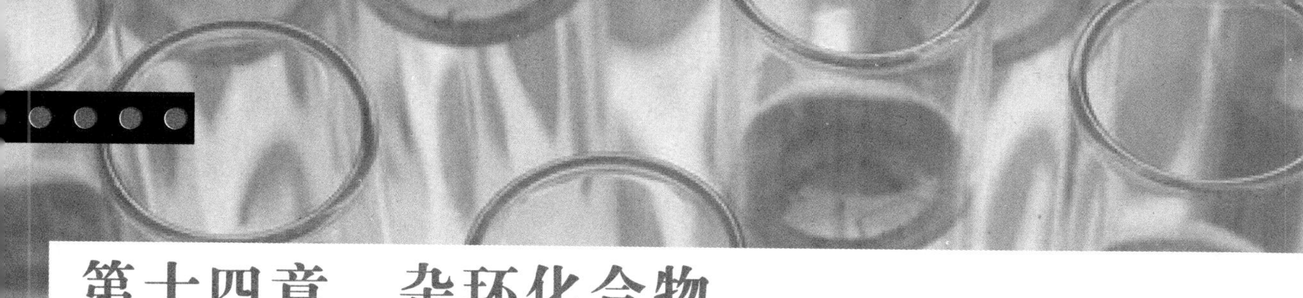

第十四章　杂环化合物

学习目标

1. 了解杂环化合物的分类和命名；
2. 了解烟酸、烟碱的组成与结构；
3. 理解五元、六元单杂环化合物的结构及其芳香性；
4. 掌握呋喃、噻吩、吡咯和吡啶的性质及其应用。

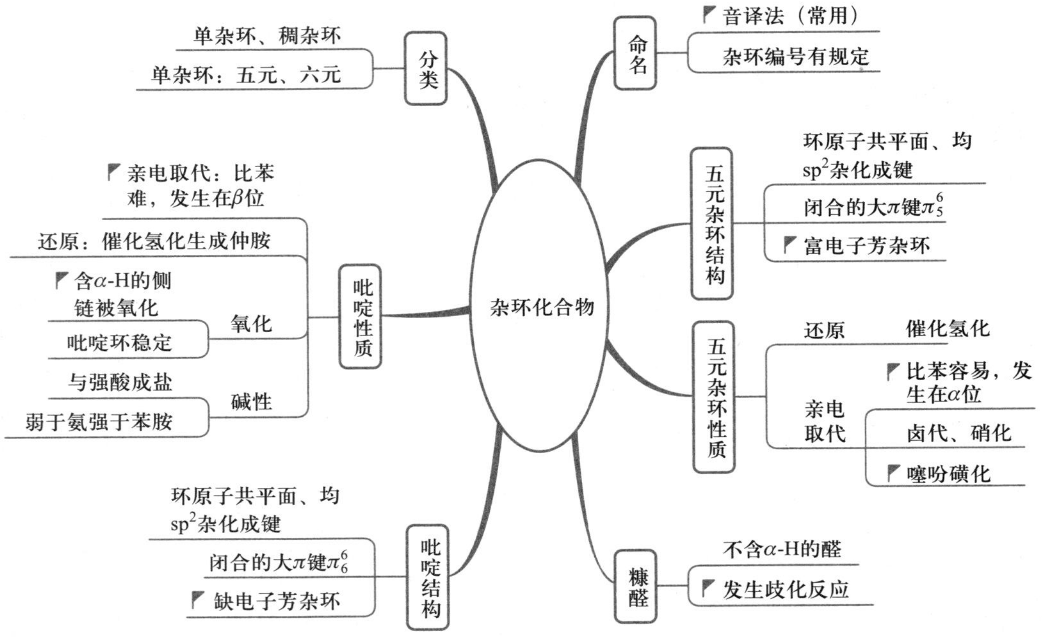

杂环化合物
分类
单杂环、稠杂环
单杂环：五元、六元
吡啶性质
亲电取代：比苯难，发生在β位
还原：催化氢化生成伸胺
氧化
含α-H的侧链被氧化
吡啶环稳定
碱性
与强酸成盐
弱于氨强于苯胺
吡啶结构
环原子共平面、均sp^2杂化成键
闭合的大π键π_6^6
缺电子芳杂环
命名
音译法（常用）
杂环编号有规定
五元杂环结构
环原子共平面、均sp^2杂化成键
闭合的大π键π_5^6
富电子芳杂环
五元杂环性质
还原
催化氢化
亲电取代
比苯容易，发生在α位
卤代、硝化
噻吩磺化
糠醛
不含α-H的醛
发生歧化反应

在环状有机化合物中，构成环的原子除了碳原子外，有时还有其他元素的原子，如氧、硫、氮、磷原子等。这些非碳原子叫作杂原子。由碳原子和杂原子构成的环叫作杂环。杂环化合物具有类似苯环的结构特征，表现出一定的芳香性。

在以前的章节中，已经遇到过一些如环氧乙烷、顺丁烯二酸酐等环状化合物，虽然环上有杂原子，但它们的性质与脂肪族化合物的性质相似，不属于杂环化合物的范畴。

杂环化合物是有机化合物中数量多且非常重要的一类化合物，约占全部已知有机化合物的三分之一，普遍存在于生物界里，与生物的生长、发育、繁殖，以及遗传、变异等有密切关系。杂环化合物对于生命科学有着极为重要的意义。

第一节　杂环化合物的分类和命名

一、杂环化合物的分类

杂环化合物成环规律与碳环一样，最稳定和最常见的是五个原子或六个原子组成的环，称为五元杂环、六元杂环。按分子内所含环的数目可分为单杂环和稠杂环，稠杂环常由苯环与单杂环或单杂环与单杂环稠合而成。此外，还可按环中杂原子的种类和数目来分类。一些简单杂环化合物的分类见表 14－1。

二、杂环化合物的命名

杂环化合物的命名多采用音译法，即化合物的名称用英文的译音，将近似的同音汉字左边加上一个“口”字旁。常见杂环化合物的构造、分类及名称见表 14－1。

表 14－1　常见杂环化合物的构造、分类和名称

类别		含一个杂原子			含两个杂原子			
五元单环	构造							
	名称	呋喃 （furan）	噻吩 （thiophene）	吡咯 （pyrrole）	吡唑 （pyrazole）	咪唑 （imidazole）	噁唑 （oxazole）	噻唑 （thiazole）
五元二环	构造							
	名称	苯并呋喃 （benzofuran）	苯并噻吩 （benzothiophene）	吲哚 （indole）	苯并咪唑 （benzoimidazole）	苯并噁唑 （benzoxazole）	苯并噻唑 （benzothiazole）	
六元单环	构造							
	名称	吡啶 （pyridine）			哒嗪 （pyridazine）	嘧啶 （pyrimidine）	吡嗪 （pyrazine）	

续表

类别		含一个杂原子		含两个杂原子
六元二环	构造			
	名称	喹啉 (quinoline)	异喹啉 (isoquinoline)	嘌呤 (purine)

对杂环的衍生物命名时，按系统命名法规定，单环杂环化合物从杂原子开始依次编号，以使取代基的位次尽量小为原则。若按 α、β、γ、…编号，则与杂原子相连的碳原子为 α 位，其次为 β 位。对于五元杂环，只有 α 和 β 位；对于六元杂环则有 α、β、γ 三种编位。如果杂环中有两种或两种以上的杂原子，则按 O、S、N 的次序将前边的杂原子编为 1 号，使其他杂原子的编号尽量小为原则。例如：

2-甲基-5-乙基呋喃　　2-呋喃甲醛　　5-甲基噻唑　　2-硝基吡咯　　3-溴吡啶

α-甲基-α'-乙基呋喃　　α-呋喃甲醛　　(不是2-甲基噻唑)　　α-硝基吡咯　　β-溴吡啶

对于稠杂环一般都有其特定的编号次序，见表 14-1。

第二节　五元杂环化合物

一、五元杂环化合物的结构

在呋喃、吡咯和噻吩的分子中，碳原子和杂原子均以 sp^2 杂化的方式成键，碳原子和杂原子彼此用 sp^2 杂化轨道以 σ 键的结合方式构成五元环，成环的五个原子处于同一平面上。每个环碳原子及杂原子都有一个垂直于该平面的未参与杂化的 p 轨道；碳原子的 p 轨道上有一个电子，杂原子的 p 轨道上有一对电子；这些 p 轨道对称轴相互平行，彼此侧面交盖重叠形成含有五个原子和六个电子的环状闭合大 π 键 π_5^6，见图 14-1。

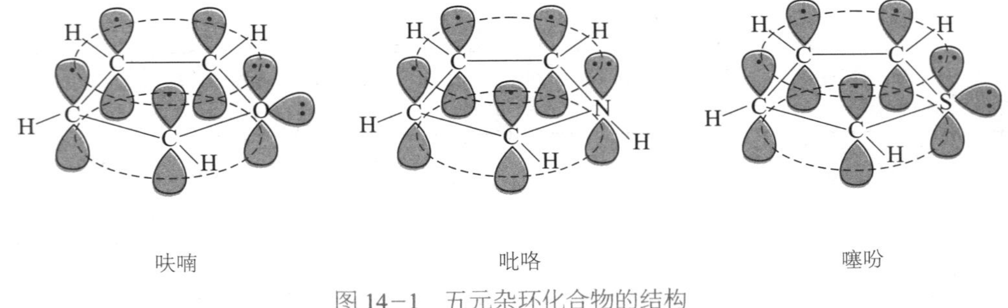

图 14-1　五元杂环化合物的结构

在这些五元杂环中，由于五个 p 轨道上分布着六个 π 电子，所以五元杂环上碳原子的电子云密度比苯环上碳原子的电子云密度高，所以这类杂环是多电子共轭体系，为富电子芳杂环，比苯更容易发生亲电取代反应。

二、五元杂环化合物的物理性质

呋喃、吡咯和噻吩等杂环化合物，由于杂原子上一对电子参与了共轭，杂原子上电子云密度降低，较难与水形成氢键，它们在水中的溶解度小，甚至不溶于水。杂环化合物都具有特殊的气味，呋喃、噻吩和吡咯等杂环化合物的物理性质见表 14－2。

表 14－2　几种常见的杂环化合物的物理性质

名称	熔点/ ℃	沸点/ ℃	溶解性能
呋喃	−86	31.4	不溶于水，易溶于乙醇、乙醚
噻吩	−38	84	不溶于水，溶于乙醇、乙醚、苯
吡咯	−18.5	131	不溶于水，易溶于乙醇、乙醚
吲哚	+52	253(分解)	溶于热水，易溶于乙醇、乙醚
吡啶	−41.5	115.6	溶于水，也易溶于乙醇、乙醚
喹啉	−15	238	不溶于水，易溶于乙醇、乙醚

三、五元杂环化合物的化学性质

1. 亲电取代反应

五元杂环化合物比苯容易发生亲电取代反应，α 位比 β 位活泼，在这些杂环中引入一个取代基时，通常进入 α 位。

（1）卤代反应

$$\text{呋喃} + Br_2 \xrightarrow[\text{二氧六环}]{25\ ℃} \text{2-溴呋喃}\ (75\%) + HBr$$

$$\text{吡咯} + Br_2 \xrightarrow[\text{乙醚}]{0\ ℃} \text{2,3,4,5-四溴吡咯} + HBr$$

$$\text{噻吩} + Br_2 \xrightarrow{\text{乙酸}} \text{2-溴噻吩} + HBr$$

（2）硝化反应

呋喃、噻吩、吡咯在强酸条件下易发生环的破裂，所以硝化时不用混酸，而是用比较温和的硝化试剂，如乙酰基硝酸酯（CH_3COONO_2）。

$$\text{呋喃} + CH_3COONO_2 \xrightarrow[\text{乙酸酐}]{-30\sim-5\ ℃} \text{2-硝基呋喃} + CH_3COOH$$

$$\text{噻吩} + CH_3COONO_2 \xrightarrow[\text{乙酸酐}]{0\ ℃} \text{2-硝基噻吩} + CH_3COOH$$

$$\text{吡咯} + CH_3COONO_2 \xrightarrow[\text{乙酸酐}]{-10\ ℃} \text{2-硝基吡咯}(-NO_2) + CH_3COOH$$

(3) 磺化反应

由于呋喃、吡咯易在强酸的条件下发生环的破裂，磺化时需用吡啶三氧化硫作为磺化试剂：

$$\text{呋喃} \xrightarrow[100\ ℃]{C_5H_5N^+SO_3^-} \text{呋喃}-SO_3H$$

$$\text{吡咯} \xrightarrow{C_5H_5N^+SO_3^-} \text{吡咯}-SO_3H$$

噻吩比较稳定，N 原子可以直接在室温下与浓 H_2SO_4 进行磺化反应生成 2－噻吩磺酸，而苯在同样的条件下不发生反应，可**利用此性质除去苯中少量的噻吩杂质**。

$$\text{噻吩} \xrightarrow{\text{浓}\ H_2SO_4} \text{噻吩}-SO_3H$$

2. 还原反应

吡咯、呋喃和噻吩均可以在一定的条件下催化加氢生成饱和的产物。例如：

$$\text{吡咯} \xrightarrow[200\ ℃]{H_2,\text{雷尼镍}} \text{四氢吡咯}$$

呋喃催化加氢则得到四氢呋喃(THF)：

$$\text{呋喃} + 2H_2 \xrightarrow[120\ ℃,3\sim4\ MPa]{\text{雷尼镍}} \text{四氢呋喃}$$

四氢呋喃是无色液体，沸点 66 ℃，空气中允许含量为 300 $\mu g \cdot L^{-1}$，空气中爆炸极限 1.80%～11.80%(体积分数)。它是一种重要溶剂。

知识拓展

吡咯的酸碱性

由于氮原子上的一对 p 电子参与环上共轭体系，吡咯的碱性远低于仲胺。相反，氮原子上的氢原子则有明显的酸性。吡咯和金属钾、钠反应生成盐。利用这种盐，通过下列反应可制得其烷基衍生物。

$$\text{吡咯(N-H)} + K \longrightarrow \text{吡咯}\bar{N}K^+ \xrightarrow[60\ ℃]{CH_3I} \text{N-甲基吡咯}(N-CH_3) \xrightarrow{150\sim200\ ℃} \text{2-甲基吡咯}(-CH_3)$$

四、重要的五元杂环衍生物——糠醛

呋喃最重要的衍生物是呋喃甲醛，俗称糠醛。它的制备方法是用 3%～5% H_2SO_4 水解糠皮、玉米芯、花生皮等农副产物制得。

糠醛为无色液体，因易受空气氧化，通常都带有黄色或棕色。它溶于醇、醚等有机溶剂中，沸点 162 ℃。空气中爆炸极限 2.1%～19.3%（体积分数），能与水组成共沸物（共沸点 98 ℃，含糠醛 34.5%）。有毒，空气中最高允许含量为 2 $\mu g \cdot L^{-1}$。

以糠醛为原料制备呋喃，已成为呋喃的主要工业制法。将糠醛蒸气与水汽混合，在催化剂及加热条件下糠醛即转变为呋喃。

$$\text{糠醛（呋喃-2-CHO）} + H_2O \xrightarrow[400\sim415\ ^\circ C]{ZnO-Cr_2O_3-MnO_2} \text{呋喃} + CO_2 + H_2$$

糠醛经催化氢化转化为四氢糠醇，四氢糠醇具有醇和醚的性质，是一种优良的溶剂：

$$\text{呋喃-2-CHO} \xrightarrow[180\ ^\circ C,\ 10\ MPa]{H_2,\text{雷尼镍}} \text{四氢呋喃-2-}CH_2OH\ \text{（四氢糠醇）}$$

糠醛用 $KMnO_4$ 的碱溶液或 Cu、Ag 的氧化物为催化剂，用空气氧化生成糠酸：

$$\text{呋喃-2-CHO} \xrightarrow[55\ ^\circ C]{\text{空气},Cu_2O} \text{呋喃-2-COOH}\ \text{（糠酸）}$$

糠醛在 V_2O_5 催化下，可被空气氧化生成顺丁烯二酸酐：

$$\text{呋喃-2-CHO} \xrightarrow[320\sim350\ ^\circ C]{V_2O_5,TiO_2,Fe_2O_3} \text{顺丁烯二酸酐}$$

糠醛还能在强碱作用下发生歧化反应（**坎尼扎罗反应**）。例如：

$$\text{呋喃-2-CHO} \xrightarrow{\text{浓 NaOH}} \text{呋喃-2-COONa} + \text{呋喃-2-}CH_2OH$$

第三节　六元杂环化合物

六元杂环化合物中最重要的是吡啶和嘧啶，嘧啶是组成核糖核酸的重要生物碱母体，它本身并不存在于自然界，它的衍生物在自然界分布很广，如胸腺嘧啶、尿嘧啶等。吡啶是重要的有机碱试剂，本节主要介绍重要的六元杂环化合物吡啶。

一、吡啶的结构

吡啶环的结构和苯很相似，环上 C 原子和 N 原子都采用 sp^2 杂化的方式参与成键。

六个原子共处在一个平面上,原子间以 σ 键相连接,键角约 120°,环上每个原子都有一个未参与杂化的 p 轨道,每个 p 轨道上都有一个电子,六个 p 轨道的对称轴分别垂直于杂环平面而侧面交盖重叠,组成一个闭合的共轭大 π 键 π_6^6。在 N 原子未成键的 sp^2 轨道上有一对未共用的电子,如图 14−2。由于 N 原子的电负性大于 C 原子,所以 N 原子附近的 π 电子云密度较高,环上 C 原子周围 π 电子云密度相对于苯环上 C 原子周围的 π 电子云密度有所降低,吡啶环为缺电子的芳杂环。

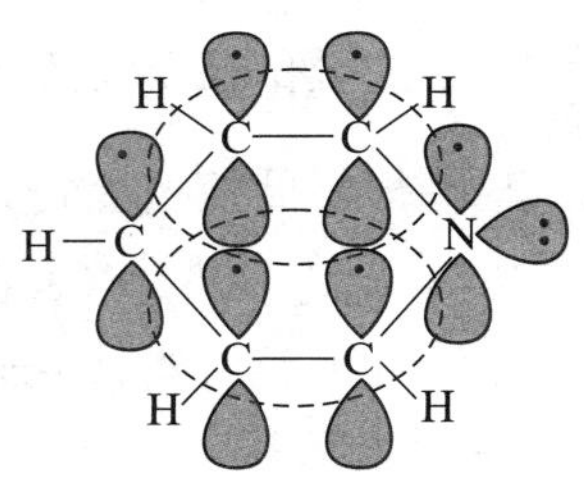

图 14−2　吡啶的结构

二、吡啶的性质

吡啶是无色具有特殊臭味的液体,它的物理性质参见表 14−1。吡啶不仅能溶解大部分有机化合物,而且还能溶解许多无机化合物,是一种良好的溶剂。吡啶的化学性质如下。

(1) 亲电取代反应

吡啶的性质类似于硝基苯。它虽然可以发生亲电取代反应,但比苯环困难。反应主要发生在 β 位,产率一般都较低。例如:

$$\text{N} \xrightarrow[300\ ℃]{Br_2} \text{N}{-}Br + HBr$$

$$\text{N} \xrightarrow[300\ ℃]{KNO_3 + H_2SO_4} \text{N}{-}NO_2 + H_2O \quad (22\%)$$

$$\text{N} \xrightarrow[300\ ℃]{H_2SO_4,\ HgSO_4} \text{N}{-}SO_3H + H_2O \quad (70\%)$$

(2) 还原反应

吡啶经催化氢化可得六氢吡啶(又称哌啶):

$$\text{N} + 3H_2 \xrightarrow[CH_3COOH]{Pt} \text{N—H}$$

六氢吡啶(83%)

六氢吡啶是一种仲胺,性质与脂肪族仲胺相似。

(3) 氧化反应

吡啶环不易氧化,当有侧链时,则侧链被氧化成羧基。例如:

$$\text{N}{-}CH_3 \xrightarrow[OH^-,\ \triangle]{KMnO_4} \text{N}{-}COOH \quad (77\%)$$

β−吡啶甲酸(烟酸)

(4) 碱性

吡啶上 N 原子的孤对电子可以与质子结合，因而吡啶是一种弱碱，它的水溶液能使石蕊试纸变蓝。它的碱性与脂肪胺、苯胺的比较如下：

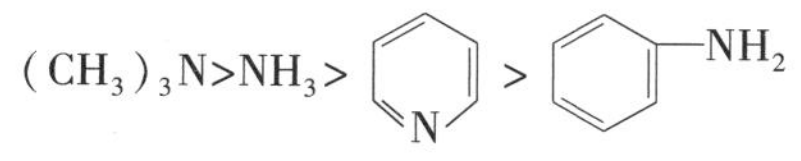

$(CH_3)_3N > NH_3 >$ 吡啶 $>$ 苯胺

	$(CH_3)_3N$	NH_3	吡啶	苯胺
pK_b	4.2	4.8	8.8	9.4

吡啶与强无机酸生成盐，例如：

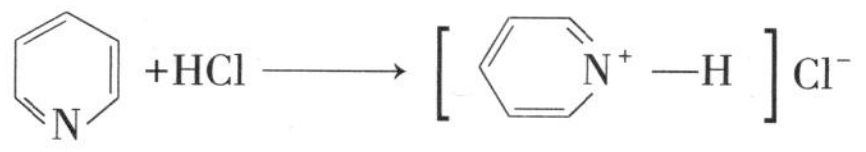

$$\text{C}_5\text{H}_5\text{N} + HCl \longrightarrow [\text{C}_5\text{H}_5\text{N}^+—H]Cl^-$$

吡啶盐酸盐

吡啶容易与 SO_3 结合生成吡啶三氧化硫。

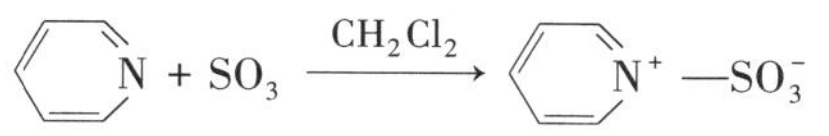

$$\text{C}_5\text{H}_5\text{N} + SO_3 \xrightarrow{CH_2Cl_2} \text{C}_5\text{H}_5\text{N}^+—SO_3^-$$

（磺化剂）

三、重要的吡啶衍生物

(1) 烟碱

烟碱分子构造式为

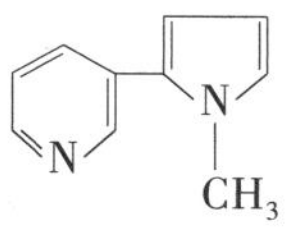

烟碱俗称尼古丁，它以苹果酸和柠檬酸盐的形式存在于烟草中，它是无色的液体，沸点247 ℃，能溶于水。烟碱有剧毒，它能引起头痛、呕吐，以致抑制中枢神经系统，严重时可使呼吸停止、心脏停搏，导致死亡。

(2) 烟酸

β-吡啶甲酸（3-吡啶-COOH）俗称烟酸，它是 B 族维生素中的一种，也称为尼古丁酸，能溶于水和乙醇，为白色针状结晶，存在于肉类、米糠、酵母、蛋黄、鱼、西红柿中。

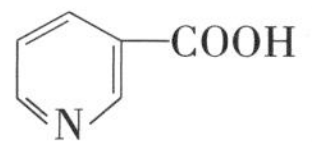

知识拓展

重要的稠杂环化合物——喹啉

喹啉是重要的稠杂环化合物，存在于煤焦油和骨焦油中。喹啉是无色油状液体，有特殊的气味，沸点 238 ℃，难溶于水，易溶于有机溶剂。它具有弱碱性（$pK_b = 9.1$），与强酸可成盐。喹啉的亲电取代反应发生在苯环上。

$$\text{喹啉} \xrightarrow[0\ ℃]{HNO_3,H_2SO_4} \text{5-硝基喹啉} + \text{8-硝基喹啉}$$

5-硝基喹啉　8-硝基喹啉

$$\text{喹啉} \xrightarrow[90\ ℃]{\text{发烟}H_2SO_4} \text{8-喹啉磺酸}$$

8-喹啉磺酸

喹啉是合成药物的中间体。8-羟基喹啉能与 Mg、Al、Mn、Fe、Cd、Ni、Cu 等离子络合,用于分析测定这些离子。

阅读材料

应用广泛的杂环化合物

自从 1857 年 Anderson 从骨焦油中分离出吡咯至今被研究的杂环化合物已发展到惊人的数字。在已知的数百万种有机化合物中,近 2/3 是杂环化合物,杂环类化合物有着广泛的应用范围。

天然色素中多是杂环化合物,如可以作为红色、紫色染料的花色素,可作为黄色、橙色的黄酮色素都是苯并吡喃盐或苯并呋喃酮的衍生物。

合成的染料中,除偶氮染料、三苯甲烷染料和少数其它类型外,多数也都是杂环化合物,如二苯并噻唑染料、二蒽醌并吡嗪染料、吲哚染料、酞菁染料、均三嗪活性染料等。

分子生物学中,新陈代谢起主导作用的酶、细胞复制和物种遗传中起主要作用的核酸都与杂环有密切的关系。

近几十年来发展起来的杂环香料有着一些优异性能。这些杂环化合物主要包括呋喃、吡咯、吡啶、噻吩、噻唑、吡嗪等,根据美国食用香料和萃取物制造者协会(Flavour and Extract Manufacturers' Association)研究,可安全使用的香味物质近 2 000 种,其中含 O、S、N 的杂环化合物占有突出的地位。这些杂环化合物大多数存在于天然香料或天然食品中,本身就是食品香味的微量化学成分。大多数杂环化合物有极高的气味强度和极低的察觉阈值,一般为 10^{-6}级和 10^{-9}级,所以用量很少就能取得很好的增香效果,被认为是特效化合物,在食品化学中是理想的配料成分。另外这些香料香气特征突出,它们具有强烈的肉香、咖啡香、坚果香、焙烤香和蔬菜香,可以调制成具有特殊风味的食品香精,也可以作为食品增香剂直接应用于食品中。如呋喃类可以给人以焦糖味、甜味、水果味、坚果味、肉味和焦味印象;而吡咯类则给人以焦香味、奶香味并具有极佳的香味特征。

学习指导

1. 杂环化合物的命名

当杂环上有取代基时，命名以杂环为母体；当环上有—SO_3H、—CHO、—COOH 等基团时，则把杂环作取代基。杂环上的编号从杂原子开始，当环上含有两个或两个以上相同杂原子时，从连有取代基或氢原子的杂原子开始编号，并使杂原子的位次之和为最小；当含有不相同杂原子时，则按 O、S、N 的顺序依次编号。

2. 糠醛歧化反应

糠醛是不含 α−H 的醛，可以在浓碱的作用下发生歧化反应（坎尼扎罗反应）：

(furan)—CHO $\xrightarrow{浓\ NaOH}$ (furan)—CH_2OH + (furan)—COONa $\xrightarrow{H^+}$ (furan)—COOH

3. 噻吩

噻吩环比较稳定，在室温下能与浓 H_2SO_4 发生亲电取代反应生成 2−噻吩磺酸，它可溶于浓 H_2SO_4，可用于除去苯中少量的噻吩杂质。

(thiophene) + H_2SO_4(浓) ⟶ (thiophene)—SO_3H + H_2O

习　　题

1. 命名下列化合物：

(1) (furan)—CH_3　　(2) CH_3—(furan)—COOH　　(3) (thiophene)—SO_3H

(4) (pyrrole, N—CH_3)　　(5) (pyridine)—NO_2　　(6) (pyridine)(—COOH)—COOH

(7) (quinoline)—CH_3　　(8) (quinoline)—OH

2. 写出下列化合物的构造式：

(1) 糠醛　　(2) 糠醇　　(3) 四氢呋喃　　(4) 烟酸（3−吡啶甲酸）

3. 完成下列反应式：

(1) 2 (furan)—CHO $\xrightarrow{浓\ NaOH}$? + ?

(2) (furan)—CHO + CH_3CHO $\xrightarrow{稀\ NaOH}$? $\xrightarrow{\triangle}$?

(3) (pyridine)—CH_3 $\xrightarrow[H^+]{KMnO_4}$? $\xrightarrow{SOCl_2}$? $\xrightarrow{NH_3}$?

文本
第十四章习题参考答案

(4) 吡啶 $+SO_3 \xrightarrow{CH_2Cl_2} ?$

4. 比较组胺（咪唑环：$\overset{(c)}{N}$，$\overset{(b)}{N}H$；侧链 $-CH_2CH_2\overset{(a)}{N}H_2$）分子中三个氮原子的碱性大小顺序。

5. 用化学方法区别下组化合物：

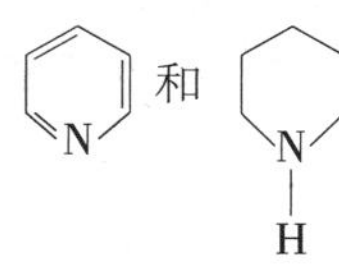

6. 某化合物其分子式为 C_6H_6OS，它不发生银镜反应，但能与羟胺作用生成肟，与次氯酸钠作用生成 α-噻吩甲酸钠。写出该化合物的结构式，并写出有关反应式。

*第十五章　糖类

学习目标

1. 了解糖的分类；
2. 了解淀粉、纤维素的结构特点及性质；
3. 理解糖的变旋光现象的成因；
4. 掌握葡萄糖、果糖的费歇尔投影式及哈沃斯结构式；
5. 掌握单糖、二糖的性质及其应用。

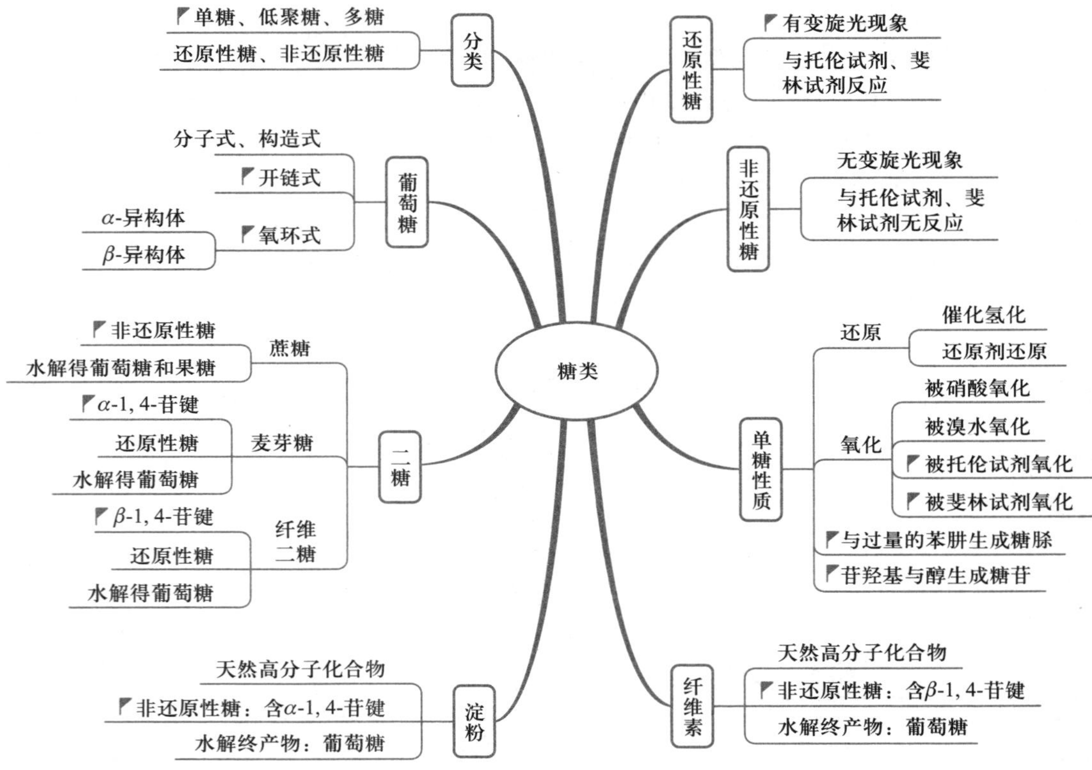

糖类
分类
单糖、低聚糖、多糖
还原性糖、非还原性糖
葡萄糖
分子式、构造式
开链式
氧环式
α-异构体
β-异构体
二糖
蔗糖
非还原性糖
水解得葡萄糖和果糖
麦芽糖
α-1, 4-苷键
还原性糖
水解得葡萄糖
纤维二糖
β-1, 4-苷键
还原性糖
水解得葡萄糖
淀粉
天然高分子化合物
非还原性糖：含α-1, 4-苷键
水解终产物：葡萄糖
还原性糖
有变旋光现象
与托伦试剂、斐林试剂反应
非还原性糖
无变旋光现象
与托伦试剂、斐林试剂无反应
单糖性质
还原
催化氢化
还原剂还原
氧化
被硝酸氧化
被溴水氧化
被托伦试剂氧化
被斐林试剂氧化
与过量的苯肼生成糖脎
苷羟基与醇生成糖苷
纤维素
天然高分子化合物
非还原性糖：含β-1, 4-苷键
水解终产物：葡萄糖

第一节　糖类的定义与分类

糖类是自然界存在最丰富的一类有机化合物之一。例如，葡萄糖、蔗糖、淀粉、纤维素等。

由于最初发现糖分子中氢和氧原子数的比为2∶1，可用通式$C_n(H_2O)_m$来表示，故俗称碳水化合物。但后来发现，有些化合物如鼠李糖($C_6H_{12}O_5$)，按其结构和性质应属于碳水化合物，但其组成却不符合上述通式；而有些化合物如乙酸($C_2H_4O_2$)，虽然分子式符合上述通式，但就结构、性质而言又与碳水化合物不同。

从化学结构上看，糖类是多羟基醛和多羟基酮或能水解生成多羟基醛和多羟基酮的一类物质。糖类可分为三类：

1. 单糖

不能水解的多羟基醛或多羟基酮。例如葡萄糖和果糖等。

2. 低聚糖

能够水解成为2～10个分子单糖的多羟基醛或多羟基酮，称为低聚糖。其中二糖最重要。例如蔗糖和麦芽糖等。

3. 多糖

能够水解成10个以上单糖的多羟基醛或多羟基酮，称为多糖。例如淀粉、纤维素等。

第二节　单　　糖

一、单糖的结构

单糖分为醛糖和酮糖两类，并按其分子中所含碳原子的数目称为某醛糖和某酮糖。自然界存在的单糖主要是戊糖和己糖。戊糖中最重要的是核糖(戊醛糖)，己糖中最重要的是葡萄糖(己醛糖)和果糖(己酮糖)。

1. 葡萄糖的结构

(1) 开链式结构

葡萄糖的分子式是$C_6H_{12}O_6$，为多羟基的醛糖，它的构造式为

$$\underset{\text{OH}}{\text{CH}_2}-\underset{\text{OH}}{\overset{*}{\text{CH}}}-\underset{\text{OH}}{\overset{*}{\text{CH}}}-\underset{\text{OH}}{\overset{*}{\text{CH}}}-\underset{\text{OH}}{\overset{*}{\text{CH}}}-\text{CHO}$$

此构造式中有四个不相同的手性碳原子，该构造式有$2^4=16$种光学异构体。其中一种构型(用费歇尔投影式表示)是葡萄糖的结构式：

$$\begin{array}{rcl} & {}_1\text{CHO} & \\ \text{H} & -\,{}_2\,- & \text{OH} \\ \text{HO} & -\,{}_3\,- & \text{H} \\ \text{H} & -\,{}_4\,- & \text{OH} \\ \text{H} & -\,{}_5\,- & \text{OH} \\ & \text{CH}_2\text{OH} & \\ & 6 & \end{array}$$

D-(+)-葡萄糖(葡萄糖的开链式结构)

"D"表示其构型与 D 型的甘油醛相同。"+"表示旋光方向是右旋。自然界存在的单糖大多是 D 型的,葡萄糖的开链式结构能够说明它的许多化学性质,但有些性质却无法说明。如 D-(+)-葡萄糖存在着两种异构体。一种异构体的熔点为 146 ℃,比旋光度为+112°,称为 α-D-(+)-葡萄糖;另一种熔点为 150 ℃,比旋光度为+18.7°,称为 β-D-(+)-葡萄糖。两者分别溶于水,经放置,它们的比旋光度都逐渐变为+52.5°。这种比旋光度随时间推移而发生变化的现象称为变旋光现象。为了更好地说明葡萄糖的性质,化学家提出了葡萄糖的氧环式(构型)结构。

(2) 氧环式结构(哈沃斯式结构)

D-(+)-葡萄糖在干燥氯化氢的作用下,它只与等物质的量的甲醇生成稳定的缩醛。通过物理方法证明,葡萄糖多是以六元环状结构存在。

D-(+)-葡萄糖的醛基是与 C^5 上的羟基形成半缩醛的,从而使 C^1 由 sp^2 杂化转变为 sp^3 杂化,成为一个新的手性碳原子,称半缩醛碳或异头碳,而 C^1 上的羟基则称半缩醛羟基或苷羟基。C^1 上有两种构型,苷羟基与决定糖构型的 C^5 上羟基在碳链同侧者为 α-D-(+)-葡萄糖,在异侧者为 β-D-(+)-葡萄糖。这两种异构体只是 C^1 的构型不同,其他手性碳原子的构型完全相同,因此两者不是对映异构体而是非对映异构体,在糖类中又称异头物。其中 α-D-(+)-葡萄糖的比旋光度为+112°,β-D-(+)-葡萄糖的比旋光度为+18.7°。这两种葡萄糖晶体都是稳定的,但是在水溶液中,环状的半缩醛式可以开环互变为开链醛式,醛式又可以再互变为半缩醛的环式,它既可以形成 α-异头物,也可以形成 β-异头物,即 α、β 两种葡萄糖在水中通过开链式可以互变。无论是 α-葡萄糖晶体还是 β-葡萄糖晶体配成的水溶液,都存在这样一个互变异构的平衡反应。当两种异头物的互变达到平衡时,混合物的总的比旋光度才不再继续改变。

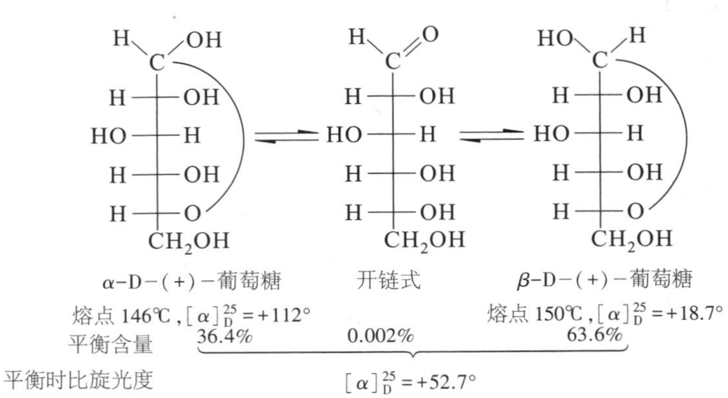

D-(+)-葡萄糖的典型醛类反应是由于有极少量醛式葡萄糖的存在,反应时醛式不断消耗,但可通过互变平衡得以再生直至反应完全。

糖的六元环骨架与 γ-吡喃环相似,因此六元环结构的糖类又称吡喃糖。

糖的氧环式结构有三种表示方法:费歇尔投影式(如上式所示)、哈沃斯(Haworth N)式(如图 15-1 所示)及构象式(如图 15-2 所示)。哈沃斯式是采用平面六元环来表示单糖的环状半缩醛结构,苷羟基与 C^5 上的羟甲基($—CH_2OH$)在环异侧者为 α 型,在同侧者为 β 型。

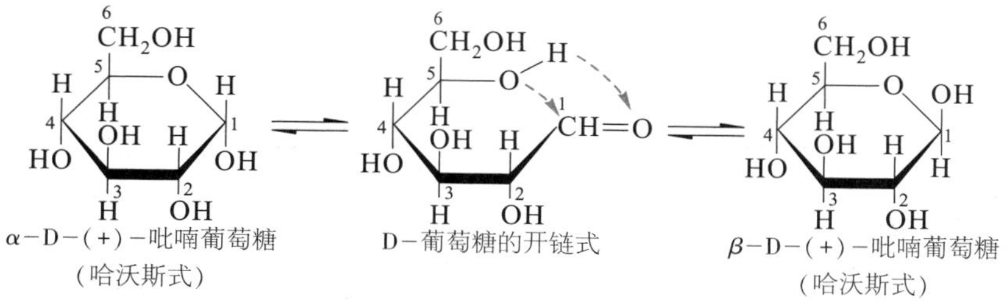

α-D-(+)-吡喃葡萄糖（哈沃斯式）　D-葡萄糖的开链式　β-D-(+)-吡喃葡萄糖（哈沃斯式）

图 15-1　D-葡萄糖的开链式和氧环式的互变平衡及哈沃斯式的写法

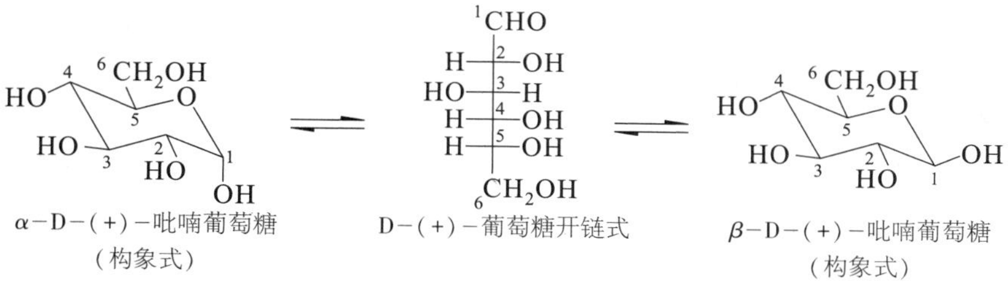

α-D-(+)-吡喃葡萄糖（构象式）　D-(+)-葡萄糖开链式　β-D-(+)-吡喃葡萄糖（构象式）

图 15-2　D-葡萄糖的互变异构和构象式

吡喃糖的构象与环己烷相似，是一个非平面环状结构，其稳定的构象也是椅型。从构象分析可知，在 D-(+)-吡喃葡萄糖 β-异头物的分子中，所有体积较大的基团（—CH_2OH，—OH）都连在 *e* 键上，而 α-异头物却有一个羟基（苷羟基）连在 *a* 键上。故 β 型比 α 型更稳定。这就很好地说明了为什么在平衡体系中 β-异头物占较大比例。

2. 果糖的结构

天然果糖己酮糖是 D 型左旋糖，故称 D-(-)-果糖。

果糖也有变旋现象，以半缩酮形式存在；以五元氧环或六元氧环式存在。游离的果糖大都是六元氧环式结构，但它的衍生物则常是五元氧环结构。五元氧环类似于呋喃环，故称呋喃糖。因此，果糖在水溶液中有五种互变异构体，即 α-、β-吡喃果糖，α-、β-呋喃果糖，开链式果糖（图15-3）。在动态平衡体系中，吡喃糖占 72%，呋喃糖占 28%。

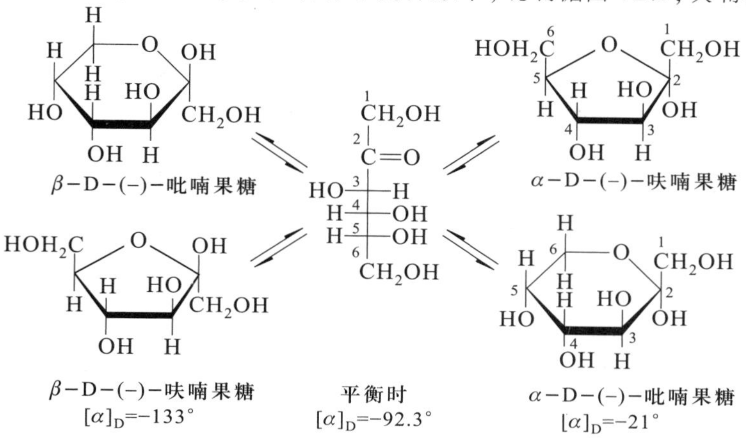

β-D-(-)-吡喃果糖　α-D-(-)-呋喃果糖

β-D-(-)-呋喃果糖 $[\alpha]_D=-133°$　平衡时 $[\alpha]_D=-92.3°$　α-D-(-)-吡喃果糖 $[\alpha]_D=-21°$

图 15-3　D-果糖的互变异构

文本

练一练 1
参考答案

练一练 1

用 *R/S* 标记法标记开链式 D-(+)-葡萄糖各手性碳原子的构型。

二、单糖的性质

单糖是无色晶体，有甜味，在水中溶解度很大。稍溶于醇，不溶于醚、氯仿和苯等。

单糖的开链式结构中具有羟基和羰基，能够发生这些官能团的一些特征反应。例如，单糖表现出一般醇的性质，如能成酯、成醚等。单糖分子中的羰基，能与托伦试剂、斐林试剂、苯肼和 HCN 等试剂发生亲核加成反应，也可以发生氧化和还原反应。单糖还能以氧环式参加化学反应，如成苷反应。

1. 氧化反应

单糖具有还原性，可被多种氧化剂氧化。在不同的氧化剂作用下，可得到氧化程度不同的产物。

(1) 用溴水氧化

醛糖被溴水氧化时生成糖酸：

```
      CHO                          COOH
  H ──┼── OH                   H ──┼── OH
 HO ──┼── H     Br2,H2O       HO ──┼── H
  H ──┼── OH   ────────→       H ──┼── OH
  H ──┼── OH                   H ──┼── OH
      CH2OH                        CH2OH
                                D-葡萄糖酸
```

酮糖与溴水无反应，这是**区别醛糖与酮糖的方法**。

(2) 用硝酸氧化

醛糖用硝酸氧化则生成糖二酸。

```
      CHO                          COOH
  H ──┼── OH                   H ──┼── OH
 HO ──┼── H       HNO3        HO ──┼── H
  H ──┼── OH   ────────→       H ──┼── OH
  H ──┼── OH                   H ──┼── OH
      CH2OH                        COOH
                                D-葡萄糖二酸
```

(3) 用托伦试剂、斐林试剂等弱氧化剂氧化

醛糖也能被托伦试剂、斐林试剂这些弱氧化剂所氧化，分别生成银镜和砖红色的氧化亚铜沉淀：

$$\begin{array}{ccc} & CHO & \\ H & - & OH \\ HO & - & H \\ H & - & OH \\ H & - & OH \\ & CH_2OH & \end{array} + 2Ag(NH_3)_2OH \longrightarrow \begin{array}{ccc} & COOH & \\ H & - & OH \\ HO & - & H \\ H & - & OH \\ H & - & OH \\ & CH_2OH & \end{array} + 2Ag\downarrow + 4NH_3 + H_2O$$

$$\begin{array}{ccc} & CHO & \\ H & - & OH \\ HO & - & H \\ H & - & OH \\ H & - & OH \\ & CH_2OH & \end{array} + 2Cu^{2+} + 4OH^- \longrightarrow \begin{array}{ccc} & COOH & \\ H & - & OH \\ HO & - & H \\ H & - & OH \\ H & - & OH \\ & CH_2OH & \end{array} + Cu_2O\downarrow + 2H_2O$$

果糖虽是酮糖，却也能与托伦试剂、斐林试剂等弱氧化剂反应。这是因为果糖可以在托伦试剂、斐林试剂的碱性介质中，通过酮式－烯醇式的互变异构而转变成醛糖的缘故：

$$\begin{array}{ccc} & CH_2OH & \\ & | & \\ & C{=}O & \\ HO & - & H \\ H & - & OH \\ H & - & OH \\ & CH_2OH & \end{array} \overset{OH^-}{\rightleftharpoons} \begin{array}{ccc} & CHOH & \\ & \| & \\ & C{-}OH & \\ HO & - & H \\ H & - & OH \\ H & - & OH \\ & CH_2OH & \end{array} \rightleftharpoons \begin{array}{ccc} & CHO & \\ H & - & OH \\ HO & - & H \\ H & - & OH \\ H & - & OH \\ & CH_2OH & \end{array}$$

因此不能用此反应区别醛糖和酮糖。这种能还原托伦试剂和斐林试剂的糖，称为还原糖。

2. 还原反应

单糖采用催化加氢、还原剂还原或电解还原，生成多元醇。

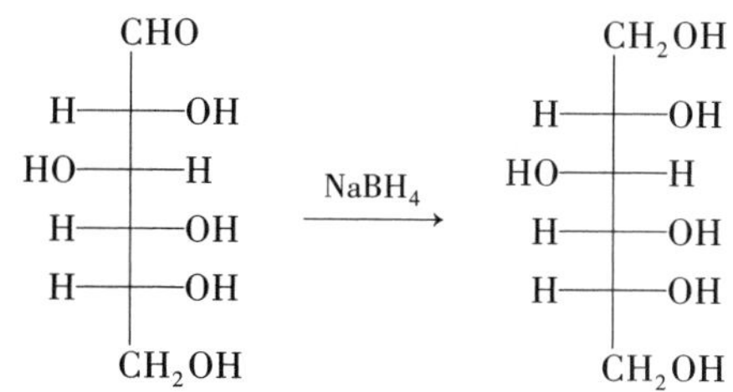

3. 成脎反应

在乙酸溶液中单糖与苯肼反应生成苯腙，当苯肼过量时，生成的苯腙第二个碳原子上的羟基再被苯肼氧化为羰基可继续反应，最后生成脎。例如：

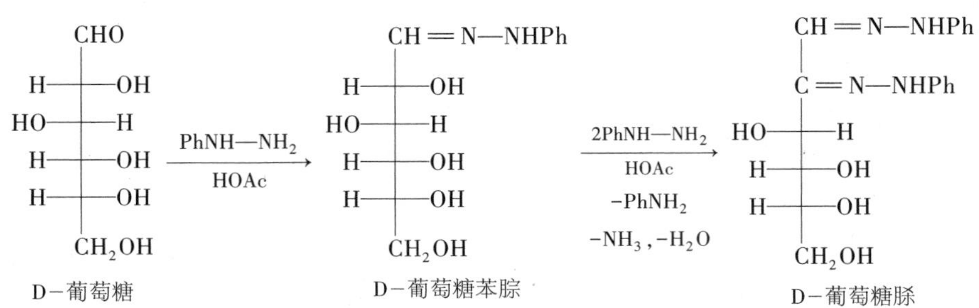

D－葡萄糖　　　D－葡萄糖苯腙　　　D－葡萄糖脎

单糖的成脎反应只发生在 C^1 和 C^2 上，不影响其他手性碳原子，因此含碳原子数目相同的单糖，如果除 C^1 和 C^2 外，其他碳原子的构型都相同时，生成相同的糖脎。如葡萄糖和果糖能生成相同的糖脎。糖脎为不溶于水的黄色结晶，不同的糖脎具有不同的晶形和熔点；不同的糖生成脎的速率是不同的，因此，可利用成脎反应鉴别不同的糖。若糖的第二个碳原子上无羟基，则不能生成糖脎。

练一练 2

写出下列化合物与过量苯肼作用的产物。

（1）

```
       CHO
 HO ───┼─── H
  H ───┼─── OH
  H ───┼─── OH
       CH2OH
```

（2）

```
       CHO
  H ───┼─── OH
  H ───┼─── OH
  H ───┼─── OH
       CH2OH
```

（3）

```
       CHO
       │
       CH2
  H ───┼─── OH
  H ───┼─── OH
       CH2OH
```

文本

练一练 2 参考答案

4. 成苷反应

单糖分子中的苷羟基比其他羟基活泼，易与其他含羟基的化合物作用，两者之间脱水生成缩醛或缩酮，该产物也叫糖苷。糖苷在结构上可看作糖分子中苷羟基上的氢原子被其他基团取代的产物。例如：

α－D－葡萄糖 $\xrightarrow[\text{HCl(干)}]{CH_3OH}$ α－D－甲基葡萄糖苷 $+H_2O$

葡萄糖及果糖等单糖的氧环式在水溶液中可与其开链式结构互变，但生成对应的糖苷后就不能转变成为开链式结构，所以不易氧化，不与费林试剂或托伦试剂反应，也不与苯肼作用。

第三节　二　　糖

二糖可以看作是由两分子单糖通过苷键连接而成的化合物。自然界的二糖可分为还原性二糖与非还原性二糖两类。

还原性二糖是一分子单糖的苷羟基与另一分子单糖的醇羟基的脱水缩合产物。在这类二糖分子中，一分子单糖形成苷，而另一分子单糖仍保留苷羟基。这类二糖在水溶液中可以与其开链式互变，因此这类二糖具有单糖的性质，有变旋现象，能与苯肼成脎，能还原托伦试剂和费林试剂。例如麦芽糖和纤维二糖。

非还原性二糖是由两个单糖分子都以苷羟基脱水缩合而成的二糖，该二糖分子内不存在苷羟基，也就不能形成开链式，无变旋现象，不能与苯肼成脎，也不能与托伦试剂和费林试剂反应。例如蔗糖。

一、蔗糖

蔗糖的分子式为 $C_{12}H_{22}O_{11}$，是自然界中分布最广、最重要的二糖。蔗糖是无色晶体，熔点 180 ℃，易溶于水，其甜度仅次于果糖。

物理方法测定表明，蔗糖是 α−D−(+)−吡喃葡萄糖与 β−D−(−)−呋喃果糖以 1,2−苷键连接而成的二糖，无还原性，是非还原糖，其结构式如下：

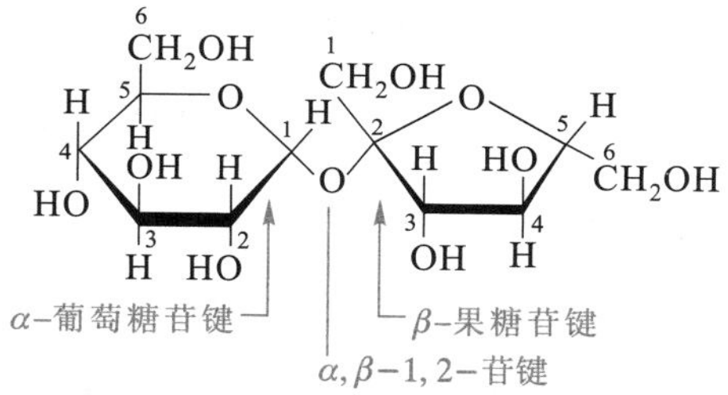

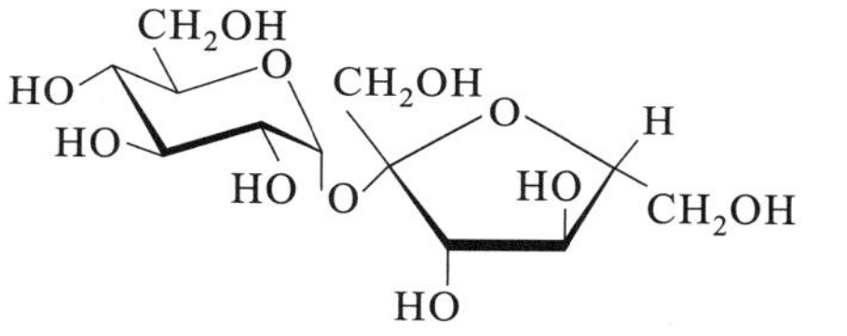

蔗糖

蔗糖是右旋糖，其水溶液的比旋光度为+66.5°。蔗糖在酸或酶作用下水解后得到的葡萄糖和果糖的混合物是左旋的，所以常将蔗糖的水解产物称为转化糖。

二、麦芽糖

麦芽糖分子式为 $C_{12}H_{22}O_{11}$，在自然界中只少量存在于麦芽中。它是由淀粉经淀粉酶水解生成的，是饴糖的主要成分。麦芽糖是无色晶体，熔点 160~165 ℃，其甜度低于蔗糖。

一分子麦芽糖水解可得到两分子 D−(+)−葡萄糖，麦芽糖可以看作是两分子 D−(+)−葡萄糖的缩水产物。

麦芽糖是右旋糖，有变旋现象，能与苯肼成脎，具有还原性，与溴水反应生成麦芽糖酸。

麦芽糖只能被 α−葡萄糖苷酶水解，说明它是 α−葡萄糖苷。麦芽糖是一分子 D−吡喃葡萄糖 C^4 上的羟基与另一分子 α−D−吡喃葡萄糖的苷羟基的缩水产物。其结构式如下：

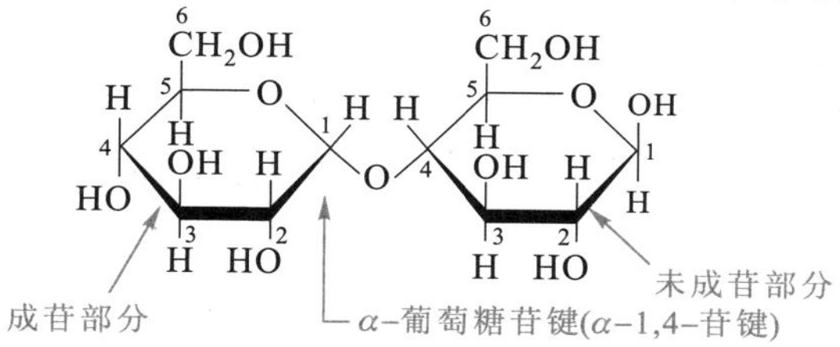

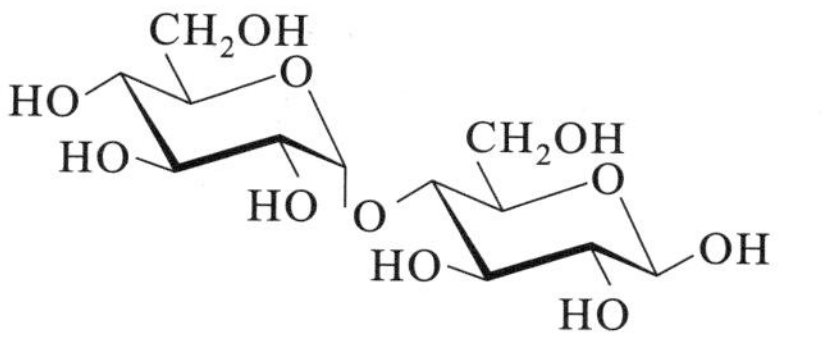

麦芽糖

麦芽糖分子中的这种苷键称为 α-1,4-苷键。

三、纤维二糖

纤维二糖是无色晶体,熔点 225 ℃,是右旋糖,自然界中没有游离的纤维二糖。纤维二糖是纤维素的基本组成单元,可通过纤维素部分水解得到。

纤维二糖的分子式为 $C_{12}H_{22}O_{11}$,其组成、化学性质与麦芽糖相似,即水解得两分子 D-(+)-葡萄糖。它也是还原性糖,用溴水氧化得纤维二糖酸。经研究证明两分子吡喃葡萄糖也是以 1,4-苷键相连。与麦芽糖唯一不同的是,纤维二糖只能被 β-葡萄糖苷酶水解,说明它是一个 β-葡萄糖苷。纤维二糖中的苷键为 β-1,4-苷键,其结构式如下:

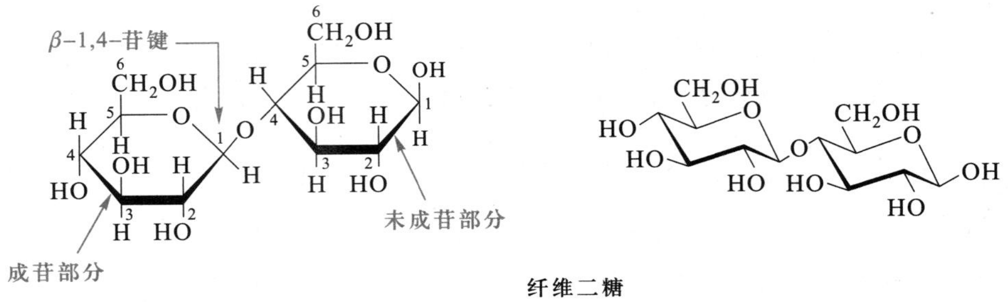

纤维二糖

虽然纤维二糖与麦芽糖的区别仅在于成苷的半缩醛羟基一个是 β 型,一个是 α 型,但在性质上却有很大差别。麦芽糖具有甜味而纤维二糖是无味的,前者可在人体内被酶水解消化,后者则不能,但后者可以在食草动物体内被相关的可水解 β-糖苷键的酶所水解进而被吸收。

第四节 多 糖

多糖是由许多单糖分子通过苷键结合而成的天然高分子化合物,在自然界中广泛存在。多糖不同于低聚糖,它们没有甜味,大多数难溶于水,有的能与水形成胶体溶液。多糖没有还原性和变旋现象。

一、淀粉

1. 淀粉的物理性质和结构

淀粉是无色无味的颗粒,大量存在于植物的种子、茎和块根中。从结构上看,淀粉可分为直链淀粉和支链淀粉两大类。直链淀粉是由葡萄糖单元通过 α-1,4-苷键连接起来的。这样的链由于分子内氢键的作用使其卷曲成螺旋状,不利于水分子的接近,故不溶于冷水。其结构式如下:

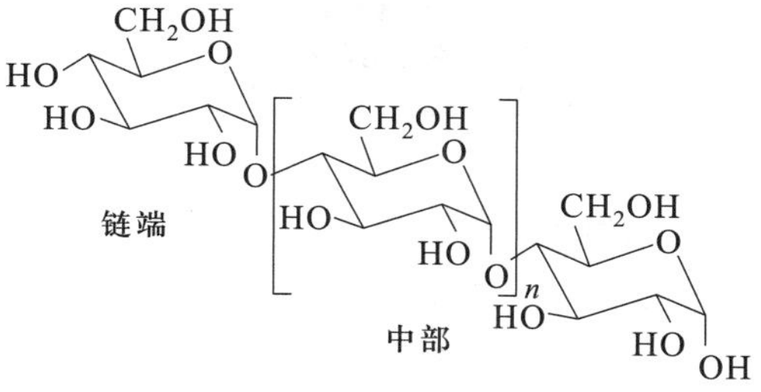

直链淀粉

直链淀粉分子中包含的葡萄糖单元在 200~4 000(聚合度)范围内。

支链淀粉中葡萄糖单元之间除了 1,4-苷键外,还存在 1,6-苷键。根据测定,支链淀粉的主链是葡萄糖单元通过 α-1,4-苷键结合,平均每隔 20~25 个葡萄糖单元就有一个通过 α-1,6-苷键结合的支链。支链淀粉的聚合度一般是 600~6 000,有的可高达 20 000。大多数的淀粉中支链淀粉占 70%~80%。支链淀粉因呈分支状,有利于水分子的接近,故可溶于水。支链淀粉的结构可表示为

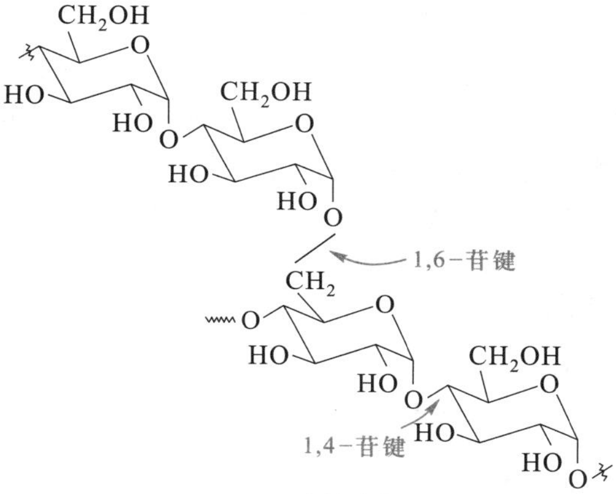

支链淀粉

具有高度分支的支链淀粉,溶于水,与热水作用则膨胀成糊状。支链淀粉在淀粉中含量约占 80%,直链淀粉在淀粉中含量约为 20%。

2. 淀粉的化学性质

淀粉没有还原性。在一定的条件下淀粉中的羟基能发生成酯、成醚、氧化等反应。淀粉也能发生水解,最终生成葡萄糖。由于它的特殊螺旋结构,淀粉还可以和碘等发生络合反应。

(1) 与碘作用　淀粉与碘能发生很灵敏的颜色反应。这种特性在化学分析中用于鉴别碘的存在。淀粉遇碘显色,它们之间并未形成化学键,而是碘分子钻入了淀粉分子的螺旋链中的空隙,被吸附于螺旋内生成淀粉-I_2 络合物,从而改变了碘原有的颜色。络合物显示的颜色随淀粉的组成、聚合度的不同而异。直链淀粉-I_2 络合物呈蓝色,支链淀粉则呈紫红色。

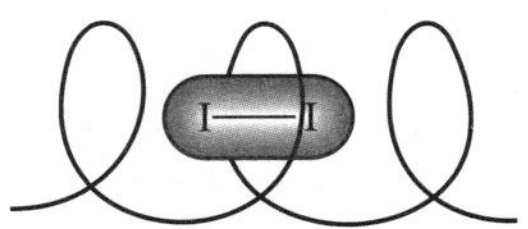

直链淀粉-I_2蓝色络合物

（2）水解反应　淀粉对碱的作用较稳定，但遇酸能发生水解，使大分子链断裂，聚合度降低。淀粉在酸性条件下或酶的催化下，可逐步水解为如下的产物：

$$\underset{\text{淀粉}}{(C_6H_{10}O_5)_n} \xrightarrow[H_2O]{H^+\text{或酶}} \underset{\substack{\text{糊精}\\(m<n)}}{(C_6H_{10}O_5)_m} \xrightarrow[H_2O]{H^+\text{或酶}} \underset{\text{麦芽糖，异麦芽糖}}{C_{12}H_{22}O_{11}} \xrightarrow[H_2O]{H^+\text{或酶}} \underset{D-(+)-\text{葡萄糖}}{C_6H_{12}O_6}$$

二、纤维素

纤维素是自然界中存在最多的一种多糖，是构成植物体的主要成分之一。在棉花中纤维素含量占 90%以上，亚麻 80%，木材 50%。此外，果壳、种子皮、稻草、芦苇、甘蔗渣等也含大量的纤维素。自然界中纤维素通常与其伴生物如木质素、半纤维素、果胶、油脂、蜡质、无机盐类等共存于植物体内，因此在工业生产中（如纺织印染工业、造纸工业和人造纤维工业等）需用碱或亚硫酸氢钙溶液处理除去杂质而得较纯的纤维素。

纤维素和淀粉类似，也是天然高分子化合物。它的相对分子质量随其来源不同而不同，一般而言，其平均聚合度比淀粉大。纯纤维素是无色、无臭、无味的纤维状物质。不溶于水和一般的有机溶剂，因其分子内含有大量羟基，具有一定的吸湿性。纤维素是由许多 D-(+)-葡萄糖单元通过 β-1,4-苷键连接而成的直链大分子，其大分子链外侧的羟基呈现相同的分布，当几条分子链靠近时，使分子链间有充分的氢键结合，故纤维素大分子链基本上是线型的、具有刚性的链，且各分子链彼此缠绕成线样。纤维素的结构式可表示如下：

纤维素

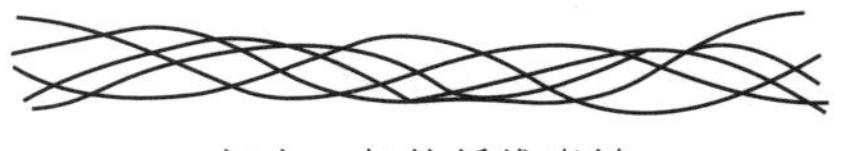

扭在一起的纤维素链

纤维素不溶于水，纤维素可以水解生成相对分子质量较小的低聚物，彻底水解可得 D-(+)-葡萄糖。但其水解反应比淀粉困难得多。在人体和大多数高等动物体内，不存在水解纤维素的酶，故纤维素不能被水解，从而不能被人体和多数高等动物消化吸收。但纤维素可以被寄生在食草的反刍动物消化道中的微生物所分泌的纤维素酶所水解，因此，反刍动物如牛、羊等能以纤维素为食物。在酸性水解中，一般要在较浓的酸存在下才可水解生成纤维四糖、纤维三糖和纤维二糖，最终水解产物为葡萄糖。

组成纤维素的每个葡萄糖单位中的醇羟基可与碱、硝酸、醋酸酐等反应，生成相对应的盐、硝酸酯、醋酸酯等。这些纤维素衍生物的制备及广泛的应用可利用文献资料或网络进行了解和学习。

阅读材料

第六生命要素——甲壳素

甲壳质，又称甲壳素，是许多低等动物，特别是节肢动物如虾、蟹、昆虫类、蜘蛛类外壳的重要组成部分，也存在于低等生物如真菌、藻类的细胞壁中。甲壳素是自然界含量仅次于纤维素的第二大天然有机高分子化合物，是应用遗传基因工程提取的动物性高分子纤维素，被科学界誉之为"第六生命要素"，目前广泛应用于医学、工业纺织、农业、渔业和化妆品美容等行业。

甲壳质是由2−乙酰氨基−β−D−葡萄糖通过β−1，4−苷键连接而成的直链多糖，它存在于某些昆虫、蟹和虾的外壳中，其结构如下：

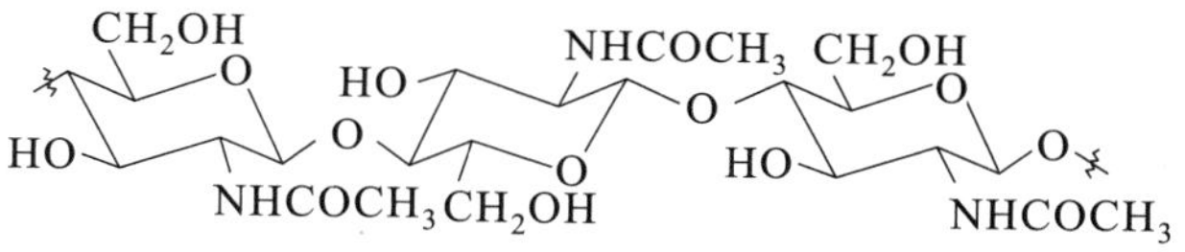

CH_2OH O HO O $NHCOCH_3$ CH_2OH O HO O HO O $NHCOCH_3$ CH_2OH $NHCOCH_3$

甲壳质

甲壳质不溶于一般溶剂，在酸性溶剂中受热溶解时发生降解。加热时不熔化，200 ℃时开始分解。用氢氧化钠（40%~60%）处理甲壳质，可使其脱乙酰化，如增加处理次数可得到脱乙酰化度达90%的壳聚糖（氨基多糖），结构如下：

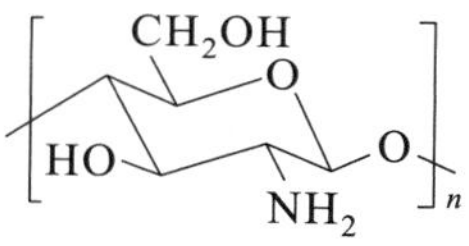

CH_2OH O HO O NH_2 n

壳聚糖

壳聚糖的溶解性较好，也叫作可溶性甲壳质。

甲壳质与壳聚糖在工业上主要用作金属离子螯合剂及活性污泥絮凝剂，其优点是毒性低、可生物降解。用甲壳质制成的手术缝合线既柔软又易被机体吸收。壳聚糖应用于纺织品上浆、防皱、防缩整理及直接染料、硫化染料固色用，也可用于制造人造纤维和塑料。甲壳质和壳聚糖与纤维素的反应性能类似，如它们C^6上羟基也可进行羧甲基化、羧乙基化等反应，其所得衍生物用途广泛，并可生物降解，有很好的开发前景。

学习指导

1. 糖类的鉴别

（1）还原性糖与非还原性糖可用托伦试剂或费林试剂鉴别，如还原性糖葡萄糖、果糖、麦芽糖可与费林试剂反应生成砖红色的沉淀。单糖都是还原性糖，非还原性糖与两试剂无反应。

（2）醛糖与酮糖可用溴水鉴别，溴水能氧化醛糖成糖酸但不能氧化酮糖。

(3) 糖类与过量的苯肼作用，生成不溶于水的黄色晶体糖脎，根据糖脎的晶形、熔点可用于鉴别不同的糖。

2. 苷羟基的判断

氧环式中与氧原子直接相连的碳原子上的羟基是苷羟基，有苷羟基的糖就有变旋光现象，是还原性糖；苷羟基的氢原子被其他基团取代的糖无变旋光现象，是非还原性糖，如蔗糖。

3. 变旋光现象存在的原因

糖在其水溶液中，氧环式与开链式相互转变；达到平衡前各种结构糖的浓度在不断变化，所以旋光度也在不断变化；达到动态平衡时，旋光度的值才恒定不变。

4. 淀粉遇碘变色

淀粉遇碘能发生灵敏的颜色反应；直链淀粉遇碘呈蓝色，支链淀粉则呈紫红色。

习　题

1. 写出葡萄糖与下列试剂反应的主要产物。

(1) HNO_3　　(2) Br_2-H_2O　　(3) 过量苯肼　　(4) 托伦试剂

2. 请用 *R/S* 标记法标记下列两种化合物的每个手性碳原子。

3. 有三种单糖和过量苯肼作用后，得到相同的脎，其中一种单糖的费歇尔投影式为

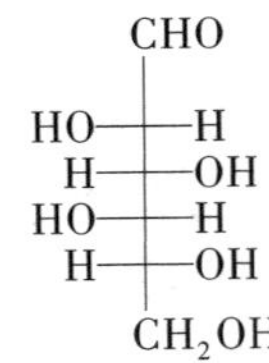

写出其它两种立体异构体的费歇尔投影式。

4. 用化学方法区别下列两组化合物：

(1) 葡萄糖、果糖和蔗糖　　(2) 麦芽糖、淀粉和纤维素

5. 已知 A、B 和 C 是三种 D−戊醛糖。当它们分别用硝酸氧化时，A 和 B 生成无光学活性的戊糖二酸，C 则生成有光学活性的戊糖二酸。当它们分别与过量苯肼反应时，B 和 C 能生成相同的脎。写出 A、B 和 C 的费歇尔投影式及有关反应式。

文本 第十五章习题参考答案

* 第十六章　氨基酸和蛋白质

学习目标

1. 了解氨基酸的分类与命名；
2. 了解蛋白质的分类与组成；
3. 掌握氨基酸的性质及其应用；
4. 掌握蛋白质的性质及其应用。

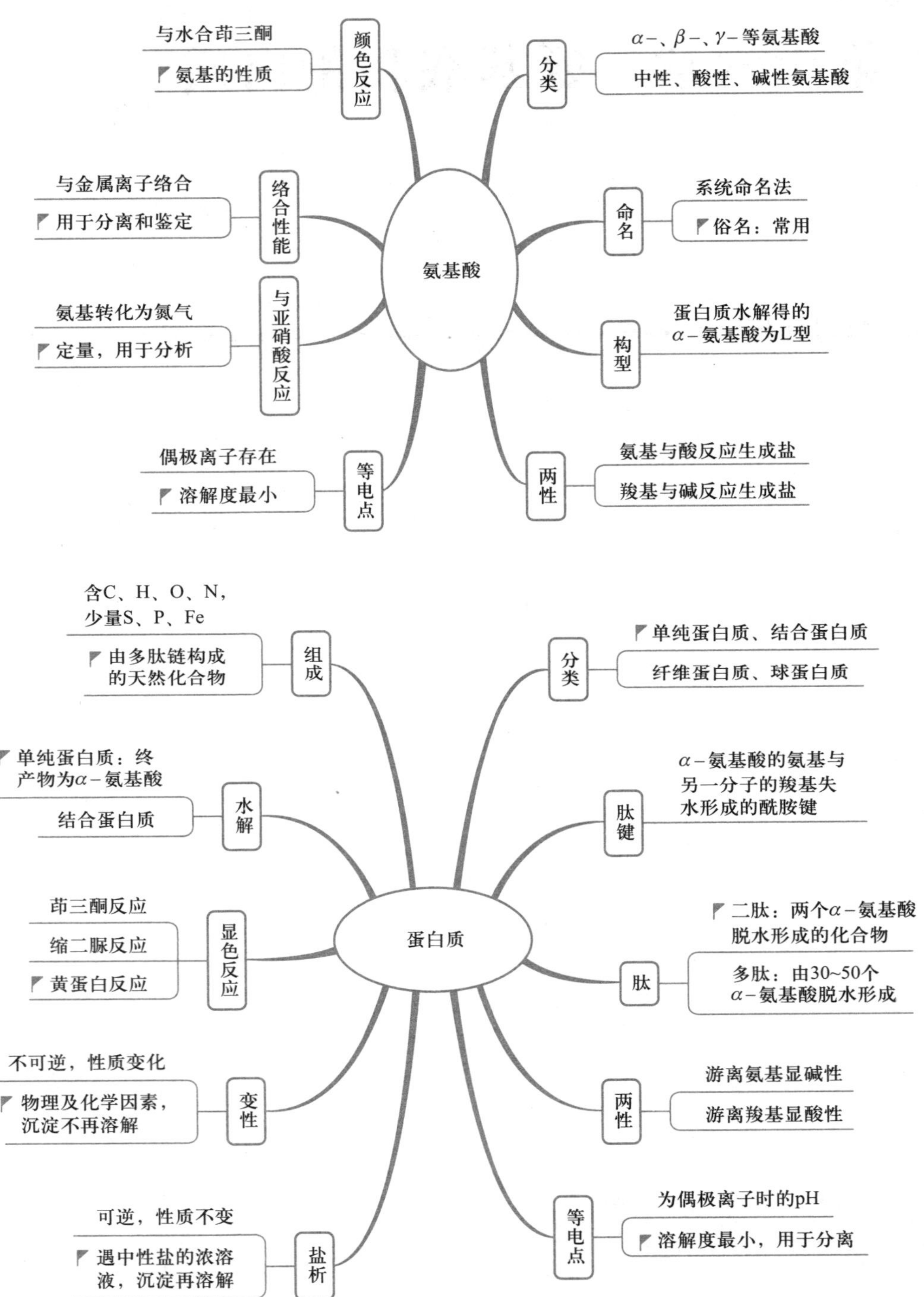
与水合茚三酮
氨基的性质
颜色反应
α-、β-、γ-等氨基酸
中性、酸性、碱性氨基酸
分类
与金属离子络合
用于分离和鉴定
络合性能
系统命名法
俗名：常用
命名
氨基酸
氨基转化为氮气
定量，用于分析
与亚硝酸反应
蛋白质水解得的
α-氨基酸为L型
构型
偶极离子存在
溶解度最小
等电点
氨基与酸反应生成盐
羧基与碱反应生成盐
两性
含C、H、O、N，
少量S、P、Fe
由多肽链构成
的天然化合物
组成
单纯蛋白质、结合蛋白质
纤维蛋白质、球蛋白质
分类
单纯蛋白质：终
产物为α-氨基酸
结合蛋白质
水解
α-氨基酸的氨基与
另一分子的羧基失
水形成的酰胺键
肽键
茚三酮反应
缩二脲反应
黄蛋白反应
显色反应
蛋白质
二肽：两个α-氨基酸
脱水形成的化合物
多肽：由30~50个
α-氨基酸脱水形成
肽
不可逆，性质变化
物理及化学因素，
沉淀不再溶解
变性
游离氨基显碱性
游离羧基显酸性
两性
可逆，性质不变
遇中性盐的浓溶
液，沉淀再溶解
盐析
为偶极离子时的pH
溶解度最小，用于分离
等电点

蛋白质是组成生物机体，特别是动物机体的重要物质，它约占动物体干重的 80%。动物的肌肉、骨骼、皮肤、毛发、角、爪、鳞片、羽毛、腱、神经，以及血液中输送氧气的血红蛋白，新陈代谢中起调节作用的激素，生物合成的催化剂——酶，致病的病毒和有免疫作用的抗体等都是蛋白质。它在生命现象中起了极重要的作用。而这些蛋白质中的绝大多数在酸、碱或酶的作用下都能水解生成 α－氨基酸的混合物。α－氨基酸是组成蛋白质的基本单元。

第一节　氨　基　酸

一、氨基酸的分类和命名

1. 氨基酸的分类

分子中既含有氨基又含有羧基的化合物称为氨基酸。氨基酸分为芳香族氨基酸和脂肪族氨基酸两类。在脂肪族氨基酸中根据分子中氨基与羧基的相对位置分为 α－，β－，γ－，…，ω－氨基酸。例如：

$CH_3CH(NH_2)COOH$　α－氨基丙酸

$CH_2(NH_2)CH_2COOH$　β－氨基丙酸

$CH_2(NH_2)CH_2CH_2COOH$　γ－氨基丁酸

在自然界中发现的氨基酸已有 200 余种，其中绝大部分是脂肪族 α－氨基酸。虽然目前已分离出百余种天然 α－氨基酸，但是组成生物体的 α－氨基酸只是 20 余种，其余的都是新陈代谢的产物或中间体。表 16－1 列出了组成生物体的 20 种 α－氨基酸，其中打 * 者为人体必需的氨基酸。这些氨基酸在人体内不能合成，必须由食物来提供。

氨基酸中所含氨基与羧基的数目相等的，称为中性氨基酸；羧基的数目多于氨基的，称为酸性氨基酸；氨基的数目多于羧基的，称为碱性氨基酸。这三类氨基酸分子中除了氨基与羧基以外，有的还含有羟基、巯基、芳香环或杂环等。

2. 氨基酸的命名

氨基酸的系统命名法是以羧酸为母体，氨基为取代基来命名的。例如：

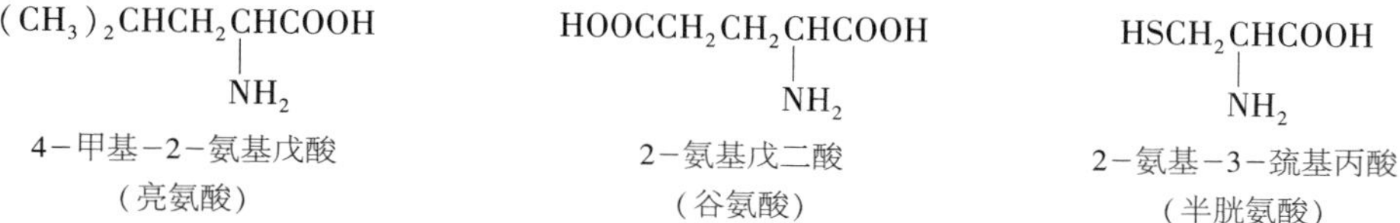

但是，由蛋白质水解而来的 α－氨基酸通常都使用俗名。例如上述括号中的名称。由于 α－氨基酸是组成蛋白质的基石，所以 α－氨基酸通常用三个字母的缩写符号表示；即由各种 α－氨基酸英文名字的前三个字母组成，如“Gly”表示甘氨酸。使用这种符号来表示多肽链或蛋白质中 α－氨基酸的排列顺序更方便。

二、氨基酸的构型

来自蛋白质的 α－氨基酸，除了甘氨酸以外，都具有光学活性。α－氨基酸的构型习惯上采用D/L标记法，其 α－碳原子的构型都与 L－(－)－甘油醛相同，都属 L 型。例如：

$$\begin{array}{cccc} \begin{array}{c} CHO \\ HO-\!\!\!+\!\!\!-H \\ CH_2OH \end{array} & \begin{array}{c} COOH \\ H_2N-\!\!\!+\!\!\!-H \\ CH_3 \end{array} & \begin{array}{c} COOH \\ H_2N-\!\!\!+\!\!\!-H \\ H_3C-\!\!\!+\!\!\!-H \\ C_2H_5 \end{array} & \begin{array}{c} COOH \\ H_2N-\!\!\!+\!\!\!-H \\ H-\!\!\!+\!\!\!-OH \\ CH_3 \end{array} \\ \text{L－甘油醛} & \text{L－丙氨酸} & \text{L－异亮氨酸} & \text{L－苏氨酸} \end{array}$$

三、氨基酸的性质

大多数天然氨基酸是高熔点的无色晶体，少数为黏稠液体，在水中都有一定的溶解度，难溶于非极性有机溶剂，有些氨基酸在熔融前分解。

1. 两性与等电点

氨基酸分子中既含有氨基又含有羧基，因此它们具有酸、碱两类性质，是两性化合物。晶体时氨基酸是以偶极离子或内盐的形式存在；在水溶液中氨基酸的偶极离子则是与其正、负离子同时存在于一个平衡体系中。

$$\underset{\substack{\text{负离子}\\\text{（在强碱中）}}}{H_2N-\underset{R}{\underset{|}{CH}}-COO^-} \underset{OH^-}{\overset{H^+}{\rightleftharpoons}} \underset{\substack{\text{偶极离子或内盐}\\ pH=pI}}{H_3\overset{+}{N}-\underset{R}{\underset{|}{CH}}-COO^-} \underset{OH^-}{\overset{H^+}{\rightleftharpoons}} \underset{\substack{\text{正离子}\\\text{（在强酸中）}}}{H_3\overset{+}{N}-\underset{R}{\underset{|}{CH}}-COOH}$$

究竟哪一种形式占优势，取决于溶液的 pH 和氨基酸的结构。所有的氨基酸在强酸性溶液中都以正离子形式存在，这时，在电场中的氨基酸向阴极移动；在强碱溶液中则都以负离子形式存在，这时，在电场中的氨基酸向阳极移动。调节溶液的 pH 至一定数值时，氨基酸以偶极离子存在，其所带正、负电荷相等，在电场中既不向阴极移动，也不向阳极移动。此时溶液的 pH 就是该氨基酸的等电点（以 pI 表示）。由于结构不同，氨基酸都有其特有的等电点。通常，中性氨基酸的等电点在 5~6.5，酸性氨基酸在 2.8~3.2，碱性氨基酸在 7.6~10.8（见表 16－1）。

表 16－1　蛋白质中存在的氨基酸及其物理常数

构造式	名称（英文名称）	缩写	分解点/℃	溶解度(25 ℃)/g·(100 g 水)$^{-1}$	$[\alpha]_D^{25}$/(°)	等电点
$H-\underset{}{CH}(NH_2)COOH$	甘氨酸（Glycine）	Gly（甘）	233	25		5.97
$CH_3-CH(NH_2)COOH$	丙氨酸（Alanine）	Ala（丙）	297	16.7	+8.5	6.02
$CH_3CH(CH_3)-CH(NH_2)COOH$	缬氨酸*（Valine）	Val（缬）	315	8.9	+13.9	5.97
$CH_3CH(CH_3)CH_2-CH(NH_2)COOH$	亮氨酸*（Leucine）	Leu（亮）	293	2.4	－10.8	5.98
$CH_3CH_2CH(CH_3)-CH(NH_2)COOH$	异亮氨酸*（Isoleucine）	Ile（异亮）	284	4.1	+11.3	6.02

续表

构造式	名称（英文名称）	缩写	分解点/℃	溶解度(25 ℃)/g·(100 g 水)$^{-1}$	$[\alpha]_D^{25}$/(°)	等电点
$CH_3SCH_2CH_2—CH(NH_2)COOH$	蛋氨酸*（Methionine）	Met（蛋）	280	3.4	−8.2	5.75
吡咯烷环（NH）—CHCOOH	脯氨酸（Proline）	Pro（脯）	220	162	−85.0	6.10
$C_6H_5—CH_2—CH(NH_2)COOH$	苯丙氨酸*（Phenylalanine）	Phe（苯丙）	283	3.0	−35.1	5.88
吲哚基（N—H）—$CH_2—CH(NH_2)COOH$	色氨酸*（Tryptophan）	Trp（色）	289	1.1	−31.5	5.88
$HOCH_2—CH(NH_2)COOH$	丝氨酸（Serine）	Ser（丝）	228	5.0	−6.8	5.68
$CH_3CH(OH)—CH(NH_2)COOH$	苏氨酸*（Threonine）	Thr（苏）	225	很大	−28.3	5.63
$HSCH_2—CH(NH_2)COOH$	半胱氨酸（Cysteine）	Cys（半胱）			+6.5	5.02
$HO—C_6H_4—CH_2—CH(NH_2)COOH$	酪氨酸（Tyrosine）	Tyr（酪）	342	0.04	−10.6	5.65
$H_2NC(=O)CH_2—CH(NH_2)COOH$	天冬酰胺（Asparagine）	Asn（天冬）（NH_2）	234	3.5	−5.4	5.41
$H_2NC(=O)CH_2CH_2—CH(NH_2)COOH$	谷氨酰胺（Glutamine）	Gln（谷氨）（NH_2）	185	3.7	+6.1	5.65
$HOC(=O)CH_2—CH(NH_2)COOH$	天冬氨酸（Aspartic acid）	Asp（天冬）	270	0.54	+25.0	2.87
$HOC(=O)CH_2CH_2—CH(NH_2)COOH$	谷氨酸（Glutamic acid）	Glu（谷）	247	0.86	+31.4	3.22
$H_2N(CH_2)_4—CH(NH_2)COOH$	赖氨酸*（Lysine）	Lys（赖）	225	很大	+14.6	9.74
$H_2NC(=NH)NH(CH_2)_3—CH(NH_2)COOH$	精氨酸*（Arginine）	Arg（精）	244	15	+12.5	10.76
咪唑基（N—H）—$CH_2—CH(NH_2)COOH$	组氨酸*（Histidine）	His（组）	287	4.2	−39.7	7.58

在等电点时，氨基酸的溶解度最低，所以利用调节溶液 pH 的方法，可以从氨基酸的混合液中分离出不同的氨基酸。

2. 与亚硝酸反应

氨基酸中的氨基可与亚硝酸反应放出氮气，这和伯胺的性质相同。

$$\underset{\underset{NH_2}{|}}{R-CH}-COOH + HONO \longrightarrow \underset{\underset{OH}{|}}{R-CH}-COOH + N_2\uparrow + H_2O$$

这个反应是定量完成的。测定放出氮气的量，可计算出分子中氨基的含量。脯氨酸含的是亚氨基，不发生上述反应。

3. 络合性能

氨基酸中的羧基可与金属离子作用成盐，同时，氨基氮原子上的孤对电子可与某些金属离子形成配位键，因此氨基酸能与某些金属离子形成稳定的络合物。例如，与 Cu^{2+} 能形成蓝色络合物（晶体），可用于分离或鉴定氨基酸。

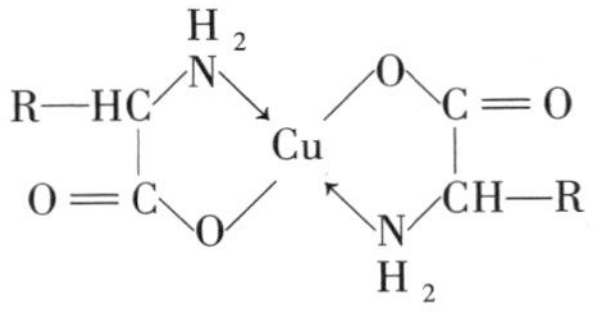

4. 水合茚三酮反应

α-氨基酸与水合茚三酮反应生成蓝紫色物质，因此水合茚三酮可用于氨基酸的定性和定量试验。

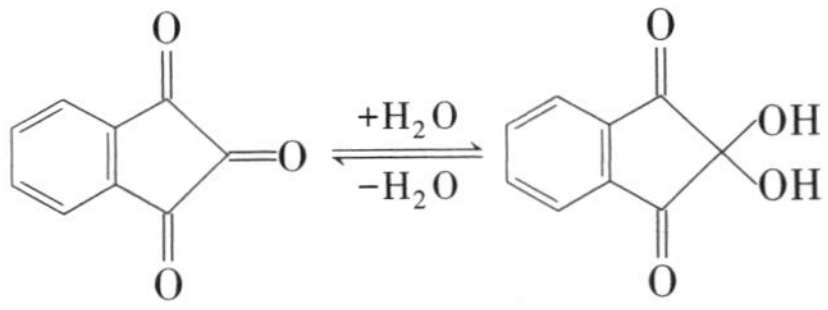

茚三酮 $\underset{-H_2O}{\overset{+H_2O}{\rightleftharpoons}}$ 水合茚三酮

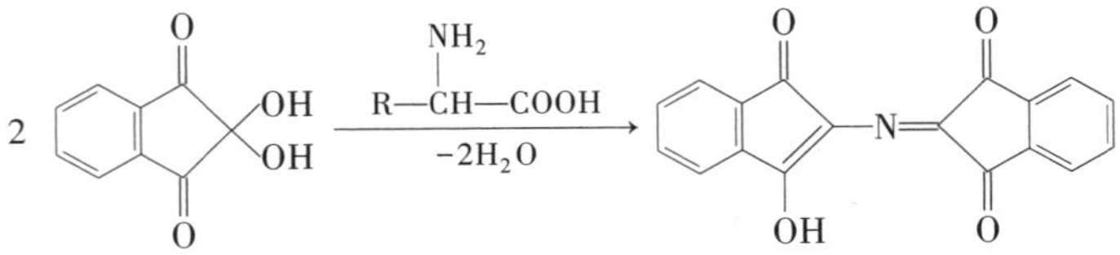

2 水合茚三酮 $\xrightarrow[-2H_2O]{R-CH(NH_2)-COOH}$ 蓝紫色

由于脯氨酸的 α-亚氨基是五元环的一部分，因此与水合茚三酮试剂的反应不是以上述方式进行的。但是，反应可得到黄棕色化合物，故此法也可用于它们的定性和定量的鉴定试验。

第二节 肽

α-氨基酸的氨基与另一个 α-氨基酸的羧基分子间失水生成以酰胺键 $\left(\begin{matrix}O\\ \|\\ -C-NH-\end{matrix}\right)$ 相连接的缩合产物，称为肽。由两个氨基酸缩合而成的，称二肽；由三个氨

基酸缩合而成的，称三肽；由多个（3～50）氨基酸缩合而成的，称多肽。肽分子中的酰胺键称肽键。最简单的肽是二肽。当两个不同的 α-氨基酸（如丙氨酸与甘氨酸）之间失水可能生成两种不同的二肽，如下所示：

$$CH_3-\underset{NH_2}{\underset{|}{CH}}-\overset{O}{\overset{\|}{C}}-OH + H-NH-CH_2-\overset{O}{\overset{\|}{C}}-OH \xrightarrow{-H_2O} CH_3-\underset{NH_2}{\underset{|}{CH}}-\overset{O}{\overset{\|}{C}}-NH-CH_2-\overset{O}{\overset{\|}{C}}-OH \quad (\text{I})$$

或者：

$$\underset{NH_2}{\underset{|}{CH_2}}-\overset{O}{\overset{\|}{C}}-OH + H-NH-\underset{CH_3}{\underset{|}{CH}}-\overset{O}{\overset{\|}{C}}-OH \xrightarrow{-H_2O} \underset{NH_2}{\underset{|}{CH_2}}-\overset{O}{\overset{\|}{C}}-NH-\underset{CH_3}{\underset{|}{CH}}-\overset{O}{\overset{\|}{C}}-OH \quad (\text{II})$$

实际上，当两个不同的 α-氨基酸一起反应时，除了生成上述两种二肽外，还可能发生两种 α-氨基酸自身缩合生成的二肽，而且二肽还会继续反应生成三肽、四肽等产物。如果有三种不同的α-氨基酸失水生成肽时，情况更为复杂。

我国于 1965 年首次合成了生理活性与天然产品基本相同的牛胰岛素。这是我国科学工作者在蛋白质合成方面的重大贡献。对蛋白质的合成研究起了很大的促进作用。

天然多肽是由多种氨基酸以肽键按一定顺序结合而成的。它是蛋白质部分水解的产物，有些多肽也以游离状态存在于自然界中，例如，存在于血浆中调整血压的舒缓激肽是一个九肽。

微课

蛋白质及其结构特征

微视频

蛋白质的盐析

微视频

蛋白质的显色反应

第三节　蛋　白　质

蛋白质也是由 α-氨基酸以肽键按一定顺序结合而成的高分子化合物。多肽与蛋白质之间没有严格的区别，通常把相对分子质量低于 10 000 的称为多肽。多肽的合成也是蛋白质合成的基础。

一、蛋白质的组成和分类

蛋白质的组成因来源不同而异。经元素分析，它们除了含碳、氢、氧、氮外，还含有硫，有些蛋白质含少量的磷和铁。

蛋白质的相对分子质量一般都在一万以上，有的高达数百万、上千万。一般常根据溶解度及化学组成进行分类，也可按水解产物的不同来分类。蛋白质按溶解度一般分为两类：

（1）不溶于水的纤维蛋白质　其结构为线状的多肽长链分子缠绕在一起，或呈纤维状平行排列，它是动物组织的主要构造材料。

（2）能溶于水、酸、碱或盐溶液的球形蛋白质　其分子形状呈球形，它们的多肽链通过分子内某些基团间的氢键、二硫键或分子间力相互作用自身折叠、缠绕成特有的球形。酶和血红蛋白是球形蛋白质。

蛋白质按水解产物也是分为两类：

（1）单纯蛋白质　水解后只生成 α-氨基酸的，是单纯蛋白质，如清蛋白、球蛋白等。

（2）结合蛋白质　水解后除生成 α-氨基酸外，还有非蛋白质物质（如糖类、脂肪、含磷及含铁化合物等）生成的，是结合蛋白质。

微课

蛋白质的分类与变性

二、蛋白质的性质

蛋白质与氨基酸有许多相似的性质，例如两性解离和成盐反应等。但是，蛋白质是高聚物，有些性质与氨基酸不同，如溶液的胶体性质、盐析与变性等。

1. 两性与等电点

与氨基酸相似，蛋白质也是两性的。在强酸性溶液中，蛋白质以正离子形式存在，在电场中向阴极移动；在强碱性溶液中，则以负离子形式存在，在电场中向阳极移动。

蛋白质的两性电离可用下式表示：

$$\underset{\text{正离子}}{H_3\overset{+}{N}—P—COOH} \underset{H^+}{\overset{OH^-}{\rightleftharpoons}} \underset{\text{偶极离子}}{H_3\overset{+}{N}—P—COO^-} \underset{H^+}{\overset{OH^-}{\rightleftharpoons}} \underset{\text{负离子}}{H_2N—P—COO^-}$$

P 表示不包括链端氨基和链端羧基在内的蛋白质大分子。

调节溶液的 pH 至一定数值时，蛋白质以偶极离子存在，其所带正、负电荷相等，在电场中既不向阴极移动，也不向阳极移动。此时溶液的 pH 就是该蛋白质的等电点。不同的蛋白质有不同的等电点。等电点时蛋白质在水中的溶解度最小，最容易沉淀。这个性质可以用来分离蛋白质。

2. 溶解性和盐析

多数蛋白质可溶于水或其他极性溶剂，但不溶于非极性溶剂。蛋白质的水溶液具有亲水胶体溶液的性质，能电泳，不能透过半透膜。蛋白质都具有光学活性。

蛋白质与水形成的亲水胶体溶液并不十分稳定。在各种不同因素的影响下，蛋白质容易析出沉淀。引起蛋白质沉淀的试剂很多，最常用的是某些中性盐如硫酸铵、硫酸钠、硫酸镁和氯化钠。当它们加入蛋白质溶液中，达到相当大浓度时，可使蛋白质从溶液中沉淀出来。这种作用称为盐析。盐析是一个可逆过程。盐析出来的蛋白质可再溶于水而不影响蛋白质的性质。所有蛋白质都能在浓的盐溶液中盐析出来，但是各种不同蛋白质沉淀析出所需盐的最低浓度各不相同。盐析所需的最低浓度称为盐析浓度。利用这种性质可分离蛋白质。

3. 蛋白质的变性

在热、紫外线、X 射线及某些化学试剂作用下，蛋白质的性质会发生变化，导致其溶解度降低而凝结。这种凝结是不可逆的，不能再恢复原来的蛋白质。这种现象称为蛋白质的变性。变性后的蛋白质丧失了原有的生理作用。蛋白质的容易变性增加了研究蛋白质的困难。

能使蛋白质变性的化学试剂有硝酸、三氯乙酸、单宁酸、苦味酸、重金属盐、尿素、丙酮等。

4. 显色反应

蛋白质可以与不同的试剂发生特殊的显色反应，利用这些反应可鉴别蛋白质。

(1) 茚三酮反应　蛋白质与茚三酮试剂反应生成蓝紫色化合物。α-氨基酸和多肽均有此性质。此反应在蛋白质鉴定上也极为重要,色层分析时都用这个试剂。但要注意,稀的氨溶液、铵盐及某些胺也有此显色反应。

(2) 缩二脲反应　与缩二脲($H_2NCONHCONH_2$)一样,在蛋白质溶液中加入碱和稀硫酸铜溶液显紫色或粉红色的反应称为缩二脲反应。生成的颜色与蛋白质种类有关。二肽以上的多肽都有此显色反应。

(3) 黄蛋白反应　某些蛋白质遇硝酸后会变成黄色,再加氨处理又变为橙色。这可能是由于蛋白质中含苯环的氨基酸苯环上氢原子发生了硝化反应的缘故。当皮肤、指甲遇浓硝酸时变为黄色就是由于这个原因。

5. 水解

用酸、碱或酶水解单纯蛋白质时,最后所得产物是各种α-氨基酸的混合物。用酸、碱水解时,有一些氨基酸在水解过程中会被破坏或发生外消旋化。但用各种蛋白酶(如胃蛋白酶、胰蛋白酶等)进行水解则比较缓和,可把蛋白质逐步水解并能得到各种中间产物。

$$\text{蛋白质} \longrightarrow \text{多肽} \longrightarrow \text{二肽} \longrightarrow \alpha\text{-氨基酸}$$

研究蛋白质水解的中间产物有其重要意义。因为研究蛋白质的结构,不仅需要知道蛋白质所含的α-氨基酸的种类和数量,更重要的是必须知道它们是以什么次序联结成肽链的。而水解的中间产物可提供这方面的线索。

知识拓展

酶

酶是一种有生物活性的天然蛋白质,是生物体内许多复杂化学变化的催化剂。所以常把酶叫作生物催化剂。根据化学组成不同,酶可以分为单纯酶和结合酶两类,单纯酶的分子组成是蛋白质,如脲酶、蛋白酶、淀粉酶、脂肪酶等都属于单纯酶。结合酶的分子组成除蛋白质外,还含有一些非蛋白质物质,称为酶的辅助因子,简称辅酶。作为生物催化剂的酶,它们具有以下特性:

1. 催化效率高

其催化效率比一般催化剂高 $10^8 \sim 10^{10}$ 倍。

2. 催化对象具有专一性

酶常常只对某一种物质的反应有催化作用。例如,蔗糖酶只能催化蔗糖水解成葡萄糖和果糖等。

3. 催化反应条件温和

如在人体中的各种酶催化反应,一般都是在体温(约 37 ℃)和血液的 pH(约 7.35)条件下进行的。

4. 对环境变化敏感

如大多数酶受到高温、强酸、重金属离子、配体或紫外线照射等因素的影响时,非常容易失去活性。

人们现在已经发现的酶数以千种,其中有些酶已应用于工业生产及人们的生活中。如淀粉酶应用于食品、发酵、纺织、制药等工业,多酶片用于帮助消化等。随着人们对酶科学研究的不断深入,酶在工农业生产中的应用会为人类社会做出更大的贡献。

阅读材料

世界上第一种人工合成的蛋白质——牛胰岛素

牛胰岛素(分子式:$C_{254}H_{377}N_{65}O_{75}S_6$;相对分子质量:5 733.53)是牛胰脏中胰岛$\beta$-细胞所分泌的一种调节糖代谢的蛋白质激素,是一种多肽。早在20世纪初人们就发现胰岛素能治疗糖尿病,但胰岛素在牛、羊等动物体内含量很少,很难通过提取来大量制备,因此人们梦想着有一天能用人工方法来合成胰岛素。1965年,中国科学院上海生物化学研究所与北京大学和中国科学院上海有机化学研究所的科学家通力合作,在经历了多次失败后,终于在世界上第一次用人工方法合成出具有生物活性的蛋白质——结晶牛胰岛素,为人类认识生命、揭开生命奥秘迈出了可喜的一大步,这项成果获1982年中国自然科学一等奖。

牛胰岛素一级结构1955年由英国桑格(S.Sanger)测定,确定了其氨基酸的组成和排列顺序。牛胰岛素分子是一条由21个氨基酸分子组成的A链和另一条由30个氨基酸分子组成的B链,通过两对二硫键连接而成的一个双链分子,而且A链本身还有一对二硫键。

A链 H_2N—甘—异亮—缬—谷—谷酰—半胱—半胱—苏—丝—异亮—半胱—丝—亮—酪—谷酰—亮—谷—天冬酰—酪—半胱—天冬酰—COOH
(1 2 3 4 5 6 7 8 9 10 11 12 13 14 15 16 17 18 19 20 21;6与11之间以—S—S—相连;A链7与B链7之间以S—S相连;A链20与B链19之间以S—S相连)

B链 H_2N—苯丙—缬—天冬酰—谷酰—组—亮—半胱—甘—丝—组—亮—缬—谷—丙—亮—酪—亮—缬—半胱—甘—谷—精—甘—苯丙—
(1 2 3 4 5 6 7 8 9 10 11 12 13 14 15 16 17 18 19 20 21 22 23 24)
苯丙—酪—苏—脯—赖—丙—COOH
(25 26 27 28 29 30)

牛胰岛素的一级结构图

胰岛素能促进全身组织对葡萄糖的摄取和利用,并抑制糖原的分解和糖原异生,因此,牛胰岛素有降低血糖的作用。牛胰岛素能促进脂肪的合成与贮存,使血中游离脂肪酸减少,同时抑制脂肪的分解氧化。胰岛素一方面促进细胞对氨基酸的摄取和蛋白质的合成,另一方面抑制蛋白质的分解,对于生长来说,胰岛素也是不可缺少的激素之一。因此,牛胰岛素在医学上有抗炎、抗动脉硬化、抗血小板聚焦、治疗骨质增生、治疗精神疾病等作用。

学习指导

1. 氨基酸的等电点(pI)

氨基酸是两性化合物,在其等电点时(pH=pI 时),它的溶解度最低,利用调节溶液的 pH 到某一氨基酸的等电点,使该氨基酸从混合液中分离出来。

中性氨基酸的等电点 pI 略小于 7,酸性氨基酸的等电点 pI 小于 7,碱性氨基酸的等电点 pI 大于 7。

2. 氨基酸的鉴别

α-氨基酸与水合茚三酮溶液作用生成蓝紫色的化合物。

3. 蛋白质的鉴别

(1) 蛋白质与水合茚三酮反应生成蓝紫色化合物;

(2) 缩二脲反应:蛋白质+NaOH+$CuSO_4$ 溶液 $\longrightarrow$ 紫色或粉红色化合物;

(3) 黄蛋白反应:某些蛋白质+浓 HNO_3 $\longrightarrow$ 黄色 $\xrightarrow{NH_3 \cdot H_2O}$ 橙色。

习　　题

1. 解释下列名词。

(1) 等电点　　(2) 盐析　　(3) 蛋白质的变性作用　　(4) 肽

2. 写出在下列 pH 介质中各氨基酸的主要形式:

(1) 缬氨酸在 pH 为 8 时　　(2) 丝氨酸在 pH 为 1 时

3. 在一种氨基酸的水溶液中加入 H^+ 至 pH 小于 7 的某值时,可观察到这种氨基酸被沉淀下来,这是什么原因?在这个 pH 时该氨基酸以何种形式存在?这种氨基酸在等电点时的 pH 是小于 7 还是大于 7?

4. 写出丙氨酸与下列试剂反应的生成物。

(1) NaOH 水溶液　　(2) HCl 水溶液　　(3) HNO_2

5. 某化合物的分子式为 $C_3H_7O_2N$,有光学活性,能与氢氧化钠或盐酸成盐,并能与醇成酯,与亚硝酸作用放出氮气,写出此化合物的构造式。

文本

第十六章习题参考答案

参考文献

references

[1] 邢其毅,徐瑞秋,裴伟伟.基础有机化学.3 版.北京:高等教育出版社,2005.

[2] 高鸿宾.有机化学.4 版.北京:高等教育出版社,2005.

[3] 袁履冰.有机化学.北京:高等教育出版社,1999.

[4] 华东理工大学有机化学教研组.有机化学.2 版.北京:高等教育出版社,2013.

[5] Morrison R T,Boyd R N.Organic Chemistry.4th ed.Boston Ally and Bacon,Inc,1983.

[6] Solomons,Graham T W.Organic Chemistry.4th ed.New York:John Wiley & Sons,Inc,1988.

[7] Jones M Jr.Organic Chemistry.2nd ed.New York:W.W.Norton & Company Inc,2000.

[8] McMurry J.Organic Chemistry.6th ed.Thomson Brooks/cole,2004.

[9] McMurry J. Fundamentals of Organic Chemistry.4th ed.Thomson Brooks,2000.

[10] Simons W W.Standard Spectra Collection.Philadelphia:Sadtler Research Laboratories,1980.

郑重声明

高等教育出版社依法对本书享有专有出版权。任何未经许可的复制、销售行为均违反《中华人民共和国著作权法》,其行为人将承担相应的民事责任和行政责任;构成犯罪的,将被依法追究刑事责任。为了维护市场秩序,保护读者的合法权益,避免读者误用盗版书造成不良后果,我社将配合行政执法部门和司法机关对违法犯罪的单位和个人进行严厉打击。社会各界人士如发现上述侵权行为,希望及时举报,本社将奖励举报有功人员。

反盗版举报电话　(010)58581999　58582371　58582488

反盗版举报传真　(010)82086060

反盗版举报邮箱　dd@hep.com.cn

通信地址　北京市西城区德外大街4号

　　　　　高等教育出版社法律事务与版权管理部

邮政编码　100120